U0415302

氢燃烧与爆炸的气体热动力学

Thermo – Gas Dynamics of Hydrogen Combustion and Explosion

[俄] Boris E. Gelfand
Mikhail V. Silnikov
Sergey P. Medvedev
Sergey V. Khomik 著

杜飞平 译

国防工业出版社
·北京·

著作权合同登记　图字:军 -2016 -110 号

图书在版编目(CIP)数据

氢燃烧与爆炸的气体热动力学/(俄罗斯)鲍里斯·E. 盖尔范德等著;杜飞平译. —北京:国防工业出版社,2022.4

ISBN 978 -7 -118 -12479 -8

Ⅰ.①氢… Ⅱ.①鲍… ②杜… Ⅲ.①航空器 -氢燃料 -爆炸气体动力学 Ⅳ.①V312

中国版本图书馆 CIP 数据核字(2022)第 055453 号

※

(北京市海淀区紫竹院南路 23 号　邮政编码 100048)
三河市腾飞印务有限公司印刷
新华书店经售

*

开本 710 × 1000　1/16　**印张** 19¼　**字数** 340 千字
2022 年 4 月第 1 版第 1 次印刷　**印数** 1—2000 册　**定价** 128.00 元

国防书店:(010)88540777　书店传真:(010)88540776
发行业务:(010)88540717　发行传真:(010)88540762

译 者 序

氢作为燃料具有点火能量低、火焰传播速度快、可燃界限范围宽、热效率高及密度低等特点，已广泛应用于运载火箭、通信卫星、宇宙飞船和航天飞机等推进系统中，如美国“阿波罗”登月计划的土星V运载火箭的二、三级火箭发动机，航天飞机主发动机及高超声速飞行器X－37B采用液氢作为燃料，我国新一代运载火箭的上面级发动机也将液氢作为高能燃料。液氢燃料被视为未来绿色能源，可广泛应用于军用飞机、无人飞机、空天飞机及高超声武器等领域中，大幅提高有效载荷，同时提高其安全性和可靠性，应用前景非常广阔。

本书由俄罗斯科学院谢苗诺夫化学物理研究所的 Boris E. Gelfand、Sergey P. Medvedev、Sergey V. Khomik 以及圣彼得堡特殊材料集团公司的 Mikhail V. Silnikov 合著。谢苗诺夫化学物理研究所成立于1931年，其创始人尼古拉依·尼古拉那维奇·谢苗诺夫主要从事化学反应历程和化学动力学问题研究，全面而深入地研究了链式反应，获得了诺贝尔化学奖，其专著《链式反应》和《论化学动力学某些问题和反应能力》被世界各国争相翻译出版。本书作者长期在谢苗诺夫化学物理研究所工作，主要从事化学反应动力学和反应机理、化学反应的催化作用、基本过程理论和动力学以及冲击波和爆轰等领域研究。

在组织本书翻译和出版的过程中，得到了西安航天动力研究所、西安交通大学以及国防工业出版社的大力支持和帮助，特此深表谢意。由于译者能力及水平有限，翻译当中的错误在所难免，尚祈同行和读者提出宝贵意见。

前　　言

氢燃料产热的高潜能和反应的高活性是其独特的性能，这引起了研究人员的极大关注。在过去的10年中，关于这一主题的各种文章大量发表。氢爆炸过程的研究在这些论文和报告中占据了一席之地。通过对文献[1－2]广泛和系统化地比较，可以看出这些相关的文章连年增加。氢爆炸现象相关特定细节的全部数据可以在文献[3－14]中获得。

随着新的研究和文章面世，关于这个方面的研究持续增加。在储氢的安全操作和工业的安全应用方面已经形成系统化的研究，这摆脱了长期以来由于缺乏氢燃烧和爆炸过程中可靠的气体热动力学参数，所造成氢作为能源载体使用时的恐惧。只要使用氢燃料，就限制其碳氢化合物的利用，这往往是在解决特定问题时需要考虑的细节。

无论如何，新的方案不应造成无法克服的障碍。氢作为新型燃料的创新利用，是以完整的数据库为基础的。燃烧理论的创立者们呼吁从科学和应用价值的观点出发，归纳和积累氢燃烧数据。

从1985年Y. B. Zeldovich院士的题词(图1)中可以清楚地发现，他非常看

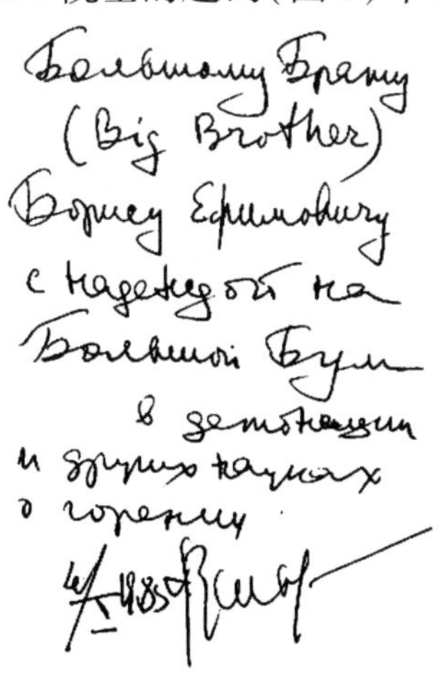

图1　Y. B. Zeldovich院士给B. E. Gelfand的题词

(希望我兄长Boris在爆轰及其他燃烧科学领域做出更大贡献)

好燃烧和爆轰科学研究的兴起。他认为,经典著作中关于爆炸现象的基本表述,将通过对燃烧新的刻画和认识而得到进一步发展。当氢成为有前景的高效和生态清洁燃料时,Y. B. Zeldovich 院士的预测已经被证明是正确的。

氢和其他燃料(汽油)燃烧和爆轰特性的10种参数对比分别如图2所示和表1~表3所列。可以看出,由于氢的爆轰性质、燃烧极限、火焰速度和极低的点火能量,使得氢成为一种独特的燃料。

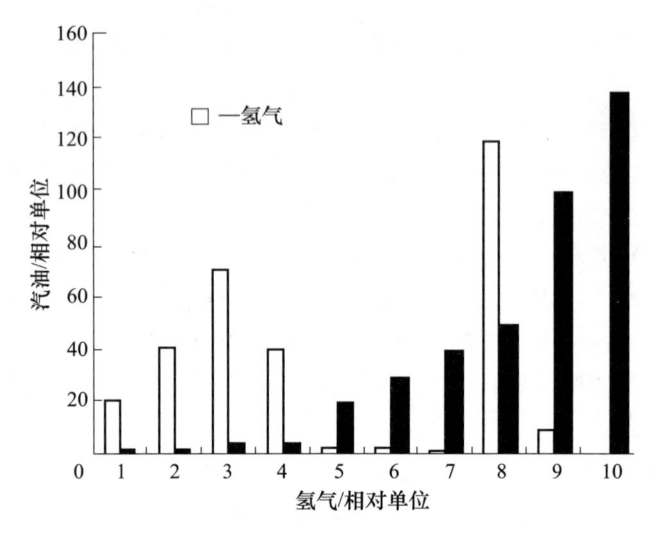

图2 氢气/汽油的性能比较图[5]

1—浮力; 2—爆轰; 3—燃烧极限; 4—火焰速度; 5—火灾隐患; 6—分子量; 7—火焰辐射; 8—单位质量的能量; 9—单位体积的能量; 10—点火能量。

表1 燃烧过程参数

参数	氢气	甲烷	汽油
燃烧的浓度极限	4% ~75% (体积) α =0. 1 ~2. 5	5% ~15% (体积) α =0. 53 ~1. 7	1. 0% ~7. 6% (体积) α =0. 7 ~1. 8
空气中的化学计量组成(体积)/%	29. 53	9. 48	1. 76
最小点火能量/mJ	≈0. 02	≈0. 29	≈0. 24
点火温度/K	≈750	≈810	500 ~770
火焰温度/K	≈2300	≈2150	≈2470
正常火焰速度/(cm/s)	265 ~325	37 ~545	37 ~543
最大淬熄间隙/cm	≈0. 064	≈0. 203	≈0. 2
能量辐射率/%	17 ~25	23 ~32	30 ~42

表 2　燃料的热力学参数

参数	氢气	甲烷	汽油
分子量	2.016	16.043	107
标准条件下的气体密度/(g/m^3)	83.76	651.19	4400
热效率/(kJ/g)	119(低) 142(高)	50(低) 55(高)	44(低) 48(高)
比热比	1.383	1.308	1.05
扩散系数/(cm^2/s)	0.61	0.16	0.005
比热容/(J/g)	14.89	2.22	1.62

表 3　燃料的物性参数

参数	氢气	甲烷	煤油
组成	H_2	CH_4	$C_{12.5}H_{24.4}$
沸点(温度 T)/℃	-252.7	-161	167~266
特定温度下的密度/(g/cm^3)	≈0.071	≈0.423	≈0.8
热效率/(kJ/kg)	≈119.970	≈48.140	≈49.100
火焰温度/K	≈2300	≈2150	≈2400
蒸发热/(J/g)	≈440	≈510	≈360
燃烧的浓度极限(体积)/%	4~75	5~15	0.84~6
爆轰的浓度极限(体积)/%	13~65	6.3~13.5	1.1~3.3
最小点火能量/mJ	≈0.02	≈0.29	≈0.25
最小起爆的高能爆炸(THT)/kg	≈0.001	>10	≈1
空气中的自燃温度/K	≈750	≈810	600~700
辐射能量/%	17~25	23~32	33~43
毒性	无毒	无毒	大于5‰有毒

由于相关原因,关于氢燃烧和爆炸方面最近出版的书中,没有包括含氢双组分燃料在燃烧极限方面的有用数据[2]。双组分燃料类(如氢+烃)采用氢作为燃料,其可选择的潜在安全使用范围显著变宽。

本书对文献中提出的各种方案的数据进行分析,在对可燃混合物在相关温度和压力范围内发生爆炸现象的分析中,拓宽了特定问题研究的领域。

本书特别研究了结构上伴随着高压强荷载的爆炸现象,这些现象包含燃烧反应区附近爆轰极限[3,15-18]的爆轰波反射,爆燃向爆轰转变过程中非平稳复杂激波以及燃烧与障碍物的碰撞。

本书对氢射流排放到周围环境中扩散火焰参数的数据进行了总结,可作为额外的危险因子用于氢气的安全运输分析中，其中明确了氢气和含有可燃和非燃添加剂的氢混合物自发点火条件。作者希望本书可以给从事氢燃料研究或工艺技术工作的专业人士起到指导作用。

参考文献

1. B.E. Gelfand, S.B. Dorofeev, B.B. Chaivanov, F.V. Bezmelnitzin, Explosion characteristics of hydrogenous mixtures, Moscow. IRIS-91/5 (1991), 156 p
2. B.E. Gelfand, O.E. Popov, B.B. Chaivanov, Hydrogen. Parameters of Combustion and Explosion. – M.:Fizmatlit (2008), 288 p
3. J.E. Shepherd, Structural response to explosions. 1st European Summer school on hydrogen safety, The University of Olster, 2007
4. A. Teodorczyk, Mitigation of hydrogen-air detonations. 1st European Summer school on hydrogen safety, Belfast, 2006
5. J.H. Lee, Explosion hazards of hydrogen-air mixtures. 1st European Summer school on hydrogen safety, Belfast, 2006
6. A. Teodorczyk, Initiation of hydrogen detonation. 2nd European Summer school on hydrogen safety, Belfast, 2007
7. A. Teodorczyk, Limits of steady propagation of hydrogen deflagrations and detonations. 2nd European Summer school on hydrogen safety, Belfast, 2007
8. W. Breitung, Mechanistic safety analysis of hydrogen based energy systems. 2nd European Summer school on hydrogen safety, Belfast, 2007
9. (a) S.B. Dorofeev, Evaluation of safety distances related to unconfined hydrogen explosions Int. J. Hydrogen Energy 32(13), 2118–2124 (2007). (b) S.B. Dorofeev, Evaluation of safety distances related to unconfined hydrogen explosions. International conference on hydrogen safety, Pisa, 2005
10. J.X. Wen, Hydrogen fires. 1st European Summer school on hydrogen safety, Belfast, 2006
11. P. Wolanski, Fourty years of investigation of diffusion ignition. Paper at the 7th international symposium on hazards, prevention and mitigation of industrial explosions, St. Petersburgh, 2008
12. (a) J.G. Quintiere, Fundamentals of premixed flames. 1st European Summer school on hydrogen safety, Belfast, 2006. (b) J.G. Quintiere, Fire plumes and jets. 1st European Summer school on hydrogen safety, Belfast, 2006
13. J.H.S. Lee, *The Detonation Phenomenon* (Cambridge University Press, 2008), 390 p
14. J.E. Shepherd, Detonation in gases. PCI 32 (2008)
15. J.E. Shepherd, Deflagration to detonation transition loads. Proceedings of PVP-IS-PVT211, 2006. ASME pressure vessels and piping conference
16. B.E. Gelfand, M.V. Silnikov, *Barothermic Effect of Explosions* (Asterion, St. Petersburg, 2006), 658 p
17. B.E. Gelfand, M.V. Silnikov, *Gaseous Explosions* (Asterion, St. Petersburg, 2007), 240 p
18. B.E. Gelfand, M.V. Silnikov, *Volumetric Explosions* (Asterion, St. Petersburg, 2008), 374 p

目　　录

第1章　氢混合物的基本燃烧特性 …… 1
1.1　层流火焰速度 …… 1
1.2　火焰拉伸速率(拉伸效应) …… 1
1.3　Markstein 长度 …… 2
1.4　路易斯数和选择性扩散 …… 3
1.5　扩散-热和流体动力火焰不稳定性 …… 4
1.6　湍流火焰速度 …… 5
1.7　混合物成分 …… 7
1.8　氢混合物的宏观燃烧参数 …… 7
参考文献 …… 11
第2章　氢气体混合物的层流和多孔燃烧 …… 14
2.1　层流火焰速度的测量 …… 14
2.2　层流火焰速度的测量结果 …… 17
2.3　层流火焰速度测量技术的发展 …… 19
2.4　火焰传播模拟 …… 21
2.5　初始温度对层流火焰速度的影响 …… 23
2.6　压力对层流火焰速度的影响 …… 26
2.7　混合物成分对层流火焰速度的影响 …… 28
2.8　不可燃气体添加剂对层流火焰速度的影响 …… 32
2.9　二氧化碳对层流火焰速度的影响 …… 33
2.10　水蒸气对层流火焰速度的影响 …… 35
2.11　一氧化碳和空气混合物中的层流火焰速度 …… 38
2.12　氢气和甲烷和空气混合物中的层流火焰速度 …… 43
参考文献 …… 46

第 3 章　氢气体混合物的湍流燃烧 …… 51
3.1　湍流火焰速度测量 …… 51
3.2　湍流强度和混合组分对火焰速度的影响 …… 53
3.3　压力对湍流火焰速度的影响 …… 56
3.4　二氧化碳对湍流火焰速度的影响 …… 57
3.5　水蒸气对湍流火焰速度的影响 …… 58
3.6　一氧化碳对湍流火焰速度的影响 …… 59
3.7　湍流火焰的淬熄 …… 61
3.8　抑制燃烧的方法 …… 62
3.9　氢气和空气与水雾系统湍流燃烧抑制效率的测量 …… 62
3.10　湍流燃烧抑制实验数据 …… 64
参考文献 …… 68
第 4 章　火焰传播的浓度限制 …… 70
4.1　浓度限值的测量 …… 70
4.2　氢气、氧气和氮气混合物的浓度限值 …… 71
4.3　含氢混合物与二氧化碳的浓度限值 …… 72
4.4　含氦、氢混合物的浓度限值 …… 73
4.5　含水蒸气的氢混合物燃烧的浓度限制 …… 73
4.6　容器壁面温度对燃烧浓度限值的影响 …… 75
4.7　氢气和烃类和空气混合物的燃烧极限 …… 78
4.8　点火源的临界能量特性 …… 81
4.9　火焰传播的几何限制 …… 85
4.10　氢和氨混合物的燃烧极限 …… 86
参考文献 …… 87
第 5 章　快速爆燃和准爆轰 …… 90
5.1　有限体积内的快速爆燃和准爆轰 …… 90
5.2　开放空间内的爆燃 …… 91
5.3　湍流促进火焰加速燃烧 …… 92
5.4　管道内的准爆轰 …… 94
5.5　多孔介质中的准爆轰 …… 97
5.6　半封闭阻塞空间内的准爆轰 …… 102

5.7　液体和可燃混合物气泡中的爆炸过程 ………………………… 104
5.8　快速爆炸过程的尺度因子 ………………………………… 105
5.9　爆炸过程的一般性质 ………………………………… 107
5.10　爆燃－爆轰转变时的热负荷和压力负荷……………… 109
参考文献……………………………………………… 111
第6章　氢混合物的自燃 ……………………………………… 113
6.1　初步评论 ………………………………………… 113
6.2　预混氢气与空气/氧气混合物在真实初始条件下的自燃………… 114
6.3　压力和温度对含氢混合物自燃的影响 ………………… 116
6.4　自燃延迟 ………………………………………… 118
6.5　自燃中心和自燃机制产生的空间特征 ………………… 120
6.6　自燃的特殊情况 ………………………………… 124
6.7　氮氧化物对含氢混合物自燃的影响 ………………… 125
6.8　碳氢燃料添加剂对含氢混合物自燃的影响 ……………… 127
6.9　非均相含氢可燃混合物的自燃 ……………………… 130
6.10　非平坦表面附近均匀混合气着火燃烧的热气动力学现象……… 131
6.11　自燃过程的实验研究………………………………… 133
6.12　可燃混合物中激波聚焦的数值模拟………………… 138
6.13　自燃过程调查数据的实际应用……………………… 140
6.14　水蒸气对自燃的影响………………………………… 142
6.15　二氧化碳对自燃的影响……………………………… 145
参考文献……………………………………………… 147
第7章　超声速燃烧状态:爆炸波 ……………………………… 153
7.1　含氢混合物的爆炸参数 ……………………………… 153
7.2　反射爆炸波参数 ………………………………… 156
7.3　初始温度和不可燃气体对爆炸参数的影响 ……………… 157
7.4　爆炸胞格的尺寸 ………………………………… 160
7.5　温度对爆炸胞格尺寸的影响 ………………………… 162
7.6　含氢混合物组成对爆炸胞格尺寸的影响 ……………… 163
7.7　爆炸浓度限值 ………………………………… 167
7.8　爆炸波传播的几何限制 ……………………………… 169

7.9　球形爆炸直接起爆的临界能量 …………………………………… 173
7.10　含氢双组分可燃气体混合物中的爆炸………………………… 176
7.11　三元混合物的爆炸极限……………………………………… 179
参考文献……………………………………………………………… 180
第 8 章　爆炸区域的无冲击和自发起爆 …………………………… 184
8.1　爆燃到爆炸转变 …………………………………………… 184
8.2　有障碍物管道内火焰加速过程的研究 ………………………… 186
8.3　爆炸环境中无冲击（轻度）起爆的替代条件研究 ……………… 189
8.4　温度和浓度不均匀性对无冲击激波起爆的影响 ………………… 190
8.5　引起爆燃转爆炸的临界温度和浓度梯度 ……………………… 191
8.6　温度/浓度梯度区域的发生………………………………………… 192
8.7　自发爆炸过程的起始条件 …………………………………… 194
8.8　自爆炸发生最小距离的估算 ………………………………… 195
8.9　危险 TCG 形成物的几何约束及伴随自爆的压力效应 ………… 197
8.10　DDT 过程中管壁上的压力荷载 ……………………………… 198
参考文献……………………………………………………………… 200
第 9 章　氢混合物爆炸的现象学 ………………………………… 204
9.1　空间燃料－空气混合物爆轰参数 ……………………………… 204
9.2　燃油－空气混合物无限制爆燃爆炸参数 ……………………… 207
9.3　管道内一些含气量的一维燃烧引起的 HAM 爆炸参数 ………… 211
9.4　二元燃料（氢气和天然气）和空气爆燃爆炸参数 ……………… 213
9.5　无约束球体中的 HAM 爆炸 ………………………………… 216
9.6　半封闭管道中的 HAM 爆炸 ………………………………… 217
9.7　蜂窝材料阻塞的体积中的 HAM 爆炸效应 …………………… 219
9.8　二元燃料（可燃氢和天然气）和混合气爆炸的受阻体积参数 … 221
9.9　HAM 爆燃爆炸对爆破荷载的衰减………………………………… 224
9.10　HAM 爆炸引起的压力衰减和转变 …………………………… 225
参考文献……………………………………………………………… 227
第 10 章　氢混合物爆炸产生的拆除载荷 ………………………… 229
10.1　爆破载荷的拆除参数………………………………………… 229
10.2　可燃含氢云爆炸产生的冲击波参数………………………… 230

10.3 稀疏波参数 …… 237
10.4 稀疏波造成的损伤图 …… 241
10.5 气体爆炸的反射冲击波参数 …… 244
10.6 气体体积几何形状对冲击波参数的影响 …… 246
10.7 充气空腔水下爆炸产生的压力载荷参数 …… 248
10.8 水下气体爆炸产生的压力波参数 …… 250
10.9 可爆炸燃料混合物云中的压力载荷特性 …… 253
10.10 气体燃料混合物爆炸的损伤汇总图 …… 254
10.11 HAM 爆炸造成的损伤效应的初步启发式预估 …… 255
参考文献 …… 257
第 11 章 非预混合和部分预混合物的燃烧与压力振荡特性 …… 262
11.1 扩散火焰概念 …… 262
11.2 三重火焰和边缘火焰 …… 265
11.3 扩散火焰在大涡存在时的传播 …… 266
11.4 射流火焰稳定性机理 …… 268
11.5 氢扩散火焰特性实验数据 …… 268
11.6 稳定扩散火焰的几何特征和物理参数 …… 271
11.7 氢气稳定扩散火焰在空气中的边界和参数 …… 272
11.8 添加剂对氢扩散火焰的影响 …… 276
11.9 氢扩散火焰几何参数和物理参数的经验关系 …… 278
11.10 扩散火焰自发产生(扩散点火)机理 …… 278
11.11 一种简化的自发扩散燃烧产生模式 …… 282
11.12 扩散燃烧的压力振荡特性 …… 288
参考文献 …… 291

第 1 章　氢混合物的基本燃烧特性

1.1　层流火焰速度

层流火焰速度是预混可燃气体反应性的基本特征之一,它规定了单位时间内通过单位火焰前沿面积上反应的混合物量。根据经典定义,层流火焰(燃烧)速度是一维平面火焰锋在垂直于波面方向上相对于未燃烧气体的膨胀率[1]。

球形火焰用特征参数描述真实的弯曲火焰,如 Karlovitz 拉伸因子[2]和 Markstein 长度[3-4]。

1.2　火焰拉伸速率(拉伸效应)

大多数真实火焰都受到局部表面流体动力变形的影响,其中包括引起局部曲率变化的变形,它影响火焰前峰传播的速度(也称为火焰速度),称为拉伸或拉伸效应。

Karlovitz 拉伸因子 K 表示火焰前缘面积相对于整个火焰表面积的变化率 $\mathrm{d}A/\mathrm{d}t$[5],即

$$K = \frac{1}{A}\frac{\mathrm{d}A}{\mathrm{d}t} \tag{1-1}$$

式中:K 的单位为 s^{-1}。对于球形火焰,可以用火焰前缘半径 r_f 表示:

$$K = \frac{2}{r_f}\frac{\mathrm{d}r_f}{\mathrm{d}t} \tag{1-2}$$

式中:$\mathrm{d}r_f/\mathrm{d}t$ 是相对于燃烧气体的火焰速度,称为可见速度 S_b。对于燃烧气体,上标“0”表示无拉伸火焰速度。无量纲拉伸称为 Karlovitz 数,可由以下比值得到

$$Ka = K \cdot \frac{\delta_0}{S_u^0} \tag{1-3}$$

式中:δ_0 是层流火焰厚度;S_u^0 是平坦(无拉伸)火焰速度。

氢气和空气混合物中火焰速度 S_u 随 Karlovitz 数的变化曲线如图 1.1 所示[6]。

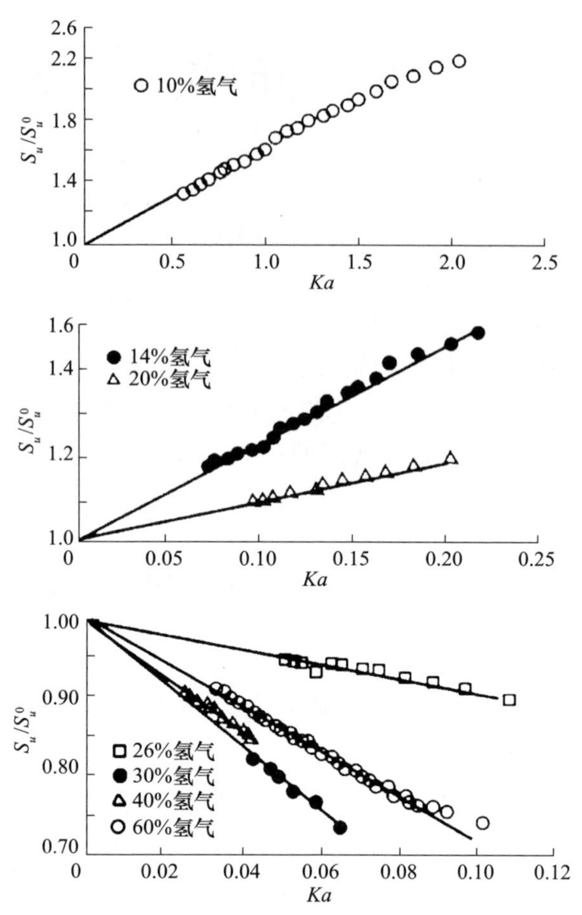

图 1.1　氢气和空气混合物中火焰速度 S_u 随 Ka 的变化曲线(室温,压力 0.1MPa)

在燃料和空气预混的体积中心的初始火焰继续膨胀,形成燃烧产物的球状云,并且包含越来越多的未燃烧混合物。拉伸因子在小火焰半径 r_f 处有最大值,随着球形火焰膨胀而逐渐减小。对于发散的球面火焰,拉伸曲率方向是正的;对于收敛的球面火焰,拉伸曲率方向则是负的。如在本生灯中稳定火焰的尖端附近能观察到负拉伸。一般来说,拉伸的方向是能够确定的。

1.3　Markstein 长度

无论是层流燃烧还是湍流燃烧,拉伸量的定量描述都非常关键。理论和详细的计算机模拟已经验证了预混火焰拉伸效应的实验数据[7-14]。当拉伸值小时,它对火焰速度的影响是线性的。燃烧速度的变化可以用 Markstein 长度[3-4,11-12]表示,该长度由下式得出:

$$S_u = S_u^0 - L_M K \tag{1-4}$$

式中:S_u为层流火焰速度;S_u^0为平坦火焰速度;L_M为 Markstein 长度;K 为 Karlovitz 拉伸因子。Markstein 长度是火焰对拉伸响应的定量度量。

特征长度 L_M考虑了火焰曲率对燃烧速度的影响。其绝对值越高,曲率效应越强。Markstein 长度与层流火焰厚度的关系为 $\delta = a/S_u$,其中 S_u 为层流火焰速度。Markstein 数的表达式为 $Ma = L_M/\delta$。298K 和 0.1MPa 条件下氢气与空气混合物的 Markstein 长度如表 1.1 所列[15]。氢气与空气混合物的 Markstein 长度相对于化学计量比值的变化如图 1.2 所示。

表 1.1　氢气与空气混合物的 Markstein 长度

氢气/%	10	15	20	29.6	40	50	60
L_M/mm	-0.350	-0.209	-0.104	0.021	0.062	0.091	0.178

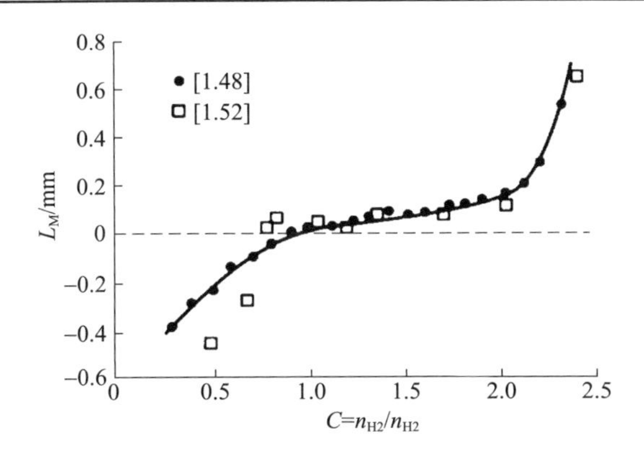

图 1.2　室温和常压下氢气与空气混合物实验中球形发散火焰的 Markstein 长度[15,50]

1.4　路易斯数和选择性扩散

一般来说,拉伸因子对绝热扩散无畸变火焰的影响最小,但它会因选择性扩散而发生改变[7-8]。

目前,已有 3 种火焰扩散因子:热扩散(热扩散率)a、受限反应物扩散 D_i和过量反应物扩散 D_j。在这 3 种扩散因子中,比较非化学计量与接近化学计量的混合物中的 D_i和 a、D_i和 D_j,可以得到两个选择性扩散的判据。这两个判据表征了非统一路易斯数效应($Le = a/D_i$)和微分扩散效应(D_i/D_j)。

火焰行为及其温度取决于热量和质量扩散的相对速度。如果 $Le=1$，则总焓守恒，火焰温度 T_b 与绝热温度 T_{ad} 一致；如果 $Le<1$，则火焰温度 $T_b>T_{ad}$；如果 $Le>1$，则 $T_b<T_{ad}$。

当受限反应物具有较大的扩散系数时，其在反应区中的浓度变得接近化学计量，这导致温度升高和剧烈燃烧。当受限反应物扩散性较低时，则具有相反的效果。

路易斯数 $Le=a/D_i$ 是混合物热扩散率与受限反应物扩散系数的比值。在稀混合物中，受限反应物是氢气，在浓混合物中则是氧气。

路易斯数规定了热扩散和质量扩散的相对重要性，并作为层流火焰扩散热不稳定性的判据。对于多组分混合物，可以分别计算出各组分的路易斯数，如表 1.2所列[16]。

表 1.2　3 个燃料过量因子 ϕ 值下氢气与空气火焰的路易斯数

ϕ	Le_{H_2}	Le_{O_2}	Le_{O}	Le_{H}	Le_{OH}	Le_{H_2O}	Le_{H_2}	$Le_{H_2O_2}$	Le_{N_2}
0.7	0.31	1.13	0.72	0.18	0.74	0.83	1.12	1.13	1.19
1.0	0.33	1.20	0.78	0.20	0.79	0.88	1.20	1.21	1.35
1.4	0.37	1.36	0.89	0.23	0.91	1.02	1.36	1.37	1.63

图 1.3 给出了根据氢气与空气混合物过量燃料因子 ϕ 确定的路易斯数的可靠实验数据。这些数据是针对球形发散和球形收敛火焰以及由相对喷流结构稳定的火焰获得的。

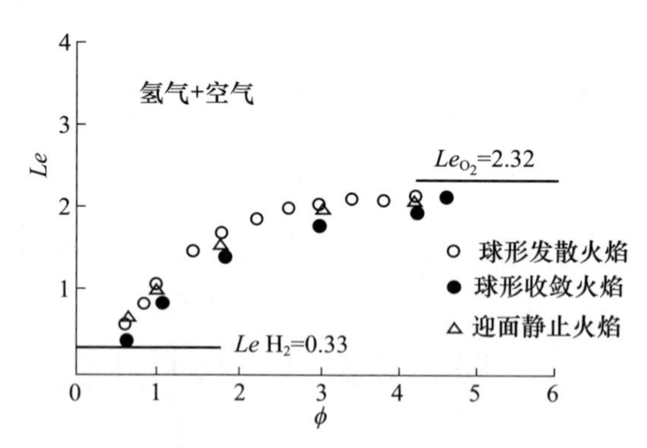

图 1.3　室温和常压下实验获得的氢气和空气混合物的路易斯数[16]

1.5　扩散－热和流体动力火焰不稳定性

由于热和质量选择性扩散，火焰拉伸效应影响层流火焰速度[7-12]。根据

Markstein 长度公式的符号，这种效应可能导致火焰前锋不稳定。当 Markstein 长度为负时，火焰层流速度随着拉伸增长而增加。

燃烧产物的火焰前缘凹陷（凸出）具有正（负）拉伸，它们的增长使得火焰不稳定。当 Markstein 长度为正值时，火焰层流速度随着拉伸的增加而下降，并且火焰表面曲率减小，这表明火焰稳定。

这些影响可能包括相对于热扩散的选择性质量扩散，这导致扩散 - 热（DT）不稳定[1,8,17-18]。一种反应物相对另一种反应物的选择性扩散导致扩散 - 扩散（DD）不稳定[8]或两种类型都存在的不稳定。

在中性稳定的选择性扩散和轻微的浮力冲击下，层流火焰表现出流体动力不稳定性。

Landau 和 Darrieus 在平面层流火焰的流体动力不稳定性方面的开创性工作是众所周知的[1]。根据 Darrieus - Landau 理论，独立于波长的小扰动使平面火焰不稳定。

事实上，如果雷诺数不是太大，则存在导致火焰稳定传播的机制。流体动力稳定性的机制是由较致密的反应物向较低密度的反应产物加速。Markstein 已经在平面火焰中分析过这种机制，他认为火焰表面密度是不连续的[3-4]。

Istratov 和 Librovich[19]研究了球形火焰稳定性问题，并进行了拓展[20-26]。结果表明，大尺度球形火焰表面的扰动过程导致了表面湍流的产生[27-29]。这种现象可用分形机制来描述[30-33]。

在氢气和空气混合物的实验中，经常观察到不稳定性现象（HD 和 DD）。含有 10% 和 50% 氢气混合物中球形火焰的照片[2,34]显示了浓混合物中的平滑燃烧前沿和稀混合物中的蜂窝状前沿。在封闭的燃烧室中，由于壁面反射的压力波的影响，火焰前沿的扰动增加[35-36]。在快速燃烧的混合物中，当火焰接近壁面时，会出现一个类似“刺猬”的前沿结构。

当球形火焰变得弯曲、蜂窝状和湍流时，燃烧速度的增加可以通过火焰表面的增长来解释。大量扩散 - 热和流体动力火焰不稳定性的实验与理论研究集中于弯曲及蜂窝状火焰的传播[7-14,17-39]。

在上述研究中，特别关注球形火焰。在球形弯曲火焰的实验中，半径等于燃烧气体的光滑球体半径。曲率等于弯曲火焰的总表面与光滑球体表面的比值。本书用类似的方法研究了准球形火焰源的湍流燃烧。

1.6 湍流火焰速度

湍流火焰速度 S_T是预混气体湍流燃烧的常用测量参数。它反映了燃烧化学和湍流的复杂相互作用。在渐近分析的基础上,可导出该参数与其他关键特征参数之间的无量纲关系式。

特别是 Bradley 与合作者[40-45]收集了超过 1600 个关于 S_T的实验数据集,利用层流燃烧速度 S_u^0 进行归一化。该数据将 S_T/S_u^0 与曲率因子相关联,曲率因子包括冷预混气体中的有效均方归一化脉动速度 u'/S_u^0 和 Karlovitz 数 K 乘以路易斯数 Le。上述数据的图表显示了 Re/Le_2参数效应,其中 Re 是湍流雷诺数。这些实验数据是验证湍流燃烧模型(包括层流小火焰方法)的来源[46-47]。

Borghi 图(图 1.4)展示了可能的湍流燃烧状态[48]。该图显示了 L_T/δ_L(L_T 表示拉格朗日积分湍流尺度,δ_L表示层流火焰厚度)与 u'/S_u^0(u'表示脉动速度,S_u^0 表示层流燃烧速度)之间的关系。图的左下角显示了燃烧的层流状态。湍流雷诺数 $Re_T=1$ 是层流和湍流燃烧状态之间的分界线,湍流火焰的特征取决于湍流 Karlovitz 数 Ka_T和湍流 Damkhler 数 Da_T。

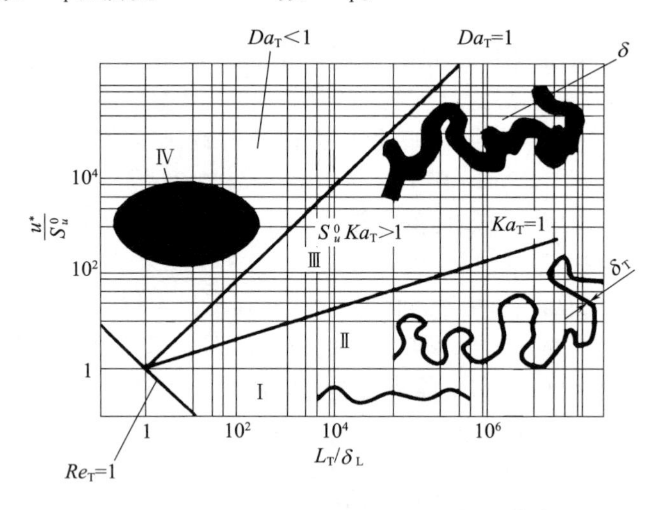

图 1.4 湍流燃烧状态定义的 Borghi 图[48]

在脉动速度不超过层流火焰速度的区域Ⅰ中,湍流火焰具有厚度类似于层流火焰的弯曲火焰面。随着脉动速度的增加,曲率水平增长,火焰会失去连续性。

然而,在区域Ⅱ中,其边界对应于湍流 Karlovitz 数 $Ka_T=1$,反应区的厚度等于区域Ⅰ的厚度。这意味着,化学反应在 t_c内完成,与湍流混合 t_T的特征时间相比可忽略不计。t_T/t_c称为湍流 Damkhler 数 Da_T。

在区域Ⅲ中,边界由对应于底部的 $Ka_T=1$ 和顶部的 $Da_T=1$ 的线界定,反应区厚度增加,并且火焰不能用基于层流弯曲火焰模型的小火焰方法描述。此处考虑了有限情况下的理想混合反应器模型（与湍流混合时间相比，忽略了化学反应速度）。

在可比的湍流尺度和反应区厚度下，区域Ⅳ的燃烧以类似于热爆炸的方式发生。

1.7 混合物成分

在文献中，混合物的组成可以用不同的方式指定。通常使用的是燃料体积含量（%），其中当量比由以下公式定义：

$$\phi = \frac{\text{燃料/氧化剂}}{(\text{燃料/氧化剂})_{\text{stoich}}} \tag{1-5}$$

该比例的氧化剂是纯氧 O_2 或接近空气成分的氧/氮混合物（$O_2 + 3.76N_2$）。如果燃料是氢气，氧化剂是空气，则通过下式表示：

$$\phi = \frac{\%\,H_2/(100\% - \%\,H_2)}{0.42} \tag{1-6}$$

数值 0.42 对应于空气中氢的化学计量含量（体积为 29.6%）。就燃料而言，$f<1$的混合物称为贫燃燃料，$f>1$ 的混合物称为富燃燃料。有时，也使用燃油过量比率：

$$C = \frac{n_{H_2}}{(n_{H_2})_{\text{stoich}}} \tag{1-7}$$

式中：n_{H_2}为混合物中的氢摩尔数；$(n_{H_2})_{\text{stoich}}$为 H_2/O_2化学计量比下的氢摩尔数。

对于含有几种燃料和添加剂，并规定了每种组分百分比的多组分混合物，质量分数通常指凝聚态成分。

1.8 氢混合物的宏观燃烧参数

许多宏观物理化学参数有助于进一步描述封闭空间中氢混合物的燃烧效应，文中只关注氢气＋氧气（HOM）和氢气＋空气（HAM）混合物。

图 1.5 给出了氢气在氧气（1）或空气（2）中燃烧时，可燃混合物（初始压力 $P_0 = 0.1\text{MPa}$，温度 $T = 293\text{K}$）的爆炸压力（P_c）和氢气体积分数的关系图，图中展示的是对 6L 容器测量的实验结果[49]。

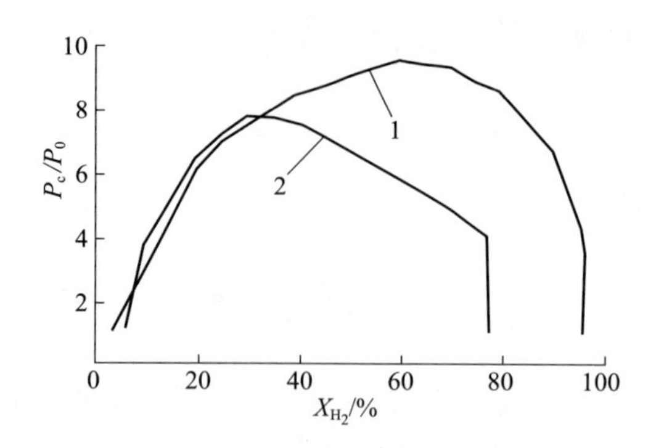

图 1.5　在压力为 0.1MPa 和温度为 293K 时，可燃混合物氢氧爆炸(1)和氢空气爆炸(2)的压力－氢体积分数图[49]

每种爆炸情况都有其压力增加率 dP/dt。该参数根据因子 $K = V^{0.33}[dP/dt]$ 定义爆炸风险等级，其中 V 是爆炸室的容积。图 1.6 显示了不同条件下氢气 + 空气混合物组成的压力增加速率。

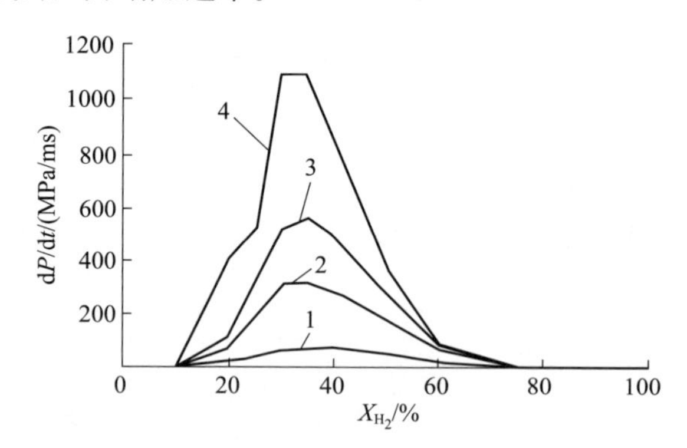

图 1.6　不同初始压力下，密闭空间内爆炸的压力增加速率与氢气与空气混合物成分的函数关系[49]

1—0.1MPa; 2—0.5MPa; 3—1MPa; 4—3MPa。

接近贫爆炸极限成分组成的混合物具有相对较慢的爆炸压力加速特征，这也是接近浓度下限(LCL)的混合物在排放装置中有效应用的原因。氢气体积过量的混合物，即那些接近浓度上限(UCL)的混合物，其特点是爆炸压力加速快，将导致许多问题，因此不太可能应用在排放装置中。

实际值得关注的是 HAM 初始压力和温度对爆炸压力的影响。图 1.7 显示了初始压力 $P_0 = 0.1 \sim 3$MPa 对相对压力载荷 P_c/P_0 的影响微弱，图 1.8 所示的初始温度对爆炸压力的影响更加明显，特别是 $X_{H_2} > 70\%$ 时曲线的局部变化。

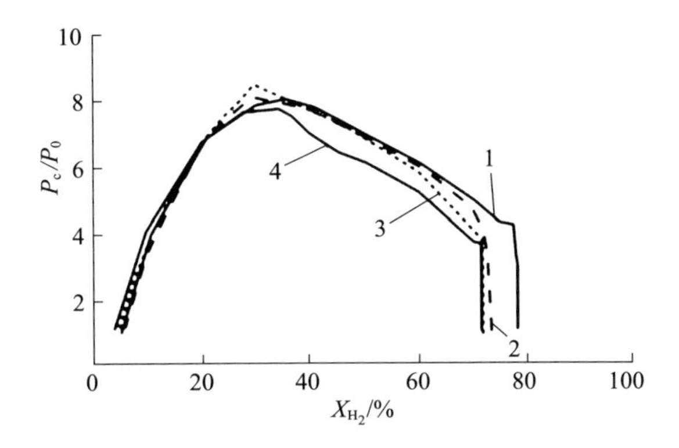

图 1.7　不同初始压力下 HAM 爆炸压力 - 混合物成分图[49,51-52]

1—0.1MPa；2—0.5MPa；3—1MPa；4—3MPa。

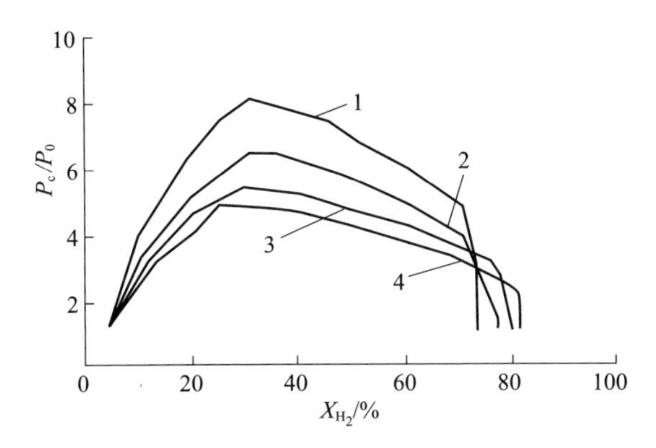

图 1.8　P_0 = 1MPa,不同初始温度时 HAM 爆炸压力 - 混合物成分图[51-52]

1—20℃；2—100℃；3—200℃；4—250℃。

值得关注的是,点火浓度下限和上限(LCL 和 UCL)是初始压力和温度的函数。图 1.9 显示了 LCL 和 UCL 曲线变化,取决于两个温度值下的压力,表 1.3 和表 1.4 是图 1.9 中的补充数据。

表 1.3　初始温度为 80℃时的点火极限

P_0/MPa	LCL(X_{H_2})/%	UCL(X_{H_2})/%
0.1	3.8	95.4
0.5	4.4	95
1	4.8	94.6
2	5.2	94.6
5	5.3	95

续表

P_0/MPa	LCL(X_{H_2})/%	UCL(X_{H_2})/%
10	5.7	95.3
15	5.3	95.5
20	5.7	95.5

表 1.4 初始温度为 20℃时的点火极限

P_0/MPa	LCL(X_{H_2})/%	UCL(X_{H_2})/%
0.1	4	95.2
0.5	4.6	94.6
1	5	94.2
2	5.4	94.2
5	5.5	94.6
10	5.7	94.9
15	5.7	95.1
20	5.9	95.1

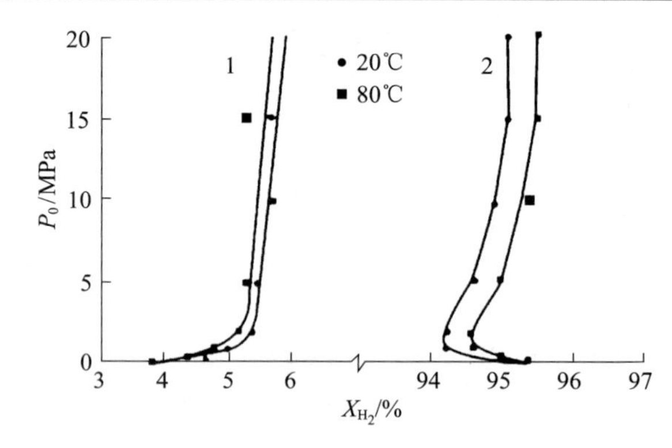

图 1.9 在两个初始温度值下,LCL(1)和 UCL(2)压力的函数曲线[49]

图 1.10 显示了 LCL 和 UCL 在很大的初始温度范围内的变化,应注意在增加初始温度会扩大危险组成成分范围(表 1.5)。

表 1.5 温度对点火极限的影响

T/℃	LCL(X_{H_2})/%	UCL(X_{H_2})/%
20	3.9	75.2
100	3.4	77.6
200	2.9	81.3
300	2.1	83.9
400	1.5	87.6

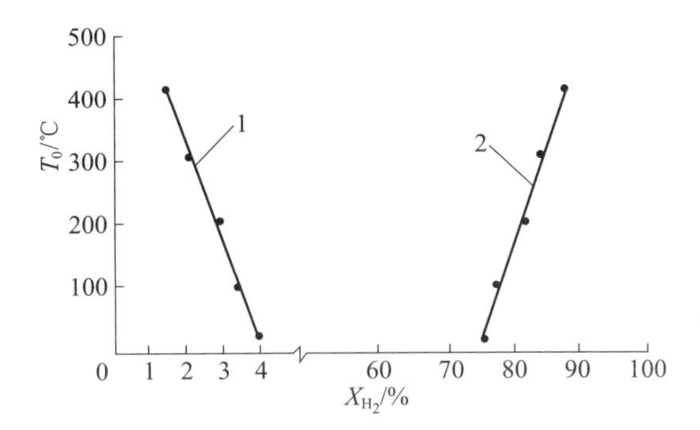

图 1.10　在大气压下,LCL(1)和 UCL(2)初始温度的函数关系

参考文献

1. Ya.B. Zeldovich, G.I. Barenblatt, V.B. Librovich, G.M. Makhviladze, *The Mathematical Theory of Combustion and Explosions* (Consultants Bureau, New York, 1985), p. 597
2. B. Lewis, G. Von Elbe, *Combustion, Flames and Explosion of Gases*, 3rd edn. (Academic, Orlando, 1987), p. 739
3. G.H. Markstein, Experimental and theoretical studies of flame front stability. J. Aeronaut. Sci. 18, 199–209 (1951)
4. G.H. Markstein, Instability phenomena in combustion waves. Proc. Combust. Inst. 4, 44–59 (1953)
5. F.A. Williams, *Combustion Theory: The Fundamental Theory of Chemically Reacting Flow Systems*, 2nd edn. (Benjamin Cummings, Menlo Park, 1985)
6. Y.Y. Zhang, J.H. Wu, S. Ishizuka, Hydrogen addition effect on laminar burning velocity, flame temperature and flame stability of a planar and curved CH_4 + H_2 + Air premixed flame. Int. J. Hydrogen Energy 34(2), 519–527 (2009)
7. P. Clavin, Dynamic behavior of premixed flame fronts in laminar and turbulent flows. Prog. Energy Combust. Sci. 11, 1–59 (1985)
8. C.K. Law, C.J. Sung, Structure, aerodynamics, and geometry of premixed flamelets. Prog. Energy Combust. Sci. 26, 459–505 (2000)
9. O.C. Kwon, G.M. Faeth, Flame/stretch interactions of premixed hydrogen-fueled flames: measurements and predictions. Combust. Flame 124, 590–610 (2001)
10. J.K. Bechtold, M. Matalon, Effects of stoichiometry on stretched premixed flames. Combust. Flame 119, 217–232 (1999)
11. J.K. Bechtold, M. Matalon, The dependence of the Markstein length on stoichiometry. Combust. Flame 127, 1906–1913 (2001)
12. K.T. Aung, M.I. Hassan, G.M. Faeth, Flame stretch interactions of laminar premixed hydrogen/air flames at normal temperature and pressure. Combust. Flame 109, 1–24 (1997)
13. P. Clavin, G. Joulin, Flamelet library for turbulent wrinkled flames. Lecture notes in engineering: turbulent reactive flows, vol. 40, 1989, pp. 213–239
14. S.D. Lee, D.H. Chung, S.H. Chung, Local equilibrium temperature as a measure of stretch and preferential diffusion effects in counterflow H_2/air premixed flames. Proc. Combust. Inst. 27, 579–585 (1998)
15. M.J. Brown, I.C. McLean, D.B. Smith, S.C. Taylor, Markstein lengths of CO/H_2/air flames, using expanding spherical flames. Proc. Combust. Inst. 26, 875–881 (1996)

16. C.J. Sun, C.J. Sung, L. He, C.K. Law, Dynamics of weakly stretched flames: quantitative description and extraction of global flame parameters. Combust. Flame 118, 108–128 (1999)
17. G.I. Sivashinsky, Instabilities, pattern formation, and turbulence in flames. Ann. Rev. Fluid Mech. 15, 179–199 (1983)
18. Баренблатт Г.И., Зельдович Я.Б., Истратов А.Г. О диффузионно-тепловой устойчивости ламинарного пламени//ПМТФ, 1962, № 4. С. 21–26 (G.I. Barenblatt, Ya.B. Zeldovich, A.G. Istratov, On diffusion-thermal stability of laminar flame. Zh. Prikl. Mehan. Tehn. Fiziki 4, 21–26 (1962)
19. A.G. Istratov, V.B. Librovich, On the stability of propagation of spherical flames. J. Appl. Mech.Tech.Phys. 7(1), 43–50 (1966)
20. M.L. Frankel, G.I. Sivashinsky, Fingering instability in nonadiabatic low-Lewis-number flames. Phys. Rev. E 52, 6154–6158 (1995)
21. O.C. Kwon, G. Rozenchan, C.K. Law, Cellular instabilities and self-acceleration of outwardly propagating spherical flames. Proc. Combust. Inst. 29, 1775–1783 (2002)
22. L.Z. Ma, J. Chomiak, Asymptotical flame shapes and speeds of hydrodynamically unstable laminar flames. Proc. Combust. Inst. 27, 545–553 (1998)
23. K.L. Pan, J. Qian, C.K. Law, W. Shy, The role of hydrodynamic instability in flame-vortex interaction. Proc. Combust. Inst. 29, 1695–1704 (2002)
24. R. Addabbo, J.K. Bechtold, M. Matalon, Wrinkling of spherically expanding flames. Proc. Combust. Inst. 29, 1527–1535 (2002)
25. R.C. Aldredge, B. Zuo, Flame acceleration associated with the Darrieus-Landau instability. Combust. Flame 127, 2091–2101 (2001)
26. S.S. Minaev, E.A. Pirogov, O.V. Sharypov, A nonlinear model for hydrodynamic instability of an expanding flame. Combust. Explo. Shock Waves 32(5), 481–488 (1996)
27. F.C. Gouldin, An application of fractals to modeling premixed turbulent flames. Combust. Flame 68, 249–266 (1987)
28. M. Murayama, T. Takeno, Fractal-like character of flamelets in turbulent premixed combustion. Proc. Combust. Inst. 22, 551–559 (1988)
29. Yu.A. Gostintsev, A.G. Istratov, Yu.V. Shulenin, Self-similar propagation of a free turbulent flame in mixed gas mixtures. Combust. Explo. Shock Waves 24(5), 563–569 (1988)
30. Гостинцев Ю.А., Истратов А.Г., Фортов В.Е. О фрактальной структуре турбулентного сферического пламени//Доклады РАН, 1997. Т. 353, № 1. С. 55–56 (Yu.A. Gostintsev, A.G. Istratov, V.E. Fortov, On fractal structure of turbulent spherical flame. Doklady RAN 353(1) 55–56 (1997))
31. Гостинцев Ю.А., Истратов А.Г., Кидин Н.И., Фортов В.Е. Автотурбулизация газовых пламен. Теоретические трактовки//ТВТ, 1999. Т. 37, р. 633–637 (Yu.A. Gostintsev, A.G. Istratov, N.I. Kidin, Auto-turbulization of gaseous flames. Theoretical treatments. Teplofiz. Visokih Temper. 37, 633–637 (1999))
32. Гостинцев Ю.А., Истратов А.Г., Кидин Н.И., Фортов В.Е. Автотурбулизация газовых пламен. Анализ экспериментальных результатов//ТВТ, 1999. V. 37, р. 306–312 (Yu.A. Gostintsev, A.G. Istratov, N.I. Kidin, V.E. Fortov, Auto-turbulization of gaseous flames. Analysis of experimental data. Teplofiz. Visokih Temper. 37, 306–312 (1999))
33. V.V. Bychkov, M.A. Liberman, Stability and the fractal structure of a spherical flame in a self-similar regime. Phys. Rev. Lett. 76, 2814–2817 (1996)
34. J. Manton, G. von Elbe, B. Lewis, Nonisotropic propagation of combustion waves in explosive gas mixtures and the development of cellular flames. J. Chem. Phys. 20, 153–157 (1952)
35. V.P. Karpov, Cellular flame structure under conditions of a constant-volume bomb and its relationship with vibratory combustion. Combust. Explos. Shock Waves 1(3), 39–42 (1965)
36. K.I. Shchelkin, Intensification of weak shock waves by a cellular flame. Combust. Explos. Shock Waves 2(2), 20–21 (1966)
37. G.I. Sivashinsky, Diffusion-thermal theory of cellular flames. Combust. Sci. Technol. 15, 137–145 (1977)
38. T. Mitani, F.A. Williams, Cellular hydrogen flames. Arch. Combust. 1, 61–67 (1981)

39. S. Kadowaki, Numerical study on the formation of cellular premixed flames at high Lewis numbers. Phys. Fluids 12, 2352–2359 (2000)
40. R.G. Abdel-Gayed, D. Bradley, M. Lawes, Turbulent burning velocities: a general correlation in terms of straining rates. Proc. R. Soc. Lond. A414, 389–413 (1987)
41. R.G. Abdel-Gayed, D. Bradley, F.K. Lung, Combustion regimes and the straining of turbulent premixed flames. Combust. Flame 76, 213–218 (1989)
42. D. Bradley, A.K.S. Lau, M. Laws, Flame stretch rate as a determinant of turbulent burning velocity. Philos. Trans. R. Soc. Lond. A338, 359–387 (1992)
43. D. Bradley, How fast can we burn? Proc. Combust. Inst. 24, 247–262 (1992)
44. K.J. Al-Khishali, D. Bradley, S.F. Hall, Turbulent combustion of near-limit hydrogen-air mixtures. Combust. Flame 54, 61–70 (1983)
45. R.G. Abdel-Gayed, D. Bradley, M. Lawes, F.K. Lung, Premixed turbulent burning during explosions. Proc. Combust. Inst. 21, 497–504 (1986)
46. N. Peters, *Turbulent Combustion* (Cambridge University Press, Cambridge, 2000), p. 320
47. F.A. Williams, Progress in knowledge of flamelet structure and extinction. Prog. Energy Combust. Sci. 26, 657–682 (2000)
48. R. Borghi, On the structure and morphology of turbulent premixed flames, in *Recent Advances in Aerospace Science*, ed. by C. Bruno, S. Casci (Pergamon, London, 1984), pp. 117–138
49. V. Schroeder, K. Holtappel, Explosion characteristics of hydrogen -air and hydrogen-oxygen mixtures at elevated pressure. *International Conference on Hydrogen Safety*, Pisa, 2005
50. G. Dixon-Levis, Kinetic mechanism, structure and properties of premixed flames in $H_2 + N_2 + O_2$ mixtures. Philos. Trans. R. Soc. Lond. A292(1388), 45–99 (1979)
51. K.S. Raman, Laminar burning velocities of lean hydrogen-air mixtures. EDL report FM97-15. GALCIT, 1998
52. C.L. Tang, Z.H. Huang, C. Jin, J.J. He, J.H. Wang, X.B. Wang, H.Y. Miao, Explosion characteristics of $H_2 + N_2$ + Air mixtures at elevated pressures and temperatures. Int. J. Hydrogen Energy 34(2), 554–561 (2009)

第2章　氢气体混合物的层流和多孔燃烧

2.1　层流火焰速度的测量

在预混合气体中,稳定(静止)火焰速度和膨胀(传播)火焰速度都可测量,如图2.1所示。火焰可以在各种燃烧器中稳定,包括对向射流燃烧器。

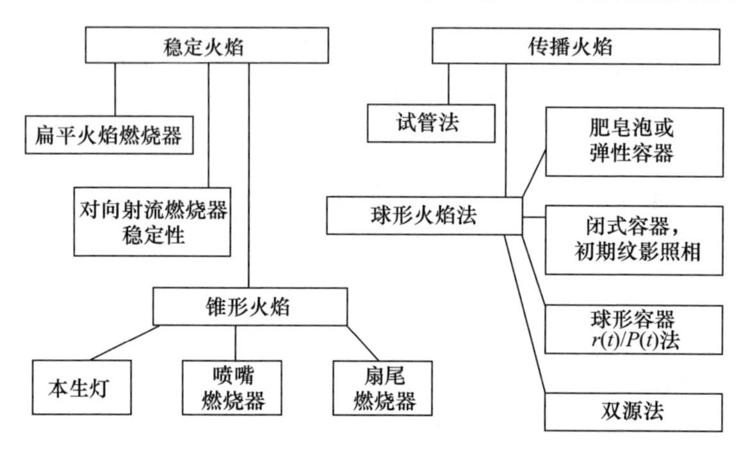

图2.1　层流火焰速度测量方法

在恒定体积条件下,球形火焰源的纹影照相和同步压力记录提供了测量火焰传播速度的最佳方法。最常用的火焰配置如图2.2所示,火焰几何构型的选择是特定的,因为它们的拉伸效果可以控制。在 Andrews 和 Bradley 的著作[1-2]和文献[3-8]中可以找到对火焰速度测量方法的评论。

自19世纪首次研究以来,气体混合物燃烧的定量研究已经有了较大进展。层流火焰速度测量的理论概念是由 Gui 和 Michelson[9]提出的。Michelson 是第一个在大气压力和室温下,在锥形本生灯火焰内表面测量氢气和空气混合物中火焰速度的人[10]。这些独特而鲜为人知的结果是在很宽的氢气浓度范围内获得的(混合物体积从15.3%到74.6%)。

随后,文献[6,12]中引用的 Jahn[11]结果,没有考虑低氢浓度混合物(氢浓度为30%或更高),最大燃烧速度(267cm/s)低于 Michelson 测量的速度(281cm/s)。

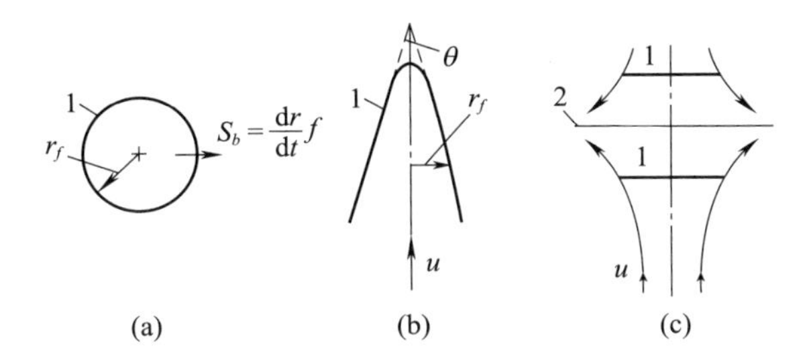

图 2.2　可控拉伸效果的火焰几何结构

(a)球形不稳定火焰；(b)静止锥形火焰；(c)相对射流中的静止双火焰。

1—火焰前锋；2—对称平面。

L. S. Kozachenko[13]用扇形火焰燃烧器中复现了 Michelson 测量法，结果接近 Michelson 测量的结果。

文献[14]已讨论了 1956 年以前获得的氢燃烧实验数据，文献[15－19]考虑了火焰速度测量的理论前提和各种实验技术的细节。

简单本生灯的一个特征是未燃烧气体流速的抛物线轮廓。此外，锥前区域取决于选定的火焰边界(纹影、阴影或自发光)[8]，曲率变化很大的两个范围(圆锥的圆形顶点和燃烧器边缘附近的曲线)是不准确的源头[1,12]。

喷嘴燃烧器用来获得均匀的流速分布，但是在文献[15]中发现，由于边界层对燃烧器边缘的影响，该速度维持并不均匀，建议使用较大直径的喷嘴来尽量减少这种影响。与实验数据的比较表明，在喷嘴燃烧器上测得的火焰速度高于在本生灯上测得的值。

此外，喷嘴燃烧器已在文献[16－18]中用于氢气和空气火焰的测量，并在文献[19－20]中用于含有氢、空气和水蒸气的火焰。

表 2.1 中收集并在文献[10－11,13－33]中公布的数据说明了在大气压和室温下通过各种测量技术获得的氢气与空气混合物火焰速度值的差异。

表 2.1　在大气压和室温下氢气和空气混合物中的层流火焰速度 S_u

作者	年份	方法	氢气/%	S_u^{st}/(cm/s)	S_u^{max}/(cm/s)
Michelson	1889	本生灯	15.3～74.6	217	281
Jahn	1934	本生灯	30～75	187	267
Bartholome	1949	喷嘴燃烧器	40～51.2	—	320
Kozachenko	1954	扇尾燃烧器	20～70	233	287
Manton 和 Milliken	1956	球形火焰	30～70	232	300
Fine	1956	本生灯	28～62	193	304

续表

作者	年份	方法	氢气/%	S_u^{st}/(cm/s)	S_u^{max}/(cm/s)
Heimel	1956	本生灯	28 ~ 57	206	297
Grummer	1959	球形火焰	48 ~ 67.1	—	—
Senior	1961	本生灯	17.4 ~ 33	200	—
Gunther 和 Janisch	1972	喷嘴燃烧器	15 ~ 70	282	355
Andrews 和 Bradley	1973	双源法	10 ~ 70	—	336
Liu 和 MacFarlane	1983	喷嘴燃烧器	20.6 ~ 64	—	356
Takahashi	1983	喷嘴燃烧器	29.6 ~ 64	—	308
Wu 和 Law	1984	喷嘴燃烧器	22.7 ~ 70	—	332
Wu 和 Law	1984	喷嘴燃烧器	29.6 ~ 62.7	—	308
Iijima 和 Takeno	1986	球形火焰	17.4 ~ 62.7	238	298
Dowdy、Smith 和 Taylor	1990	球形火焰	9 ~ 68	213	286
Egolfopoulos, Law	1990	逆流	9.7 ~ 38.6	209	—
Koroll、Kumar 和 Bowles	1993	双源法	8 ~ 70	250	346
Koroll、Kumar 和 Bowles	1993	喷嘴燃烧器	30 ~ 70	250	330
Vegelopopoulos 及合作者	1995	逆流	9.5 ~ 18.8	—	—
Faeth 及合作者	1998	球形火焰	15.9 ~ 62.7	210	247
Law 及合作者	2000	球形火焰	15.9 ~ 627	190	282
Langmuir 及合作者	2003	球形火焰	10 ~ 60	209	282
Huang 及合作者	2006	球形火焰	20 ~ 38.7	224	—

燃烧器方法的一个显著缺点是贫氢 - 空气混合物(15% H_2及以下)中火焰前缘的扩散 - 热不稳定性，这导致火焰浓度和温度的不均匀性。这种混合物中的火焰不是一个光滑的圆锥体，而是呈多面体形状，交替出现发光区和未发光区。非均匀性的另一个证明是锥顶点破裂，在文献[34 - 36]中已经对贫氢 - 空气混合物中的特定特性进行了实验观察，文献[37]提出了圆锥顶点断裂的理论描述。

大多数早期的测量是基于无限薄的火焰前缘的概念，其中温度从初始值 T_u 急剧变化到燃烧温度 T_b，气体密度从未燃烧气体密度 ρ_u 下降到温度 T_b 下的燃烧产物密度 ρ_b。由于热膨胀，火焰速度(相对于静止观察者的速度)超过了 S_u。从质量守恒定律可以得出：

$$S_u = (\rho_b/\rho_u) S_b \tag{2-1}$$

式中:$\rho_u/\rho_b = \sigma$，为膨胀比。膨胀比可以通过对充满肥皂泡或弹性外壳的混合物中火焰传播的摄影实验来测量，可以通过燃烧温度和恒压下平衡产物组成的热力学计算来计算。从理想气体状态方程可以得出：

$$\sigma = (n_b T_b)/n_u T_u \quad (2-2)$$

该方法适用于球形火焰发展的初始阶段，此时，火焰半径不超过容器半径的1/2。文献[1,3,5,21,24,27,31-33,38-43]中则考虑了球形层流火焰速度的测量技术。

2.2 层流火焰速度的测量结果

Andrews 和 Bradley[1-2]分析了可用的测量技术，并证明了使用球形容器法时考虑火焰前缘厚度的必要性。他们展示了在封闭空间的氢气和空气混合物中获得的火焰速度数据，包括单个球形火焰源和两个相向运动的火焰源。

图 2.3 给出了单个球形源的可见速度 S_b[2] 和氢气和空气混合物的层流火焰速度 S_u^0[27]。后来，文献[20]使用了双点火法来测量贫氢空气混合物中层流和湍流火焰的燃烧速度。

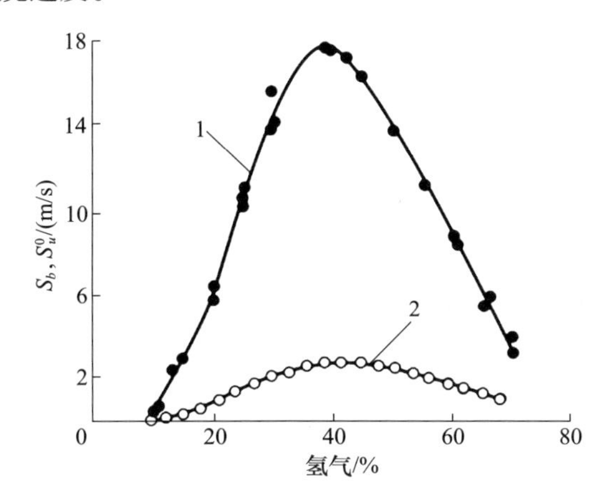

图 2.3 Andrews 和 Bradley[2]测量的可见火焰速度与 Dowdy 和合作者[27]获得的层流火焰速度与氢气和空气混合物中氢的百分比的关系（分别为曲线 1 和曲线 2，温度为 298K，压力为 0.1MPa）

图 2.4 显示了在氢气和空气混合物中通过各种技术测量的层流火焰速度。Liu 和 MacFarlane[19]的结果与球形火焰和本生灯的结果明显不同，这可用拉伸效应来解释。文献[19]使用了一个 3mm 直径的小喷嘴，导致过高的燃烧速度。图 2.5 展示了氢气和空气混合物中不同直径喷嘴测量的最大火焰速度的数据。可以看出，表观层流速度随着喷嘴直径的增大而减小。直径小于 7mm 的喷嘴的

所有实验数据明显高于平坦火焰的 Dixon - Lewis 数值模拟[38]和根据 Markstein 长度外推至无限大火焰半径的实验数据[27]。

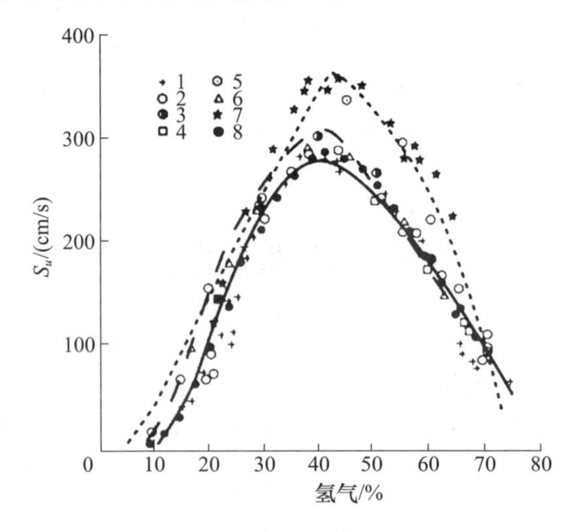

图 2.4 在大气压力和室温下，通过各种技术在氢气和空气混合物中测量的层流火焰速度的比较

1—Michelson[10]；2—Kozachenko[13]；3—Manton 和 Milliken[21]；
4—Grumer[24]；5—Andrews 和 Bredley[2]；6—Iijima 和 Takeno[26]；
7—Liu 和 MacFarlane[19]；8—Dowdy 和合作者[27]；
短划线—Liu 和 MacFarlane 相关曲线；
长划线—由 IChPh RAS(球形火焰)计算；
实线—由平面火焰进行的计算。

通过球形容器法获得的光滑无扰动火焰的数据与球形层流火焰传播的数值模拟结果一致，前提是考虑到描述多组分质量和热量扩散的最新、详细的氢氧化动力学方案与传输系数[27,30,43]。在某些情况下，当没有观察到一致性时，有必要分析层流火焰速度的测量。

少量实验技术可用于测量贫氢混合物中的火焰速度。在这种混合物中，需要特别注意层流和湍流火焰速度测量的影响。

S_u^0的值不但对模拟层流和湍流燃烧和化学动力学问题很重要，而且对设计各种燃料燃烧装置也很重要，S_u^0表示了层流稳定绝热平焰速度的基本特征。

实际上，并非所有条件都能得到满足。这是各种技术测得的层流火焰速度值与某些情况下观察到的层流火焰速度值存在显著差异的原因。例如，贫混合物中氢气和空气火焰燃烧速度的公布值(15% H_2及以下)差异高达 2.5 倍。

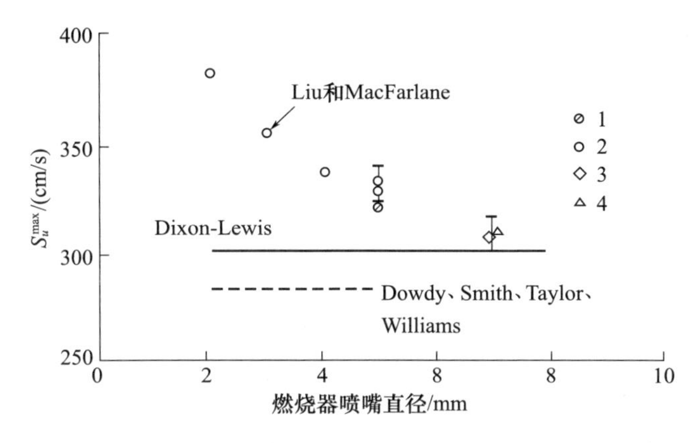

图 2.5　不同喷嘴直径的燃烧器中快速燃烧的氢气和空气混合物的表观层流速度

1—引自文献[15]；2—引自文献[44]；3—引自文献[45]；

4—引自文献[46]；箭头—Liu 和 MacFarlane 的测量结果[19]；

虚线—测量值[27]；实线—计算值[38]。

2.3　层流火焰速度测量技术的发展

最近，层流和湍流火焰速度测量技术有了改进。火焰速度值取决于拉伸效应、非绝热性、有限燃烧区厚度、火焰不稳定性。

燃烧器中的热损失已被量化并考虑在内，相对喷射燃烧器的应用使得确定无拉伸火焰速度的方法得以发展[28-29]。这种方法的思想是，在不同的拉伸因子 K 下确定几个 S_u 值，并进一步外推到 $K=0$，外推的必要性是由于在低 K 值下不可能获得稳定火焰。

应该注意的是，外推法既复杂又耗时。在文献[27,47-48]中提出了一种完全不同的方法，它基于一种众所周知的技术，即使用纹影照相研究正在发展的球形火焰。这种方法的思想是根据 Markstein 假设获得火焰速度校正，这个速度是火焰曲率的线性函数。比率为

$$S_b = S_b^0/(1 + b/r_f) \tag{2-3}$$

此式用于校正，积分后该表达式采用适用于实验数据（火焰半径 r_f/时间比）的方程形式：

$$r_f + b\ln r_f = S_b^0 t + \text{const} \tag{2-4}$$

式中：S_b^0是校正到拉伸的可见火焰速度；b 是实验参数，参数 b 考虑了拉伸和火焰厚度两个因素。如果 S_b^0是已知的，那么，S_u^0通过将可见速度除以膨胀比 $\sigma=$

ρ_u/ρ_b得到。未燃烧气体密度ρ_u与燃烧产物密度ρ_b之比由热力学计算得出。

图2.6显示了在几个温度和0.1MPa的固定压力下，氢气和空气燃烧（实线曲线）及氢气和氧气燃烧（虚线曲线）的膨胀比。

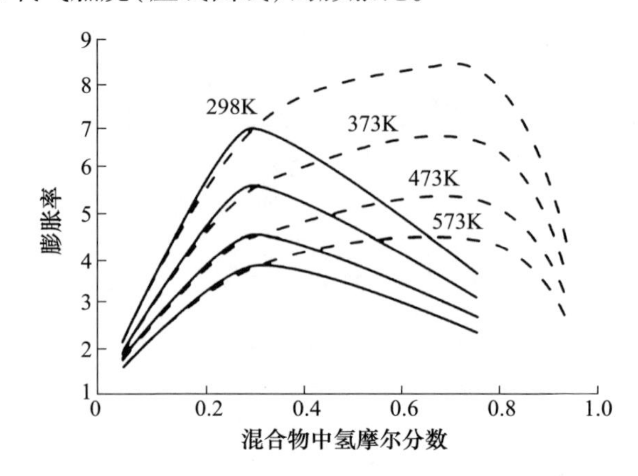

图2.6　氢气和空气（实线曲线）以及氢气和氧气（虚线曲线）燃烧产物的膨胀率与组成和初始温度的关系（$P=0.1$MPa）

文献[30,49－50]使用了稍微不同的方法。在该方法中，首先通过对实验火焰半径－时间函数进行微分，并计算$S_u=S_b/\sigma$，得到可见火焰速度$S_b=\mathrm{d}r_f/\mathrm{d}t$。通过线性外推至零火焰曲率进行拉伸校正，文献[43]中的数值实验证明，用上述任何一种方法都可以得到相同的S_u^0值。

然而，数值模拟使用的是平滑的计算曲线而非实验数据，可通过该曲线的线性外推获得S_u^0。实际上，实验相关性并不是平滑曲线，并且已证明该方法[49]不如文献[51]中的方法精确。在某些情况下，最好将火焰速度作为最大可能火焰半径的值，而不是外推值。

除了火焰速度之外，上述实验比率$r_f(t)$处理的方法可用于确定Markstein长度，Markstein长度是火焰对拉伸响应的度量，根据燃料成分可以是正的或负的。近年来，在大气压下获得了一些碳氢化合物和空气混合物（包括含氢混合物）的Markstein长度的实验数据，在高压下获得了有限数量的数据点[30,47－49,52]。

在高于大气压力的贫含氢混合物中，确定校正到拉伸的火焰速度的可能性仍然是个问题。特别地，传统的测量方法导致在初始高压下火焰速度的预测和测量压力特性之间的差异。例如，在贫氢气与空气混合物中的膨胀火焰模拟，当考虑真实的动力学和多组分输送过程时，将会导致气压指数值与实验获得的不同。

在快速燃烧的 H_2 和 O_2 混合物中层流火焰速度的测量是复杂的,并且公布的数据是矛盾的,特别是涉及高压燃烧时。

H_2 和 O_2 混合物的火焰速度实验数据量比 H_2 和空气混合物少得多。图 2.7 给出了在很大浓度范围内层流速度对混合物浓度的测量和计算相关性之间的比较。计算出的平面火焰速度考虑到详细的动力学和传输过程,与喷嘴燃烧器中测量的数值相比,在本生灯中测量的数值更符合 Jahn[11] 和 Senior[25] 的结果。

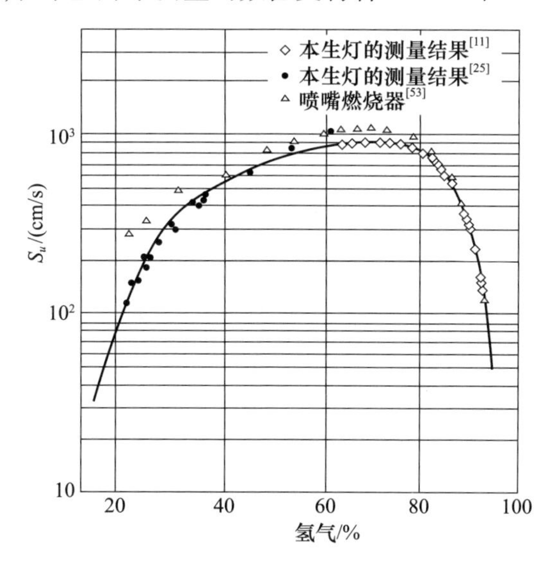

图 2.7　在大气压和 298K 温度下,氢气和氧气混合物的层流火焰速度
(曲线为考虑详细动力学的计算数据)

当实验数据不可用时,可以通过数值模拟复现实验火焰速度数据。

2.4　火焰传播模拟

目前,考虑到定性混合物组成和多组分输送的火焰传播的数值模拟被广泛应用。例如,文献[27,38,54-57]公布了在大气压力和室温下预混氢气和空气混合物中层流火焰速度的计算数据。

许多研究人员使用平面火焰模型进行计算。SANDIA 开发了最著名的平焰计算算法 PREMIX[58]。该模型的一个特征是用层流火焰速度问题解决。

Spalding[59] 介绍了求解非平稳一维问题的另一种方法,通常称为迭代法。基于质量、原子和能量守恒定律,由小火源产生的一维球形火焰可用文献[60]中的数学模型描述:

$$\partial\rho/\partial t + \nabla_r(\rho U) = 0$$

$$\rho(\partial Y_i/\partial t) = \nabla_r(\rho D_{i,M}\partial Y_i/\partial r) - \rho U\partial Y_i/\partial r + W_i, \quad i = 1,2,\cdots,n$$

$$W_i = \mu_i \sum_{j=1}^{k} v_{i,j}R_j$$

$$\rho C_p(\partial T/\partial t) = \nabla_r(\Lambda\partial T/\partial r) - \rho U C_p\partial T/\partial r + \sum_{j=1}^{k}(-\Delta H_j)R_j \qquad (2-5)$$

$$\nabla_r A = 1/r^2 \cdot \partial(r^2 A)/\partial r$$

$$D_{i,M} = \frac{1 - Y_i}{\sum_{j=1}^{k} x_j/D_{ij}}$$

边界条件为

$$\begin{aligned} &(\partial T/\partial r)_{r=0} = 0, \quad T_{r=R} = T_0 \\ &(\partial Y_i/\partial r)_{r=0} = 0, \quad (\partial Y_i/\partial r)_{r=R} = 0 \end{aligned} \qquad (2-6)$$

式中：n 和 k 分别是组分数和反应物数；ρ、T、U 分别是气体密度、温度、速度；μ_i、Y_i、x_i表示粒子 i 的分子量、质量和体积分数；C_p为比热容；$D_{i,j}$为二元扩散系数；$D_{i,M}$为混合物中颗粒 i 的扩散系数；Λ 为非反应气体的热导率；ΔH_j为基本反应 j 的热量；$v_{i,j}$为粒子 i 的化学计量系数。源项 W_i取决于反应速率 R_j。

在火焰自由传播的情况下，假设容器壁远离火焰前缘，对应于边界条件式(2-6)。该模型假设燃烧过程由半径为 R^* 的点火源、持续时间 t^* 和温度 $T^* > T_{ad}$开始，其中 T_{ad}为绝热火焰温度，温度条件式 (2-6)具有以下形式：

$$\begin{aligned} &t \leqslant t^*: \ T_{r \leqslant R^*} = \text{const} = T^* \\ &t > t^*: \ (\partial T/\partial r)_{r=0} = 0 \end{aligned} \qquad (2-7)$$

反应机制包含 26 个基元阶段，其中三分子反应中粒子的速度和效率常数是根据文献[61-65]中给出的建议获得的。

不同于平面火焰模型[57-59]，文献[60]中提供的方法可研究点火过程和球形火焰源的进一步发展。在小的源半径下，火焰速度再现了路易斯数效应。图 2.8说明了球形源的发展，并比较了在氢气和空气($\phi = 0.26$)混合物中预测和使用纹影照相法测量的半径差异。

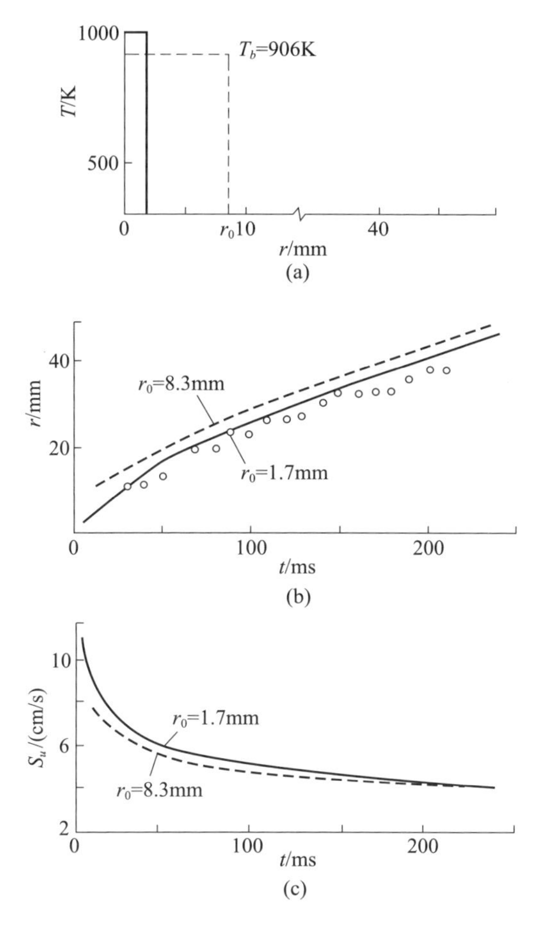

图 2.8　两种点火源尺寸的球形火焰半径和层流火焰速度与时间的关系
(a)初始温度分布；(b)火焰半径 r 与时间的关系(空心圆——实验中使用纹影照相法发现的火焰半径)；(c)层流火焰速度随着半径增加的变化。

2.5　初始温度对层流火焰速度的影响

氢气和空气或氢气和氧气混合物中初始温度的变化会导致火焰速度的变化。图 2.9 说明了大气压下当量氢气和氧气混合物中温度对火焰速度的影响。从燃烧器测得的速度用实心圆[66]表示，计算结果[60]用曲线表示。文献[66]中的大多数测量都是在较低温度下进行的，尚未研究感兴趣的高温范围。测量结果与计算数据一致，然而，计算是在比实验测量更宽的温度范围内进行的[66]。

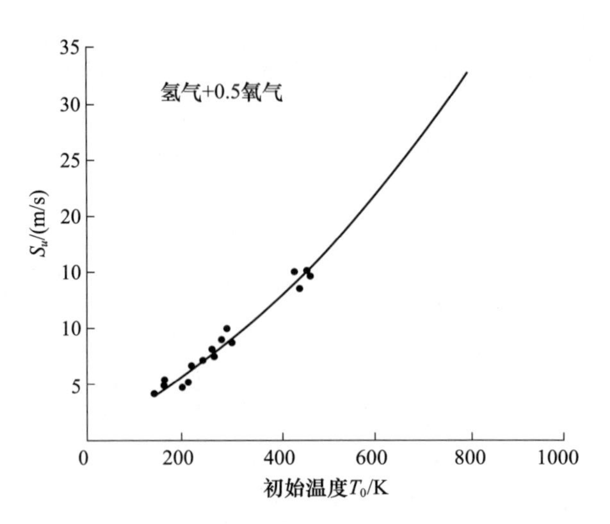

图 2.9 化学计量数下的氢气和氧气混合物中火焰速度与温度的关系

将温度 $T_0=298\text{K}$ 下的火焰速度 $S_{u0}*$ 作为归一化值,图 2.10 展示了 S_u 与温度呈近似幂指数关系。图中所展示的虚线抛物线表征碳氢化合物实验数据$S_u = S_u^0 * (T/T_0)^\alpha$的近似值[6,41]。实际上,氢气速度对温度的依赖性较弱,对于当量氢气和氧气混合物,可近似地用幂函数指数 $\alpha=1.284$ 来描述。

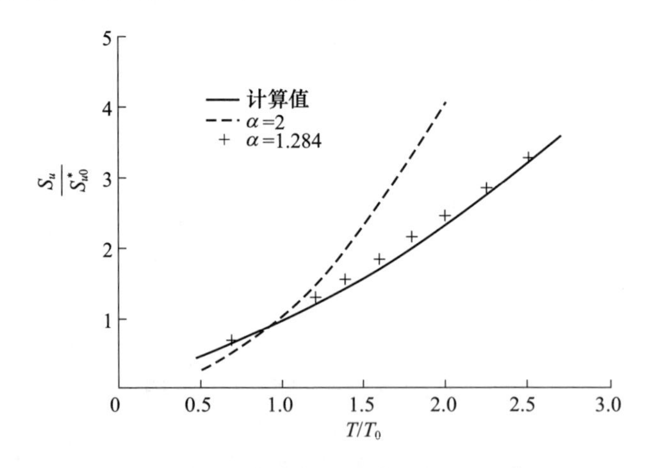

图 2.10 在氢气和 0.5 氧气混合物中,指数近似表征火焰速度对初始温度依赖性时 α 的选择

在文献[23]中测量了不同温度和大气压下当量氢气和空气混合物的层流火焰速度。图 2.11 代表实验和计算数据[60],在 300~700K 范围内,实验数据与计算值吻合较好。

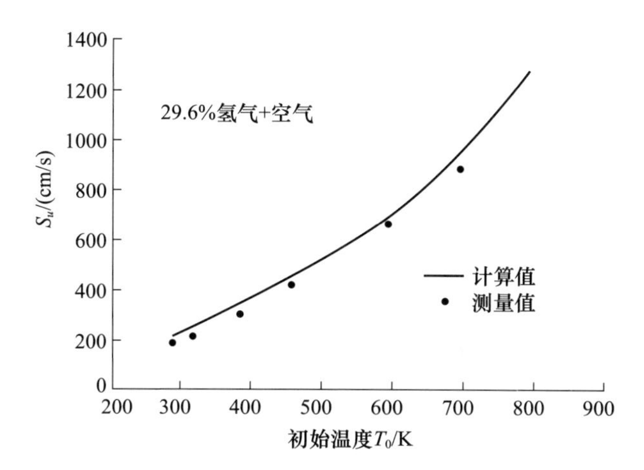

图 2.11　大气压条件下，当量氢气和空气混合物的火焰速度的计算值及测量值与温度关系的比较[23]

图 2.12 给出了氢气和空气混合物计算的火焰速度[60]与温度的关系。在含 15% 氢气的贫混合物中观察到火焰速度对温度具有明显的依赖性。

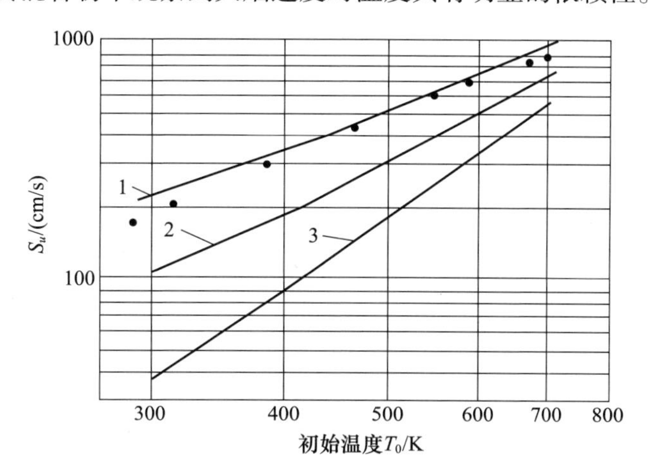

图 2.12　大气压力下，氢气和空气混合物的火焰速度计算值与初始温度的关系（实心圆是含 29.6% 氢气的混合物的测量结果[23]）

1—29.6% H_2；2—20% H_2；3—15% H_2。

图 2.13 说明了层流火焰速度预测的其他方法，比较了在 600K 温度下的测量结果[23]和计算数据。计算和实验证明，在氢气和空气混合物中，在较高的初始温度下存在较大的火焰速度，该火焰速度与在室温下氢气和氧气混合物中观察到的火焰速度相当。

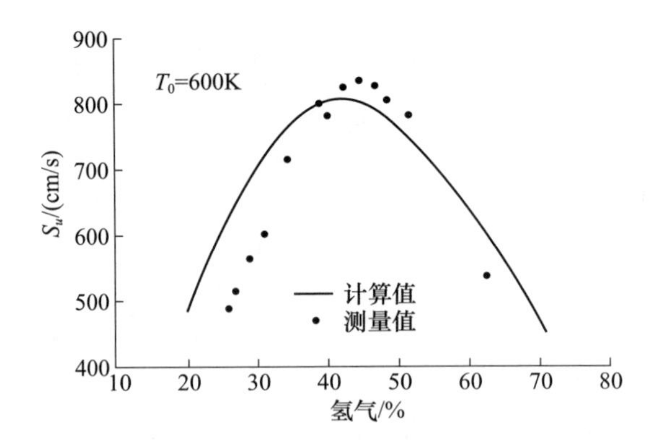

图 2.13 $T_0=600$K 时,氢气和空气混合物中火焰速度 S_u 的测量数据[23]及计算数据[60]与氢百分比关系的比较

2.6 压力对层流火焰速度的影响

在含氢混合物的实验中不可能精准地确定层流火焰速度的压力效应,甚至在文献中可以找到关于正常火焰速度对压力的依赖性的矛盾结论。在技术应用中,火焰速度对温度和压力的依赖采用近似的幂函数关系,这种幂函数分别称为热指数和气压指数。

氢混合物的热指数通常赋值为 2,给出的实验和计算数据表明,该指数随着混合物的组成而变化。气压指数更为复杂,因为有时各种测量技术会产生与气压指数相反的测量结果,导致测量数据外推至未测量的压力范围时出现误差。

其中一个误差可能是通过使用路易斯[67]提出的氢气和空气混合物的规则得到的,使用规则如下:在大气压下,混合物火焰速度超过 100cm/s,预测值随着压力的增加而增加(正压指数);相反,在火焰速度为 50cm/s 或更低的混合物中,层流速度随着压力的增加而下降。

作者[14,67-68]提出了基于碳氢燃料测量的一般依赖性,至少对含氢混合物,收集到的数据推翻了上述经验法则。将数值模拟数据与无误差的一致实验结果进行比较的进一步结果,有助于正确认识不同压力下氢混合物中的火焰行为。

首先,让我们考虑在常温 298K 下当量氢气和空气混合物中的层流速度-压力关系。图 2.14 中的实线说明了在 0.01~0.5MPa 的压力范围内 S_u^0(对于平焰)的计算值。层流速度-压力关系斜率有最大值,在最大值附近的压力区间内,所有层流速度值都高于 140cm/s。在大于 0.2MPa 的范围内,层流火焰速度随压力的增加而增加,然后逐渐下降。

考虑到在 0.025 ~ 3MPa 压力范围内的详细动力学[55]，通过数值模拟获得了当量氢气和空气混合物在 300K 温度下的类似依赖性。在文献[55]中计算的层流速度高于由 IChPh 获得的速度，如图 2.14 所示。大气压力下的数据(268cm/s)[55]高于文献[27 - 28,30]中测量的当前实验层流速度(209 ~ 213cm/s)(表 2.1)。除了在较高压力范围内获得文献[26]中的测量结果，由 IChPh 获得的结果与文献中公布的实验结果更为一致。

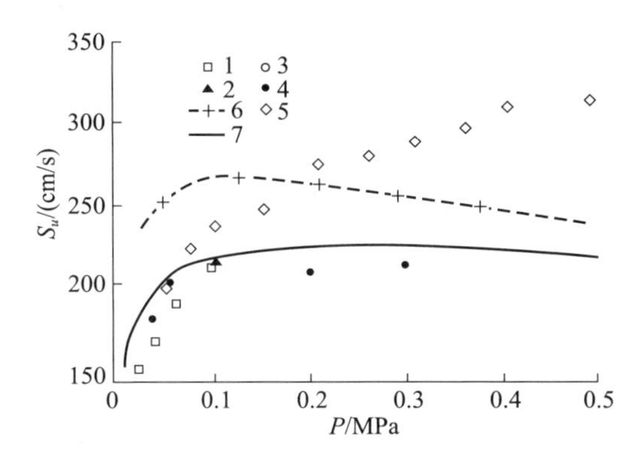

图 2.14　在初始温度为 298K 时，通过各种技术测量(1 ~ 5)和数值模拟(6,7)得到当量氢气和空气混合物中层流火焰速度与压力的关系

1—引自文献[22]；2—引自文献[27]；3—引自文献[41]；4—引自文献[30]；5—引自文献[26]；6—引自文献[55]；7—根据文献[60]的 IChPh 获得。

这种差异可以用这样一个事实来解释：有时在初始压力较高的情况下，用等容容器法进行层流速度测量时，没有使用高速纹影照相术。可见火焰速度从压力记录或者从到达某一位置(火焰离子化检测器、光电二极管)的前沿到达时间数据中获得，文献[26,41]中的实验便以此方式实施。

在贫氢气和空气混合物的典型情况下，火焰小尺度弯曲，此时，未测量法向速度，而是根据发展前沿的水平“盲目地”测量一些速度。初始压力为大气压或更低时的锋面扰动可能不足以显著增加火焰表面积。因此，即使采用文献[26,41]中的测量方法，在 0.05 ~ 0.1MPa 的范围内也能获得可信的结果。

然而，随着初始压力增大，火焰表面扰动增加，导致层流火焰速度的计算数据和测量数据之间的差异增加(图 2.15)。可以肯定地说，压力指数方程[26,41]不能描述高压下氢气和空气混合物中的层流火焰。

从科学和实践的角度来看，大家比较感兴趣的是贫混合物。IChPh RAS 分析了层流火焰速度的实验数据，并在空气中含 8% ~ 20% 氢气的贫燃范围内进行了实验研究和计算[70]，计算是在 0.05 ~ 1MPa 的压力范围内进行的。

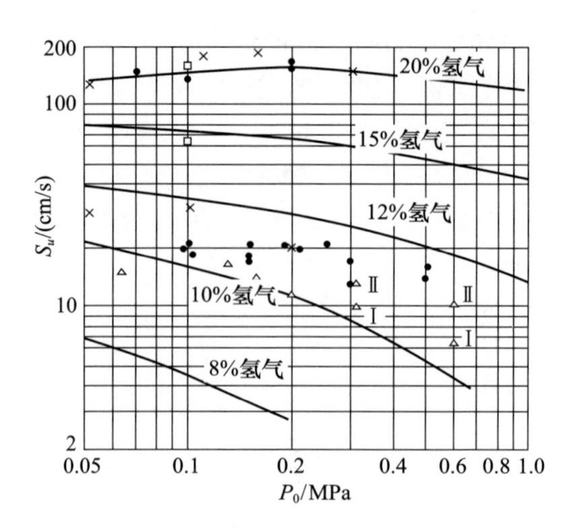

图 2.15 贫氢气和空气混合物的火焰速度－压力相关性
（曲线为计算数据；其他为测量结果）
□—引自文献[2]；×—引自文献[69]；●—$P(t)$；△—$r(t)$。

图 2.15给出了通过 IChPh RAS 获得的层流火焰速度的计算和测量数据，并与文献[2,69]中的数据进行了比较。

在上述 8%～15% 氢气浓度的压力范围内，计算出的相关性表明层流火焰速度随着压力的增加而降低，但是，仅在 20% 氢气混合物中获得最大值，约为 0.2MPa。

可以注意到与 10% 和 12% 氢气混合物曲线之间的一组实验点，实心圆圈表示通过“盲容器”方法获得的结果，其中仅 $P(t)$ 用于火焰速度评估。空三角形显示了在类似容器中的总压力增加之前火焰发展初始阶段的纹影摄影。事实上，它将火焰球半径减小到容器半径的 1/2，$P(t)$ 在纹影配准时间 $r(t)$ 完成时刻开始记录。

如果火焰球是光滑的，上述测量结果相互接近。在大气压下确实如此，但随着初始压力的增大，差异逐渐增大。纹影照片处理揭示了 $r(t)$ 图斜率的变化，这是由于火焰球膨胀后期锋面不稳定的发展造成的。根据第二个斜率评估的层流火焰速度用Ⅱ表示，第一个斜率用Ⅰ表示。

2.7 混合物成分对层流火焰速度的影响

初始温度 T_0 和压力对含 10% 氢的贫氢气和空气混合物层流火焰速度的影响（燃料过剩系数 ϕ = 0.26，图 2.16(a) 和(b)）。图 2.16(a) 说明了 0.5～10MPa

范围内的压力效应，实心曲线是初始温度为 298K、373K 和 473K 时计算的层流火焰速度。

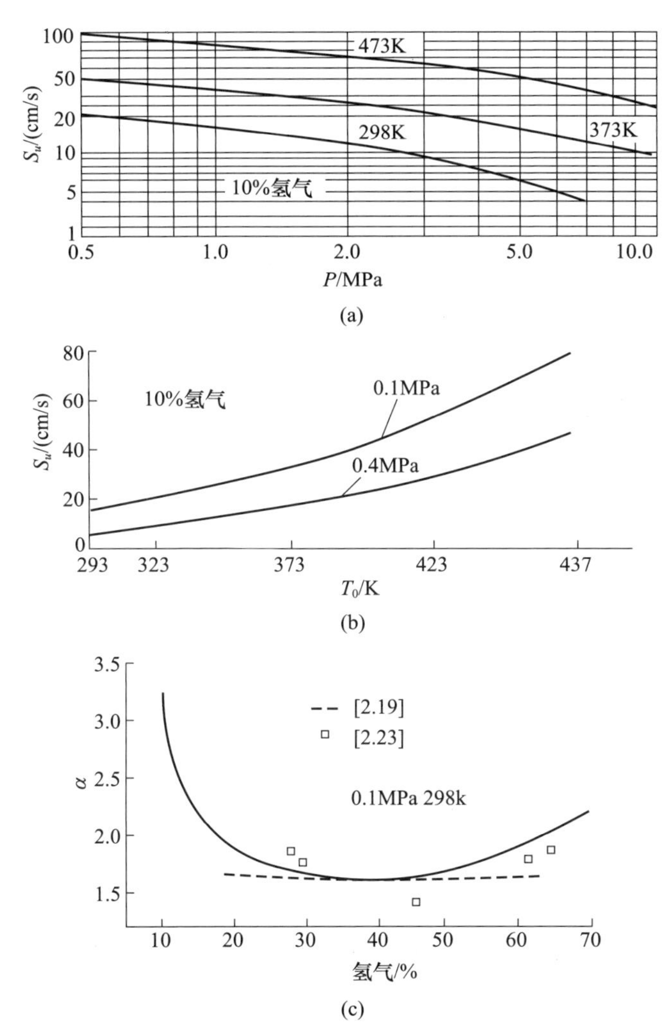

图 2.16　初始温度与压力对贫氢气与空气混合物中火焰速度的影响以及温度指数 α 随混合物组成的变化(计算结果为实线曲线,实验结果为虚线曲线和正方形)

0.1MPa 和 0.4MPa 压力下的温度效应如图 2.16(b)所示。可以看出，在稀释混合物中，火焰速度在恒定温度下随着压力的增加而降低(负压指数)，在恒定压力下随着温度的增加而增加。

图 2.16(c)给出了氢气和空气混合物中大范围氢气浓度下的温度指数 α。层流火焰速度的温度指数在氢气含量在 30%~45% 的范围内具有最小值，在稀

混合气和浓混合气范围内是增加的。比较计算的温度指数数据与文献[19,23]的测量结果,可以对气压指数值进行微分获得向负压指数转变的压力范围,类似于图 2. 14 中实线所示的 $S_u(P)$ 比。

图 2. 17 给出了含有 29. 6% 氢气、40% 氢气、60% 氢气和 70% 氢气混合物的 $dS_u = d(P/P_0)$ 值,是通过平焰模型[58]和文献[60,70]中采用的动力学方案计算得到的,其中计算初始温度为 298K。可以看出,在含 70% 氢气的混合物中,层流火焰速度随着整个范围内压力的增加而下降,最大火焰速度出现在最低测量压力附近。

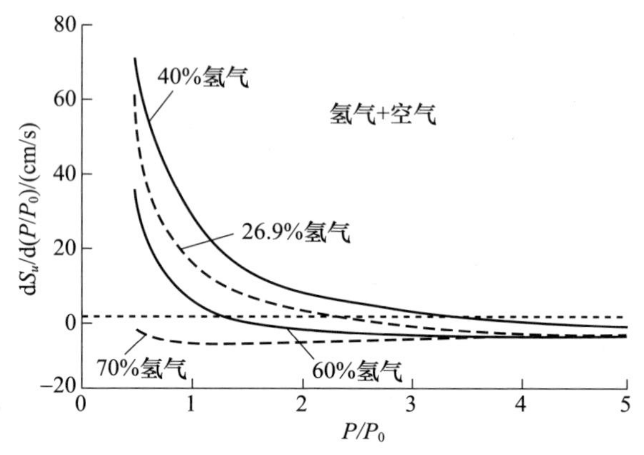

图 2. 17　在初始温度 298K 和 $P_0 = 0.1MPa$ 条件下,氢气和空气混合物的 $dS_u/d(P/P_0)$ 计算值

图 2. 18 显示了 298K 下含 60% 氢气的混合物中层流火焰速度 - 压力的关系。实线表示计算速度,实心圆表示比大气压更低和更高压力下的实验结果[24],其中文献[24]使用了 $P(t)$ 和 $r(t)$ 的测量值。通过两种方法获得的速度值之间的差异不显著(1 ~ 2cm/s),可解释为在含有 60% 氢气的富混合物中,即使在高于大气压的压力下,火焰球也保持光滑。

球形火焰模型获得的数据与上述结果一致,该模型已用于高压力和 423K 的温度下,70% 氢气混合物有限半径 3cm 球体的层流火焰速度计算,温度是基于 Babkin 实验数据[71]进行选择的。

图 2. 19 中的实线给出了计算的层流火焰速度,并与实心圆表示的实验数据进行了比较。由于初始温度(423K)和大气压力较高,在室温下,70% 氢气混合物中的火焰速度高于 60% 氢气混合物(分别为 200cm/s 和 172cm/s)。

文献[71]中已经指出并由数值模拟数据证明,在富氢气和空气混合物中不满足路易斯规则,在含氢混合物中路易斯规则不正确的其他情况已在文献[69]中提及。

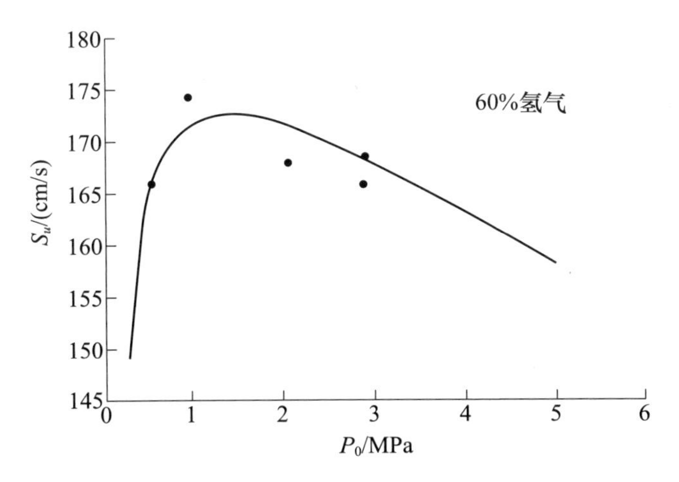

图 2.18　在 298K 温度下,富氢气和空气混合物(60% 氢气)中火焰速度随初始压力的变化

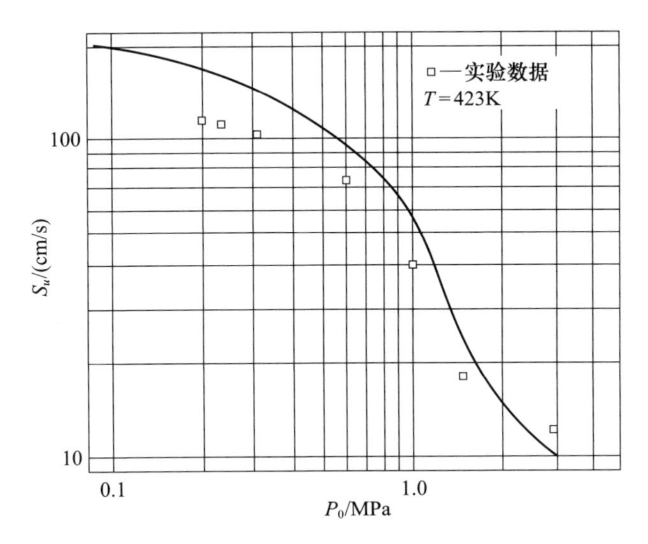

图 2.19　高温下 70% 氢气和空气混合物燃烧的数值模拟数据曲线与 Babkin 实验结果的比较[71]

通过比较动力学模拟获得的计算火焰速度数据与在氢气和氧气混合器中的实验结果,引起关注的是初始压力对火焰速度影响。图 2.20 表明,动力学模拟预测的层流火焰速度随着压力的增加而增加,大约到 2MPa,之后,火焰速度随压力的增加而减小,数值计算[54]得到了类似的结果。火焰速度的这种行为还没有被实验证明。文献[72]在 0.05 ~0.5MPa 压力范围内的“盲”容器中进行的测量,给出了火焰前锋具有分形性质的证据。

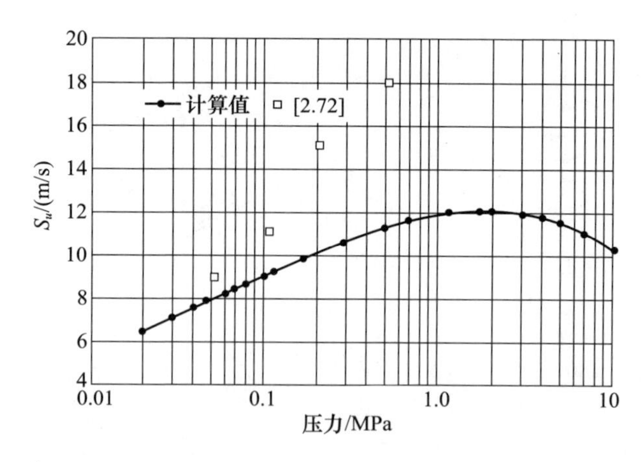

图 2.20 在 298K 时，氢气和氧气当量混合物中初始压力对火焰速度的影响，在没有纹影照相的球形容器中获得的计算值和实验数据的比较[72]

2.8 不可燃气体添加剂对层流火焰速度的影响

考虑不可燃添加剂，如水蒸气、二氧化碳或氮气对层流火焰速度以及二元燃料混合物（氢气和一氧化碳以及氢气和甲烷）燃烧的影响。

不可燃稀释剂会降低层流火焰速度，降低火焰温度。图 2.21 显示了当添加水蒸气或二氧化碳时，两种贫氢气和空气混合物（$\phi=0.39$ 和 $\phi=0.26$）的火焰温度 T_b 和膨胀率皆降低。当二氧化碳作为稀释剂时，由于其热容量高，效果更显著。如果水以小液滴的形式加入，情况便有所不同，但此处考虑的是气态稀释剂效应。

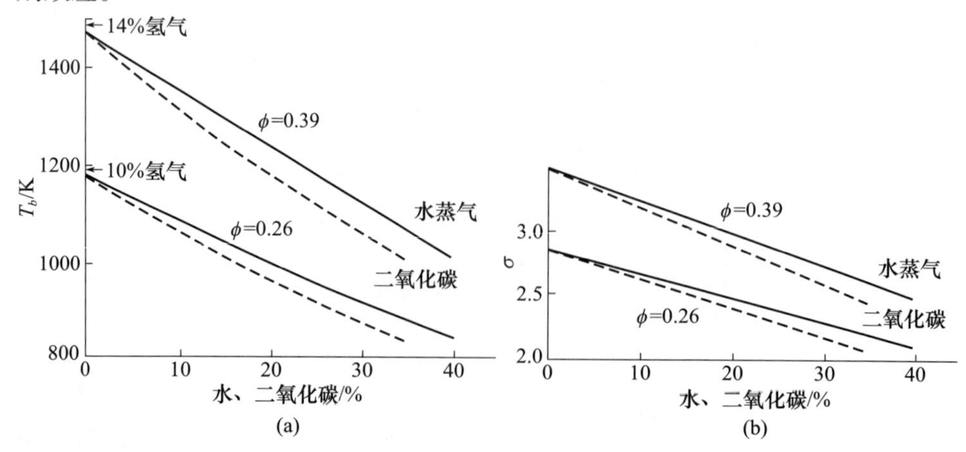

图 2.21 水蒸气或二氧化碳稀释对火焰温度(a)及贫氢气和空气混合物膨胀率(b)的影响

2.9 二氧化碳对层流火焰速度的影响

图 2. 22 说明了二氧化碳稀释对氢气和空气混合物中层流火焰速度的影响。图 2. 22(a)显示了稀释前含 14%、10% 和 8% 氢气的 3 种贫混合物中层流火焰速度测量值与计算值之间的比较(分别为 0. 39、0. 26 和 0. 21)。图 2. 22(b)显示了速度 S_u/S_{u0}的降低,其中 S_{u0}表示未稀释混合物中的火焰速度。要将当量混合物($\phi=1$)中的速度降低 1/2,需要 20% 的二氧化碳来稀释,而在贫混合物($\phi=0.39$)中,当二氧化碳含量为 10% 时,速度减半。在相同的二氧化碳百分比下,层流火焰速度的降低在贫混合物中更明显。

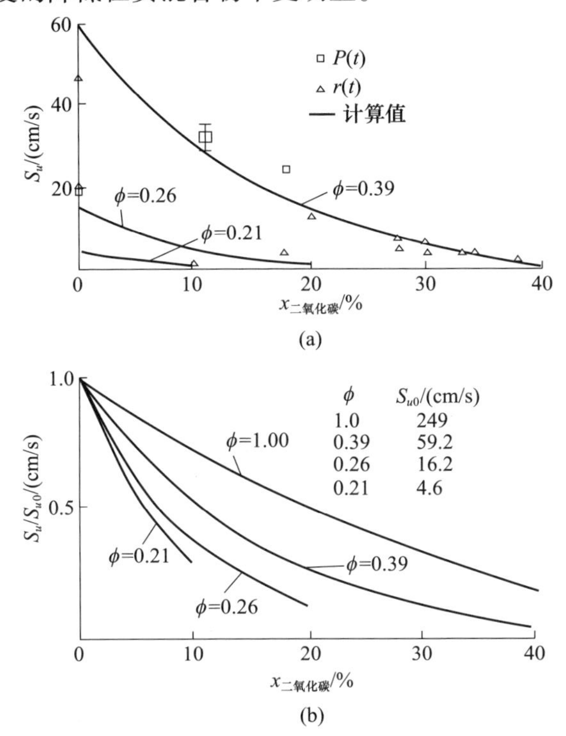

图 2. 22 大气压力下 CO_2添加剂对氢气和空气混合物中火焰速度的影响

(a)贫混合物中测量和计算的火焰速度;(b)各种燃料过量系数 ϕ 下,用二氧化碳稀释混合物时火焰速度的相对降低值。

温度和压力效应如图 2. 23 和图 2. 24 所示。这些曲线表示层流火焰速度与温度以及压力的依赖关系。可以看出,在固定压力下,速度随着温度的增加而增加,但在固定温度下,速度随着压力的增加而下降。

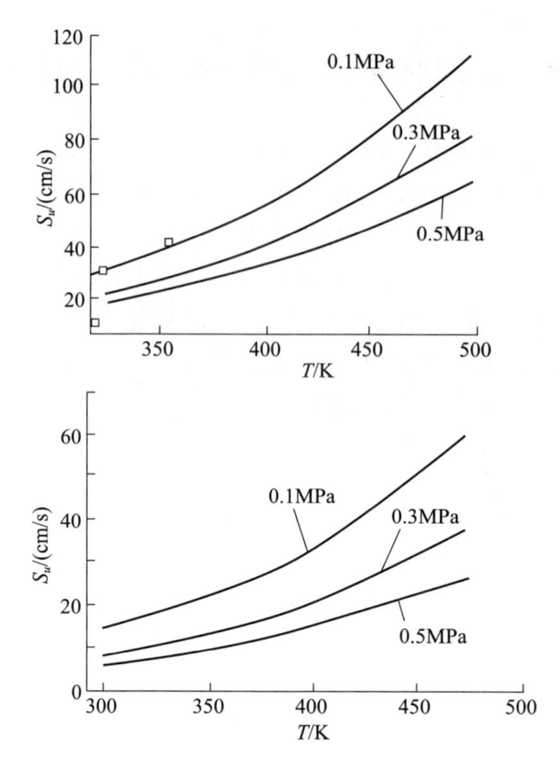

图 2.23　含二氧化碳的贫氢气和空气混合物的火焰速度 S_u 与温度和压力的关系（曲线—计算数据；正方形—在球形容器中压力/燃烧时间记录过程；$\phi=0.39$）
(a)10% 二氧化碳；(b)20% 二氧化碳。

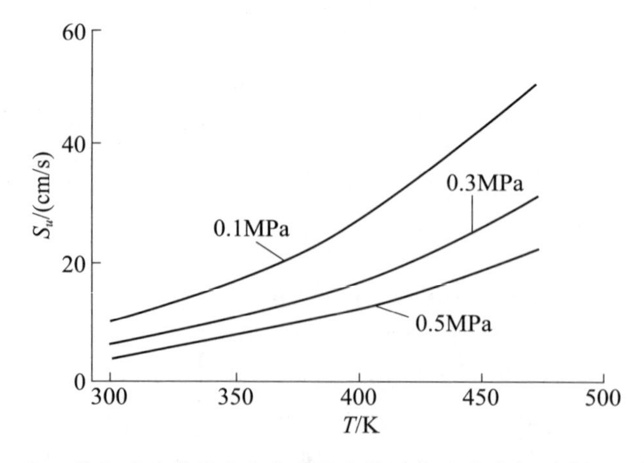

图 2.24　含二氧化碳的贫氢气和空气混合物的火焰速度与温度和压力的关系（$\phi=0.26$，5% 二氧化碳）

2.10 水蒸气对层流火焰速度的影响

水蒸气对层流火焰速度的影响如图2.25所示。在373K的温度和正常压力下,混合物中的水蒸气含量为12%~43%。氢气和空气混合物中氢气的相对含量绘制在 x 轴上,图上的圆圈表示测量的火焰速度结果[44],曲线表示动力学模拟的计算数据[73],层流火焰速度的最大值对应的氢气/(氢气和空气)比率几乎相同,为0.4~0.45,实际上接近未稀释的氢气和空气混合物的比率。

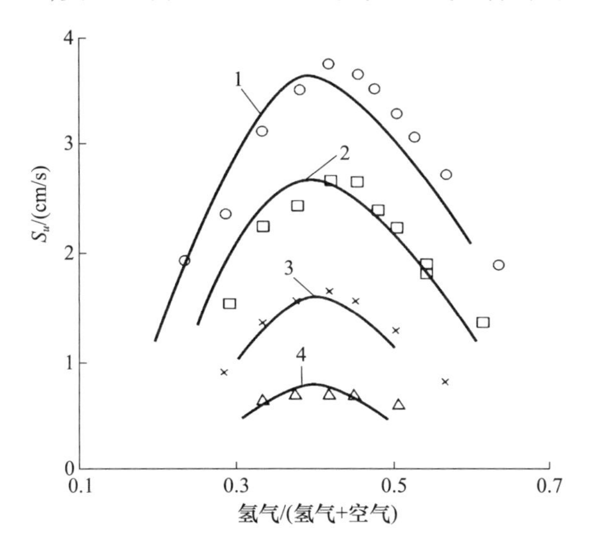

图2.25 在 $T_0=373K$ 和 $P_0=0.1MPa$ 时,氢气、空气和水(水蒸气)混合物中的火焰速度

1—12% H_2O; 2—22% H_2O; 3—33% H_2O; 4—43% H_2O;

空心圆、正方形、三角形—测量结果[44];曲线—计算数据[73]。

为了验证层流火焰速度预测在用高压水蒸气稀释的贫氢气和空气混合物中的可行性,在393K温度和0.3MPa与0.5MPa压力下对 $\phi=0.26$ 和 $\phi=0.39$ 的混合物进行了计算。

图2.26给出了层流火焰速度的测量结果(空心圆)和计算数据(实线),对不同水蒸气含量的混合物进行了计算和实验。事实上,含 $\phi=0.39$ 的混合物不能用超过32%的水稀释,含过量燃料系数 $\phi=0.26$ 的混合物不能含有超过12.5%的水。

图2.27说明了在用水蒸气稀释的 $\phi=0.39$ 混合物中,火焰速度随着初始压力的增加而降低。图2.27中最上面曲线显示了干混合物的平均比重指数的变化;另外两条曲线表示用水蒸气稀释的混合物的气压指数变化。

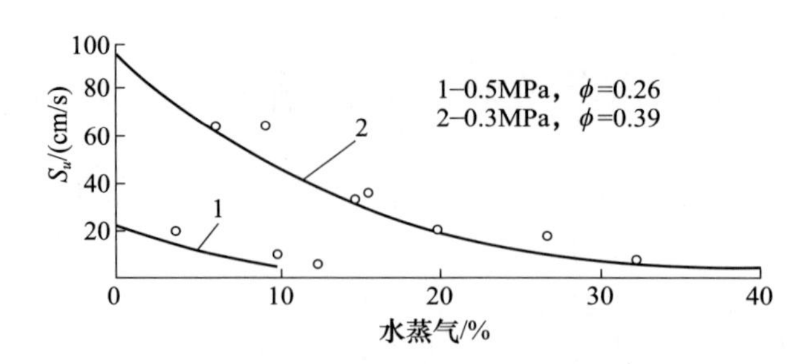

图 2.26　在温度 393K 下，火焰速度的测量和计算数据表征水蒸气对氢气与空气混合物中火焰速度的影响

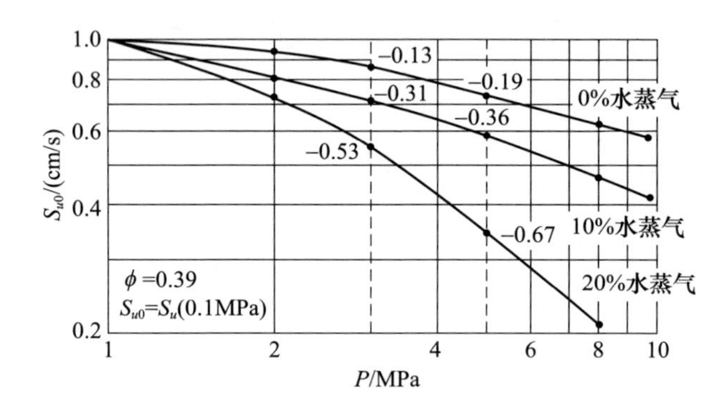

图 2.27　在用水蒸气稀释的混合物中，火焰速度随着初始压力的增加而降低，曲线上的数字表示压力指数 β

当对在大气压力和更高压力（高达 0.5MPa）下获得的计算数据与实验数据进行比较时，显然，动力学模拟方法可用于含水蒸气混合物的燃烧研究，动力学模拟方法也可用于无实验数据范围内氢气、空气和水（水蒸气）以及氢气、氧气和水蒸气混合物的行为预测。

在氢气、氧气和水（水蒸气）混合物中的大量水蒸气含量与高压条件下，已经观察到预测的和实际的火焰速度与压力之间关系的定量差异。当混合物用水蒸气稀释（高达 70%）时，在 473K 和高达 7MPa 的压力和当量氢气/氧气比率下，氢气、氧气和水（水蒸气）混合物中的火焰速度测量值已在文献[74]中公布。

图 2.28 给出了上述数据，当水蒸气含量为 55.6%、60% 和 70% 的 3 条曲线通过压力区时，S_u迅速减小。函数关系 $S_u = S_u(P,T)$ 写成如下形式：

$$S_u(P,T) = S_{u0}(T/T_0)^{\alpha}(P/P_0)^{\beta} \tag{2-8}$$

式中：α 和 β 分别是火焰速度温度和气压指数，在 0.1MPa 时 $\beta = -1.5 \sim 1$。计算证明，在氢气、氧气和水蒸气混合物中，火焰速度随着压力的增加而急剧下降。

但是,随着压力的增加,测量速度比计算预测下降得更慢。当火焰速度下降到 $P_0=2\sim5\text{MPa}$ 时,虽然考虑了水蒸气分子的发射自吸收在一定程度上减少,但它不能解释观察到的差异。

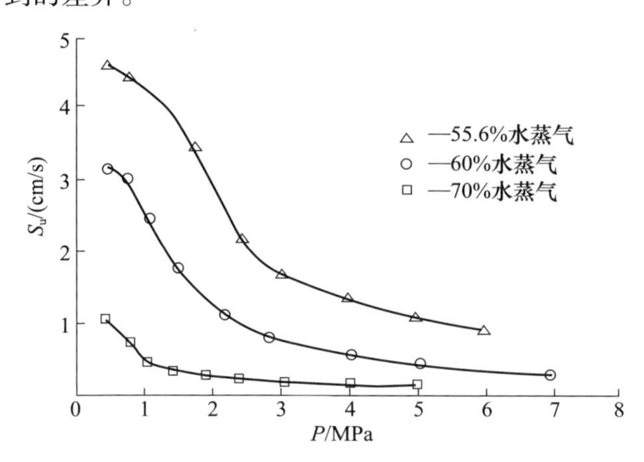

图 2.28 温度 473K 和 3 种不同水蒸气浓度下,当量混合物氢气、氧气和水蒸气中测量的火焰速度与初始压力的关系

较高压力下计算的 S_u 与测量值之间存在差异的可能原因是水蒸气分子结构的变化,如缔合物(二聚体、三聚体)的形成。此时,与蒸气分子相关的反应的动力学参数会发生变化。动力学模拟表明,实验和计算在定量上是一致的,即可以假设三分子反应氢气、氧气和水蒸气中的水蒸气碰撞效率随着压力的增加而降低。在文献[73]的基础上,可以假设在高压下高水蒸气含量的氧-氢气体混合物燃烧的三分子反应效应没有低压下显著。

在含有水蒸气和氮气的当量氢气与氧气混合物中,值得关注的是比较 $S_u(P)$ 和 $S_u(T)$ 的变化。表 2.2 给出了 0.2 ~ 0.8MPa 压力和 373 ~ 473K 温度下的火焰速度的压力与温度指数的实验数据[73],以及 $P_0=0.14\sim0.18\text{MPa}$ 和 $T_0=373\text{K}$ 下 S_{u0} 的值。

表 2.2 用水蒸气或氮气稀释的当量氢气和氧气燃烧时的平均实验值 α、β 和 S_u^0[41]

水蒸气,氮气/%	水蒸气			氮气			P_0/MPa
	α	β	S_u^0/(m/s)	α	β	S_u^0/(m/s)	
55.6	2.23	-0.12	3.06	1.26	0.26	3.35	0.18
60	2.65	-0.34	2.29	1.6	0.2	3.03	0.17
65	3.01	-0.46	1.22	1.82	0.13	2.5	0.155
70	3.28	-0.54	0.78	2.1	0	1.76	0.14

表 2.2 说明了利用氮气代替水蒸气时，气压指数 β 的符号从正变为负，此时，温度指数 α 增加。在文献[75]中已经观察到在氢气、氧气和水蒸气高速火焰($S_u>1.5\text{m/s}$)中，气压指数持续为负。

2.11 一氧化碳和空气混合物中的层流火焰速度

下面研究氢气和一氧化碳混合物作为燃料的情况，文献[76]测量了大气压力和室温下富氢气和碳氧混合物在空气中的火焰速度。图 2.29 给出了获得的

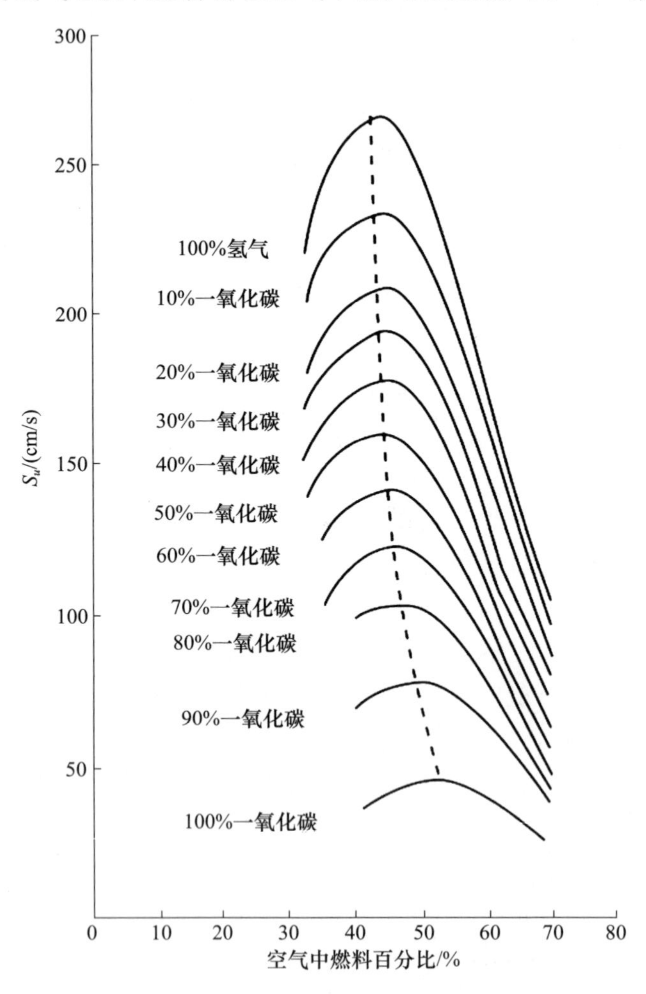

图 2.29 在大气压和室温下的燃烧器中[76]，从 100% 氢气至 100% 一氧化碳组成下的不同(氢气和一氧化碳)燃料浓度下的火焰速度

数据，虽然图中每条曲线对应于一个恒定的一氧化碳/氢气比率，但是空气中的（氢气和一氧化碳）燃料百分比在变化。上曲线代表纯 H_2燃料，最下面曲线代表带有少量水蒸气和氢气含量的一氧化碳，因为没有任何含氢成分的完全干燥的一氧化碳和空气混合物不会燃烧。在燃烧器中测量了火焰速度，不含一氧化碳的混合物的最大速度略低于用现代测量方法获得的速度。

文献[77－79]研究了当量混合物和贫混合物。文献[77]的作者测量了当量（氢气和一氧化碳）和空气混合物中球形火焰中的火焰速度，即利用一氧化碳代替部分氢气。图 2.30 给出了相互关系，实心圆表示测量结果，曲线表示在文献[78]中获得的数值模拟数据。火焰速度测量的应用方法类似于文献[27,48]中描述的方法，文献[79]获得了在 $\phi=0.6$ 到 $\phi=5$ 的范围内，压力为 0.05～0.4MPa，氢气、一氧化碳和空气混合物的火焰速度。

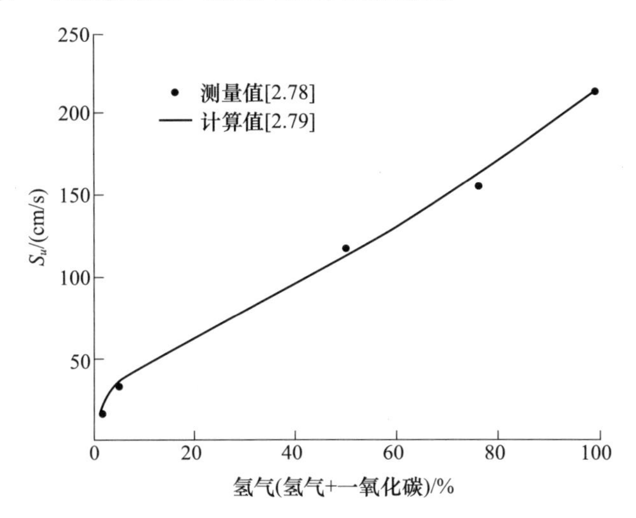

图 2.30　在 298K 和 0.1MPa 条件下，当量（氢气和一氧化碳）燃料混合物与空气的火焰速度

图 2.31 给出了混合物中层流火焰速度的变化，并利用一氧化碳代替部分氢气，其中一氧化碳/氢气比率是变化的参数。上曲线对应于没有一氧化碳的氢气和空气混合物，实心圆给出了通过球形火焰的纹影照片测量的火焰速度，文献[79]中给出了摩尔比＝1 和摩尔比＝3 的实验数据处理曲线。

此外，在含氢气和一氧化碳的最稀混合物范围内，有必要研究大气压力和较高压力下的燃烧。文献[80－82]中进行了层流和湍流火焰速度的测量，其中假设火焰没有受到人为湍流影响。

以等摩尔的氢气/一氧化碳比，研究贫预混合（氢气和一氧化碳）燃料和空气混合物中的火焰传播。燃料的选择是合理的,因为在氢气存在的情况下,一氧化碳氧化的机理是已知的,而且在含有少于 20%(氢气和一氧化碳)的贫混合物中,火焰速度的实验数据很少。测量和数值模拟是在固定的初始温度下、0.05～0.3MPa 的压力范围内进行的,研究了燃料百分比为 10%～20%(体积)的预混合燃料。实验在 3.8L 带有中心火花点火的容器中进行的,对于数值模拟,假设球形火焰表面是平滑的,没有考虑热扩散和对流运动。

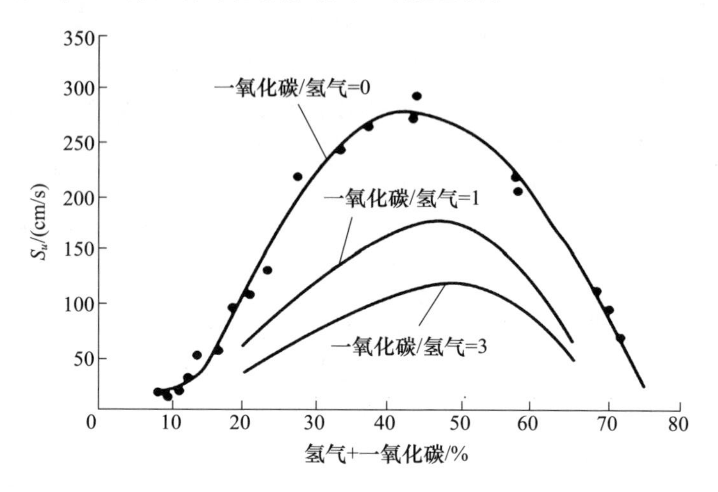

图 2.31　常温常压下氢气和一氧化碳及空气混合物中的火焰速度(实心圆为测量结果)

图 2.32(a)、(b)给出了膨胀火焰源半径与时间的关系,数据通过纹影摄影和数值模拟获得。

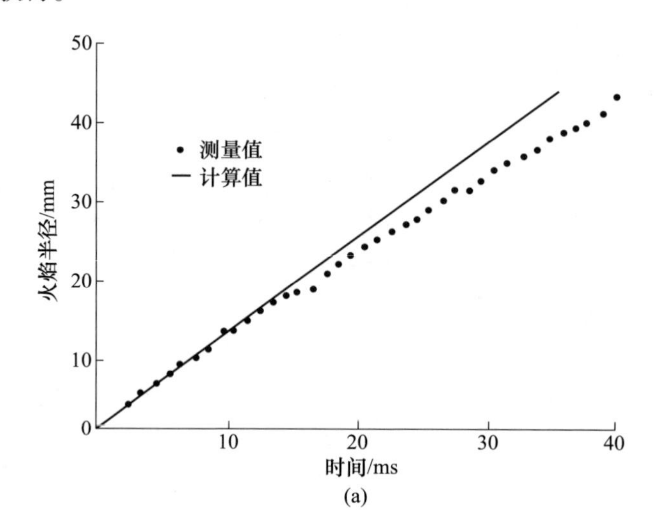

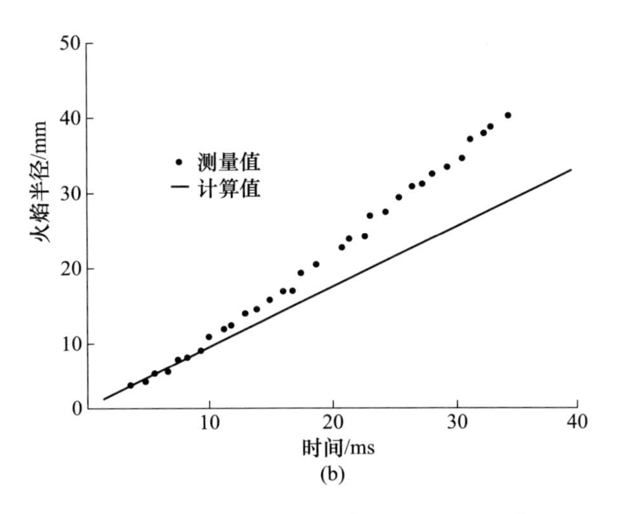

图 2.32 15%(氢气和一氧化碳)燃料和空气混合物中球形火焰的半径与纹影摄影(实心圆)结果的比较

(a)常温,压力为 0.1MPa,一氧化碳/氢气 =1;(b)常温,压力为 0.3MPa,一氧化碳/氢气 =1。

上述数据说明包含两种类型燃料氢气和二氧化碳在摩尔比为二氧化碳/氢气 =1 和总燃料浓度(氢气和一氧化碳) =15% 下的系统行为。在 0.1MPa 的压力下,正如详细动力学模型所预测的那样,火焰球开始膨胀,当火焰半径达到 15mm 时,随着加速度变为负值,开始明显减速,反之亦然。观察到的特性与火焰照片处理的准确性无关,类似的"脉动"在重复实验中也有记录。但是,在没有一氧化碳添加剂的 H_2 和空气混合物中,没有观察到这种脉动行为。

图 2.33 给出的照片证明,在低于大气压(0.05MPa)的条件下,一氧化碳、氢气和空气混合物中的火焰锋面是平滑的,在 35mm 半径范围内,数值模拟数据与实验结果一致,测量结果可用于确定层流火焰速度。在 0.3MPa 的压力下,火焰表面是粗糙的,通过与模拟数据的比较,可以获得前缘半径增长程度和有效火焰速度。

纹影照片表明,火焰锋随着压力的增加而变化。在大气压下,含有 15%(氢气和一氧化碳)的混合物中的火焰保持其平滑度,没有明显的气泡,但在 0.2MPa 和 0.3MPa 的压力下,前端出现不稳定,在 0.3MPa 时,有效火焰速度超过预测的层流火焰速度。

在模拟中发现,浓度和温度分布可以确定(氢气和一氧化碳)燃料混合物成分中的一些球形火焰特性,这些成分的混合物具有相近的燃烧热值,但具有不同的反应度和扩散系数。浓度分布取决于火焰半径和压力(图 2.34)。与氢气和空气系统不同,改变(氢气和一氧化碳)燃料系统行为的重要因素是:与氢气相比，一氧化碳反应具有延迟性，而观察到的特性不同是由于一氧化碳和氢气的路易斯数不同。

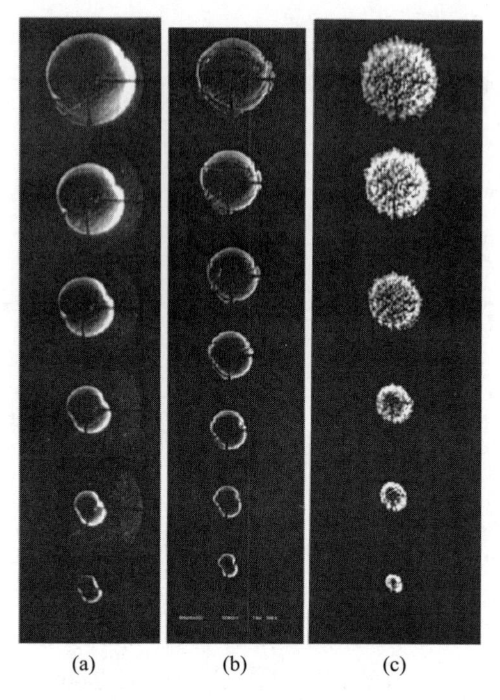

图 2.33　在一氧化碳/氢气 =1 下，球形火焰源在空气混合物中膨胀的纹影照片（对应于点火后 35 ~ 40ms）

(a) 0.05MPa; (b) 0.1MPa; (c) 0.3MPa。

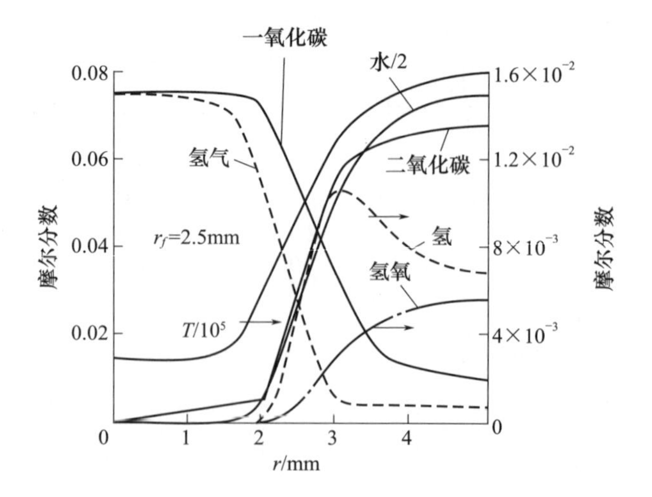

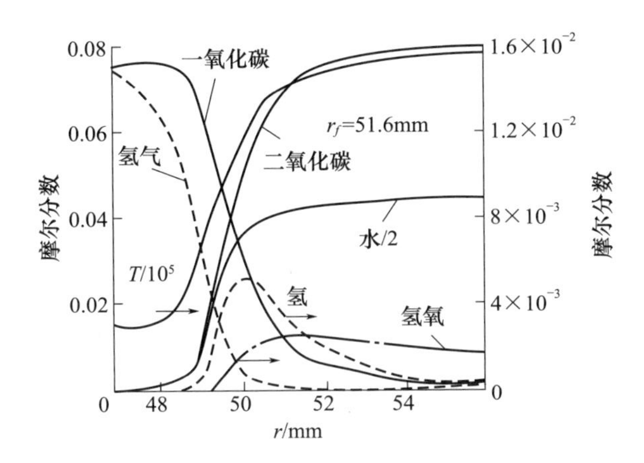

图 2.34 在温度 298K、压力 0.05MPa 条件下，燃料和空气混合物（氢气和一氧化碳、一氧化碳/氢气 =1）在两种尺寸的球形火焰源下的浓度分布

2.12 氢气和甲烷和空气混合物中的层流火焰速度

根据文献[76]数据绘制的图 2.35 说明，氢气和甲烷燃料成分的变化影响层流火焰速度。可以看出，将氢气添加到甲烷中会增加层流火焰速度，但这种增加不成比例。即使燃料中含有 50% 的氢气，也不会大大提高火焰速度，但在含超过 90% 氢气的燃料混合物中，火焰速度显著增加。

图 2.36 给出了大气压力和室温下，甲烷和空气混合物的层流火焰速度数据[83]，与燃料过量系数 ϕ 有关。图中的圆圈显示了在相对喷射燃烧器中测量的火焰速度，空心圆是文献[84]中激光多普勒风速计测量的结果，实心圆对应于使用数字图像风速计这一最新技术测量的结果[83]，曲线显示了使用GRIMech -3 动力学模型通过数值模拟获得的数据结果[85]。

对于贫近极限成分，文献[86]给出了含甲烷燃料混合物和含氢气添加剂的甲烷混合物的火焰熄灭临界拉伸因子值 K_{ext}。图 2.37 显示，在 8% 氢气和 92% 甲烷与空气混合物中，火焰熄灭比在甲烷和空气混合物中更困难（K_{ext}值更大）。这一结论具有实用价值，因为它意味着发动机可以在稀混合条件下工作。

接下来研究空气中层流燃烧的具体特征。假设氢气和甲烷的体积分数分别为 $X_{氢气}$和 $X_{甲烷}$，那么 $X_{甲烷}=1-X_{氢气}$。基于在文献[87 -88]中获得的数据，层流火焰速度与二元燃料成分和燃料/空气比的关系如图 2.38 所示，实心圆的实曲线对应实验结果，虚线表示如下关系 $S_{HY}=S_{氢气}\cdot X_{氢气}$和$(1-X_{氢气})\cdot S_{甲烷}$，其中 S_{HY}、$S_{氢气}$和 $S_{甲烷}$分别为氢烷、氢气和甲烷层流火焰速度。

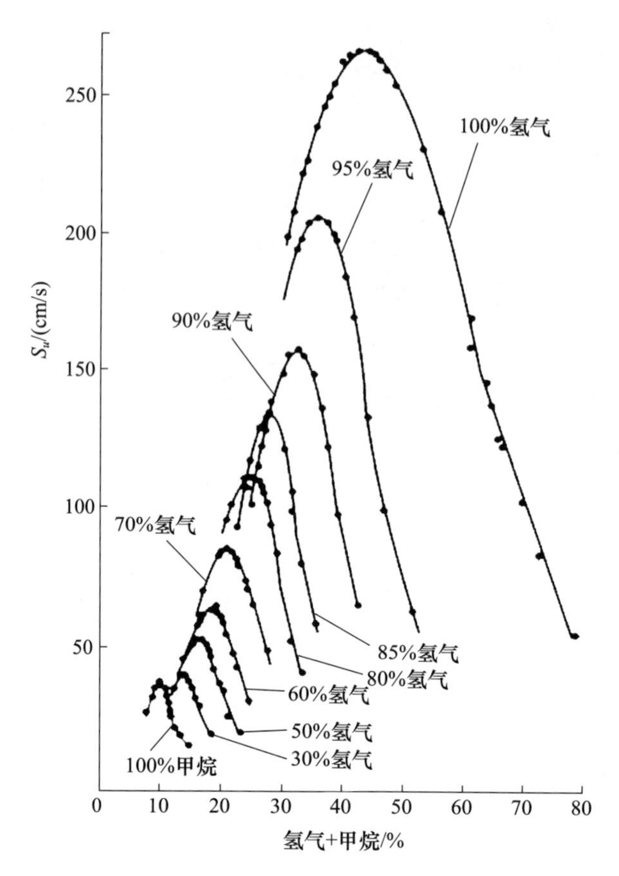

图 2.35　在室温和大气压下,(氢气和甲烷)燃料和空气混合物中测量的火焰速度[76]

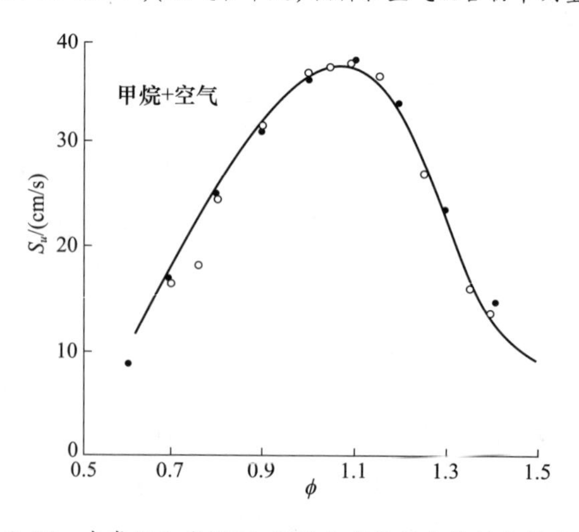

图 2.36　在常压和室温下,甲烷和空气混合物的火焰速度

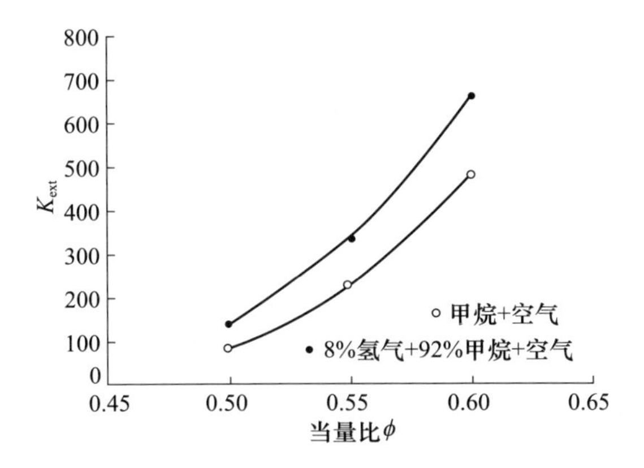

图 2.37 在接近极限的甲烷和空气混合物(8% 氢气和 92% 甲烷)与空气混合物中,对火焰熄灭至关重要的拉伸因子

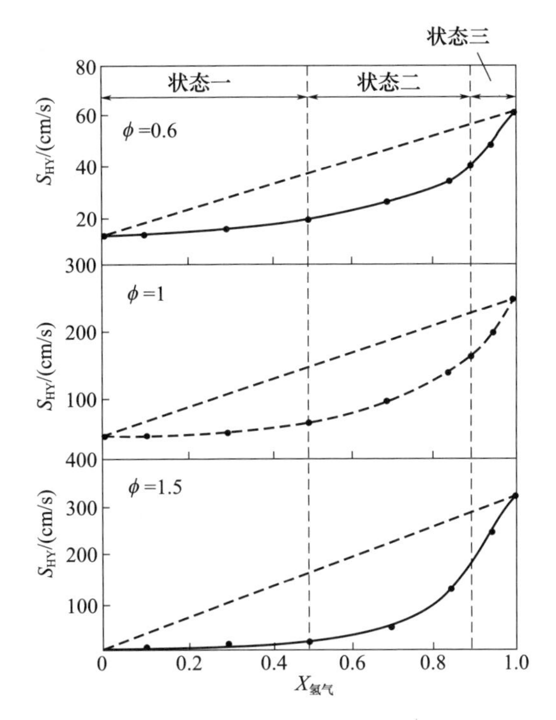

图 2.38 HYTAN 和空气混合物中氢气对层流火焰速度的影响[87]。
(虚线为线性插值,实线为实验结果)

可见相关性不是线性的,当 $0 < X_{氢气} < 0.5$ 氢气添加到甲烷中时,会对火焰速度有微弱影响,甲烷控制火焰传播。对于氢含量为 $0.9 < X_{氢气} < 1$ 的混合物,甲烷添加剂明显减缓了氢的燃烧。当二元燃料用甲烷稀释且 $0.5 < X_{氢气} < 0.9$,

观察到氢燃烧的瞬态变化，此时，火焰传播有一定的困难。

尝试在下列形式应用 Le Shutele 定律以计算二元燃料燃烧速度[87]：

$$S_{HY} = \{X_{氢气}/S_{氢气} + (1 - X_{氢气})/S_{甲烷}\} - 1 \quad (2-9)$$

复杂模型的研究证明了上述方程在 $X_{氢气} < 0.7$ 时计算的适用性。在较高的氢含量下，该方程的精度较低，不应再使用。气态碳氢化合物添加剂可用于减缓氢气和空气混合物的火焰速度。图 2.39 展示了利用二氧化碳、甲烷或丙烷替代部分氢气时层流火焰速度的降低。可以看出，碳氢化合物添加剂比不可燃的二氧化碳更能减缓燃烧[89]。

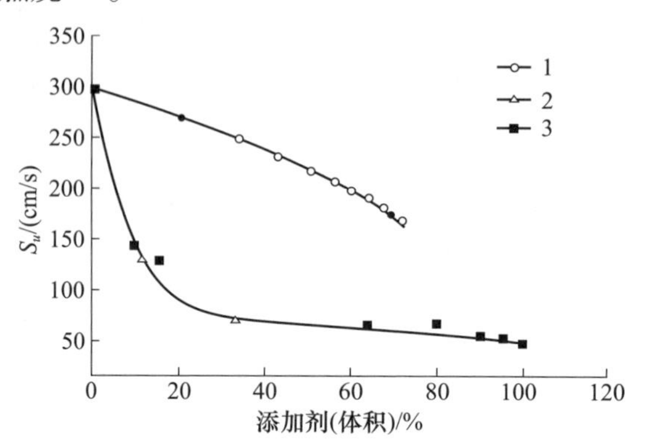

图 2.39　甲烷、丙烷和二氧化碳对空气中氢气层流火焰速度的影响[89]

1—氢气和二氧化碳；2—氢气和丙烷；3—氢气和甲烷。

参考文献

1. G.E. Andrews, D. Bradley, Determination of burning velocities: a critical review. Combust. Flame 18, 133–153 (1972)
2. G.E. Andrews, D. Bradley, Determination of burning velocity by double ignition in a closed vessel. Combust. Flame 20, 77–89 (1973)
3. C.J. Rallis, A.M. Garforth, The determination of laminar burning velocity. Progr. Energy Combust. Sci. 6, 303–329 (1980)
4. J.W. Linnett, Methods of measuring burning velocities. Proc. Combust. Inst. 4, 20–35 (1953)
5. E.F. Fiock, Measurement of burning velocity, in *Physical Measurements in Gas Dynamics and Combustion*, ed. by R. Ladenburg, B. Lewis et al. (Oxford University Press, London, 1955). Chap. 11
6. L.N. Khitrin, *The physics of combustion and explosion*. Israel Program for Scientific Translations, 1962, 448 p. Jerusalem
7. A.G. Gaydon, H.G. Wolfhard, *Flames: Their Structure, Radiation and Temperature* (Chapman & Hall, London, 1979). 449 p
8. R.M. Fristrom, Definition of burning velocity and a geometric interpretation of the effects of flame curvature. Phys. Fluids 8(2), 273–280 (1965)

9. Y.B. Zeldovich, G.I. Barenblatt, V.B. Librovich, G.M. Makhviladze, *The Mathematical Theory of Combustion and Explosions* (Consultants Bureau, New York, 1985). 597 p
10. V.A. Michelson, Uber die normale Entzundungsgeschwindigkeit Explosiver Gasgemische. Annalen der Physik und Chemie 37, 1–24 (1889)
11. J.G. Der, *Zundvorgang in Gasgemischen* (Oldenburg, Berlin, 1934)
12. B. Lewis, G. von Elbe, *Combustion, Flames and Explosion of Gases*, 3rd edn. (Academic, Orlando, 1987). 739 p
13. Козаченко Л.С. Исследование зависимости скорости распространения пламени от физико-химических свойств топлива и аэродинамики течения газа. Диссертация. Институт химической физики АН СССР, Москва, 1954 (L.S. Kozachenko, The study of flame propagation velocity dependence on physical-chemical fuel properties and gas flow aerodynamics. Dissertation, Institute of Chemical Physics, USSR Academy of Sciences, Moscow, 1954)
14. I. Drell, F. Belles, Survey of hydrogen combustion properties. NACA Report 1383, 1958
15. E. Bartholome, Zur Metodik der Messung von Flamengeschwindigkeiten. Z. Elektrochem. 53(4), 191–196 (1949)
16. R. Gunther, G. Janisch, Measurements of burning velocity in a flat flame front. Combust. Flame 19, 49–53 (1972)
17. F. Takahashi, M. Mizomoto, S. Ikai, Alternative energy sources, in *Nuclear Energy. Synthetic Fuels*, ed. by T. Nejat Veziroglu, vol. 5 (New York, McGraw-Hill, 1983), p. 447
18. C.K. Wu, C.K. Law, On the determination of laminar flame speeds from stretched flames. Proc. Combust. Inst. 20, 1941–1949 (1984)
19. D. Liu, R. MacFarlane, Laminar burning velocities of hydrogen-air flames. Combust. Flame 49, 59–71 (1983)
20. G.W. Koroll, R.K. Kumar, E.M. Bowles, Burning velocities of hydrogen-air mixtures. Combust. Flame 94, 330–340 (1993)
21. J. Manton, B.B. Milliken, Study of pressure dependence of burning velocity by the spherical vessel method, in *Proceedings of the Gas Dynamics Symposium (Aerothermochemistry)*, Northwestern University, Evanston, 1956, pp. 151–157
22. B. Fine, Stability limits and burning velocities of laminar hydrogen-air flames at reduced pressures. NACA TN 3833, 1956
23. S. Heimel, Effect of initial mixture temperature on burning velocity of hydrogen-air mixtures with preheating and simulated preburning. NACA TN 4156, 1957
24. J. Grumer, E.B. Cook, T.A. Kubala, Considerations pertaining to spherical-vessel combustion. Combust. Flame 3, 437–446 (1959)
25. D.A. Senior, Burning velocities of hydrogen-air and hydrogen-oxygen mixtures. Combust. Flame 5, 7–10 (1961)
26. T. Iijima, T. Takeno, Effects of temperature and pressure on burning velocity. Combust. Flame 65, 35–43 (1986)
27. D.R. Dowdy, D.B. Smith, S.C. Taylor, A. Williams, The use of expanding spherical flames to determine burning velocities and stretch effects in hydrogen/air mixtures. Proc. Combust. Inst. 23, 325–332 (1990)
28. F.N. Egolfopoulos, C.K. Law, An experimental and computational study of the burning rates of ultra-lean to moderately-rich $H_2/O_2/N_2$ laminar flames with pressure variations. Proc. Combust. Inst. 23, 333–340 (1990)
29. C.M. Vagelopoulos, F.N. Egolfopoulos, C.K. Law, Further consideration of the determination of laminar flame speeds with the counterflow twin flame technique. Proc. Combust. Inst. 25, 1341–1347 (1994)
30. K.T. Aung, M.I. Hassan, G.M. Faeth, Effects of pressure and nitrogen dilution on flame/stretch interactions of laminar premixed $H_2/O_2/N_2$ flames. Combust. Flame 112, 1–16 (1998)
31. S.D. Tse, D.L. Zhu, C.K. Law, Morphology and burning rates of expanding spherical flames in H_2/O_2/inert mixtures up to 60 atmospheres. Proc. Combust. Inst. 28, 1793–1800 (2000)
32. V.S. Babkin, Y.G. Kononenko, Equations for determining normal flame velocity in a constant-volume spherical bomb. Combust. Explos. Shock Waves 3(2), 168–171 (1967)

33. V.S. Babkin, V.I. Babushok, Initial stage of gas combustion in a closed vessel. Combust. Explos. Shock Waves 13(1), 19–23 (1977)
34. H. Behrens, Flame instabilities and combustion mechanism. Proc. Combust. Inst. 4, 538–545 (1953)
35. I.E. Garside, B. Jackson, The formation and some properties of polyhedral burner flames. Proc. Combust. Inst. 4, 545–552 (1953)
36. C.K. Law, S. Ishizuka, P. Cho, On the opening of premixed bunsen flame tips. Combust. Sci. Technol. , 89–96 (1982)
37. J.D.A. Buckmaster, Mathematical description of open and closed flame tips. Combust. Sci. Technol. 20, 33–40 (1979)
38. G. Dixon-Lewis, Spherically symmetric flame propagation in hydrogen-air mixtures. Combust. Sci. Technol. 34, 1–29 (1983)
39. A.M. Garforth, C.J. Rallis, The spherical bomb method for laminar burning velocity determination: equipment, experimental procedure and data handling. Report No. 65, University of the Witwatersrand, Johannesburg, 1976
40. D. Bradley, A. Mitcheson, Mathematical solution for explosions in spherical vessels. Combust. Flame 26, 201–217 (1976)
41. B.E. Milton, J.C. Keck, Laminar burning velocities in stoichiometric hydrogen and hydrogen-hydrocarbon gas mixtures. Combust. Flame 58, 13–22 (1984)
42. O.C. Kwon, G. Rozenchan, C.K. Law, Cellular instabilities and self-acceleration of outwardly propagating spherical flames. Proc. Combust. Inst. 29, 1775–1783 (2002)
43. C.J. Sun, C.J. Sung, L. He, C.K. Law, Dynamics of weakly stretched flames: quantitative description and extraction of global flame parameters. Combust. Flame 118, 108–128 (1999)
44. G.W. Koroll, S.R. Mulpuru, The effect of dilution with steam on the burning velocity and structure of premixed hydrogen flames. Proc. Combust. Inst. 21, 1811–1819 (1986)
45. S.M. Kogarko, A.G. Lyamin, O.E. Popov, A.Y. Kusharin, A.V. Dubrovin, Determination of flame propagation limits in stoichiometric oxyhydrogen mixtures with steam. In: *Hydrogen Behaviour and Control and Related Containment Loading Aspects*. IAEA-TC-476.6, Vienna, 1984, pp. 37–41
46. B.W. Marshall Jr., Hydrogen-air-steam flammability limits and combustion characteristics in the FITS vessel. NUREG/CR-3468, SAND84-0383, 1986
47. J.K. Worrell, S.C. Taylor, C. Robinson, D.B. Smith, The use of detailed computer modeling to test burning velocity and Markstein length measurement using expanding spherical flames, in *Proceedings of the Anglo-German Combustion Symposium*, Cambridge, UK, 1993, pp. 364–367
48. M.J. Brown, I.C. McLean, D.B. Smith, S.C. Taylor, Markstein lengths of CO/H_2/air flames, using expanding spherical flames. Proc. Combust. Inst. 26, 875–881 (1996)
49. O.C. Kwon, G.M. Faeth, Flame/stretch interactions of premixed hydrogen-fueled flames: measurements and predictions. Combust. Flame 124, 590–610 (2001)
50. K.T. Aung, M.I. Hassan, G.M. Faeth, Flame stretch interactions of laminar premixed hydrogen/air flames at normal temperature and pressure. Combust. Flame 109, 1–24 (1997)
51. Попов О.Е. Ламинарная скорость горения в сферическом газовом пламени. Химическая физика процессов горения и взрыва, 12 Симпозиум по горению и взрыву. Черноголовка, 2000, ч.1. С. 128–129 (O.E. Popov, Laminar burning velocity in spherical gas flame. Khimicheskaya Fizika Processov Gorenia i Vzryva. Chernogolovka, 2000, part 1, pp. 128–129)
52. L.-K. Tseng, M.A. Ismail, G.M. Faeth, Laminar burning velocities and Markstein numbers of hydrocarbon/air flames. Combust. Flame 95, 410–426 (1993)
53. G.W. Koroll, R.K. Kumar, C.K. Chan, Combustion behaviour in the moderator cover gas, in *Proceedings of the 9th Annual Canadian Nuclear Society Conference*, Winnipeg, 1988, pp. 238–244
54. F. Behrendt, J. Warnatz, The dependence of flame propagation in H_2-O_2-N_2 mixtures on temperature, pressure and initial composition. Int. J. Hydrogen Energy 10, 749–755 (1985)

55. F. Mauss, N. Peters, B. Rogg, F.A. Williams, Reduced kinetic mechanisms for premixed hydrogen flames, in *Reduced Kinetic Mechanisms for Applications in Combustion Systems*, ed. by N. Peters, B. Rogg. Lecture notes in physics, vol. 15 (Springer, Heidelberg, 1993), p. 29
56. G. Dixon-Lewis, Kinetic mechanism, structure and properties of premixed flames in hydrogen-oxygen-nitrogen mixtures. Phil. Trans. R. Soc. London A292(1388), 45–99 (1979)
57. M.D. Smooke, J.A. Miller, R.J. Kee, Determination of adiabatic flame speeds by boundary value methods. Combust. Sci. Technol. 34, 79–90 (1983)
58. R.J. Kee, J.F. Grcar, M.D. Smooke, J.A. Miller, A Fortran program for modeling steady laminar one-dimensional flames. Sandia Report SAND85-8240, 1985
59. D.B. Spalding, The theory of flow phenomena with a chain reaction. Phil. Trans. R. Soc. London A249, 1–25 (1956)
60. Кушарин А.Ю., Попов О.Е., Агафонов Г.Л. Нормальные скорости пламени в смесях гремучего газа с водяным паром. Химическая физика, 1995. Т. 14, № 4. С. 179–189 (A.Y. Kusharin, O.E. Popov, G.L. Agafonov, Normal flame velocities in mixtures of oxyhydrogen gas with water steam. Himicheskaya Fizika 14(4), 179–189 (1995))
61. R.A. Yetter, F.L. Dryer, H. Rabitz, A comprehensive reaction mechanism for carbon monoxide/hydrogen/oxygen kinetics. Combust. Sci. Technol. 79, 97–128 (1991)
62. R.J. Kee, G. Dixon-Lewis, J. Warnatz, M.E. Coltrin, J.A. Miller, A FORTRAN computer code package for the evaluation of gas-phase, multicomponent transport properties. Sandia Report SAND86-8246, 1986
63. N.M. Marinov, C.K. Westbrook, W.J. Pitz, *Detailed and Global Chemical Kinetics Model for Hydrogen*. Lawrence Livermore National Laboratory, Preprint UCRL-JC-120677, 1995
64. D.L. Baulch, C.J. Cobos, R.A. Cox, C. Esser, P. Frank, Th Just, J.A. Kerr, M.J. Pilling, J. Troe, R.W. Walker, J. Warnatz, Evaluated kinetic data for combustion modelling. J. Phys. Chem. Ref. Data 21(3), 411–736 (1992)
65. D.L. Baulch, C.J. Cobos, R.A. Cox, P. Frank, G. Hayman, Th Just, J.A. Kerr, T. Murrels, M.J. Pilling, J. Troe, R.W. Walker, J. Warnatz, Summary table of evaluated kinetic data for combustion modeling: supplement I. Combust. Flame 98, 59–79 (1994)
66. R. Edse, L.R. Lawrence, Detonation induction phenomena and flame propagation rates in low temperature hydrogen-oxygen mixtures. Combust. Flame 13, 479–486 (1969)
67. B. Lewis, *AGARD Selected Combustion Problems: Fundamentals and Aeronautical Applications* (Butterworths Science, London, 1954), pp. 176–179
68. R.A. Strehlow, *Fundamentals of Combustion* (Int. Textbook Company, Scranton, 1968)
69. Y.N. Shebeko, S.G. Tsarichenko, A.Y. Korolchenko, A.V. Trunev, V.Y. Navzenya, S.N. Papkov, A.A. Zaitzev, Burning velocities and flammability limits of gaseous mixtures at elevated temperatures and pressures. Combust. Flame 102, 427–437 (1995)
70. B.E. Gelfand, O.E. Popov, V.P. Karpov, A.Y. Kusharin, G.L. Agafonov, Laminar and turbulent flame propagation in hydrogen-air-steam mixtures at accident relevant pressure-temperature conditions. Report IChPh-INR, 1995
71. V.S. Babkin, A.V. V'yun, Inhibition of hydrogen-air flame at high pressures. Combust. Explos. Shock Waves 17(5), 483–488 (1981)
72. J.T. Agnew, L.B. Graiff, The pressure dependence of laminar burning velocity by the spherical bomb method. Combust. Flame 5, 209–219 (1961)
73. A.Y. Kusharin, O.E. Popov, G.L. Agafonov, Burning velocities of oxygen-hydrogen mixtures with steam. Chem. Phys. Rep. 14(4), 584–594 (1995)
74. M. Kuznetsov, J. Grune, R. Redlinger, W. Breitung, N. Ichikawa, Laminar burning velocities of hydrogen-oxygen-steam mixtures at various temperatures and pressures, in *Proceedings of 3rd European Combustion Meeting*, ECM 2007, Chania
75. Y.N. Shebeko, A.Y. Korol'chenko, S.G. Tsarichenko, V.Y. Navtsenya, V.L. Malkin, Effects of the initial prssure and temperature on the combustion characteristics of hydrogen-containing mixtures. Combust. Explos. Shock Waves 25(3), 289–292 (1989)
76. T.G. Sholte, P.B. Vaags, Burning velocities of mixtures of hydrogen, carbon monoxide and methane with air. Combust. Flame 3, 511–524 (1959)

77. I.C. McLean, D.B. Smith, S.C. Taylor, The use of carbon monoxide/hydrogen burning velocities to examine the rate of the CO+OH reaction. Proc. Combust. Inst. 25, 749–757 (1994)
78. A.A. Konnov, Detailed reaction mechanism for small hydrocarbons combustion, 2007, http: // homepages.vub.ac.be/~akonnov/
79. M.I. Hassan, K.T. Aung, G.M. Faeth, Properties of laminar premixed CO/H_2/air flames at various pressures. J. Propul. Power 13, 239–245 (1997)
80. Карпов В.П., Кушарин А.Ю., Попов О.Е., Гельфанд Б.Е. Экспериментальные наблюдения и численное моделирование горения в бедных смесях H_2-CO-воздух в сферической бомбе. Химическая физика процессов горения и взрыва, 12 Симпозиум по горению и взрыву. Черноголовка, 2000, ч.1. С. 72–74 (V.P. Karpov, A.Y. Kusharin, O.E. Popov, B.E. Gelfand, Experimental observations and numerical simulation of burning in lean H_2-CO-air mixtures in spherical bomb. Khimicheskaya Fizika Processov Gorenia i Vzryva. Chernogolovka, 2000, part 1, pp. 72–74)
81. O.E. Popov, V.P. Karpov, B.E. Gelfand, S.V. Khomik, Combustion and explosion characteristics of H_2-CO-air mixtures, in *Proceedings of Third Asia-Pacific Conference on Combustion*, Seoul, 2001, pp. 730–733
82. B.E. Gelfand, V.P. Karpov, O.E. Popov, Turbulent flames in lean H_2-air-CO_2 mixtures, in *Proceedings of First Mediterranean Symposium on Combustion*, Antalya, 1999, pp. 1000–1006
83. Y. Dong, C.M. Vagelopoulos, G.R. Spedding, F.N. Egolfopoulos, Measurement of laminar flame speeds through digital particle image velocimetry: mixtures of methane and ethane with hydrogen, oxygen, nitrogen, and helium. Proc. Combust. Inst. 29, 1419–1426 (2002)
84. C.M. Vagelopoulos, F.N. Egolfopoulos, Laminar flame speeds and extinction strain rates of mixtures of carbon monoxide with hydrogen, methane and air. Proc. Combust. Inst. 25, 1317–1323 (1994)
85. C.T. Bowman, M. Frenklach, W.R. Gardiner, G. Smith, The GRI 3.0 chemical kinetic mechanism, 1999, http://www.me.berkeley.edu/grimech/
86. J.Y. Ren, W. Qin, F.N. Egolfopoulos, T.T. Tsotsis, Strain-rate effects on hydrogen-enhanced lean premixed combustion. Combust. Flame 124, 717–720 (2001)
87. V. Di Sarli, A. Di Benedetto, Laminar burning velocity of hydrogen-air premixed flames. Int. J. Hydrog. Energy 32, 637–646 (2007)
88. K.S. Raman, Laminar burning velocities of lean H_2+air mixtures. EDL report FM97-15, CalTech, 1997
89. Y. Wu, Y. Lu, I.S. Al-rachbi, G.T. Kalghati, Prediction of the liftoff, blowout and blowoff stability limits of pure hydrogen and hydrogen/hydrocarbon mixture jet flames. International Conference on Hydrogen Safety, San Sebastian, Spain, 2007

第3章　氢气体混合物的湍流燃烧

湍流通过影响火焰表面来影响燃烧。这种现象有双重影响：一方面，湍流增加了燃烧速率，这是由于热量和活性颗粒向未燃烧气体的强烈传递，以及由于曲率和破碎而增加的火焰表面积；另一方面，湍流通过局部拉伸效应使速度降低。因此，强湍流可能会导致火焰熄灭。

3.1　湍流火焰速度测量

与层流燃烧不同，湍流的火焰速度不仅取决于燃料的性质，在很大程度上取决还于湍流场的特性。因此，湍流场的量化是测量湍流火焰速度的必要条件。文献[1]提出了湍流燃烧研究的一种有用方法。实验中使用了一个沿容器四周对称安装有4个风扇的球形容器。容器中心u'脉动速度可以测量：

$$u' = \sqrt{[(u'_x)^2 + (u'_y)^2 + (u'_z)^2]/3} \tag{3-1}$$

式中：u'_x、u'_y、u'_z是3个坐标上的脉动速度分量。为了简化，下面省略了下标。

带沃拉斯顿丝[2]的热损风速表和激光热损风速表[3-4]用于根据风扇转速进行湍流场校准。实验表明，涡流中心区域的湍流强度（脉动速度）与风机转速成正比。获得的最大脉动速度约为$u' = 10\text{m/s}$，不均匀度为10%。拉格朗日尺度约为10mm。在实验[5-6]中，湍流强度导致$u' = 16\text{m/s}$。

用两种方法测量了带有风扇的容器内的湍流火焰速度。在第一种方法中，观察纹影照片中湍流火焰的前边界位移，类似于层流火焰的情况；通过数学处理（如平面测量）找到了等效球面前沿半径。最新的纹影摄影装置允许在两个位置间投影，以更好的精度计算火焰源的体积。

第二种方法是通过压力记录来确定不同时间的反应量，并将其与同一混合物中的层流火焰压力进行比较，得到了等效于反应产物数量的火焰半径。图3.1和图3.2说明了容器方案与测量程序。湍流火焰的典型纹影图像可以在图3.3中看到。

在文献[1-2]中应用的方法是基于这样一个确定的事实，即燃烧产物的数

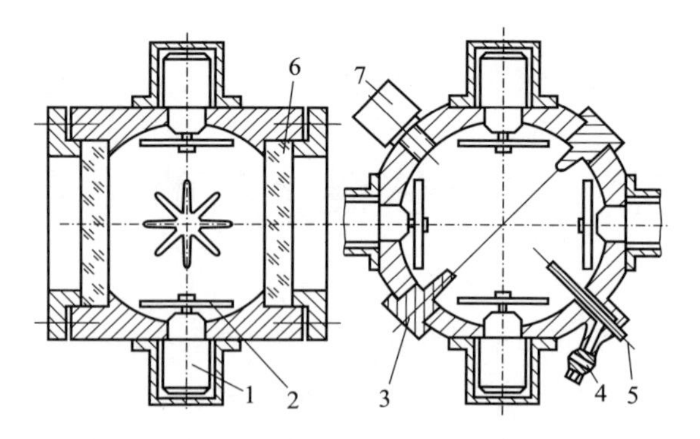

图 3.1　用于球形湍流火焰调查和燃烧后湍流速度测量的 IChPH 容器示意图
1—发动机；2—螺旋桨；3—点火电极；4—阀；5—电离探针；6—窗户；7—压力传感器。

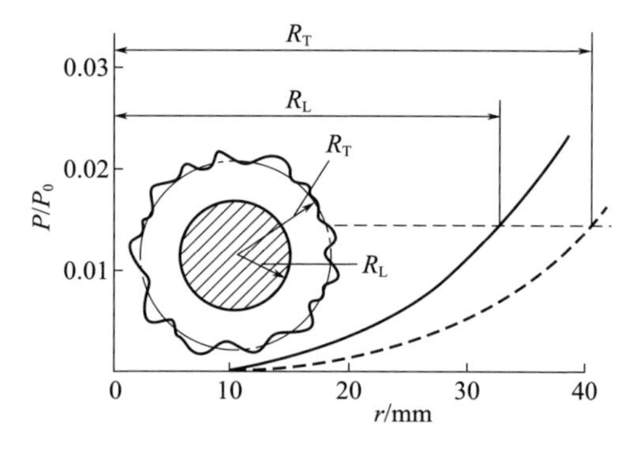

图 3.2　层流和湍流火焰的压力上升及膨胀系数的关系图

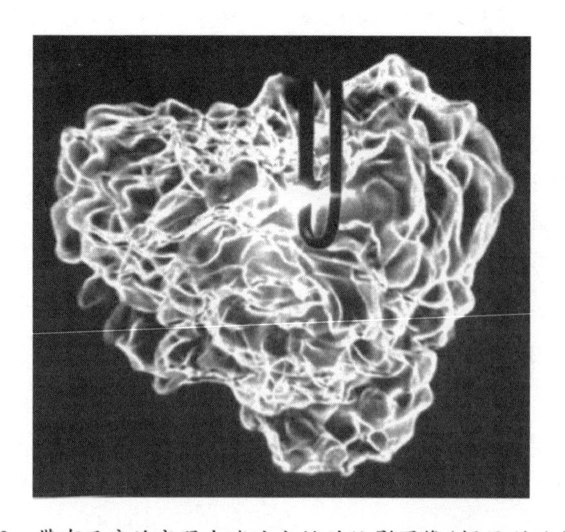

图 3.3　带有风扇的容器内湍流火焰的纹影图像(摄于利兹大学)

量唯一地依赖于球形容器内的压力。这种方法的优点是:即使在燃烧源变形或破碎的情况下,它也可以测量湍流速度。

上述两种方法得到的湍流燃烧速率有些不同。因此,用第二种方法得到的数值通常称为湍流火焰速度。最近对这两种方法进行了详细的分析,说明了用不同方法测量的湍流火焰速度的相关性。

湍流燃烧的参数研究是基于减小火焰半径 $R_L(t)$ 的定义,该定义对应于压力－时间曲线的斜率。当化学反应局限在狭窄的火焰中(见图 1.4),半径 $R_L(t)$ 的球形体积接近于平衡湍流燃烧产物体积。在这种情况下,利用燃烧时实验得到的压力比 $P=P(t)$ 计算 $R_L(t)$。湍流火焰速度 S_T(常记为 U_T)可以表示为

$$S_T=(1/\sigma)\mathrm{d}R_L/\mathrm{d}t \tag{3-2}$$

式中:σ 为燃烧时的膨胀比。得到的稳态值 S_T 可以认为是湍流燃烧的基本特征。

3.2 湍流强度和混合组分对火焰速度的影响

图 3.4 和图 3.5 显示了在大气压和室温下,在带有风扇的容器[8]中,氢气和空气混合物的湍流火焰速度的测量值。化学计量和贫混合物的范围如图 3.4 所示,富混合物的范围如图 3.5 所示。

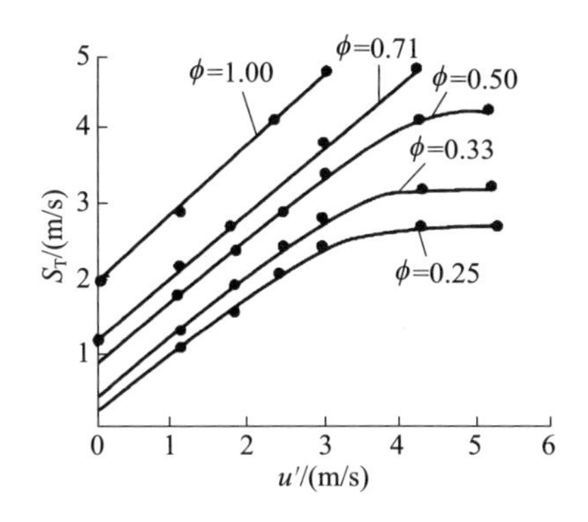

图 3.4 在室温和常压下,氢气和空气混合物的湍流火焰速度 S_T 与化学计量混合物和稀薄混合物的脉动速度的关系

所获得的数据表明,在低浓度混合物中,ϕ 浓度为 1 和 0.71 时;在富浓度混合物中,ϕ 浓度为 1.25 和 2.5 时,u' 的比例极小。这种“弯曲”在超贫混合物(5%~8% 氢气)的湍流燃烧中表现得更好(图 3.6[9]),其中最大转速 $n=$

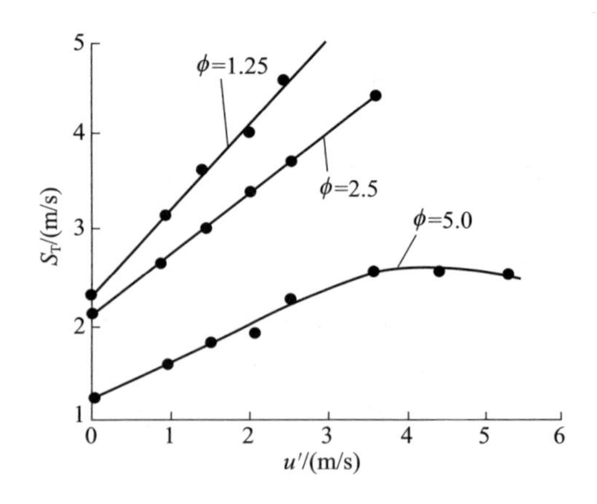

图 3.5　在室温和常压下，氢气和空气混合物的湍流火焰速度 S_T 与富混合物的脉动速度的关系

10000r/min，对应 $u'=16$m/s。当 n 增大或与 n 成比例的脉动速度 u' 增大且大于某个阈值时，会出现火焰熄灭现象。当这种情况发生时，混合物越稀薄，扑灭火焰需要的 n 值越小。要熄灭氢气和空气混合物中的火焰，需要相当大的湍流强度。

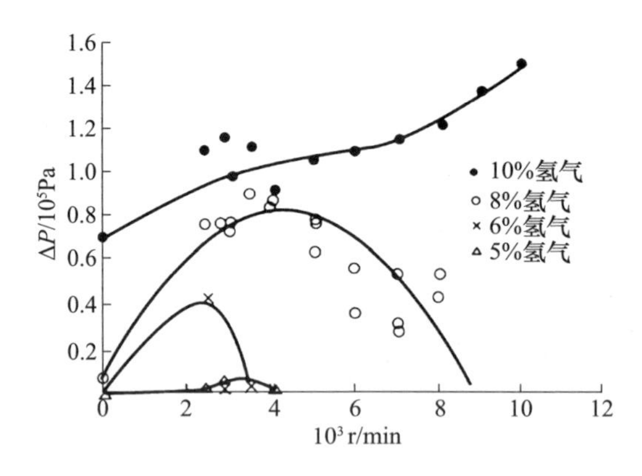

图 3.6　湍流对稀薄氢气和空气混合物[9]中压力上升的影响

从图 3.6 中观察到的结果可以看出，即使在风扇的最大转速下（u'的转速为 16m/s），也没有成功熄灭 10% 氢气混合物中的火焰。在文献[10]中也得到了类似的关于接近极限的氢气和空气混合物的结论。

根据图 3.4 和图 3.5 中测量的湍流火焰速度，可以得出进一步的结论。为此，我们绘制 S_T/S_u 相对于混合物成分在一个固定的脉动速度值。$u'=2$m/s 下 S_T 的数值取自图 3.4 和图 3.5，并添加了文献[1]中的 $u'=5$m/s 的 S_T。从

图 3.7中绘制的示意图可以看出，在稀薄混合物中，当湍流强度值固定时，湍流火焰速度超过层流火焰速度，但这一比例随着氢气的碳氧氮的增加而减小。

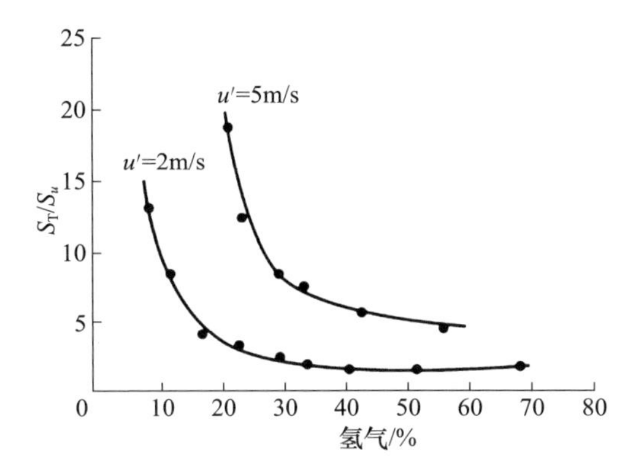

图 3.7　两种脉动速度下湍流 S_T/层流 S_u速度比与氢气和空气中氢气含量的关系

根据另一种方法（在矩形燃烧器中）[11]测量的湍流火焰速度，也可以得出同样的结论，如图 3.8 所示。让我们注意到，在 $u'=10\text{m/s}$ 的湍流强度下，含少于 13.7% 氢气的稀混合气中 S_T/S_u 较高。在文献[11]中对测量结果进行了总结，并验证了火焰产生自然湍流的可能性。

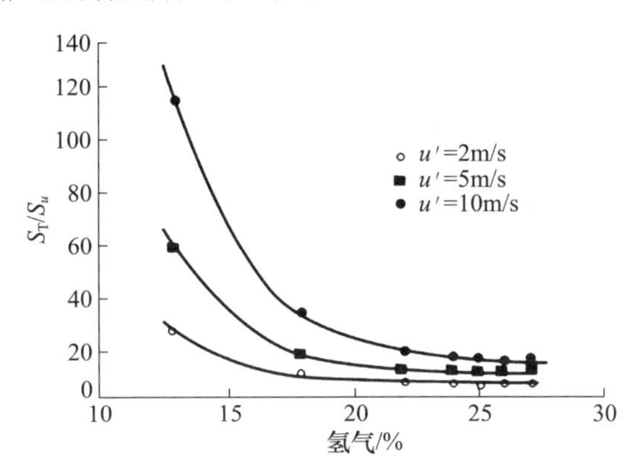

图 3.8　不同脉动速度值下，湍流 S_T/层流 S_u与氢气和空气混合物中氢气含量的比值曲线

根据文献[12]，由火焰产生的附加湍流可描述如下：

$$u' = (1/\sqrt{3})(\sigma - 1)S_u \tag{3-3}$$

文献[11]中的实验表明，当脉动速度超过层流火焰速度时，脉动速度与火焰速度的关系变为线性关系。因此，选取了允许使用这种经验依赖关系的坐标，并验证了将 Karlovitz 校正考虑在内的湍流火焰速度通用表达式的可能性：

$$S_T = 1.9u' + [(\sigma - 1)/\sqrt{3} + 1]S_u \tag{3-4}$$

图 3.9 中线周围的圆圈支持了由火焰产生额外湍流的卡尔洛维茨假说，并允许在大气压下估算稀薄混合物(13.7%~27% 氢气)中的湍流火焰速度。

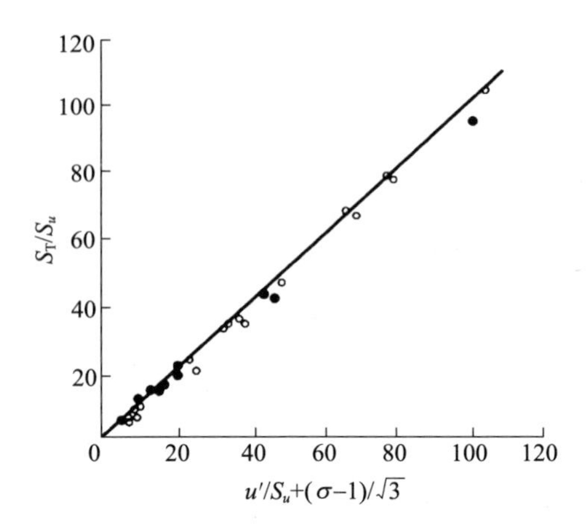

图 3.9　支持卡尔洛维茨火焰产生湍流假说的线性关系

3.3　压力对湍流火焰速度的影响

在室温，0.1MPa、0.26MPa 和 0.5MPa 压力下，燃料过剩系数 $\phi = 0.26$(10% 氢气)的稀薄氢气和空气混合物，采用带搅拌器的容器法和火焰前沿边界平面测量法测量了火焰速度。

所得结果如图 3.10 所示。没有观察到压力对湍流火焰速度的影响。在 5 倍初始压力下得到的实验点在两条虚线之间的区域分布混乱。

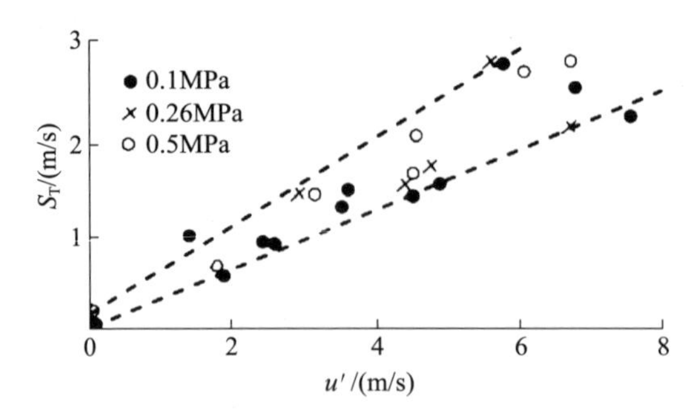

图 3.10　在 298K 温度和 3 个初始压力值下，含 10% 氢气的氢气和空气混合物中湍流火焰速度与湍流强度的关系

3.4 二氧化碳对湍流火焰速度的影响

图 3.11 和图 3.12 给出了稀薄的氢气与空气混合物中湍流的火焰速度。图 3.11 给出了燃料过剩系数 ϕ 为 0.39 的混合气的速度，图 3.12 给出了燃料过剩系数 ϕ 为 0.26 和 ϕ 为 0.21 的混合气的速度。实验在 0.1MPa 和 0.3MPa 的压力与室温下进行。

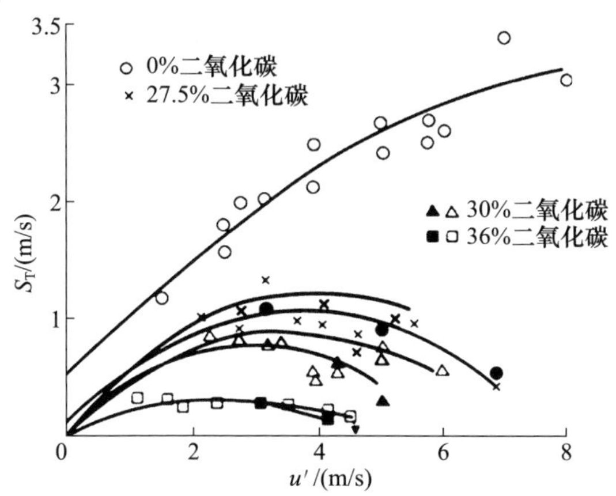

图 3.11 在氢气、空气和二氧化碳混合物中湍流强度影响湍流火焰速度，室温 298K，ϕ = 0.39

空心圆—0.1MPa；实心圆—0.3MPa。

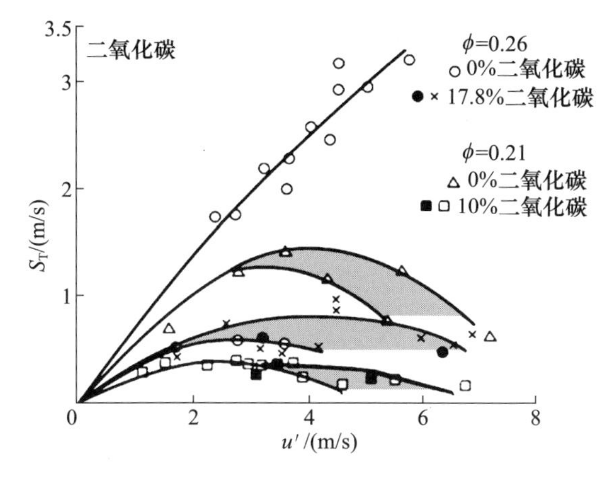

图 3.12 在氢气、空气和二氧化碳混合物中湍流强度影响湍流火焰速度，室温 298K，ϕ = 0.26

空心圆—0.1MPa；实心圆—0.3MPa。

该图说明了未稀释混合物和不同稀释剂含量的混合物中湍流速度的比较。可以看出，稀释剂含量的增加导致了最大湍流速度值和顶部脉动速度的降低，从而导致火焰猝灭。在被二氧化碳稀释的混合物中，没有观察到压力效应。

3.5 水蒸气对湍流火焰速度的影响

图 3.13 和图 3.14 显示了稀薄的水蒸气稀释的氢气与空气混合物中的湍流火焰速度。

再现了湍流火焰速度随湍流强度增加而增长的一般规律，水蒸气添加剂降低火焰的猝灭发生在湍流强度接近 4 ~ 5m/s。可以预料，初始混合物越稀薄，熄灭火焰所需的水蒸气就越少。

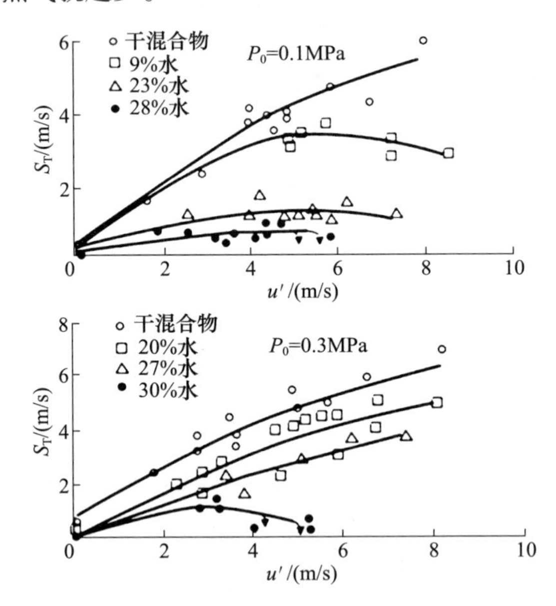

图 3.13 在 393 ~ 400K 温度下，湍流强度对氢气、空气和水蒸气混合物（ϕ = 0.26）湍流火焰速度的影响

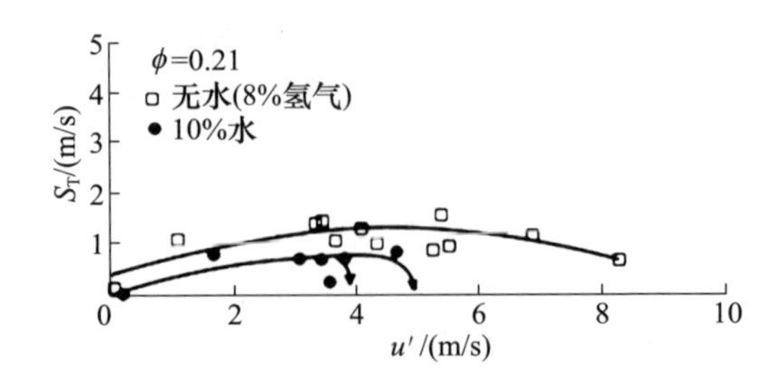

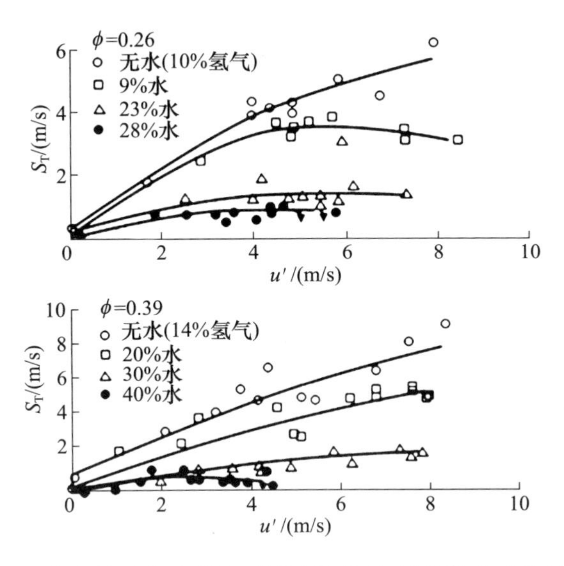

图 3.14　在大气压力及 393～400K 温度下，湍流强度对氢气、空气和水蒸气混合物湍流火焰速度的影响

3.6　一氧化碳对湍流火焰速度的影响

在一氧化碳代替了一定量的氢气的混合物中，我们检查了一氧化碳对湍流火焰速度的添加作用。图 3.15 显示了一氧化碳在含有 17.4%（氢气和一氧化碳）的混合物中的作用。上面的曲线是含氢气比一氧化碳多的混合物（一氧化碳/氢气 = 1/2），下面的曲线是含一氧化碳比氢气多的混合物（一氧化碳/氢气 = 3/2）。湍流最大火焰速度值从 6.2m/s 下降到 2.7m/s。在一氧化碳/氢气 = 1/2 和一氧化碳/氢气 = 3/2 的混合物中，层流火焰速度分别为 47cm/s 和 29cm/s。在一氧化碳浓度较高的混合物中，层流火焰速度降低；可以看出，当稀释时湍流火焰速度的下降幅度大于层流速度的下降幅度。

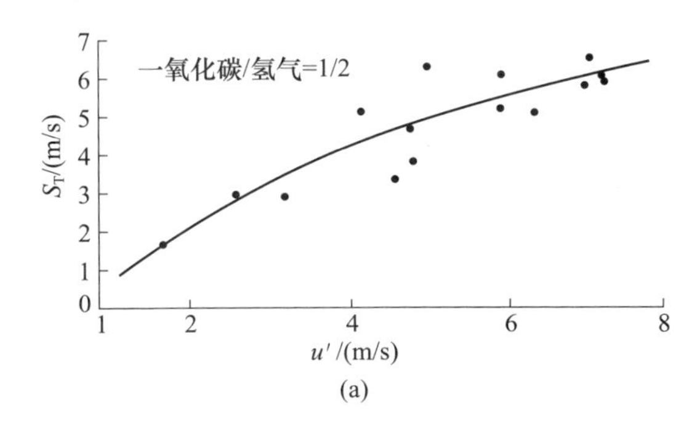

(a)

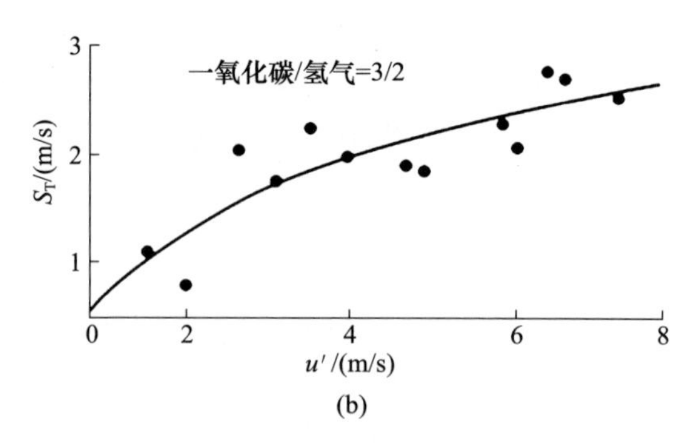

图 3.15　在常压室温下,17.4%(氢气和一氧化碳)和 82.6% 空气混合时湍流强度对湍流火焰速度的影响

在燃料浓度较低的混合物中,最大湍流火焰速度值减小,如图 3.16 所示。在氢浓度为一氧化碳 2 倍的 10%(氢气和一氧化碳)二元燃料混合物中,可以清楚地看到 S_T 曲率。对于上述混合物,未观察到初始压力效应。

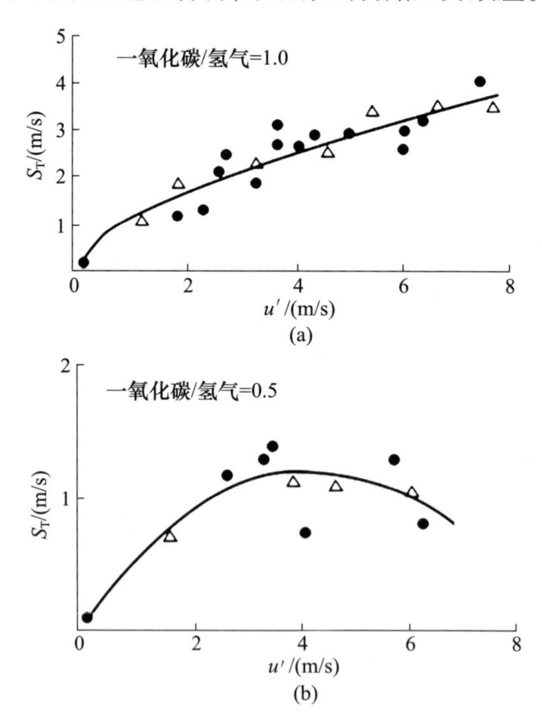

图 3.16　在 0.1MPa(实心圆)和 0.3MPa(三角形)压力下,15%(氢气和一氧化碳)和 85% 空气(a)及 10%(氢气和一氧化碳)和 90% 空气(b)混合时的湍流火焰速度

3.7 湍流火焰的淬熄

根据湍流火焰速度图,在不可燃组分稀释的混合物中或在接近极限的混合物中,在湍流强度的某个值下,火焰熄灭是预期的。

湍流强度的增大导致燃烧产物与初始混合物混合加速。在高 u'时,燃烧速率不随 u'的增加而增加。由此产生的条件使火焰的初始源被湍流扩散的速度比新的燃烧产物产生的速度快。这种现象对应于湍流可燃混合物的燃烧极限。

图 3.17 显示了湍流火焰淬灭边界的关系。通过处理大量的实验数据,包括贫氢混合物、贫富甲烷混合物和丙烷与空气混合物的实验数据,得出了这一关系并在文献[13]中绘制出来。所有关于燃烧的数据都是在大气压下获得的,其值按无源对数绘制坐标:y 轴为 u'/S_u^0(脉动速度/平坦火焰法向速度),x 轴为 Re/Le^2(湍流雷诺数/路易斯数的二次方)。在边界曲线以上火焰熄灭,在边界曲线以下火焰膨胀。图的左边部分与小燃烧速率的混合物有关,它可以被微弱的脉动熄灭。图的右上部分是反应区狭窄的快燃混合物。三角形表示氢和空气混合物的数据。宽范围内(Re/Le^2四阶)的实验结果近似表示为

$$\begin{cases} \dfrac{u'}{S_n^0} = 0.71Re^{0.5}, \quad Re < 300 \\ \dfrac{u'}{S_n^0} = 3.1(Re/Le^2)^{0.25}, \quad Re > 300 \end{cases} \tag{3-5}$$

如图 3.17 所示,第二行以卡尔洛维茨数($Ka \cdot Le^{0.5} = 1.5$)表示的等价形式给出。所提出的近似值与用最小二乘方法发现的更复杂的一般关系有些许不同,并用虚线表示。

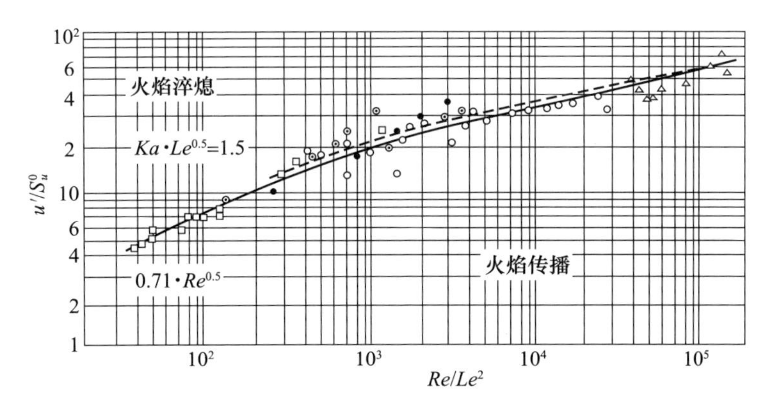

图 3.17　湍流火焰熄灭实验数据[13]

3.8 抑制燃烧的方法

1979 年,美国三哩岛核电站的事故引发了对氢气和空气混合物的调查[14-15]。考虑了不可燃气体添加剂(氮气、氧气)或水蒸气对氢气爆炸的抑制作用,作为抑制氢气爆炸的一种方法。研究表明,为了在氢气和空气混合物中可靠地抑制火焰的引发和传播,文献[15]需要超过60% 浓度的稀释剂(二氧化碳或水)。

另一种抑制气体爆炸的方法是在混合物(水云)中分散小液滴。文献[16]表明,加入分散水后,氢气和空气的混合燃烧极限变窄。抑爆效率取决于液滴的大小。100 ~ 500mm 的大液滴对火焰传播的下限没有影响,在燃烧过程中没有引起湍流。

当加入 20 ~ 50mm 的液滴时,可以观察到底限移至 4.5% ~ 5.3% 的氢气。当液滴的尺寸减小到 10mm 时,在 20 ~ 70℃ 时,较低的着火和燃烧极限为 7.2% ~ 8.5% 的氢气。由于采用了机械分散方法,液滴尺寸不可能进一步减小。

例如,在激波管高压室中,饱和蒸汽的突然膨胀可以通过冷凝得到较小尺寸的水滴[17-23]。研究[24-27]揭示了含蒸汽的气体混合物的快速强迫或偶然膨胀,产生两相气体和微滴混合物(雾)。

在可燃气体的情况下,点火导致火焰(燃烧波)在混合物中传播,由于液滴在火焰前沿蒸发的热量损失,微液滴云起到了体积表面抑制剂的作用。但可燃混合气和水雾系统在接近燃烧极限时突然膨胀引起的局部冷凝,为不可燃系统转变为可燃系统创造了前提条件。在这种情况下,雾滴在火焰膨胀中的作用是至关重要的。

3.9 氢气和空气与水雾系统湍流燃烧抑制效率的测量

实验[28-30]是在一个长 0.6m、内径 0.12m 的加热圆柱形爆炸室(EC)中进行的。爆炸室示意图(尺寸以 mm 为单位)如图 3.18 所示。为了使被测混合物突然膨胀,EC 的下部装有铝箔或铜箔制成的爆破膜。爆炸室由 4 个对称放置在其外壁上的加热装置加热。用 6 对铬铝酸盐热电偶测量电芯内部的温度。其中一个热电偶安装在爆炸室法兰上,其余热电偶放置在一个直径为 8mm 的特殊棒内(图 3.18)。爆炸室法兰上装有一个点火器(爆炸线)和一个压力传感器。

实验前,在爆炸室上装上膜,在内部填充 20 ~ 40ml 的水。爆炸室充满饱和蒸汽,压力与加热温度相对应。当给定蒸汽压力 P_{V1} 达到饱和温度(T_1)时,向爆炸室中加入氢气和空气混合物。为防止结露,保证可燃混合物的均匀混合,将少量可燃混合物通过受热管道输送。

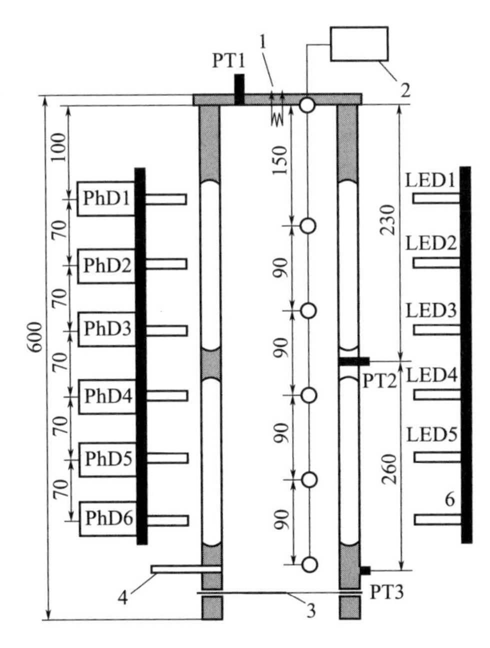

图 3.18 爆炸室示意图

PhD1 ~ PhD6—光电二极管；LED1 ~ LED6—红外发光二极管；PT1 ~ PT3—压力传感器；

1—点火器；2—热电偶；3—膜；4—气体供应[28-30]。

当达到膜厚所规定的压力 P_1 时，膜破裂，稀薄波（RW）沿爆炸室传播。压力/温度的下降从上翼缘 RW 传递和反射，导致饱和蒸汽部分凝结。当压力降至大气值（P_0 =0.1MPa）时，爆炸室充满可燃氢气、空气、蒸汽和微滴（水雾）混合物。用 PT1、PT3 3 个压电换能器记录了爆炸室内的压力变化。在校正阶段发现的一个特定时间间隔内，将电压施加于点火器。

膜破裂压力 P_1 在 0.3 ~ 1.5MPa 范围内变化。研究了含 10% ~ 30% 氢气的氢气 - 空气混合物的燃烧。通过窗口观察了微滴的产生和火焰膨胀过程。火焰膨胀记录系统包含 6 个锗光电二极管 PhD1 ~ PhD6。每一个都与放置在对面的红外发光二极管 IR1 ~ IR6 结合工作。LED 的波长为 0.96mm。测量利用已知的爆炸室辐射和微滴的浓度和大小之间的关系，提供了雾的产生和火焰/微滴相互作用的动力学数据。

火焰在发光二极管的工作波长范围内提供了红外辐射源。通过从火焰辐射中分离 IR1 ~ IR6 发光二极管信号，用 G5 - 54 阶跃函数信号发生器对信号进行调制。光电二极管和压力传感器信号由内置在计算机中的多通道 ADC T512 记录。实验利用双波长光电二极管（DWPD）记录的两波长红外辐射吸收测量悬浮微滴云的参数。利用 DWPD 记录的数据计算微滴的大小和体积浓度。在最小放大系数下,DWPD 对阶跃函数信号的响应时间不超过 1μs。采用红外发光二极管(波长 $\lambda=0.96\mu m$)和半导体激光器(波长 $\lambda=1.56\mu m$)作为单色光辐射体。雾参数是在距离爆炸室顶部 115mm 的距离上测量的。

3.10 湍流燃烧抑制实验数据

图 3.19 显示了从光电二极管 PhD1 ~ PhD4 对 EC 火焰传播响应的一些记录数据。时间 t 从点火时刻开始计算;在所有实验中,膜破裂后的反应时间均约为 43ms。

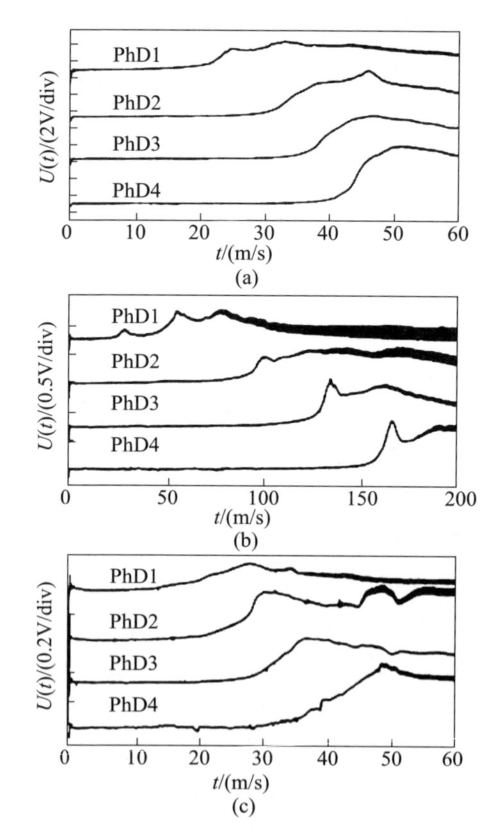

图 3.19 火焰传播时的辐射记录

(a)30% 的氢气和空气,$P_1=0.75\text{MPa}$,$P_{V1}/P_1=0.23$;

(b)18% 氢气和空气,$P_1=0.79\text{MPa}$,$P_{V1}/P_1=0.2$;

(c)10% 氢气和空气,$P_1=0.9\text{MPa}$,$P_{V1}/P_1=0.056$[28-30]。

当火焰传播时，输出信号增加。这并不是火焰膨胀的唯一指标。

研究过程的特点是悬浮的微滴在加热后蒸发，在反应区变成气相。液滴的蒸发导致相应红外发射器的调制信号幅度增大。在稀薄的氢气和空气混合物中，燃烧产物的自然辐射可与光探测器的极限灵敏度相媲美，对调制信号的测量是火焰指示系统的重要补充。

利用两种波长辐射吸收的 DWPD 测量结果，可以获得火焰前沿微滴蒸发的定量数据。图 3.20 给出了 30% H_2 和混合物 $P_1 = 1.34\text{MPa}$、饱和蒸汽相对含量 P_{V1}/P_1 为 0.23 时膜破裂的压力 $P = P(t)$ 和 DWPD 响应 $U = U(t)$ 的数据。图 3.20(a)为 PT1 和 DWPD 制作的完整记录（包括膨胀、气滴云产生、点火和火焰传播）。图 3.20(b)、(c)展示了在拉伸时间尺度 t 中最重要的阶段：微滴的产生是由于在火焰前沿的凝结和蒸发而产生的。从图中可以看出，$\lambda = 1.56\text{mm}$ 波长处的散射辐射幅值相对变化明显小于 $\lambda = 0.96\text{mm}$ 波长处的散射辐射幅值相对变化。图 3.20(d)显示了微液滴体积随时间的变化 φ，由于 D_t 内火焰前缘的蒸发，φ 减小。

已知的微滴体积浓度允许在点火瞬间识别燃烧混合物的成分。根据文献[20－21]，可计算出饱和蒸汽体积浓度为

$$P_V = P - \left(\frac{P_1}{P_{V1}} - 1\right)\left(P_V + \frac{\varphi}{\mu_V}\rho_L R \frac{2238}{11 - \log P_V}\right) \tag{3-6}$$

式中：μ_V 为水的分子量；ρ_L 为液相中的水密度；R 为通用气体常数。点火瞬间，混合气压力为 0.1MPa，温度不超过 373K。在温度 $273\text{K} < T < 373\text{K}$ 且 $958.3\text{kg/m}^3 < \rho_L < 999.9\text{kg/m}^3$ 范围内，水密度变化不显著。因此，计算采用 $\rho_L \approx 979\text{kg/m}^3$。$P_V$ 的表达式不包含燃烧气体的分子质量，而燃烧气体的分子质量取决于空气混合物中的氢气含量。

因此，对于计算氢气、空气、饱和蒸汽和水雾混合物中的饱和蒸汽体积含量，初始实验条件（P_1、P_{V1} 值和可测量的液相体积浓度 φ）是足够的。

对水喷雾参数的光学测量结果如下：雾滴体积浓度 $5 \times 10^{-6} \leqslant \varphi \leqslant 2.2 \times 10^{-5}$ 时，微滴直径约为 1.5 ± 0.5mkm，混合物中的蒸汽质量分数不超过 45% ± 5% 时，微滴质量分数不大于 2% ± 0.2%。

图 3.21 展示了以氢气和水的体积浓度坐标绘制的实验结果，在氢气、空气、饱和蒸汽和微滴混合物中得到火焰传播的结果[28－30]。体积浓度的值是相对于整个混合物，并对应于点火瞬间存在的条件。实心点表示火焰传播，空心点表示没有火焰引发和燃烧。在每个点下测量的微滴的体积浓度 $\varphi \cdot 10^{-5}$。固体曲线

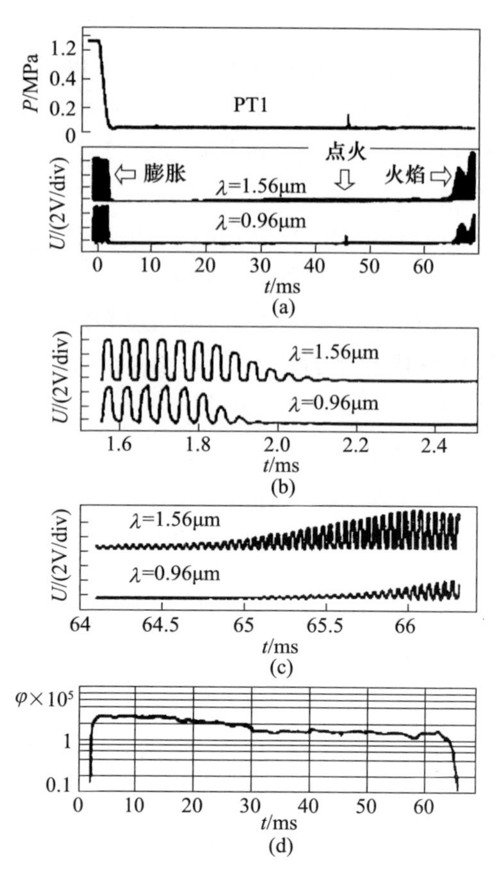

图 3.20　30% 氢气和空气和雾系统爆炸参数化图

(a)PT1 记录的压力和 DWPD 记录的辐射;(b)扩大阶段的 DWPD 扩大记录;
(c)燃烧阶段的 DWPD 拉伸记录;(d)微滴体积浓度变化[28-30]。

对应于氢气、空气、饱和蒸汽混合物[31]中火焰传播极限。曲线 1 和曲线 2 分别对应火焰向上和向下传播[31]。

将文献[31]的结果与其获得的数据进行比较,发现微滴的存在缩小了氢气、空气和饱和蒸汽混合物的燃烧极限,并将其转向较低的蒸汽体积浓度。

图 3.21 所示的结果在所选的坐标系中绘制,并没有回答关于液滴效应的问题,因为蒸汽体积浓度值与总含水量(蒸汽和液滴)无关。用图 3.22 中使用的坐标表示结果更有价值(氢体积分数% 氢气 - 水的质量含量 Θ = % 水(蒸汽) + % 水(液滴)。图中给出的实验点数据表明了液滴质量含量(%)与总混合质量的关系。尽管蒸汽在总体积中的浓度由于冷凝而降低,火焰传播极限却在缩小。

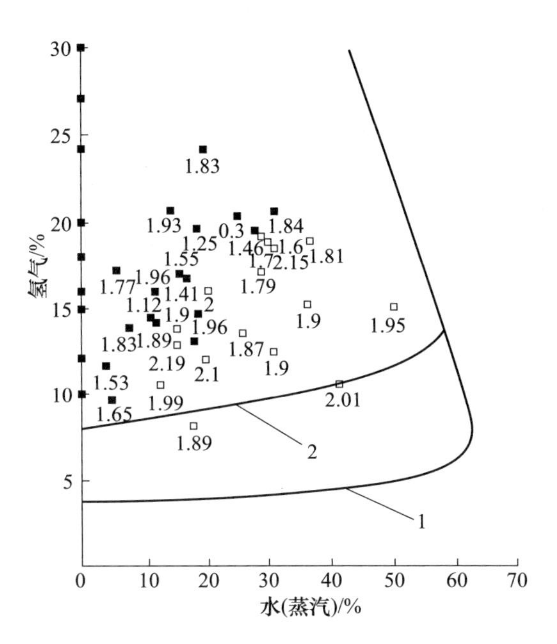

图 3.21　氢气、空气、饱和蒸汽和微滴混合物的燃烧极限与蒸汽体积浓度的关系

1—火焰向上传播[31]；2—向下火焰传播[31]；点—测量数据[28-30]。

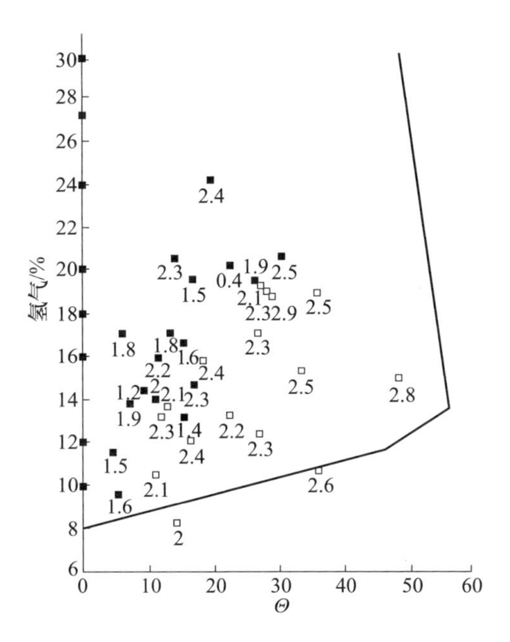

图 3.22　氢气、空气、饱和蒸汽和微滴混合物的燃烧极限随蒸汽与微滴重量浓度的变化

曲线—火焰向下传播[31]的极限；点—测量数据[28-30]。

参考文献

1. Карпов В.П., Семенов Е.С., Соколик А.С. Турбулентное горение в замкнутом объеме//Доклады АН СССР, 1959. Т. 128, № 6, С. 1220–1223 (V.P. Karpov, E.S. Semenov, A.S. Sokolik, Turbulent combustion in closed volume. Doklady AN SSSR 128(6), 1220–1223 (1959)
2. A.S. Sokolik, V.P. Karpov, E.S. Semenov, Turbulent combustion of gases. Combust. Explos. Shock Waves 3(1), 36–45 (1967)
3. T.D. Fansler, E.G. Groff, Turbulence characteristics of a fan-stirred combustion vessel. Combust. Flame 80, 350–354 (1990)
4. V. Sick, M.R. Hartman, V.S. Arpaci, R.W. Anderson, Turbulent scales in a fan-stirred bomb. Combust. Flame 127, 2119–2123 (2001)
5. R.G. Abdel-Gayed, D. Bradley, Dependence of turbulent burning velocity on turbulent Reynolds number and ratio of laminar burning velocity to r.m.s. turbulent velocity. Proc. Combust. Inst. 16, 1725–1735 (1977)
6. R.G. Abdel-Gayed, K.J. Al-Khishali, D. Bradley, Turbulent burning velocities and flame straining in explosions. Proc. R. Soc. Lond. A391, 393–414 (1984)
7. A. Lipatnikov, J. Chomiak, Turbulent burning velocity and speed of developing, curved, and strained flames. Proc. Combust. Inst. 29, 2113–2121 (2002)
8. Карпов В.П., Северин Е.С. Турбулентные скорости выгорания газовых смесей для описания сгорания в двигателях//В сб. «Химическая физика горения и взрыва. Горение гетерогенных и газовых систем», Черноголовка, 1977. С. 74–76. (V.P. Karpov, E.S. Severin, Turbulent burning rates of gaseous mixtures for description of burning in engines. In: "Khimicheskaya Fizika Gorenia i Vzryva. Gorenie geterogennyh i gasovyh sistem", Chernogolovka, 1977, pp. 74–76)
9. K.J. Al-Khishali, D. Bradley, S.F. Hall, Turbulent combustion of near-limit hydrogen-air mixtures. Combust. Flame 54, 61–70 (1983)
10. Карпов В.П., Северин Е.С. Турбулентное горение околопредельных смесей водорода//Доклады АН СССР, 1978. Т. 239, № 1. С. 123–125 (V.P. Karpov, E.S. Severin, Turbulent combustion of near-limit hydrogen mixtures. Doklady AN SSSR, 239(1), 123–125 (1978)
11. L.S. Kozachenko, I.L. Kuznetsov, Burning velocity in a turbulent stream of a homogeneous mixture. Combust. Explos. Shock Waves 1(1), 22–30 (1965)
12. B. Lewis, G. von Elbe, *Combustion, Flames and Explosion of Gases*, 3rd edn. (Academic, Orlando, 1987), p. 739
13. R.G. Abdel-Gayed, D. Bradley, Criteria for turbulent propagation limits of premixed flames. Combust. Flame 62, 61–68 (1985)
14. M. Berman, J.C. Cummings, Hydrogen behavior in light-water reactors. Nucl. Safety 25, 53–74 (1984)
15. R.K. Kumar, G.W. Koroll, Hydrogen combustion mitigation concepts for nuclear reactor containment buildings. Nucl. Safety 33, 398–414 (1992)
16. S.S. Tsai, N.J. Liparulo, Fog inerting criteria for hydrogen-air mixtures, in *Proceeding of 2nd international Conference on Hydrogen Impact on Water Reactor Safety*, NUREG/CP 0038, Albuquerque, 1982, pp. 727–739
17. I.I. Glass, G.N. Patterson, A theoretical and experimental study of shock tube flows. J. Aerospace Sci. 22(2), 73–100 (1953)
18. H. Kawada, Y. Mory, A shock tube study on condensation kinetics. Bull. JSME 16(97), 1053–1065 (1973)
19. D. Barschdorf, Carrier gas effects on homogeneous nucleation of water vapor in a shock tube.

Phys. Fluids 18(5), 529–533 (1975)
20. S. Kotake, I.I. Glass, Condensation of water vapor in rarefaction waves: homogeneous nucleation. AIAA J. 14(12), 1731–1737 (1977)
21. S. Kotake, I.I. Glass, Condensation of water vapor in rarefaction waves: heterogeneous nucleation. AIAA J. 15(2), 215–221 (1977)
22. I.I. Glass, S.P. Kalra, J.P. Sislian, Condensation of water vapor in rarefaction waves: experimental results. AIAA J. 15(5), 686–693 (1977)
23. D.L. Hastings, J.P. Hodson, The formation of an aqueous fog in a shock tube. J. Phys. D: Appl. Phys. 12(12), 2111–2122 (1979)
24. H.J. Smolders, J.F.H. Willems, H.C. de Lange, M.E.H. van Dongen, Wave induced growth and evaporation of droplets in a vapor-gas mixture, in *17th Symposium (International) on Shock Waves and Shock Tubes A.I.P.* Conference Proceedings. ed. by Y.M. Kim, vol. 208, Bethlehem, 1989, pp. 802–807,
25. H.J. Smolders, Non-linear wave phenomena in gas-vapor mixture with phase transition: Ph.D. thesis, University of Technology, Eindhoven, 1992
26. K.N.H. Looijmans, P.C. Kriesels, M.E.H. van Dongen, Gasdynamic aspects of modified expansion shock tube for nucleation and condensation studies. Exp. Fluids 15(1), 61–64 (1993)
27. K.N.H. Looijmans, J.F.H. Willems, M.E.H. van Dongen, On the principle, design and performance of an expansion-shock tube for nucleation studies, in *Proceedings of 19th Symposium Shock Waves*, ed. by R. Brun, L. Dumitrescu, vol. 1, Marsielle, 1995, pp. 215–220
28. S.P. Medvedev, B.E. Gelfand, V.V. Zhukov, A.M. Bartenev, S.V. Khomik, A.N. Polenov, Study of turbulent combustion of hydrogen-air-steam-water fog mixtures prepared by sudden expansion technique. CD-ROM Proceedings of 17-th ICDERS, paper No 025, Heidelberg University, Germany, 25–30 July 1999
29. S.P. Medvedev, B.E. Gelfand, A.N. Polenov, S.V. Khomik, Flammability limits for hydrogen-air mixtures in the presence of ultrafine droplets of water fog. Combust. Explos. Shock Waves 38(4), 381–386 (2002)
30. A.M. Bartenev, B.E. Gelfand, S.P. Medvedev, A.N. Polenov, S.V. Khomik, Dynamics of formation and parameters of a fog upon abrupt expansion of a compressed vapor-gas volume. High Temp. 40(2), 272–277 (2002)
31. R.K. Kumar, Flammability limits of hydrogen-oxygen-diluent mixtures. J. Fire Sci. 3, 245–262 (1985)

第 4 章　火焰传播的浓度限制

三哩岛和切尔诺贝利核电站发生的可怕事故,有力地激励人们调查在高温高压下高蒸汽含量的氢混合物中燃烧和火焰传播的浓度极限。对大规模实验结果的分析表明,快速燃烧体系的浓度极限、爆燃过渡和爆燃极限向较稀薄的混合物扩展。在类似实验室的环境中获得的燃烧浓度限值也有用处。

最新的安全工程提出了在常温压力下(298K 和 0.1MPa)以及高温压力下储存条件下确定点火极限的挑战。

第 3 章描述了在含氢和空气的混合物中火焰传播的超分散水滴/蒸汽浓度极限的估计方法。为了明确这一概念,我们不仅研究了空气混合物的点火和火焰传播极限,还研究了与氧和其他稀释剂(包括水蒸气和氮气)的混合物的点火与火焰传播极限。

4.1　浓度限值的测量

在正常条件下进行的大型实验中[1],4% 浓度极限(LCL)的氢气与空气混合物在较低的点火极限下进行了测试(由于扩散导致的少量氢气燃烧和大部分氢气未燃烧);在 9% 氢气的 LCL 边界上(火焰连续前缘向下传播),研究了上点火极限。在 4%~9% 氢气浓度区域(过渡区),大型实验的结果与早期实验结果存在差异。正如预期的那样,对于大型实验,在过渡区边界内,燃烧完整性降低,压力增长较小。通过风扇强制搅拌,可以提高氢气燃烧的完整性(但 LCL 不是)。

与文献[2-4]中发现的许多其他混合物的点火极限不同,目前缺乏关于氢气、氧气和蒸汽点火极限的实验数据。对于氢气、空气和蒸汽混合物,在实验[5]中得到的极限浓度曲线不是很准确。

20 世纪 80 年代早期,来自俄罗斯、美国和加拿大的研究小组[6-11]改善了这一问题的状况。在俄罗斯,Kurchatov 核动力工程研究所(KIAE)与 IChPh RAS[10]和全俄消防研究所(VNIIPO)[11]的两组调查人员一起发起了一项氢安全项目。现在我们有了上述混合物燃烧极限的数据库,包括氢气、氧气和水(蒸汽)在最高 3MPa 压力下的燃烧极限。

4.2 氢气、氧气和氮气混合物的浓度限值

在一个直径为5cm、长度为1.8m的垂直加热管中，在295K、373K和473K温度和0.1MPa压力[8]下测量火焰传播极限（较低的点火温度）。根据所获得的数据，在295K时完全抑制燃烧所需的氮气量等于87%，在473K时增加到92%。得到的温度极限数据范围扩大到523K，压力极限数据范围扩大到2MPa[12]。文献[12]中的测试，使用了一个体积约为50L的加热容器。

图4.1显示了在523K温度及0.1MPa、0.6MPa和2MPa压力下，氢气、氧气和氮气三元混合物的极限三角形区域。三角形的内部区域对应于可燃混合物。

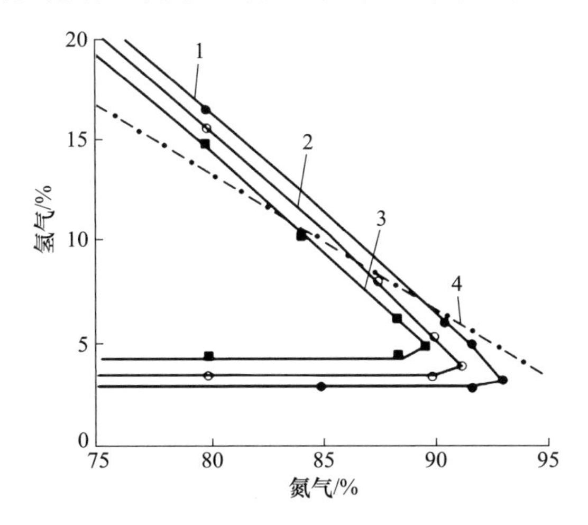

图4.1　在523K温度和初始压力下，氢气、氧气和氮气三元混合物中氢气和氮气的浓度极限

1—0.1MPa；2—0.6MPa；3—2MPa；4—化学计量组成[12]。

实验数据表明，氢气、氧气和氮气混合物初始压力的增加在一定程度上降低了可燃性区域。在523K、0.1MPa压力下，抑制由所有成分引起的燃烧所需的最大氮气量（极限三角形尖端的氮气浓度）为93%，在2MPa压力下降低到89.6%氮气。与此同时，氢气较低浓度限值从2%增加到4.5%（给定的氢气浓度值在80%~90%之间）。

含氢气三元混合物的极限曲线表现为曲线尖端区域的稀释剂（氮气）含量的高限和氢气浓度的低限。这一特性与氢气的高扩散率有关，其影响与化学计量比是小的，*Le* 明显小于1。

图4.2显示了在初始温度的3个值下，化学计量混合物氢气、氧气和氮气的

压力效应。压力在 0.1 ~ 1MPa 的范围内对氢气的最大浓度极限影响最大。在高压下,浓度极限增长可以忽略不计。

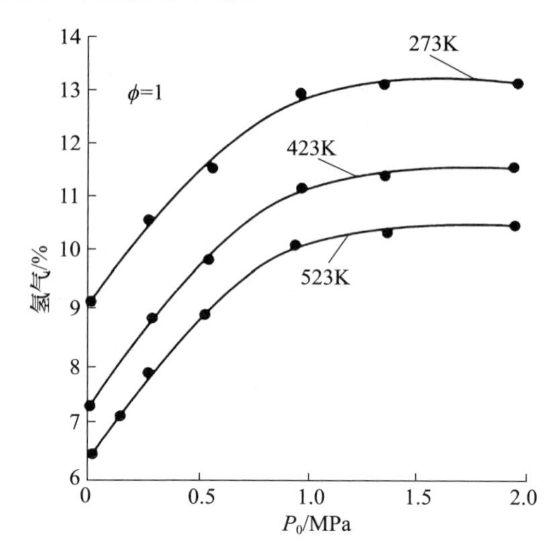

图 4.2　化学计量混合物氢气、氧气和氮气在 3 个温度下氢气浓度极限与压力的关系

4.3　含氢混合物与二氧化碳的浓度限值

图 4.3 给出了在初始压力为 0.1MPa、温度为 293K 和 523K 时,氢气、氧气和二氧化碳的混合物的极限曲线。曲线的下支向降低氢气浓度极限的方向移动。

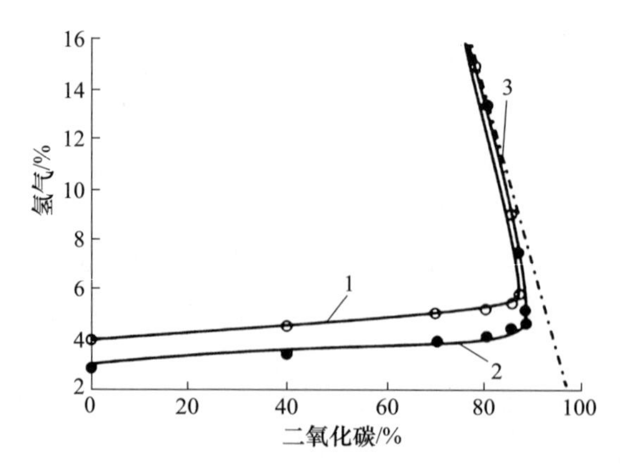

图 4.3　氢气、氧气和二氧化碳混合物在 0.1MPa 压力与初始温度下的极限曲线

1—293K; 2—523K; 3—化学计量组成。

4.4 含氦、氢混合物的浓度限值

氦混合物由极限曲线尖端的位置指定。由于氦气扩散常数高,“尖端”在化学计量线上。初始温度的升高扩大了可燃性区域(图 4.4)。

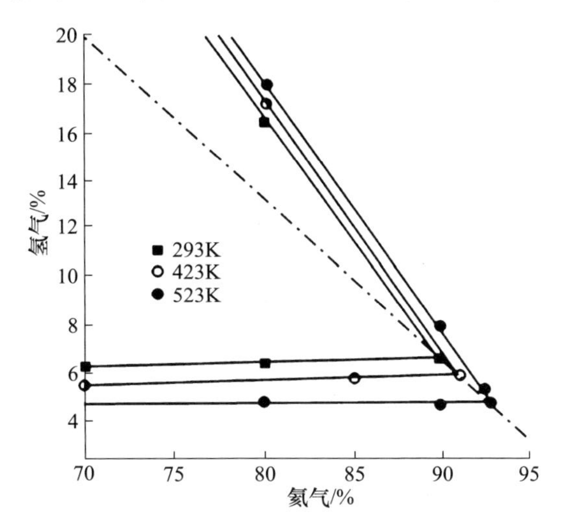

图 4.4 氢气、氧气和氦气三元混合物在初始压力 0.1MPa 和不同温度下氢气与氦气的浓度极限

4.5 含水蒸气的氢混合物燃烧的浓度限制

图 4.5 中的实心曲线显示了在 373K 温度和低于大气压的垂直加热管中[8]的测量数据。所使用的压力为 0.02 ~ 0.051MPa,这取决于所提供的蒸汽浓度。虚线表示 5.6m^3 加热容器[9]的测量结果。混合温度为 385K[9],压力在 0.1 ~ 0.3MPa 范围内变化[8]。曲线之间的主要区别是在从化学计量线向稀混合物方向移动的“尖端”附近。

IChPh[13]开发的用水蒸气点燃混合物的计算方法用于计算极限曲线,并与文献[8 - 9]获得的数据相比,差异较大。计算是在固定温度(73K)和压力(0.1MPa)值下进行的。文献[8]点火能量在 0.1 ~ 10J 变化,文献[9]点火能量在 4 ~ 6J 变化。

计算结果如图 4.5 所示,用圆圈表示。点火能量只影响极限曲线的分支。化学计量成分的浓度限制实际上是相同的,不论点火能量的变化是否为 100 倍。

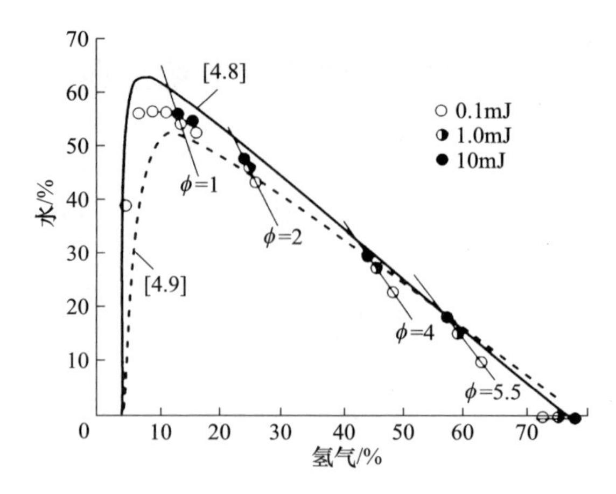

图 4.5　373K 温度和 0.1MPa 压力(圈)下计算的氢气和水蒸气浓度限值与氢气、氧气和水蒸气三元混合物中测量的氢气和水蒸气浓度限值的比较(文献[8]在 373K 和 0.02～0.05MPa,文献[9]在 385K 和 0.1～0.3MPa 测量)

在"尖端"附近的计算结果位于曲线之间,当混合物被 40% 的水蒸气稀释时,它们实际上与曲线[8]重合。当以 10J 能量计算的数据被假定为边界时,富分支被相当接近地复制。

支持的所有结果的差异可以解释为初始压力值,但不是通过实验设置几何图形或限制的方法测定,计算浓度限制的化学计量混合在同一压力范围的测量数据在图 4.6 中给出。在文献[8－9]中发现的浓度极限用点表示。

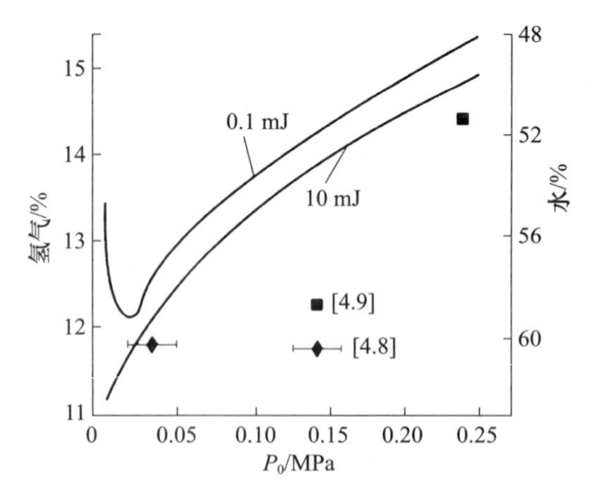

图 4.6　在 373K 温度和不同点火能量下,在化学计量混合物氢气、氧气和水中,氢气和水蒸气浓度极限随压力的变化(计算浓度限值(曲线)与实测数据的比较)[8－9]

文献[10]给出了在高压下(0.4～2MPa)的氢气、氧气和水蒸气的混合物浓度限制与化学计量组成。与其他三元混合物(如氢气、氧气和氮气)不同,氢气的浓度极限随压力的增大而减小。

后续研究将压力范围扩大到3MPa,并解释了文献[14]的浓度极限行为。含蒸汽的氢气和氧气混合物中氢气浓度极限随压力的增大表现不稳定。与所有具有不同稀释剂的三元混合物相似,在压力达到0.4MPa时,可以观察到浓度极限随压力的增大而增大。但在较高的压力下(已经进行了高达3MPa的观察),浓度极限逐渐下降。

根据文献[14],压力升高导致的浓度极限降低是高水蒸气含量混合物的特点。所观察到的现象是化学反应动力学、水分子/水蒸气热辐射和热辐射的自吸收综合效应的结果导致未反应混合物的温度上升。随着压力的增大,自吸能力受到限制;预计在压力超过3~4MPa时,浓度极限不会出现明显变化。

根据VNIIPO获得的数据,图4.7显示了在523K、2MPa时压力对稀薄混合物氢气、氧气以及水中氢气和水蒸气浓度极限的影响[12]。所有的浓度限制都在化学计量线4以下。不同的初始压力效应在低蒸汽浓度区域和高蒸汽浓度混合物(约为80%)具有图4.7所示的浓度限制特征。

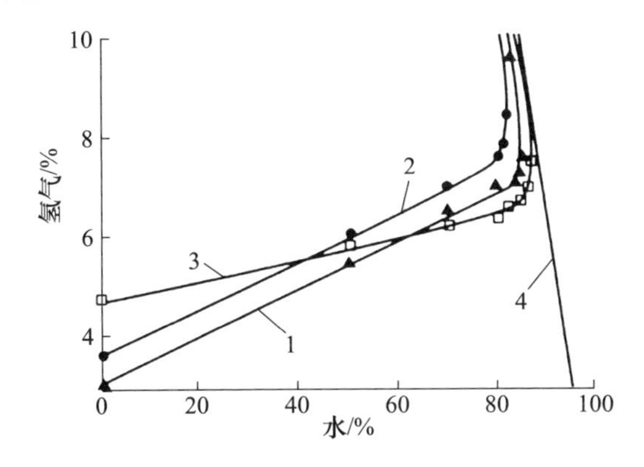

图4.7 在523K温度下,压力对氢气、氧气和水混合物中氢气与水浓度限值的影响

1—0.1MPa; 2—0.6MPa; 3—2MPa; 4—化学计量组成。

4.6 容器壁面温度对燃烧浓度限值的影响

可燃混合物的初始温度升高伴随着二次效应,有时会导致浓度极限测量结果的错误。典型的例子是在测量过程中加热管和容器壁的影响。当容器壁被加热到温度超过300℃[15]时产生这一效应,该效应首次由V. A. Bunev在他的实验中发现的。

文献[16-17]中研究的一个类似的效应揭示了可燃混合物成分与点火前在加热容器中保存时间的关系。容器壁通常由不锈钢制成,起到化学反应催化剂的作用,减少混合物中氢气或氧气的含量。

图4.8为接近极限的富氢气和空气混合物的数据,图4.9为贫气混合物的数据[15-17]。当温度超过200℃时,金属壁会影响测量的极限值。因此,为了得到正确的浓度极限结果,如果壁面温度超过阈值,则在点火前混合物在容器中保持的时间应减少到最小值。

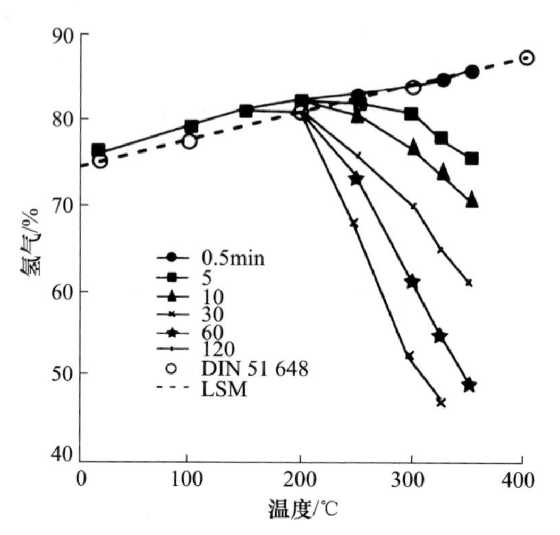

图4.8 在浓度上限范围内,容器壁温度和保温时间对氢气和空气混合物中氢气浓度的影响[15-16](圆圈和虚线为在垂直玻璃管[18]和最小二乘法(LSM)近似中UCL根据DIN51648标准的变化)

根据文献[18-19],在20~400℃范围,氢气和空气混合物的上限和下限几乎随温度的升高呈线性变化。图4.8中的虚线表示样本中[18]的浓度上限(UCL)数据。

在双组分燃料的情况下,混合温度也影响浓度限制,例如,当氢气部分被一氧化碳取代时。图4.10给出了空气与不同氢气和一氧化碳含量的燃料混合物中,浓度限值与容器温度的关系。燃料成分在100%氢气和100%一氧化碳之间变化。为了减少壁面效应,保持时间是固定的(大约5min)。实验数据表明,初始温度的升高导致燃料浓度在富(上)浓度极限处增加,在贫(下)浓度极限处降低。

图4.11显示了初始温度升高时LCL随燃料(氢气和一氧化碳)中氢气百分比的变化[17]。从图中所示的关系可以看出,勒夏特列定律并不总是适用于不同氢气或一氧化碳百分比的燃料中LCL的测定[19]。通过对UCL实验数据的分

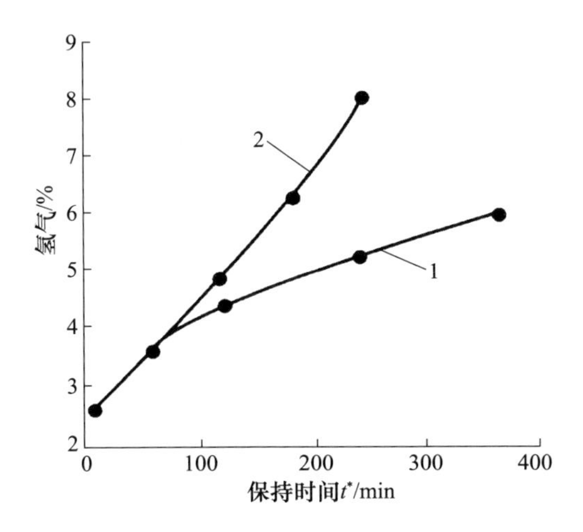

图 4.9　在低浓度限制范围内,保持时间 t^* 对氢气和空气混合物中氢气含量的影响[16]

1—容器壁温度 300℃；2—容器壁温度 350℃。

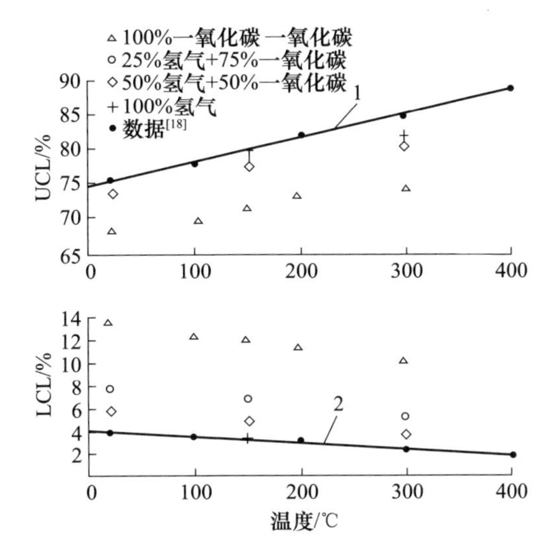

图 4.10　钢容器内燃料(氢气和一氧化碳)与空气混合物[17]

的温度效应(测量持续时间 t^*=5min)

• 表示在玻璃管中测量氢气和空气混合物的 LCL 和 UCL[18]；

曲线 1 和 2 为最小二乘法的数据近似[18]。

析[17,20],可以发现与此规律有明显的偏差。在氢气和一氧化碳混合物中 LCL 对勒夏特列定律的依顺性是近似的。由于干态的一氧化碳混合物是不可燃的,所以 UCL/LCL 的计算使用了含有一些水蒸气的一氧化碳数据。当水蒸气压力超过一定值时,给定的极限值不会改变。当除湿过程导致部分水蒸气压力下降时,可燃性区域收缩。当这种情况发生时，LCL 增加，而 UCL 减少。在空气中获得的数据——在 18℃时 LCL_{co} 中一氧化碳为 13.6%，UCL_{CO} 中一氧化碳为 67.8%[17]，可以解释为混合物中一些水蒸气的含量，但水蒸气压力远低于饱和值。

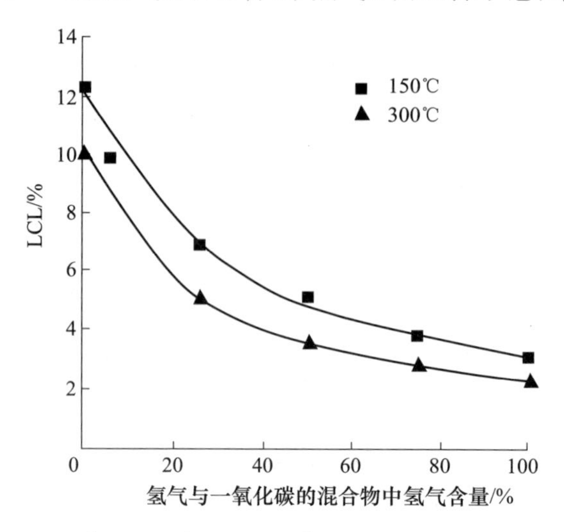

图 4.11　二元（氢气和一氧化碳）燃料和空气混合物在两个初始温度、持续时间为 5min[17]时 LCL 随氢气百分比的变化

4.7　氢气和烃类和空气混合物的燃烧极限

由于内燃机可以使用氢和碳氢化合物混合物（包括天然气）工作，因此，对多组分可燃气体混合物中火焰传播的浓度极限进行了一些测量。关于获取数据所用方法的信息可以在文献[17,22－24]中找到。

文献[22]的工作提供了 LCL 火焰在一氧化碳和氢气、甲烷和氢气、丙烷和氢气与空气混合物中传播的数据，如图 4.12 所示。根据勒夏特列定律，含 i 个组分且燃烧极限 L_i 的化合物的燃烧 LCL 可计算为

$$L_m^{-1} = \sum_i Y_i L_i^{-1} \tag{4-1}$$

式中：Y_i 是化合物各组分的体积分数。

在测定氢和烃混合物的上限（富）浓度时[17,23,25]，这种现象就不那么明显了。图 4.13 显示了初始温度为 21℃和 300℃时氢气和丙烷的空气混合物中浓度上限的变化，持续 10min（$t^*=10$min）。

图 4.14 显示了初始温度为 21℃和 350℃时氢气、甲烷和空气的混合物浓度

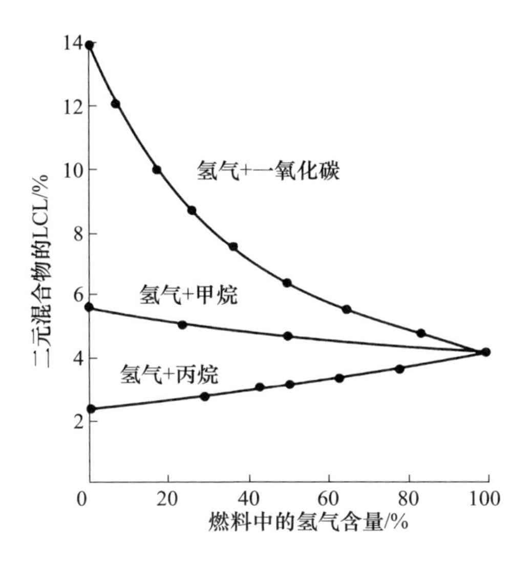

图 4.12　温度为 25℃时含氢气的 3 种可燃二元混合物的较低浓度限值与燃料中氢浓度

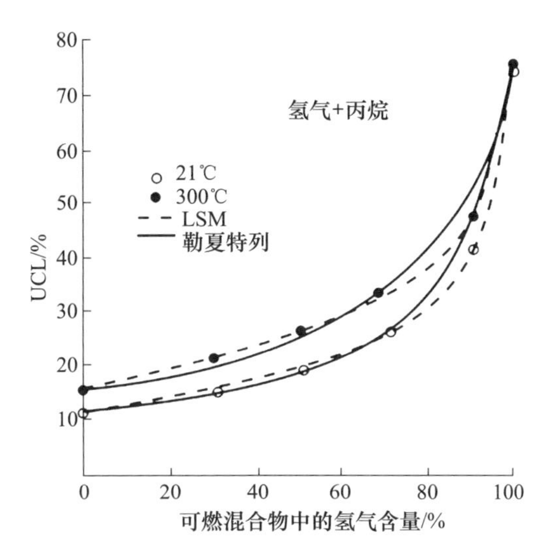

图 4.13　初始温度为 21℃和 300℃时氢气、丙烷与空气的混合物中浓度上限变化(持续 10min)

圆和虚线—实验数据；实线—用勒夏特列定律计算。

上限变化。混合物在测试容器中保持相同的时间,所得数据与勒夏特列定律[22]的计算结果吻合得很好。

然而,实验[25]与用启发式方法计算的结果并没有在含空气的氢气和乙烯混合物中达到这样的一致。这可以从初始温度 21℃和 350℃时氢气与乙烯混合物

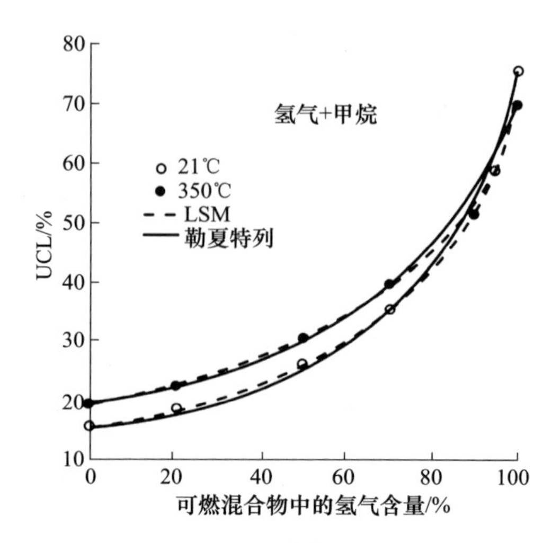

图 4.14　初始温度为 21℃和 350℃时氢气、甲烷和空气的混合物浓度上限变化($t^*=10$min)
虚线—最小二乘近似；实线—用勒夏特列定律计算。

的燃烧极限数据中看出($t^*=10$min)，如图 4.15 所示。

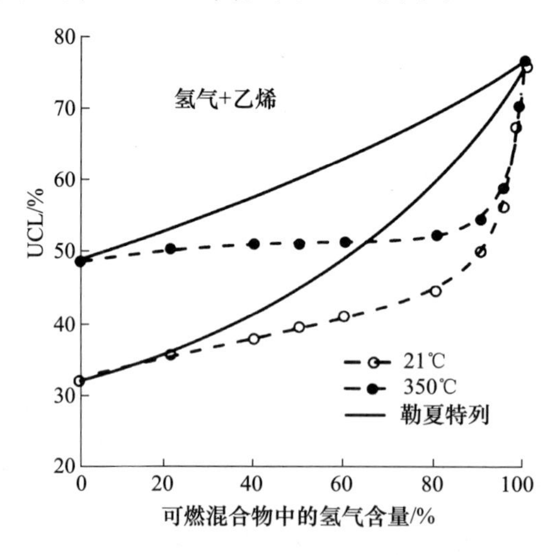

图 4.15　初始温度为 21℃和 350℃时氢气、乙烯和空气的混合物上限浓度的变化
($t^*=10$min；实线—用勒夏特列定律计算)

当初始温度从 21℃开始升高至 350℃时，在 100% 氢气的情况下，观察到火焰传播的 UCL 降低，如图 4.14 所示。这可以解释为在测试混合物保持在加热的钢壁容器内的这段时间(10min)，由于催化反应导致氧体积分数降低。同样的原因，当混合物温度从 21℃开始升高到 350℃时，氢气燃料的 UCL 值没有变

化。该特性与图 4.8 所示的实验数据相对应。

通过对图 4.13 ~ 图 4.15 的分析,可能会产生一种错觉,认为碳氢添加剂对氢气和空气混合燃烧具有普遍抑制作用。然而,从实际的角度来看,添加剂对 LCL 的影响更为重要。氮气、水蒸气、二氧化碳和氟利昂添加剂对 LCL 无影响。图 4.12 显示了添加丙烷后氢气的 LCL 下降的趋势。图 4.16[26] 显示了加入不饱和烃类和绝热甲烷转化(AMC)混合物作为抑制剂后,氢气和空气混合燃料的燃烧极限产生了惊人变化。

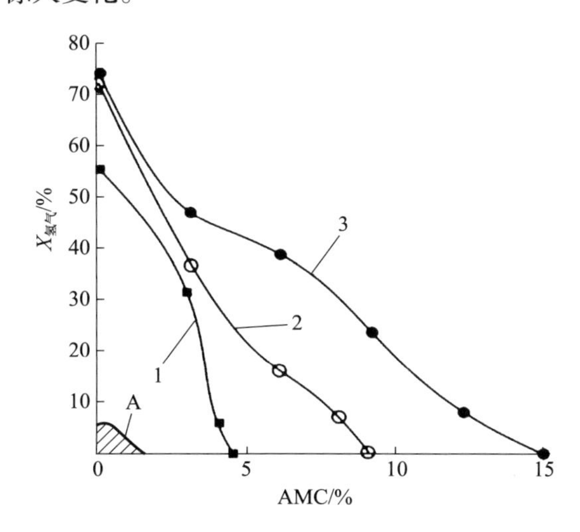

图 4.16　氧气体积浓度为 15%(曲线 1)、20.6%(曲线 2)和 25%(曲线 3)的氢气(氧气、氮气)和 AMC 混合物的 UCL

文献[26]中研究的可燃混合物只是描述了 UCL 的数据。燃烧区域没有下界,这是使用 AMC 燃料抑制氢气燃烧的结果。实际上,图 4.16 的阴影区域应该表示为不可燃混合物。图 4.17 以氢气和(氧气、氮气)和全氟丁烷混合物[26]为例说明了含抑制剂的混合物的燃烧极限。

4.8　点火源的临界能量特性

不是每一种热源都能点燃可燃混合物。在点火条件下,静止的混合物和高速运动的混合物有很大不同。

文献[21]中给出了氢气和空气混合物最小燃烧能的实验数据。这些数据是在常温和常压条件下用火花点燃静止混合物时确定的。用激光聚焦[27]进行了其他最小点火能量的测量。

激光点火实验数据用图 4.18 中的空心圆和实线表示。空心圆表示混合物

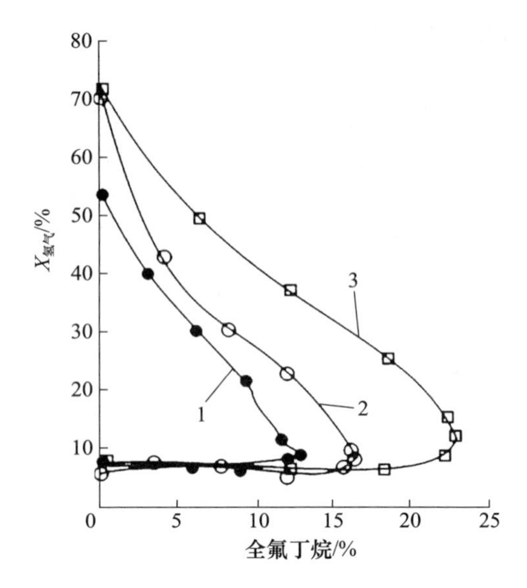

图 4.17　氧气体积浓度为 15%（曲线 1）、20.6%（曲线 2）和 25%（曲线 3）的氢气和（氧气、氮气）和全氟丁烷混合物的燃烧极限

被点燃，实心圆表示燃烧被熄灭。虚线[21]表示最小火花点火能量。两种情况下最小点火能量与空气中氢气百分比的关系都对应于曲线的最小值（化学计量混合物），在这个基础上增加并过渡到贫或富混合物。除此之外，UCL 和 LCL 的附近区域没有点火能量数据[28]。

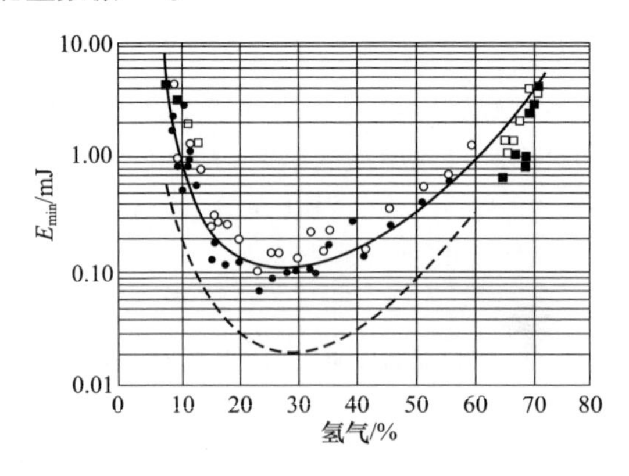

图 4.18　在大气压和室温条件下，激光点火（实线）和火花点火（虚线）时氢气与空气混合物的最小点火能量

在氢气和空气化学计量混合物中，火花点火能量（0.02mJ）的最小值应予以注意。在稀薄混合物（8% 氢气）中，最小能量增加 100 倍，但不会超过 10mJ。碳

氢化合物和空气混合物的火花点火能量最小(在 U 型曲线最低点)为 0.2 ~ 0.3mJ,氢气混合物需要更少的点火能量。

在氢稀释混合物中,特别是在(氢气和二氧化碳)混合物中,激光点火能量的测量数据也呈 U 形。从图 4.19 可以看出,当混合物被二氧化碳稀释时,最小点火能量增加,测量数据面积缩小。

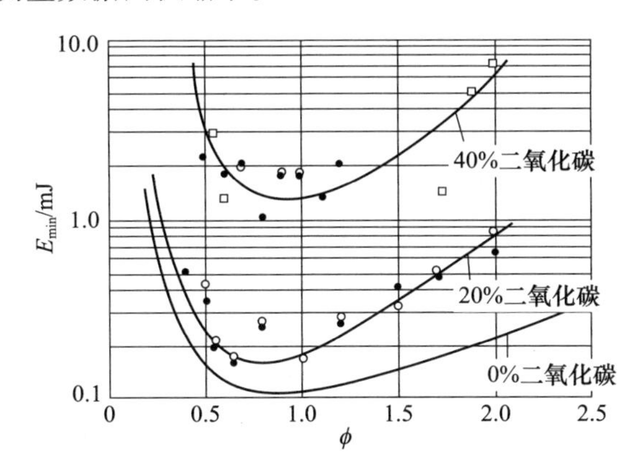

图 4.19 在大气压和室温条件下,激光点火二氧化碳稀释后的氢气和空气混合物的最小点火能量

图 4.20 显示了稀薄的氢气和被二氧化碳稀释的空气混合物的湍流混合物点火所需能量的增加。$u'=0$ 处的点火能量对应于静止的混合物。随着湍流强度的增加以及稀释剂的增加,点火能量也有所增加。对于含 45% 二氧化碳的混合物,点火所需能量比静止的混合物增加 100 倍。

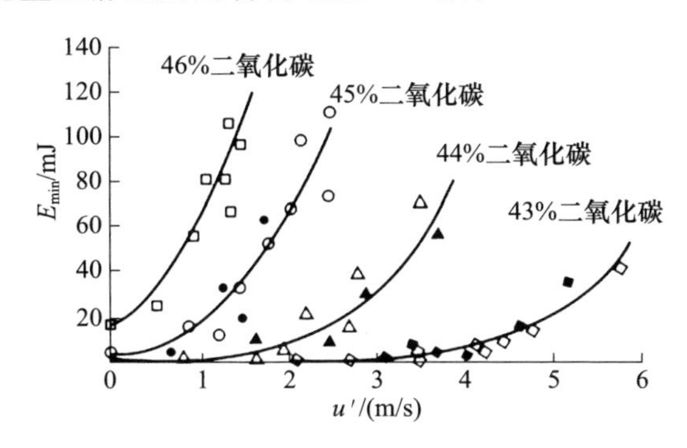

图 4.20 20% 氢气、(80 - x)% 空气和 x% 二氧化碳混合物的最小点火能量与湍流强度的关系

为了获得接近火焰传播极限的混合物的点火能量,我们取了在文献[27]中研究的混合物(20% 氢气、40% 空气和 40% 二氧化碳)的点火能量实测数据。对含有相同氢气含量(20% 氢气、(80 - x)% 空气和 x% 二氧化碳)的混合物以及二

氧化碳含量增加时的火花点火能量和电热丝点火能量进行了测量，如图 4.21 所示。

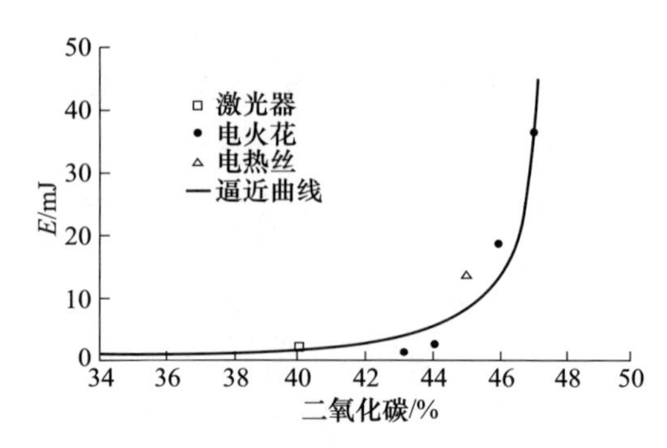

图 4.21 不同引燃源下氢气、空气和二氧化碳的混合物点火能量（静止混合物，温度为 298K，压力为 0.1MPa）

可以看出，在接近火焰传播极限区域时，点火能量上升；所有的测量技术都给出了一致的结果。为了进一步应用于含水蒸气混合物的点火能量测定，采用细线法[21]进行了实验，因为火花点火不适用于含水蒸气含量高的混合物。

图 4.22 显示了在 393K 温度和 0.1MPa 压力下，20% 氢气、$(80-x)$% 空气和 x% 水混合物的点火能量的测量数据。实心圆表示导线脉冲加热导致火焰传

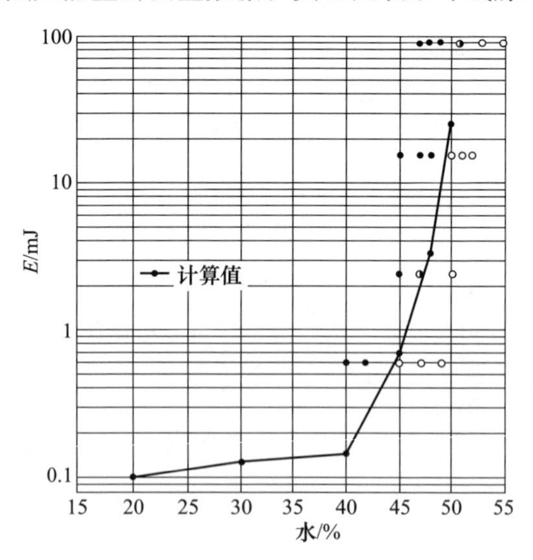

图 4.22 在 20% 的氢气、$(80-x)$% 空气和 x% 水在 393K 温度与 0.1MPa 压力下混合的测量和计算数据

实心圆—燃烧；空心圆—没有燃烧；半心圆—燃烧熄灭。

播时释放的能量值,空心圆表示没有燃烧。在一些实验中,观察到一种递减燃烧状态(半心圆)。实线显示了用所述火焰传播模型模拟点火过程所得到的数据。在略高于绝热火焰温度的球形气体体积内模拟了点火过程。该模型可以区分火焰传播和火焰熄灭。可以看出,这个模型很好地预测了接近极限时点火能量的增加。在水蒸气含量小于40%的区域,点火能量小于蒸汽含量为40%~50%的区域。

应该指出的是,点火能量的增加是任何混合物的特征。类似的点火能量行为已被二氧化碳气体稀释混合物证明。

4.9 火焰传播的几何限制

火焰传播受孔径大小、管直径或间隙尺寸限制,这些问题对安全工程很重要。

临界管径是火焰熄灭的特征参数。还有一个术语称为临界间隙,即火焰熄灭时两块平行板之间的距离。实验发现,临界直径 d_{cr} 大约是临界间隙 d_{II} 的1.5倍[29]。

在实践中,这些关键的几何参数用于防止火焰突破的装置。此外,还应考虑包括燃料过剩因素在内的混合成分。两个关键参数是速度和初始压力。

通常假设管的临界直径 d_{cr} 与压力 P 成反比。文献[30-31]的实验数据证实了这一比例在 $1/P^{0.9}$ 到 $1/P^{1.1}$ 之间。文献[31]中获得的临界直径/火焰速度的相关数据给出了与正常火焰速度相关的估计公式:

$$d_{cr} = 2.15 \cdot 10-3 \cdot S_u^{-0.93} \tag{4-2}$$

如果 S_u 的单位是m/s,则临界直径 d_{cr} 的单位是m。正常速度的氢气和空气混合物的 $S_u = 2.1\text{m/s}$,临界直径 $d_{\kappa p} = 1.1 \times 10^{-3}\text{m}$,临界间隙 $d_{\text{II}} = 0.7 \times 10^{-3}\text{m}$。

该公式不适用于接近边界的混合物,也不适用于燃烧压力显著增大的情况。获得可靠数据的前提是 $d_{\kappa p}$ 或 d_{II} 能被直接测量。

文献[32]中图4.23给出了氢气和空气、甲烷和空气以及丙烷和空气的临界间隙 d_{II}。实际上,这些数值是根据临界火焰拉伸概念得到的。氢气和空气的混合物临界间隙 d_{II} 明显小于甲烷、空气以及丙烷、空气混合物。

d_{II} 值和最小点火能量被一个单值对应约束,如图4.24[29]所示。

因此,其中一个参数的实验数据可以应用于另一个参数。从图4.24中可以很容易地看出,化学计量氢气和空气混合物中最小点火能量0.02mJ对应于临界间隙 $d_{\text{II}} = 0.6\text{mm}$。该值接近上述公式估算的值($d_{\text{II}} = 0.7\text{mm}$)。

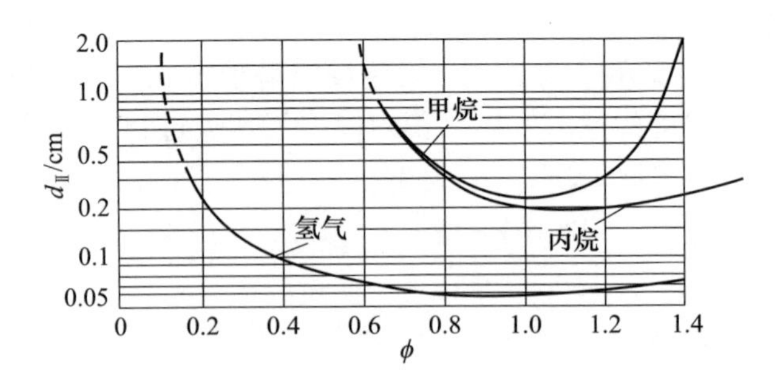

图 4.23　与空气中氢气、甲烷和丙烷混合燃料过剩系数的临界间隙关系

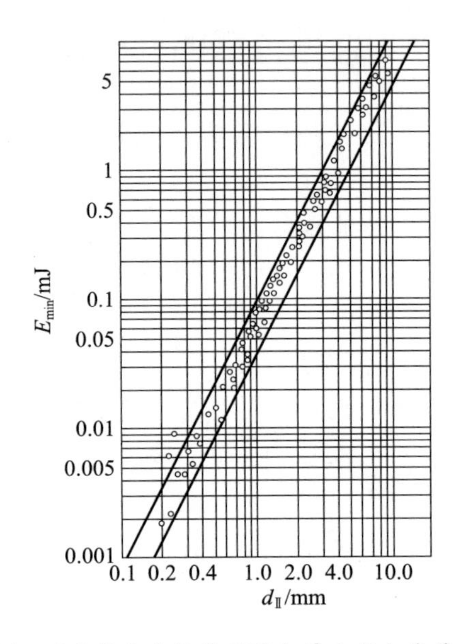

图 4.24　混合气体中临界间隙与最小点火能量的关系

根据文献[33]的数据，图 4.25 显示了初始压力对氢气和空气混合物临界间隙的影响。

4.10　氢和氨混合物的燃烧极限

为了完成对氢气和空气混合物的研究，图 4.26 给出了二元燃料（氢气和氨气）的 LCL 向下和向上火焰传播的示意图。

图 4.26 用于许多技术应用场合，揭示了氨气对氢气和空气混合物燃烧的促进作用，证明了这类可燃混合物的勒夏特列定律准确性。

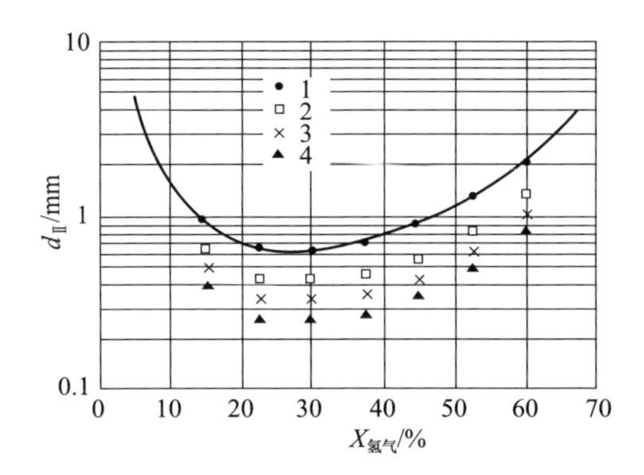

图 4.25 初始压力对氢气和空气混合物组成对临界间隙的影响

1—0.1MPa；2—0.15MPa；3—0.2MPa；4—0.25MPa[21,33]。

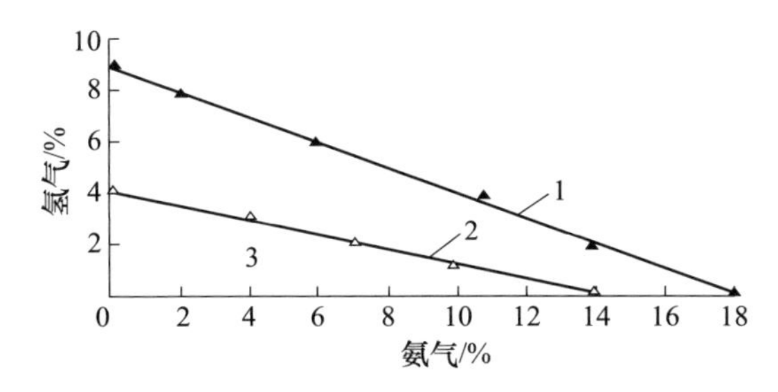

图 4.26 氢气、氨气和空气的混合物 LCL

1—向下火焰运动；2—火焰向上运动；3—文献[34]观察到未燃烧。

参考文献

1. A.L. Furno, E.B. Cook, J.M. Kuchta, D.S. Burgess, Some observations on near-limit flames. Proc. Combust. Inst. 13, 593–599 (1971)
2. M.G. Zabetakis, Flammability characteristics of combustible gases and vapors. Bulletin 627, Bureau of Mines, Washington, DC, 1965
3. M.G. Zabetakis, Research on the combustion and explosion hazards of hydrogen-water mixtures. Report AECU-3327, Bureau of Mines, Pittsburgh, 1956
4. M. Hertzberg, Flammability limits and pressure development in H_2-air mixtures. Pittsburgh Research Center, PRC Report 4305, 1981
5. H. Tamm, R.K. Kumar, W.C. Harrison, A review of recent experiments at WNRE on hydrogen combustion, in *Proceedings of the 2nd International Conference on the Impact of Hydrogen on Water Reactor Safety*, Albuquerque, 1982, ed. by M. Berman, J. Carey, J. Larkins, L. Thompson (Technical Program Commission) NUREG/CR-0038, SAND82-2456
6. M. Berman, J.C. Cummings, Hydrogen behavior in light-water reactors. Nucl. Safety 25, 53–74 (1984)
7. R.K. Kumar, G.W. Koroll, Hydrogen combustion mitigation concepts for nuclear reactor

containment buildings. Nucl. Safety 33, 398–414 (1992)
8. R.K. Kumar, Flammability limits of hydrogen-oxygen-diluent mixtures. J. Fire Sci. 3, 245–262 (1985)
9. B.W. Marshall Jr., Hydrogen-air-steam flammability limits and combustion characteristics in the FITS vessel. NUREG/CR-3468, SAND84-0383, 1986
10. S.M. Kogarko, A.G. Lyamin, O.E. Popov, A.Y. Kusharin, A.V. Dubrovin, Determination of flame propagation limits in stoichiometric oxyhydrogen mixtures with steam, in *Hydrogen Behavior and Control and Related Containment Loading Aspects*. IAEA-TC-476.6, Vienna, pp. 37–41, 1984
11. Y.N. Shebeko, S.G. Tsarichenko, A.Y. Korolchenko, A.V. Trunev, V.Y. Navzenya, S.N. Papkov, A.A. Zaitzev, Burning velocities and flammability limits of gaseous mixtures at elevated temperatures and pressures. Combust. Flame 102, 427–437 (1995)
12. А.В. Трунев, Обеспечение водородной пожаровзрывобезопасности помещений и технологического оборудования методом нейтрализации. Диссертация к.т.н., ВНИИПО МВД, Балашиха, 1994 (A.V. Trunev, Ensuring hydrogen fire safety of housing and technology equipment via neutralization. Dissertation k.t.n., VNIIPO MVD, Balashiha, 1994)
13. A.Y. Kusharin, O.E. Popov, G.L. Agafonov, Combustion and shock waves in H_2-O_2-steam systems, in *Proceedings of the 19th ISSW*, vol. 2, ed. by R. Brun, L.Z. Dumitrescu (Springer, Berlin, 1995), pp. 143–148
14. A.Y. Kusharin, O.E. Popov, G.L. Agafonov, Initiation of laminar flames in near-limit H_2/O_2/H_2O mixtures. Proc. Combust. Inst. 26, 985–991 (1996)
15. V.A. Bunev, Determination of the concentration limits of flame propagation at elevated temperatures. Combust. Explos. Shock Waves 8(1), 67–69 (1972)
16. I. Wierzba, B.B. Ale, Effects of temperature and time of exposure on the flammability limits of hydrogen-air mixtures. Int. J. Hydrogen Energy 23, 1197–1202 (1998)
17. I. Wierzba, V. Kilchyk, Flammability limits of hydrogen-carbon monoxide mixtures at moderately elevated temperatures. Int. J. Hydrogen Energy 26, 639–643 (2001)
18. V. Schroeder, K. Holtappels, Explosion characteristics of hydrogen-air and hydrogen-oxygen mixtures at elevated pressures, in International Conference on Hydrogen Safety, Pisa, CD-ROM publication, paper 120001, 2005
19. H.F. Coward, G.W. Jones, Limits of flammability of gases and vapors. Bulletin 503, Bureau of Mines, Washington, DC, 1952
20. F. Schoor, F. Norman, R. Vandermeiren, J. Berghmans, E. Buick, Flammability limits, limiting O_2 concentration and minimum inert gas/combustible ratio of H_2/CO/N_2/Air mixture. Int. J. Hydrogen Energy 4(4), 2069–2075 (2009)
21. B. Lewis, G. von Elbe, *Combustion, Flames and Explosion of Gases*, 3rd edn. (Academic, Orlando, 1987). 739 p
22. G.A. Karim, I. Wierzba, S. Boon, Some considerations of the lean flammability limits of mixture involving hydrogen. Int. J. Hydrogen Energy 10, 117–123 (1985)
23. I. Wierzba, G.A. Karim, H. Cheng, The rich flammability limits of fuel mixtures containing hydrogen. Am. Inst. Chem. Eng. 82, 251 (1986)
24. I. Wierzba, Q. Wang, The flammability limits of H_2-CO-CH_4 mixtures in air at elevated temperatures. Int. J. Hydrogen Energy 31, 485–489 (2006)
25. I. Wierzba, B.B. Ale, Rich flammability limits of fuel mixtures involving hydrogen at elevated temperature. Int. J. Hydrogen Energy 25, 75–80 (2000)
26. V.V. Azatyan, Y.N. Shebeko, A.Y. Shebeko, V.Y. Navzenya, A.V. Tomilin, An influence of oxygen content in an oxidizing atmosphere on inhibitive action of fluorinated agents on hydrogen flame. Paper at the 6th international symposium on hazards, prevention and mitigation of industrial explosions, Canada, 2006
27. J.A. Syage, E.W. Fournier, R. Rianda, R.B. Cohen, Dynamics of flame propagation using laser-induced spark initiation: Ignition energy measurements. J. Appl. Phys. 64, 1499–1507 (1988)

28. M.R. Swain, P.A. Filoso, M.N. Swain, Ignition of lean hydrogen-air mixtures. Int. J. Hydrogen Energy 30(13/14), i447–i455 (2005)
29. R.A. Strehlow, *Combustion Fundamentals* (McGraw-Hill, New York, 1984)
30. R. Pritchard, J.J. Guy, N.B. Connor, *Handbook of Industrial Gas Utilization* (Van Nostrand Reinhold, New York, 1977)
31. R.M. Fristrom, A.A. Westenberg, *Flame Structures* (McGraw-Hill, New York, 1965)
32. L.M. Das, Hydrogen-oxygen reaction mechanism and its implication to hydrogen engine combustion. Int. J. Hydrogen Energy 21, 703–715 (1996)
33. A. Teodorczyk, Fast deflagrations, deflagration to detonation transition (DDT) and direct detonation initiation in hydrogen-air mixtures. Paper at 1st European Summer School on Hydrogen Safety, Belfast, August, 2006
34. M.C. Ross, J.E. Shepherd, Lean combustion characteristics of H_2+N_2O+NH_3 mixtures in air. EDL report FM96-4.1996.CalTech, 1996

第 5 章　快速爆燃和准爆轰

在实际使用的工具和设备的操作空间中,有可能存在可燃混合物。在火焰/初始混合物运动和燃烧过程中产生的压缩波之间可能存在相互作用的反馈机制。以下是此类机制的一些实例[1]:当火焰锋面与压缩/反射波相互作用时其边界的不稳定性;燃烧速度对压力和温度的依赖性;火焰锋面前燃烧产物流动而产生的自然或人工湍流。

5.1　有限体积内的快速爆燃和准爆轰

为了解释燃烧反馈效应对其外部冲击响应条件的依赖性,下面讨论在光滑无阻塞的管道中已知的燃烧机制。

为此,简化方案[2]如图 5.1 所示,1 为光滑管道,2 为点火器。初始燃烧锋面 3 通过该管道传播,可燃混合物 4 转化为燃烧产物 5。膨胀后的燃烧产物在管道

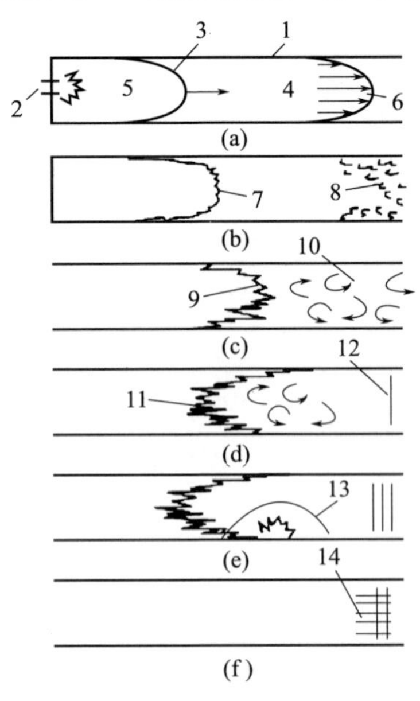

图 5.1　光滑管道内气体混合物爆炸后燃烧及流动过程

横截面上具有一定的速度分布，并以此推动未燃烧气体6。火焰锋面7在传播过程中开始变形，混合物流8会变得不稳定（图5.1(b)）。此后，燃烧前沿完全失去其正常形状9；燃烧锋面前产生充分发展的湍流10（图5.1(c)）。燃烧前部呈向后置圆锥形状11；在湍流中产生压力波列12，后者在一定时间内转变为冲击波（图5.1(d)）。在激波前沿和燃烧锋面之间的可燃混合物流中，会产生导致局部意外爆炸13的条件（图5.1(e)）。由局部爆炸引起的次生波与激波之间的相互作用导致了爆炸波14的产生（图5.1(f)）。

在密闭的容器和管道中，各种密度气体之间的边界非常不稳定。由瑞利-泰勒不稳定性引起的火焰加速现象可以通过以下事实解释：当压力波从燃烧产物的侧面穿过火焰锋面（其密度小于混合物的密度）时，所有火焰锋面不规则的幅度会迅速增长，火焰表面积增加。前面提到了湍流会导致氢气和空气混合物中出现极高的火焰加速现象。在密闭容器中，火焰加速至爆轰速度通常是由火焰与压缩波相互作用时，火焰前沿不稳定引起的。

当密闭容器或管道中的压力波振幅较大时，与火焰锋面相交处出现的压缩波放大现象是燃烧阶段接近爆轰条件的主要因素。由于火焰锋面前的气体流动，火焰形状和混合物湍流度的变化在点火器附近更加明显。

5.2 开放空间内的爆燃

在开放空间中，由受压缩波影响的火焰不稳定性引起的火焰加速不是很明显。因此，即使对于具有高反应性的混合物，至今也没有观察到明显的火焰加速现象。在环氧乙烷和空气混合物的实验[5]中，尚未报告在最大半径5m的半球形容器中有明显的火焰加速现象。在文献[1]中证明了燃烧速度对温度和压力的依赖性也会对火焰加速产生微弱的影响。

在有限空间内，由于混合物温度和压力增长而引起火焰加速现象有助于观测火焰的行为，但在开放空间内，这种辅助作用并不显著。除了研究混合物温度对火焰加速的影响外，还应注意，由温度升高引起的混合物中声速的增长会阻碍冲击波的产生，因此降低了爆炸的可能性。

在文献[1]中已经注意到，氢气和氧气混合物的预热会导致预爆距离的增加，从而消除了在实验[1]中所述条件下引爆的可能性。

在体积为7.5~2100m^3、充满氢气和空气混合物的半球形雾团和球形容器中，研究爆炸波动力学和火焰加速现象[6]。在文献[7]中可以找到关于在初始静止大气中燃烧半径为10m的HAM半球压力场的其他数据。

文献[6]中记录的最大燃烧速度（火花点火）为80m/s，压缩波压力为6kPa。

爆炸可能会破坏核电站建筑物,其前后压力差 $\Delta P \approx 30\text{kPa}$,相应该强度的火焰速度超过300m/s。有文献报道,当 HAM 云的半径为 300 ~ 500m 时,在开放空间中获得高 HAM 燃烧速度是不切实际的(此外,其生成的可能性可以忽略不计[6])。

然而,封闭表面增加了氢和空气爆炸的危险。文献[6]中已经表明,当在体积为 90m^3 的 U 形半开放式管道中点燃氢气和空气混合物时,燃烧速度可以达到 80m/s,压缩波 $\Delta P = 2 \times 10^4\text{Pa}$,U 形管道中产生的湍流可能导致从爆燃过渡到爆炸。

大型实验中使用的 U 形导管及其尺寸如图 5.2 所示。

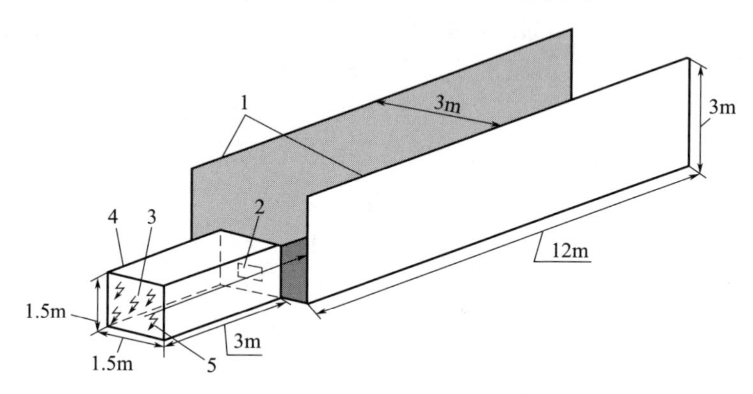

图 5.2　大型 HAM 实验的半开放式管道视图

1—侧壁;2—光圈;3—侧面点火器;4—前室;5—烟火点火器。

因此,自然湍流可以作为有效的火焰促进剂,它加快了运输过程并增加了燃烧表面积。在文献[8]中报道,在无阻塞的体积中,火焰速度和传播增加 5 ~ 10 倍是可行的。安装在火焰传播路径上的障碍物形状和设计上的差异,引起的人为湍流会导致更严重的后果。管道等局部变窄可能会成为障碍[8-13]。

5.3　湍流促进火焰加速燃烧

在管道或密闭容器中,由障碍物促进湍流所引起的火焰加速尤其有效。在开放空间中,火焰路径中遇到的障碍通常是地面管道、植物或建筑结构。在工业区,燃料 - 空气混合物(FAM)的燃烧引起了强烈冲击波的产生,这证明了部分或全部 FAM 的快速局部燃烧是可行的。在林地中燃烧过渡到爆炸的可能性已经在实践中得到验证。

通常,大多数含氮气 >60% 的 FAM 燃烧速度会降至初始低水平。这意味着较高的燃烧速度是由障碍物引起局部火焰畸变所导致的[11,13]。气体混合物火焰传播速度对燃料动力学特性和正常火焰速度的依赖性较弱,需要开展一组实验。实验的目的是发现障碍物的传播速度与几何形状、空间密度以及可穿透性等之间的联系。从实验中得出的关于某些障碍物的结论并不普遍,只能定性地扩展到其他条件。

到目前为止,已经进行了一些广泛涵盖 HAM 燃烧场景的实验,这些场景可以估算障碍物对爆炸特性的影响。在文献[8-10]中,实验在 $\phi=1$, $P_0=0.1\text{MPa}$, $T_0=293\text{K}$ 条件下进行。直径 $d_1=40\text{mm}$, $d_2=40$ 和 80mm,长度为 $L_1=500\text{mm}$ 和 $L_2=2500\text{mm}$ 的两个同轴管已串联连接,并被一个带开口 $d_0=5\text{mm}$、10mm、20mm 和 30mm 的隔膜隔开,将混合物在 d_1、L_1 的管中点燃。实验装置的示意图如图 5.3 所示。

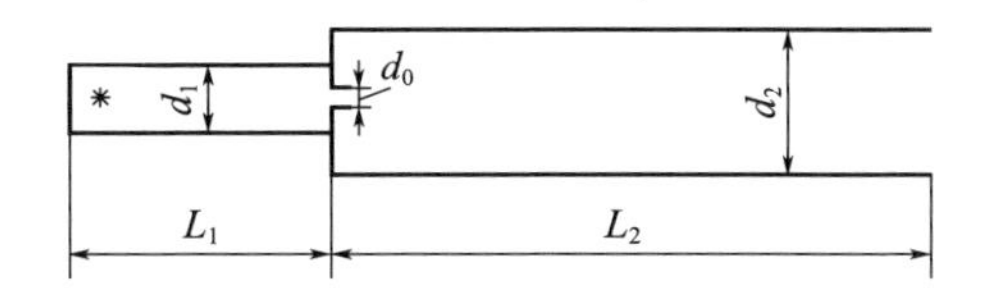

图 5.3　火焰通过 d_0 开口、直径从 d_1 过渡到 d_2 的管道加速实验装置布局图

氢和空气混合物的实验数据总结在文献[9]中,图 5.4 所示为 $d_1=40\text{mm}$ 和 $d_2=80\text{mm}$ 管道的结果。该图显示了在通过开口 d_0 回燃的瞬间,在 d_2 和 L_2 的第 2 个(接收器)管道中记录的压力值。较大直径的管在与隔膜相反的一端开口。在火焰回火时,通过直径为 5~20mm 的开口组达到第二个管中的最大压力。

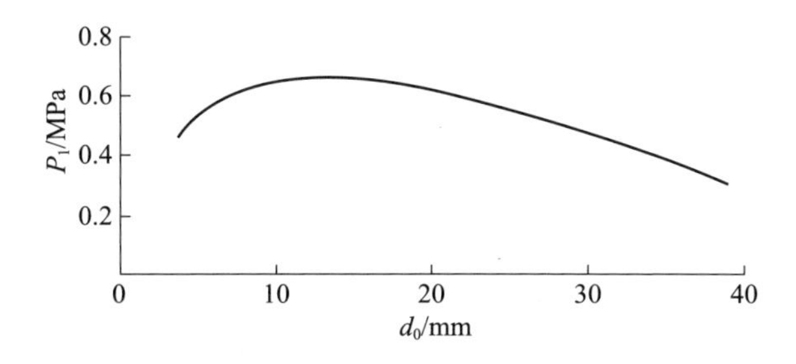

图 5.4　火焰通过不同 d_0 回燃时管道压力值

节流孔 d_0 可视为单个湍流促进器。在大型实验中观察到了在受限体积内具有较小氢气浓度(14%)混合物的准爆轰燃烧方式[14]。再次证明了危险爆炸概率随着混合物体积的增加而增加。

因此,通过节流孔彼此连接并填充有 FAM 的两个大空间为受体空间中的破坏性爆炸过程创造了条件。

5.4 管道内的准爆轰

文献[8 - 10,14]的结果表明,在某些条件下可能存在特殊的燃烧方式,其压力、速度明显不同于爆震和爆燃。继文献[1,15]之后,我们将这种方式视为准爆炸。通常,它们发生在粗糙或人为阻塞的试管中。

最近发现在可渗透侧壁的大型管道中可以发展准爆轰机制。这种燃烧方式最初是由 K. I. Schelkin[15-16]在装有混合气体的管道内安装线圈组件时发现的。在粗糙壁的管道中,可能发生破坏性燃烧,其燃烧速度可能比爆炸低。无论何种混合物类型,人工湍流促进剂对极限爆轰混合物的影响最大。

在横截面为 D 的管道内安装同轴节流环组件,用于模拟管道中障碍的 HAM 和 HOM 燃烧状态(图 5.5(a))。节流环的内径为 d,环间距为 H,总长度为 L,这是障碍物的主要参数。辅助参数为障碍物渗透率$[d/D]^2$和管道横截面阻塞率 BR = $1-[d/D]^2$,阻塞率 BR = 1 是封闭管道的特征,而 BR = 0 则是平滑管道的特征。

在某些实验中将圆棒组装在方管中,如图 5.5(b)所示。这种布置由流量尺寸 D 和圆棒总间距 Z 来描述,通常为 $Z = D$(图 5.5、图 5.6)。

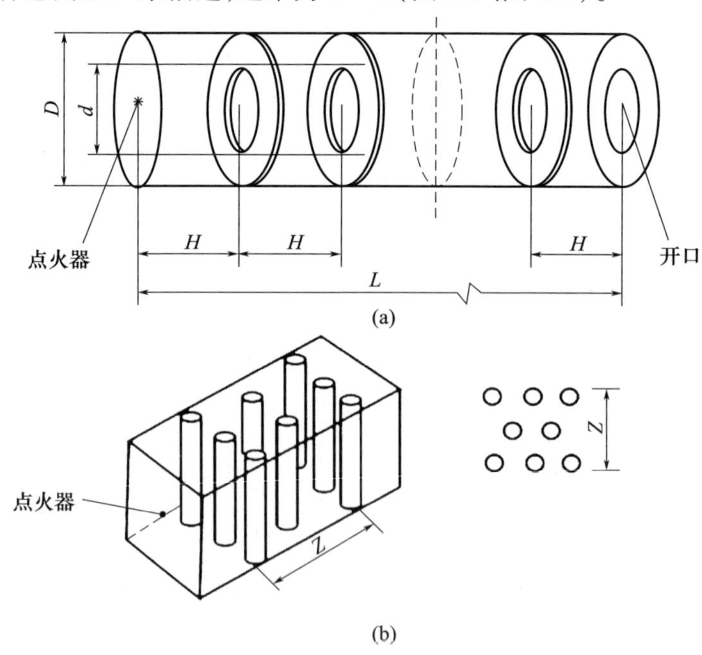

图 5.5 障碍管道的示意图

(a)圆柱管道中的节流环组件;(b)将圆棒组装在方管中。

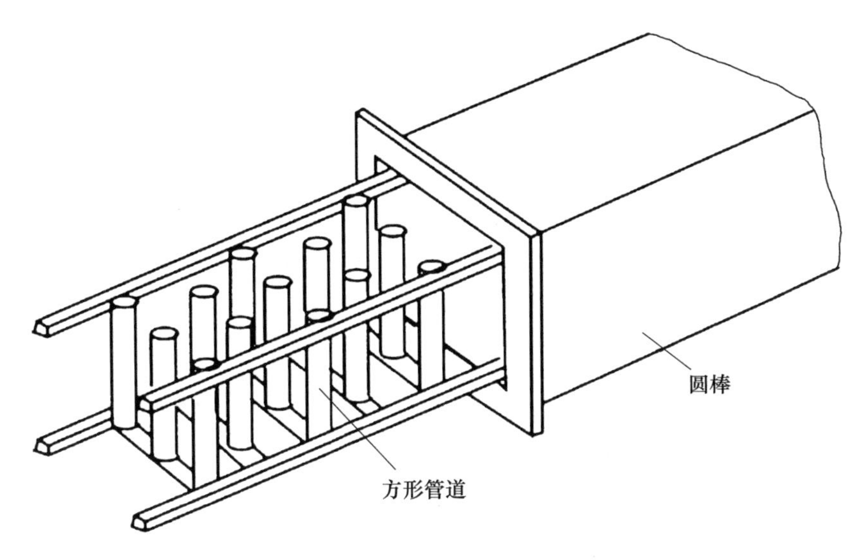

图 5.6　带圆棒的方形管道

图 5.7(a)、(b)是两个带有节流环组件的管道示意图,用于获得快速 HAM/HOM 燃烧的主要数据库。图 5.8 和图 5.9 给出了具有不同氢气含量的氢气和空气混合物的燃烧速度 U_v的数据[17]。在 BR = 0.3 处,直径为 174mm、80mm 和 520mm 的管道中,以及在 BR = 0.6(图 5.9)处,直径为 520mm、350mm、174mm 和 80mm 的管道中,在距点火器 x/D 不同的相对距离处测量燃烧速度 U_v。

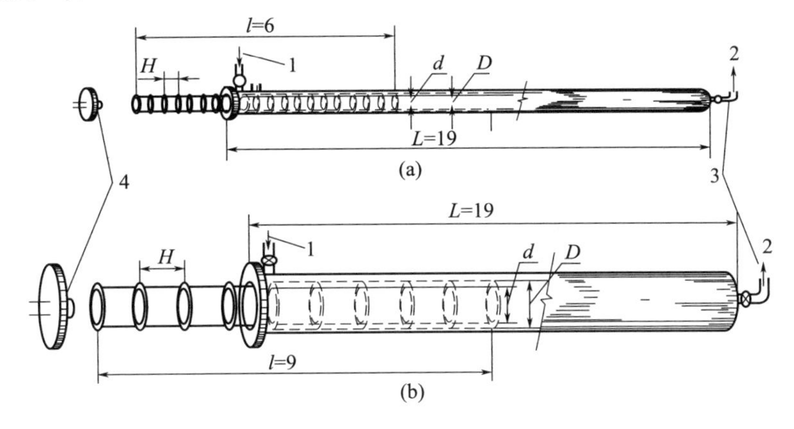

图 5.7　带节流环的圆柱管道[3]

(a) $D = 50$mm, $H = D = 50$mm, $l = 6$m, $L = 9$m, BR = 0.43;

(b) $D = 150$mm, $H = D = 150$mm, $l = 9$m, $L = 19$m, BR = 0.39

1—供气口; 2—出气口; 3—充气再循环系统; 4—点火器(电热丝)。

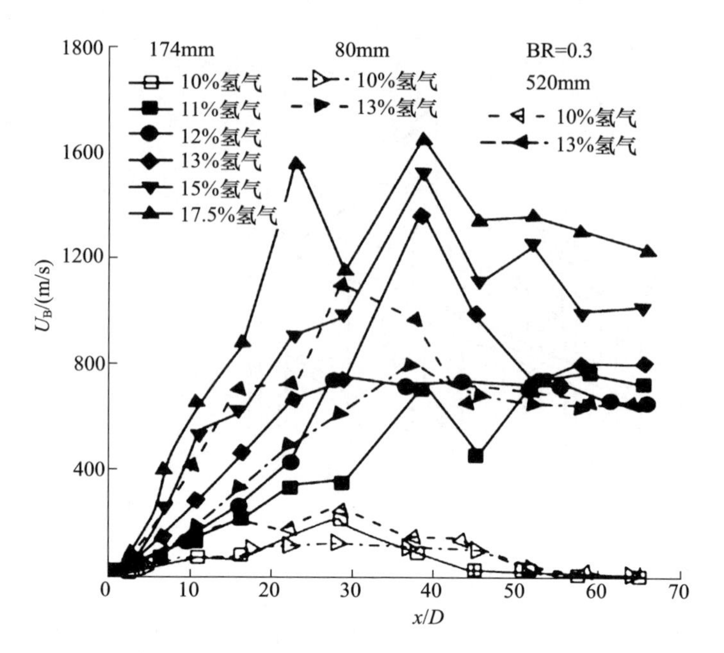

图 5.8 在 BR = 0.3 和 $H=D$ 处障碍管道中的 HAM 燃烧速度

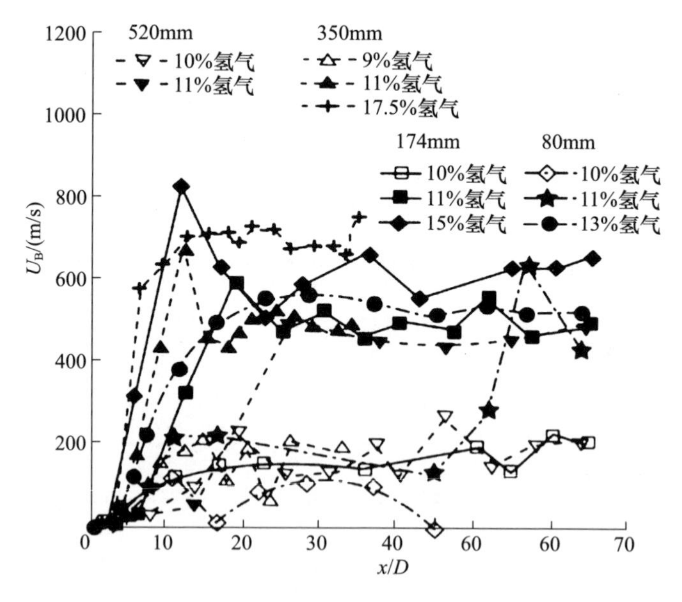

图 5.9 在 BR = 0.6 和 $H=D$ 处障碍管道中的 HAM 燃烧速度

图 5.10 证明了快速火焰传播在直径为 350mm、BR 为 0.6 的障碍管道中传播时二氧化碳所带来的影响，管道中充满了 HAM($\phi=0.5$)。

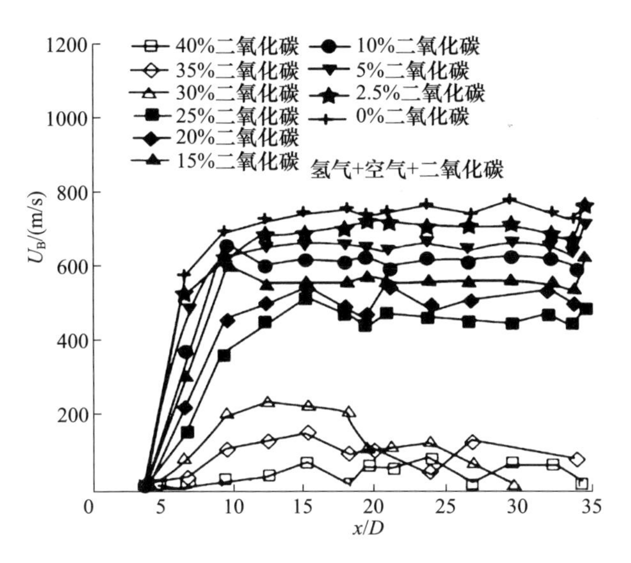

图 5.10　在直径为 350mm，BR = 0.6，ϕ = 0.5 的管道中，用二氧化碳稀释的 HAM 燃烧速度

5.5　多孔介质中的准爆轰

在直径为 124mm、长 1830mm 管道中的氢气与氧气的燃烧实验中（ϕ = 0.4 ~ 1.6），报道了关于氢混合物中准爆轰过程的特殊特征，其中填充有直径 19mm 和 38mm 的陶瓷球及钢球。

图 5.11 显示了在填充有直径 19mm 钢球[12,18]的管道中获得的一些数据。曲线 1、2、3 和 4 分别表示初始压力 P_0 = 0.1MPa、0.2MPa、0.5MPa 和 0.9MPa 时的燃烧波速度，曲线 5、6、7 和 8 表示相同的 P_0 值下相对压力幅值 P_1/P_0。当初始压力为 0.5MPa 时，安装在管道中的障碍物不会中断爆轰过程，但是该过程的速度和压力会比无障碍管中的低一些。通常，在障碍管道中，爆炸压力在很大范围内与混合物的成分无关。

该实验的另一个特殊特征是：障碍物的热特性对爆轰速度的影响非常小[12,18]。当管子里塞满陶瓷或钢球时，爆炸产物的冷却会改变，但爆炸过程不会改变。这意味着与摩擦损失相比，反应区中的热损失可忽略不计。

在实验中观察到，随着初始压力的增加，摩擦损失对爆速的影响减小[18]。由于填充在管道中的球体尺寸较大，并且具有较高的透气性，爆速接近于无障碍管中的爆速。

拉夫伦特耶夫水动力研究所 SB RAS[19-20] 进行了一组实验，补充了文献[12,18]中获得的数据。在充满了压力高达 3.5MPa 的氢气与氧气混合气体的

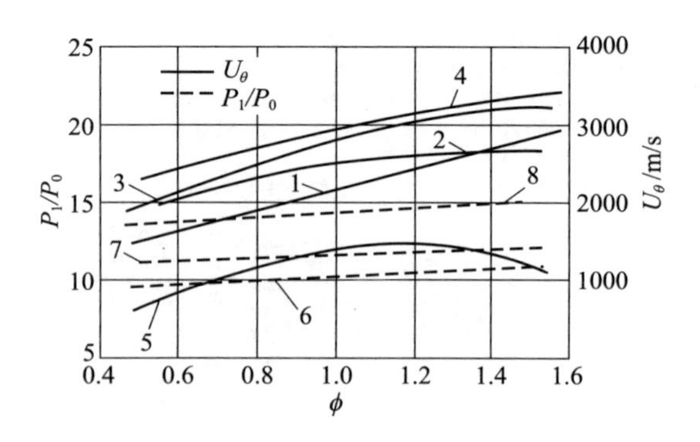

图 5.11 障碍管道内氢气与氧气混合物的相对压力幅值 P_1/P_0 和燃烧波速与当量比 ϕ 的关系

管道($d=5\sim20$mm)中[19-20],预先填充了沙子(粒度 $\delta=60\sim90\mu$m,$90\sim120\mu$m,$120\sim250\mu$m,$250\sim600\mu$m,$600\sim1200\mu$m,$1200\sim2500\mu$m)。

图 5.12 给出了氢气和氧气混合物的爆炸速度与初始压力的关系。曲线 1、2、3、4、5 分别表示上述沙粒的尺寸。在光滑管道中,爆炸速度为 2820m/s,并且与 P_0 无关。文献[21]对直径为 50mm 的障碍管道中的 HAM 燃烧方式进行了详细研究。可以在文献[22]中找到一些有关粗糙管道中氮、氢和氧混合物的燃烧数据。

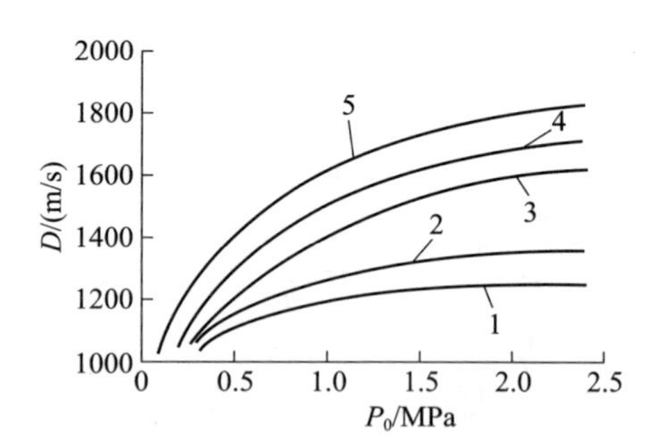

图 5.12 化学计量比氢气与氧气混合物在填充不同 δ 级晶粒砂的管道中爆燃速度与初始压力的关系

1—$\delta=60\sim90\mu$m; 2—$\delta=90\sim120\mu$m; 3—$\delta=120\sim250\mu$m; 4—$\delta=250\sim600\mu$m; 5—$\delta=1200\sim2500\mu$m。

文献[21]中的主要发现是,在一小部分充满湍流促进剂的管道内可以产生高的爆轰速度。在文献[21]中,被线圈组件缠住的管道长度为 3m(线圈直径小于管道直径)。在该实验中观察到,HAM 燃烧速度的渐进火焰加速,直至达到甚至超过声速,从而在管道的障碍部分附近产生了火花。

所获得的火焰传播速度如图 5.13 所示，其中曲线 1、2、3、4 和 5 分别表示氢含量为 10%、12%、13%、15%、17% 的 HAM 燃烧。混合物的当量比分别为 $\phi=0.337$、$\phi=0.405$、$\phi=0.439$、$\phi=0.506$、$\phi=0.574$。

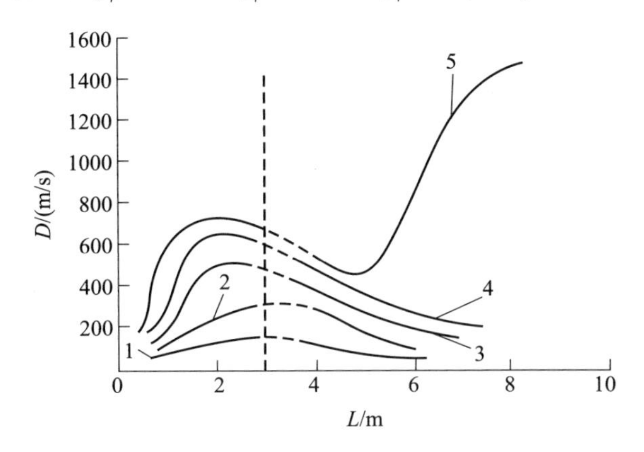

图 5.13　不同氢含量的空气中离开障碍区域 3m 的管道内爆炸传播速度

1—10%；2—12%；3—13%；4—15%；5—17%。

当空气中氢气体积分数达到 15%（$\phi\approx0.4$）时，在离开障碍区域 3m 后爆速恢复到初始值。

当氢气含量超过 17%（$\phi\approx0.5$）时，来自管道障碍部分的爆震可能产生加速。这种爆炸过程会导致灾难性后果。因此，在设计运输和供应管道（尤其是爆炸极限内的氢混合物）时，应消除各种格栅或其他障碍物，如管道截面变窄等。

除文献[12,19－21]外，从文献[23]中还可以找到在充满岩石碎片的管道或其他空间中，氢气和空气混合物的爆炸传播数据。表 5.1 列出了不同大小的碎石在各种爆轰形式下的爆炸波压力 P_1 值。该表还给出了爆炸后的爆炸波速 D 和 P_2。

表 5.1　充满氢气和空气（$\phi=1$）混合物和碎石的管道中爆炸参数

d/mm	D/m/s	P_1/MPa	P_2/MPa	状态
2～4	0～500	—	—	过渡态
10～12	640	1.5	0.12	≫
16～20	540	2.0	0.16	≫
16～30	540	2.0	0.06	≫
35～45	850	2.0	0.26	≫
>45	1940	—	0.6	稳定态

同样，爆炸速度与阻碍爆炸混合物体积的碎石尺寸之间的孔径关系引起了我们的注意。值得注意的是，氢气、氮气和氧气混合物中的爆炸特性在一定程度上取决于其材料的组装结构和热性能，以及利用惰性气体或过量燃料/氧化剂稀释至一定限度的混合物组成。

ICHPH RAS[24]在多孔介质（如充满可燃气体混合物的开孔（平均尺寸为2～4mm）的聚氨酯泡沫）上开展的实验显示出准爆轰燃烧机制，其在介质中的传播速度为气体混合物中爆轰速度的1/2。在充满丙烷、5 氧气、氮气以及氢气、0.5 氧气、1.88 氮气混合物的管道（横向尺寸在 2～10cm，平均泡孔大小约4mm）中观察到了这种情况。

Zeldovich 机制[25]解释了多孔介质中的准爆轰传播模式，有助于理解粗糙管道中快速准稳态燃烧状态。按照该机制，当冲击波从沿管壁内突起物或 Schelkin 线圈组周期性反射时，混合物会被点燃。在多孔聚氨酯泡沫中，点火是由骨架空间结构的波反射触发的。

在具有快速燃烧混合物（氢气与空气或丙烷、氧气和一些氮气的轻烃混合物）等硬质泡沫的空间结构中，已经发现了快速的准爆震过程。当使用某些碳氢化合物和空气混合物时，观察到火焰淬灭[24]，没有慢速燃烧的报道[24]。

氢作为燃料的比热容特性和上述燃烧特性要求考虑任何影响 HAM/HOM 爆炸的外部条件。

在使用 HAM/HOM 制备开孔聚合物泡沫材料的危险性研究中发现了这样一种情况[24]。当含有液体[26]或固体[24]骨架的结构化多孔泡沫材料填充 HAM/HOM 时，可以观察到快速准爆炸状态。这一事实迫使在设计爆炸防护设施时，对阻火器和隔爆器结构材料的选择方法进行了修改。文献[27]中描述了一些使用金属丝网组件制造的 HAM 火焰加速器。

图 5.14(a)显示了高 1m、直径为 0.34m 的圆柱体。圆柱体是用 6.5mm × 6.5mm 的金属丝网卷制而成的，单个线径为 0.65mm。图 5.14(b)显示了由同一金属丝制成的 0.54m 长管道。图 5.14(c)显示了由金属丝制成的长 0.65m、直径 42mm 的管道。尽管空间金属丝结构具有强大的冷却效果，但在上述组件中填充 HAM 并点火，会突破燃烧锋面。

网状圆柱形空间内的氢气或 HAM 供给的一些示例如图 5.15 所示（图 5.15(a)在带有网状圆柱形壳体的通道内部，图 5.15(b)所示为网状通道被中心核阻塞）。给定的示例补充了实际结构的配置，其中氢排放到空气中，使 HAM 可能发生爆炸。结构空间既可以用预混合的 HAM 填充，也可以由低氢密度和高扩散率产生。图 5.16 给出了一种由金属箔制成的工业防爆的结构实例。

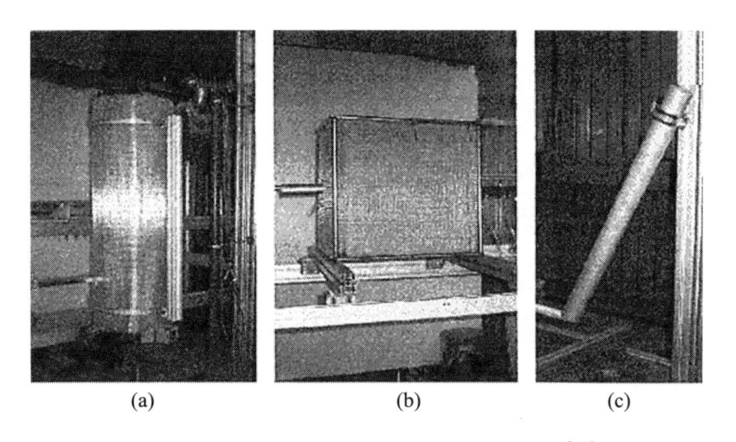
(a) (b) (c)

图 5.14　用于 HAM 火焰加速的结构组件[27]
(a)网状圆柱体；(b)网状立方体；(c)网状管道。

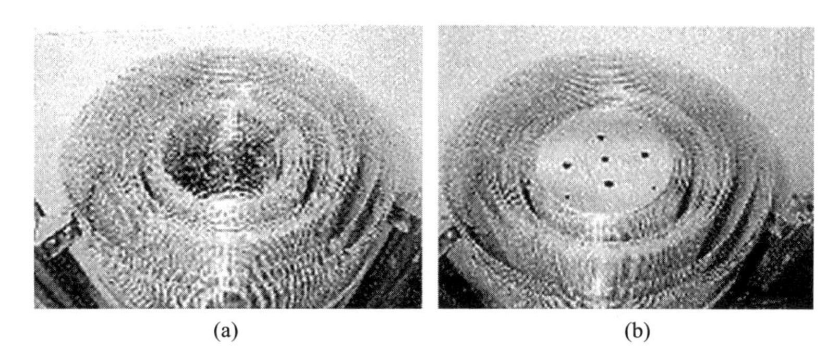
(a) (b)

图 5.15　内空的网状管道(a)和中心阻塞的网状管道(b)[27]

图 5.16　由金属箔制成的防爆结构实例[28]

5.6 半封闭阻塞空间内的准爆轰

由于氢气的密度较低,氢气的意外排放会在密闭或半密闭空间的上部积聚,可能造成爆炸。顶部 HAM 空间的特征是与燃烧区域或沿气体扩散区相比为自由区。

此外,为人员和设备提供操作条件的装置通常安装在顶部附近。为了在特定条件下进行 HAM 燃烧特性研究,已经建立了大规模的设施和模型集[27]。

图 5.17 给出了顶部空间中 HAM 燃烧研究的半封闭模型图。HAM 是在体积为 $0.37m^3$ 的盒子 1 中产生的,其长度为 1.5m,横截面为 0.4m × 0.5m。为了开展燃烧可视化研究,盒子的侧壁为有机玻璃窗 2。盒子的底部是敞开的。当盒子充满 HAM 时,将其包裹在活动薄膜 3 中。靠近点火器 5 的盒子那部分塞满 64 层金属丝网 4,该金属丝网安装在截面为 400mm 直径的管道上。将盒子充满 HAM 或排空,然后用设备 6、8、9 进行分析。通过光电二极管 7 和胶片记录火焰传播。燃烧波参数由压力传感器和传声器记录。通道视图如图 5.18 所示。在模型盒中测得的速度为 5 ~ 50m/s。

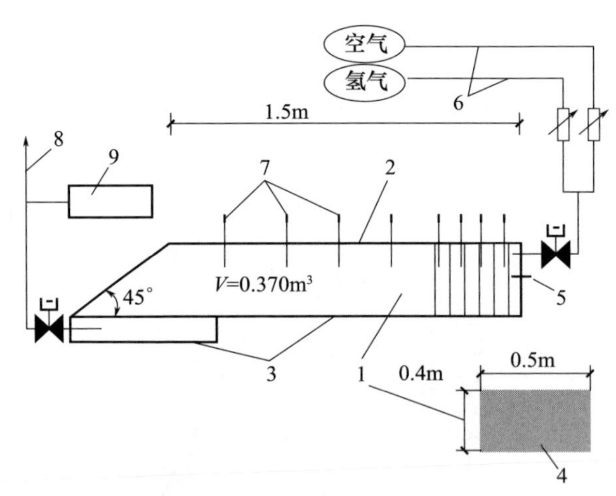

图 5.17 顶部空间中 HAM 燃烧研究的半封闭模型图[27]

1—盒子; 2—侧窗; 3—薄膜; 4—网; 5—点火器; 6—供气口;
7—光电二极管; 8—出气口; 9—分析仪。

大规模测试装置的布局如图 5.19 所示。通道长度为 5.7m、宽度为 1.6m。HAM 的 3 个高度值: $H = 0.60m$ 时通道体积为 $5.47m^3$; $H = 0.30m$ 时通道体积为 $2.74m^3$; $H = 0.15m$ 时通道体积为 $1.37m^3$。在一些测试中,通道横截面被 BR =

0.6 的木格栅挡住。木格栅之间的距离为 0.5m。在无阻碍通道中记录的非加速燃烧速度为 33m/s。在阻碍通道中,产生了如图 5.20 所示的爆炸过程。

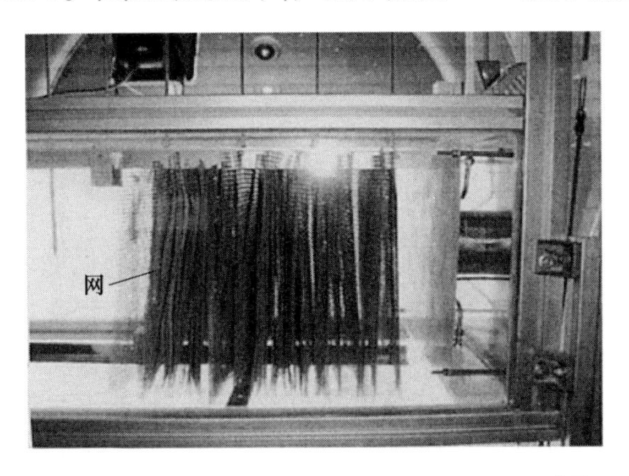

图 5.18　半封闭模型盒内通道被金属网阻塞[27]

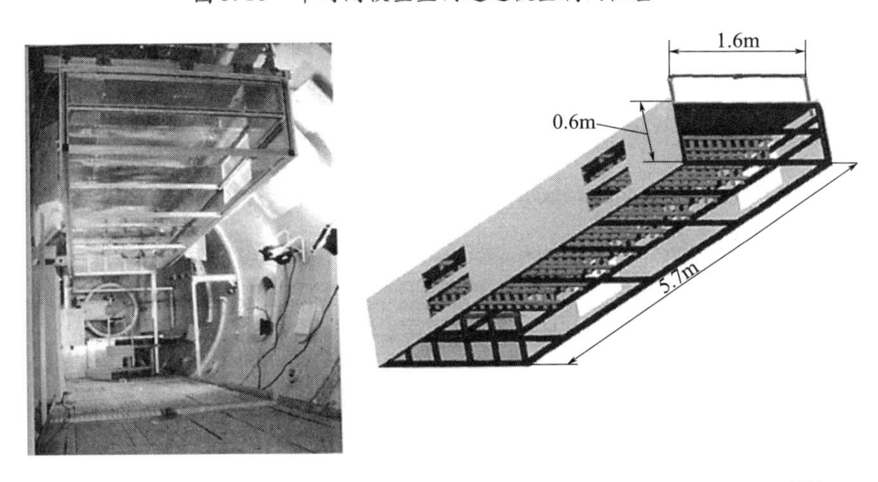

图 5.19　顶部空间中大规模氢气和空气可燃混合物的整体视图和布局[27]

氢气/% \ H/m	0.15	0.30	0.60
15	1	1	2
20	2	2	2
25	3	4	4

图 5.20　半封闭顶部空间的 HAM 爆炸过程参数表[27]

1—缓慢爆燃; 2—快速爆燃; 3—不稳定爆震; 4—爆震。

5.7 液体和可燃混合物气泡中的爆炸过程

氢气和氧气混合物与冷却液的接触，可能会产生含有可燃混合物和冷却液两相系统的气泡。即使冷却液是水，两相混合物的形成也不能保证能够抑制爆炸。研究[29-30]表明，爆炸、冲击波或其他冲击对水、氢气和氧气混合物的强压会导致气泡内含物自燃，并通过两相混合物传播复杂压力分布准爆轰波。

事实上，实验数据[29-30]表明，充满含有可燃混合物气泡的液体层不能被视为防爆介质。爆炸抑制特性取决于混合物的组成，即产热能力、反应性、液体黏度和含有可燃混合物气泡的体积浓度。

图 5.21（划定区域表示爆炸情况）显示了各种氢氧混合物成分的爆轰传播极限的危险区域图，该图是两种液体黏度值下气泡体积浓度的函数。

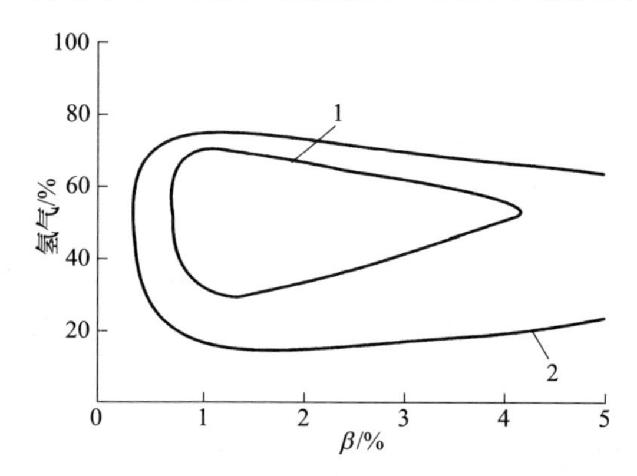

图 5.21　含可燃气体的气泡液体中的爆轰传播极限（β 为液体中气泡体积浓度）

1—液体黏度系数 3.2×10^{-3} Pa·s；2—液体黏度系数 6.8×10^{-3} Pa·s。

由于液体阻火器用于工业设备防爆，应注意，液体黏度的增加为阻火器危险操作范围的扩大创造了先决条件。扩大的危险状态与混合物成分和气泡体积浓度有关。

当受到具有显著振幅的冲击波时，两相系统（含可燃气体混合物和液体的气泡）维持爆炸模式传播的潜在危险就很明显。因此，当承受 $\Delta P=50\sim60$MPa 的爆炸载荷时，爆炸会通过含有氢气和氧气气泡的化学计量比混合物传播。发生这种情况时，气泡体积浓度应不小于图 5.21 中的值。液体黏度的增加导致爆炸载荷的降低，从而促进了气泡的爆炸。与水相比，液体黏度增加了 6 倍，导致临界爆炸压力下降了近 50%。

上述信息表明，在 HOM 的气泡和液体中，气泡爆炸引燃需要相当严格的条件。但是,在设计爆炸保护装置或分析爆炸事故时,应当考虑气泡爆炸的可能性。

在水浓度为 10kg/m^3的水-机械泡沫中,对氢气、氮气和氧气混合物的各种燃烧方式进行的实验[26]表明,即使泡沫单元中包含的氢气与氧气的微弱点火也会以 2500m/s 的速度和 1.0~1.5MPa 的前沿压力引发爆炸传播。当混合物稀释至氢气、氧气和氮气时,爆炸前沿速度降低至 800~500m/s。在相同的混合物组成但气泡尺寸减小的情况下,即在传热表面增加的情况下,传播速度已经降低了。

在氢气、氧气和氮气的混合物中,在直径为 50mm 管道的水-机械泡沫中的大多数实验中都没有记录到由强力点火器(烟火炸药)引起的爆炸燃烧。

在高初始压力和高温下研究泡沫中 2 氢气、氧气和 Z 氮气混合物的燃烧方式似乎是合理的。这种研究将有助于了解在核电站运行期间可以预见的爆炸性质。

5.8 快速爆炸过程的尺度因子

在具有三维扰动或局部湍流的 HAM 湍流燃烧速度与在受限空间中获得的准爆轰状态数据之间的相关性是令人关注的。需要指出的是,氢气含量低于 10% 的氢气和空气混合物中产生的湍流不会明显影响湍流燃烧和准爆轰燃烧的爆炸。这个事实很明显,因为它是基于一般的物理化学性质的快速燃烧机制。

在障碍空间中获得的 HAM/HOM 准爆轰燃烧状态的实验数据,没有反映出可通过改变摩擦损失来控制爆炸的可能性。文献[31]中给出了直径 80mm、长 4.5m、撒有 400~600μm 沙粒的管道中的 HAM 爆轰数据,实验数据如图 5.22 所示。随着气体混合物中粉尘颗粒质量浓度的增加,爆震速度会明显降低。

需要指出的是,文献[31]中的实验价值并不大。事实上,如果将 HAM 体积中的颗粒尺寸 d 与反应区长度 l_1进行比较,则显然 $d \gg l_1$。由于颗粒只有在运动时才会影响燃烧,因此,当 $d \gg l_1$时,就无法预测颗粒效应。因为分布在 HAM 中的体积结构颗粒元素是局部湍流促进因子,它们既能维持爆燃/爆轰转变的加速,又能维持准爆轰机制。

HAM 燃烧机制的大规模实验揭示了另一种有助于爆燃区产生或抑制的火焰加速源来源。对于工业设施而言,最危险的位置是用氢气作为燃料或氢气意外泄漏位置之间的通道。

文献[32]给出了 HAM 在 2.44m 宽、1.83m 高的矩形管道中的实验数据。

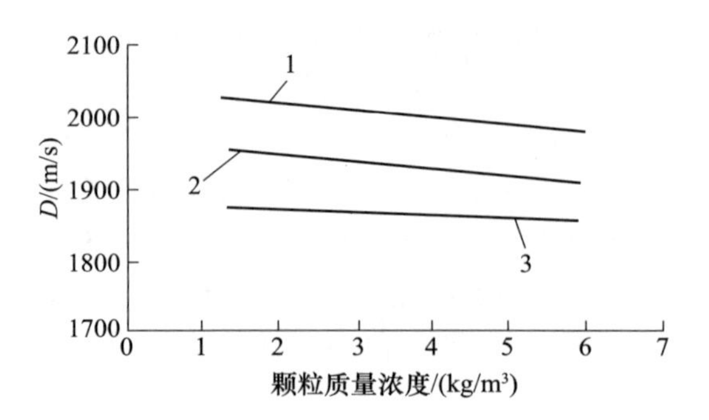

图 5.22　在 $d=80$mm，$L=4.5$m 的撒沙管道内氢气和空气混合物的爆轰速度
1—37% 氢气；2－29.5% 氢气；3－25% 氢气。

管道长度为 30.5m。氢气和空气混合物被位于管道封闭端的爆炸丝点燃。实验中使用的是氢气体积分数为 12%～30% 的混合物。实验数据如图 5.23 所示。曲线 1 表示在通道顶壁渗透率小于 13% 时的燃烧传播速度，曲线 2 表示在通道顶壁渗透率小于 50% 时的燃烧速度。记录的速度值是在最初的 2～3m 范围内获得的，并在整个通道长度中一直持续[32]。

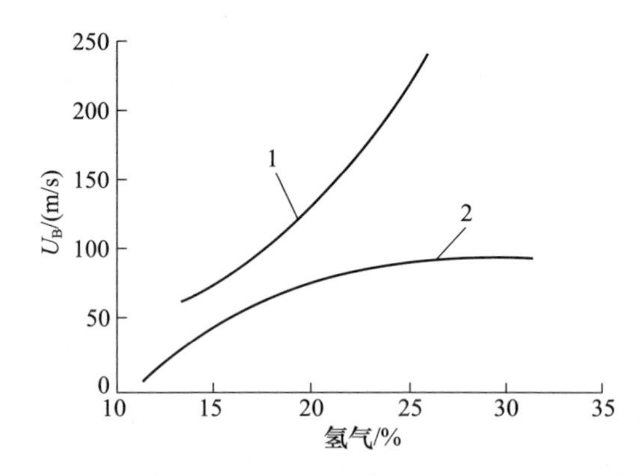

图 5.23　在不同顶壁渗透率下，"火焰"设施中的燃烧传播速度 U_B
1—小于 13% 的渗透率；2—小于 50% 的渗透率。

来自文献[32－33]的实验表明，燃烧速度关键在于设施的几何尺寸。在文献[33]中，管道的横截面为 0.195m×0.144m、长度为 2.44m，而不是横截面为 2.44m×1.8m 的管道。在小型装置上的实验表明，光滑壁管道中氢气含量高达 20%，在有障碍物的管道中氢气含量高达 17%，混合物从燃烧到爆轰的转变是安全的。与大规模实验相比，很容易看出数据上的差异。准爆轰燃烧模式取决于设备的设计特点和初始压力，它区别于正常的火焰传播和爆轰。

上述事实使我们很难预测工程和结构变化引起的后果。对于氢气体积分数小于 12% 的混合物,尚未实现准爆轰机制的结论,这也是令人感兴趣的。在可能形成含氢量较大的混合物的情况下,应考虑爆燃产生机制的公认特征。为了扩大操作条件,所有连接管道的尺寸应减小到能够提供快速燃烧分解的尺寸。

在为 HAM(尤其是 HOM)爆炸使用各种多孔抑制剂时,必须考虑保护性能下降与初始压力增长的可能相关性。防火阻滞剂和爆震抑制剂的效率应在上述装置运行期间可能出现的压力范围内进行测试。随着压力的升高,防火阻滞剂和爆震抑制剂的防护性能急剧下降,可能会导致严重事故。

5.9 爆炸过程的一般性质

通常可以观察到,当可燃混合物进入阻塞的管道或带有各种障碍物的结构时,会发生几种主要的燃烧状态,具体如下。

(1) 相对缓慢的燃烧,其速度小于初始混合气中的声速,即缓慢燃烧状态。

(2) 相对较快的燃烧,其速度介于初始混合声速和燃烧产物的声速之间,即快速爆燃状态。

(3) 爆炸过程的速度超过燃烧产物中的声速,即爆轰和准爆轰状态。

图 5.24[34]显示了在含有甲烷和空气、氢气和空气混合物的管道中产生的上述区域的近似尺寸 - 浓度图。燃烧状态分类的主观性解释了该图的条件特征。

导致爆炸过程发展的现象之一是火焰加速(FA)。如果燃烧是由火花引发的(低功率引发器),混合物的参数在点火极限之内,则火焰最初是层流的。相对于火焰前沿气体的层流火焰传播速度由局部燃烧速度确定。燃烧速度是化学反应速度、热导率和能量释放的函数。含氢混合物中层流火焰速度的典型值是几米每秒,比声速小。这种过程中的压力上升可视为准静态过程。在这种过程中的压力上升可以被认为是准静态的。

在现实生活中,由于燃烧过程伴随着燃烧产物的膨胀,因此,燃烧的发展并不局限于层流火焰阶段。如果在某个容积的封闭端开始燃烧,则在实验室坐标系中,火焰传播速度取决于燃烧速度和燃烧产物的膨胀率。火焰传播速度可能是正常燃烧速度的数倍。

燃烧产物的膨胀在火焰前沿产生气流和压缩波,与体积内部的封闭表面相互作用的流动,会导致产生涡流和湍流。火焰在湍流介质中传播,流动模式由体积的几何构型决定。封闭表面导致火焰前沿面积和燃烧速度增加。随着火焰速度的增加,压缩波的强度逐渐增强,从而在锋面前方产生冲击波。来自封闭表面的冲击波反射可能会触发混合物自燃或火焰表面积的进一步增长。此处描述的过程是由火焰加速驱动以及所产生的气流正反馈。

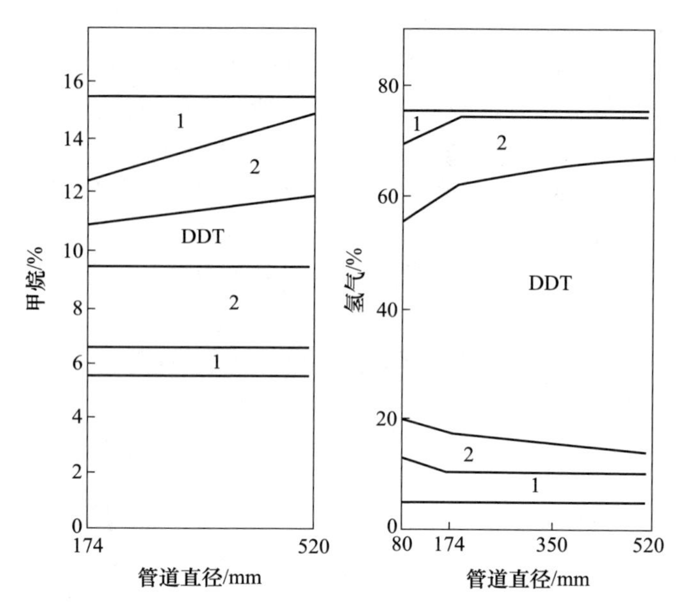

图 5.24　不同直径管道内氢气、空气和甲烷、空气混合物的缓慢火焰 1、快速火焰 2 和爆燃－爆轰过渡(DDT)的浓度极限(给出了阻塞率 BR = 0.3 管道的 DDT 极限值)

当相对于燃烧产物的火焰速度达到燃烧产物中的声速时,火焰被“锁定”。这种“锁定”或“声波”火焰的特征是湍流燃烧传播的最大可能速度。声波火焰传播的典型速度值为 600 ~ 1000m/s。

火焰速度的进一步增长可能是由于 DDT 转变时火焰传播的主要机制发生了变化。激波后压缩混合气的自燃成为燃烧波持续传播的关键过程。爆轰波速度取决于混合物成分和初始条件。爆震速度的典型值为 1000 ~ 2000m/s。

爆炸性混合物的起爆有两种方式。

(1) 由外部能源直接引发。

(2) 通过“弱”点火,火焰加速和 DDT 间接引发。

在第一种情况下,维持爆轰所需的能量由外部来源提供,如火花或爆炸。在第二种情况下,爆炸性混合物本身提供了起爆能量。在大多数情况下,由外部能源直接起爆的可能性不大,因为它必须是相对强大的能源。

实验获得的氢气和空气混合物(当量比为 0.75 ~ 0.5)中直接起爆的数值为 10 ~ 1000kJ。点火能量为几毫焦。高压火花或电弧可以用作直接引发器。间接引发混合物点火的可能性更高。

由弱点火器引发的燃烧过程包括湍流与化学反应之间的复杂相互作用。这种过程的模拟需要详细计算三维空间中的非平稳可压缩反应流。

在有限的体积内化学能释放会导致燃烧产物的温度和压力增加。燃烧过程的影响与密闭结构及其内部元件上的温度和机械负载有关。

5.10 爆燃－爆轰转变时的热负荷和压力负荷

热负荷来自燃烧产物的热传递。温度取决于混合物的组成和初始条件,以及燃烧状态和燃烧产物膨胀的条件,温度范围为 1000～2400K。热量传递到约束结构元件的速度会影响温度水平。这种加热是一个缓慢的过程,由于暴露时间短,以快速爆燃为特征的高温对这一过程的影响很小。扩散火焰对防护壳的潜在热损伤最大,因为扩散火焰的热效应时间较长。

机械负荷值取决于燃烧状态。在缓慢燃烧的情况下,当火焰传播速度远小于声速时,观察到准静态压力升高。超压值取决于混合物成分和初始条件。可以通过 P_{AICC} 估算最终的压力值,即受限体积内绝热燃烧时的最大压力。

在连接结构的系统中,整个结构中的气体分配完成之前,局部压力可能会不等于 P_{AICC}。一般来说,准静态压力升高是燃烧过程的特征。即使对于缓慢火焰,多结构配置中的局部超压也是时间的函数。这些超压是由以下两个过程决定的:燃烧引起的压力升高和气体排放到邻近结构导致的压力下降。

稀疏相位是无受限和通风状态下缓慢燃烧的特征。稀疏相位幅度可以与压缩相位幅度相当。当混合物中的火焰传播速度和声速相当时,会产生压力波。压力波的振幅取决于混合物的组成、初始条件、几何形状和燃烧状态。在描述快速爆燃状态时,必须考虑过程的气体动力学,因为热力学计算不能正确预测快速机械负荷。

火焰速度的增加会导致燃烧波明显超压升高。相对于实验室坐标系,超声速燃烧波形成了在火焰前沿传播的压缩波和冲击波。压力波分布由火焰加速度、产生的火焰速度和几何形状确定。

压力峰值为 0.6～0.8MPa,是相同条件下爆轰压力的 1/2。压力波幅值可能超过 P_{AICC},但超压正相位有限。对于快速爆燃,向相邻体积排气对超压的影响明显小于慢速燃烧。

在 DDT 和爆轰状态下记录最大峰值压力值。稳态爆轰波的 C－J 条件的峰值压力及其传播速度由混合物组成和初始条件决定。应注意的是,这种压力值并没有具体说明在 DDT 下观察到的实际峰值压力。对于 DDT 或由反射的高峰值压力引起的爆轰重新起爆,可以预期的数值高达 2.0～2.5MPa。这样的压力超过了平均混合物组成的 C－J 值。这种情况下的机械载荷可以用三维气体动力学计算来模拟。

燃烧波峰值压力取决于波速。压力波对结构的损伤效应不仅由正压力峰值幅值决定,还由压力脉冲决定。峰值压力和脉冲效应取决于结构在压力时程作用下的响应。如果响应时间小于或与冲击时间相当,则峰值压力值至关重要。

主要因素是压力脉冲[17],因此,还需要比较不同燃烧状态产生的压力脉冲。在有通风孔的受限空间内($300m^3$体积内总面积为$2m^2$)的爆炸实验研究表明,压力脉冲主要取决于混合物的能量含量,而不取决于燃烧状态。

连体系统中的爆炸具有特殊的特征。体积之间燃烧产物和试剂的不稳定流动主要影响压力场的形成。在燃烧完成后的某个时间,压力在整个体积内达到平衡。但是,在中间时间内,结构不同,位置的压力可能不同。

对于缓慢燃烧,压力不能稳定地达到热力学平衡,但在时间上观察到明显的压力波动。任何给定时刻的压力都可能与其平衡值(P_{AICC})相差很大,因此不应忽略。爆炸载荷特性取决于结构的几何形状。敞开的几何结构具有足够的空间,可以消除潜在的压力差。这样的系统在氢气燃烧负荷下更安全。

对于快速爆燃和爆震,受限体积的复杂几何形状导致燃烧过程中产生的冲击波多次反射和聚焦。因此,峰值压力值可能相差数兆帕。

DDT 和 AF 条件所需的可用标准是经验的,因为过程复杂,数据库有限,缺乏理论基础并且无法进行穷举数值计算[34]。

间接爆轰只能由低初速度火焰的加速以及从爆燃到爆轰的进一步过渡引起。直接起爆不太可能,因为此过程需要大量能量。在所有情况下(可能有少数例外),火焰加速先于爆燃到爆震的转变。

为了有效地提高火焰加速过程,燃烧产物的膨胀水平 $\sigma = \rho_u / \rho_b$ 必须足够大。可以基于混合物组成来计算 σ^* 的临界值。在 290 ~ 373K 的初始温度 T 下,计算出的 $\sigma^* = 3.5 \pm 0.5$[17]。

当膨胀水平较大时,火焰加速到大约等于燃烧产物中的声速,直到达到 DDT 条件。这意味着火焰通过障碍物、阻塞的通道或相连的体积链传播,产生增加火焰表面积所需的气流。

如果燃烧已加速到高速,并且满足了 DDT 的第一组条件,则当混合物所占的体积大于表征混合物爆炸可能性的尺寸时,可以引发爆轰。表征爆轰潜能的尺寸是混合物爆轰单元宽度 a。所测量的混合物爆轰单元宽度数据和相关函数确定了爆轰单元尺寸与混合物成分和热力学条件之间的关系。

根据 FA 和 DDT 的实验数据和数值模拟,估算了 DDT 所需的最小混合爆轰单元尺寸。结构的几何尺寸 L 应超过爆轰单元宽度 a 的数倍。这个条件为 DDT 创造了必要的条件:$L > ka$。比例系数取决于具体的几何结构。例如,对于大空间,k 的最小值约为 7[34]。

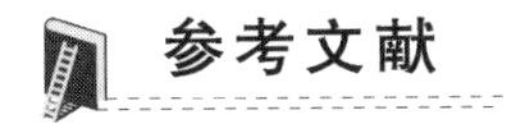

参考文献

1. J.H. Lee, I.O. Moen, The mechanism of transition from deflagration to detonation in vapor cloud explosions. Progr. Energy Combust. Sci. 6, 359–389 (1980)
2. A. Teodorczyk, Limits of study propagation of hydrogen deflagrations and detonations. Paper at 2nd European Summer School on Hydrogen Safety, Belfast, August 2007
3. J.H. Lee, Explosion hazards of hydrogen-air mixtures. Paper at 1st European Summer School on Hydrogen Safety, Belfast, August 2006
4. G. Ciccarelli, S.B. Dorofeev, Flame acceleration and transition to detonation in ducts. Progr. Energy Combust. Sci. 34(4), 499–550 (2008)
5. C.D. Lind, J.C. Whitson, Explosion hazard associated with spills of large quantities of LNG. CY-D-85-77, 1977
6. H. Pförtner, H. Schneider, *Flame Acceleration and Pressure Build-Up in Free and Partially Confined* H_2*+Air Clouds*. Book of abstracts of 9th ICDERS, 1983, p. 60
7. T. Becker, F. Ebert, Vergleich zwischen experiment und theorie der explosion groben, freien gaswolken. Chem. Ing. Techn. 57(1), 42 (1985)
8. H.G. Wagner, Flammenbeschleunigung – Zentrales Problem bei der Entschehung von Explosionen. PTB-Mitteilungen. 91(4), 24 (1981)
9. W. Jost, H.G. Wagner, Influence of various parameters on initiation, stability and limits of detonation. (a) AFOSR- 78-3587, 1979, (b) AFOSR- 79 -0117A, 1981, (c) AFOSR-73-2541, 1978
10. K.J. Dörge, D. Pangritz, H.G. Wagner, Experiments on velocity augmentation of the flame by grids. Acta Astr. 3(11/12), 1067–1078 (1976)
11. P. Wolanski, S. Wojcicki, On mechanism of influence of obstacles on the flame propagation. Arch. Combust. 1(1/2), 69–83 (1981)
12. C.W. Kauffman, J.A. Nicholls, Gaseous detonative fracture of porous materials for enhanced fossil fuel utilization and recovery. UM-016693-F, 1981
13. Горев В.А., Мирошников С.Н. Ускоряющееся горение в газовых объемах// Химическая физика, 1982. No 6, C. 854–858 (V.A. Gorev, S.N. Miroshnikov, Accelerating combustion in gaseous volumes. Himicheskaya Fizika 6(6), 854–858 (1982))
14. T.F. Kanzleiter, Multi-compartment hydrogen deflagration experiments in Battele (Frankfurt/ Main) model containment. WRSIM-89, Rockville, 1989
15. Щелкин К.И. Влияние шероховатости трубы на возникновение и распространение детонации в газах//ЖЭТФ. 1940. Т. 10. С. 823–832 (K.I. Shchelkin, Effect of roughness of the surface in a tube on origination and propagation of detonation in gas. Zh. Exper. Teoretich. Fiziki 10, 823–832 (1940))
16. Щелкин К.И. К теории возникновения детонации в газовых смесях в трубах// Доклады АН СССР, 1939. Т. 23, No 4, С. 636 (K.I. Shchelkin, On theory of detonation onset in gaseous mixtures in tubes. Doklady AN SSSR 23(4), 636 (1939))
17. W. Breitung, A. Eder, C.K. Chan, S.B. Dorofeev, B.E. Gelfand, et al., SOAR on flame acceleration and DDT in nuclear safety. OECD/NEA/CSNI/R, vol. 7, 2000, 321 p.
18. C.W. Kauffman, J.A. Nicholls, Gaseous detonation in porous media. Proc. Combust. Inst. 19, 591 (1982)
19. Лямин Г.А., Пинаев А.В. Исследование неидеальной газовой детонации и ее пределов в плотной пористой среде//В сб. «Динамика многофазных сред». Новосибирск. 1984. No 68. С. 99–107 (G.A. Lyamin, A.V. Pinaev, Study of non-ideal detonation and its limits in dense porous media. In: "Dinamika mnogofaznyh sred." Novosibirsk 68, 99–107 (1984))
20. Лямин Г.А., Пинаев А.В. Сверхзвуковое (детонационное) горение газов в

инертных пористых средах//Доклады АН СССР, 1985. Т. 283, No 6. С. 1351–1354 (G.A Lyamin, A.V. Pinaev, Supersonic (detonating) gas combustion in inert porous media. Doklady AN SSSR 283(6), 1351–1354 (1985))
21. J.H. Lee, R. Knystautas, A. Friman, High speed turbulent deflagrations and transition to detonation in H_2+air mixtures. Combust. Flame 56(2), 227 (1984)
22. Бабкин В.С., Козаченко Л.С. Возникновение детонации в газах в шероховатых трубах//ЖПМТФ, 1960. No 3, С. 165–174 (V.S. Babkin, L.S. Kozachenko, Detonation onset in obstructed tubes. Zh. Prikl. Mehan. Tehn. Fiziki 3, 165–174 (1960))
23. H. Almstrom, Influence of stone walls on the explosion of an H_2 + air mixture in an enclosed space. FOA-C-20408, 1981, 82 p.
24. Попов О.Е., Когарко С.М., Фотеенков В.А. О быстром горении газовых смесей в среде с высокой пористостью//Доклады АН СССР, 1975. Т. 219, No 3. С. 592–595 (O.E. Popov, S.M. Kogarko, V.A. Foteenkov, On fast combustion of gaseous mixtures in a high-porosity medium. Doklady AN SSSR 219(3), 592–595 (1975))
25. Y.B. Zeldovich, A.S. Kompaneets, *Theory of Detonation* (Academic, New York, 1960), p. 284
26. Кудинов В.М., Паламарчук Б.И., Лебедь С.Г., Борисов А.А., Гельфанд Б.Е. Особенности распространения детонационных волн в водно-механической пене, образованной горючей газовой смесью//Доклады АН СССР, 1977. Т. 234, No 1. С. 45–48 (V.M. Kudinov, B.I. Palamarchuk, S.G. Lebed, A.A. Borisov, B.E. Gelfand, Peculiarities of detonation propagation in water-mechanical foam produced by combustible gaseous mixture. Doklady AN SSSR 234(1), 45–48 (1977))
27. A. Friedrich, T. Jordan, J. Grime, A. Kotchourko, K. Sempert, G. Stern, M. Kuznetsov, Experimental study of hydrogen air deflagrations in flat layer, in International Conference on Hydrogen Safety, San Sebastian, 2007
28. Anonymous, Explosion prevention. Leaflet. E 6. February 1980
29. Сычев А.И. Структура и особенности детонации в системе жидкость+пузырьки газа. Диссертация ИГД СО АН СССР: Новосибирск, 1988 (A.I. Sychev, Structure and peculiarities of detonation in liquid+gas bubbles system. Dissertation IGD AN SSSR, Novosibirsk, 1988)
30. A.I. Sychev, Detonation waves in a liquid-gas bubble system. Combust. Explos. Shock Waves 21(3), 365–372 (1985)
31. M. Wolinski, P. Wolanski, Gaseous detonation processes in presence of inert particles. Paper at 13th Colloquium (Intern.) on Dust Explosions, 1987
32. M.P. Sherman, S.R. Tieszen, W.D. Benedick, J.W. Fisle, in *The Effect of Transverse Venting of Flame Acceleration and Transition to Detonation in a Large Channel*, in ed. by J.R. Bowen, J.-C. Leyer, R.I. Soloukhin. Progress in Astronautics and Aeronautics: Dynamics of Explosions, vol. 106 (AIAA, New York, 1986), p. 66
33. J.E. Shepherd, W.B. Benedick, J.W. Fisk, Analysis of the cellular structure of detonations. Proc. Combust. Inst. 21, 1649–1658 (1988)
34. S.B. Dorofeev, Flame acceleration and DDT in gas explosions. J. de Phys. IV (France) 12, Pr7/3–Pr7/10 (2002)

第6章 氢混合物的自燃

6.1 初步评论

由于氢与空气/氧气具有特殊的反应性,因此不会产生有毒的燃烧产物,长期以来,氢一直被认为是推进装置的一种非常有效的工作介质。

将纯氢用作冲压发动机(RJE)和液体推进剂发动机(LPE)燃烧室的燃料就是很好的证明。文献[1]中经常提到使用氢作为烃类燃料添加剂,特别是在具有火花点火和压缩点火的内燃机(ICE)中。

氢作为燃料在其使用或产生的设施和设备中存在明显的安全问题,因此需要对氢爆炸特性有一个明确的概念。无论是在计划的燃烧过程中(如燃烧室),还是在紧急情况下(导致核电站冷却器损失的严重紧急情况)。

在开发内燃机和RJE、LPE气体发生器的实践过程中,应考虑燃烧混合物反应的高效率和稳定性,必须特别注意在变化的运行参数下发生的过渡燃烧机制。

用于推进系统的复合燃料(氢和碳氢化合物的混合物)带来了其他问题。这类燃料是在高温下将氢与碳氢化合物混合(吸热燃料)而形成的,从而导致碳氢化合物大量氢化[2-5]。可燃氢-碳氢化合物复合混合物的优点是众所周知的,并且已经多次讨论过[6]。

核电站运行中产生氢混合物的情况应进行专门研究。一些核电站机组和热电站设备使用氢作为有效的外部冷却剂。许多事故是由氢排放及其随后燃烧引起的。通常,这种排放是容器或供应管道破裂的结果。除了外部的氢来源外,还有一些内部化学和过程产生氢[7]。这些过程导致形成氢气和空气混合物,其中包含大量的混合物,如水蒸气、氦气或一氧化碳。

用氮气或二氧化碳稀释含氢混合物是一种抑制爆炸的方法。

当使用能够产生足够数量氮氧化物的放电装置时,氢和空气混合物的特性问题就会出现。特别是在结构内产生氢气时,使用保持活性的点火器进行氢气燃烧的情况下[7],氮氧化物对氢气点火的模糊影响需要特别研究。

不幸的是,大多数氢混合物点火和引爆的实践是在高初始温度($T>1300$K)和低初始压力($P_0<0.05$MPa)下使用小规模实验装置(特征尺寸小于50mm)进

行的。

公布的数据主要不足是:它们是由惰性成分(体积分数超过 90%,通常是氩气)显著稀释的混合物中获得的。在这样的实验中,氢燃烧产生的压力效应被完全抑制,然而,正是这些效应才是真正有意义的。

在低压下获得的稀释混合物的大多数数据可用于实际情况的定性分析,通常不适合定量描述,因为忽略了气体动力学效应。

6.2 预混氢气与空气/氧气混合物在真实初始条件下的自燃

文献[8]给出了对于获得含氢混合物点火数据所必需的实际初始温度与压力条件,如图 6.1 和图 6.2 所示。

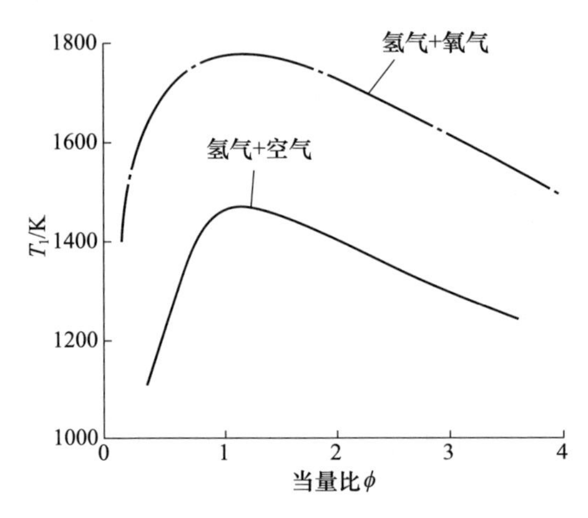

图 6.1 爆轰波阵面后的计算温度数据

图 6.1 显示了温度 T_1 下,爆震冲击波阵面(自燃时刻之前)后冲击压缩的可燃混合物与当量比 ϕ 的函数关系。

图 6.2 给出了 C-J 平面中相对压力上升 P_{C-J}/P_0 随氢气和空气/氧气混合物中氢体积含量的变化关系。在 $\phi<1$ 时,P_{C-J} 和 T_1 的数据总量对应于"贫"混合物(缺氢),而在 $\phi>1$ 时,则对应于"富"混合物(氢过剩)。根据各种数据,氢气和空气混合物的爆炸下限在氢体积含量的 11%~13% 范围内,即 $\phi\approx0.31\sim0.37$。爆炸上限接近 70% 的氢体积含量,即 $\phi\approx5.56$。

因此,在初始温度 $T_0=290K$ 时,对于空气混合物,冲击压缩混合物的温度范围为 $1200K<T_1<1500K$;对于氧气混合物,此范围为 $1400K<T_1<1800K$。

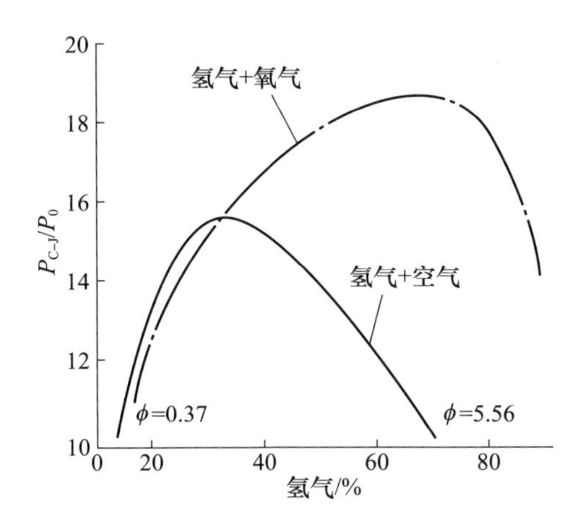

图 6.2 C－J 点相对压力上升的计算数据

对于化学计量($\phi=1$)氢气与氧气的混合物[9]，图 6.3(a)显示了在各种初始压力 P_0波阵面正后方的冲击压缩混合物压力水平 P_1。同样，初始压力对冲击压缩混合物温度 T_1(图 6.3(b))和爆轰波马赫数 $Ma=D/c$(图 6.3(c))的影响可以忽略不计。D 是爆炸速度，c 是声速。

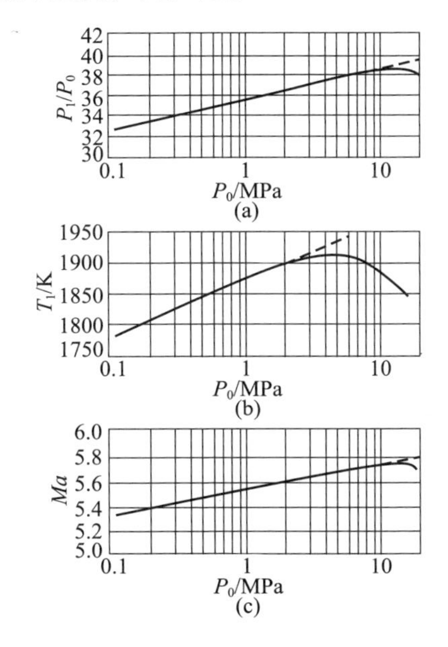

图 6.3 初始压力对化学计量比氢氧混合物爆轰波前参数的影响

(a)相对压力升高；(b)冲击压缩混合物的温度；(c)马赫数。

因此，压力范围 $1.3\text{MPa}<P_1<3.5\text{MPa}$ 对于在 $P_0=0.1\text{MPa}$ 下爆炸的混合

物来说是有趣的。当 $P_{01} > P_0 = 0.1\text{MPa}$ 时,压力范围与 P_{01}/P_0 成比例扩大。

因此,对于混合物在 $P_0 = 0.1\text{MPa}$、压力范围在 $1.3\text{MPa} < P_1 < 3.5\text{MPa}$ 下的混合物爆炸是令人感兴趣的。在 $P_{01} > P_0 = 0.1\text{MPa}$ 时,压力范围与 P_{01}/P_0 成比例扩大。

二氧化碳(体积分数最高为15%)或水蒸气(体积含量最高为30%)的添加对氢气和空气混合物的爆炸速度几乎没有影响。热容比保持在 $\phi = 1.36 \sim 1.4$ 范围内,而声速保持在 $c = 320 \sim 350\text{m/s}$ 范围内。

6.3 压力和温度对含氢混合物自燃的影响

为了分析现代电厂的安全问题,有必要获得压力 $P > 1\text{MPa}$、温度 $T \geqslant 1000\text{K}$ 时未稀释含氢混合物自燃的数据。LPE 燃气发生器(GG)和燃烧室(CC)工作过程活化的特征压力和温度分别是:2~20MPa,800~1000K(GG),1200~3000K(CC)[10]。在冲击压缩气体温度 1000K 时,冲压发动机的典型工作压力为0.2~1.0MPa。$P > 1\text{MPa}$ 和 $T > 800\text{K}$ 时的燃烧和点火数据对于计算 ICE 燃烧室中的安全工作参数很有用。

对于上述压力和温度范围,关于氢气和空气、氢气和氧气混合物自燃的3个极限的已知数据[11-12]不重要。图6.4(a)、(b)给出了测量含氢混合物自燃特性的经验总结,绘制出了压力-温度关系图,给出参数的取值范围和实验测量结果。图6.4的分析表明,大多数理论和实验数据都是在压力 $P < 0.1\text{MPa}$ 的情况下获得的,这些混合物在实际生活中没有使用。

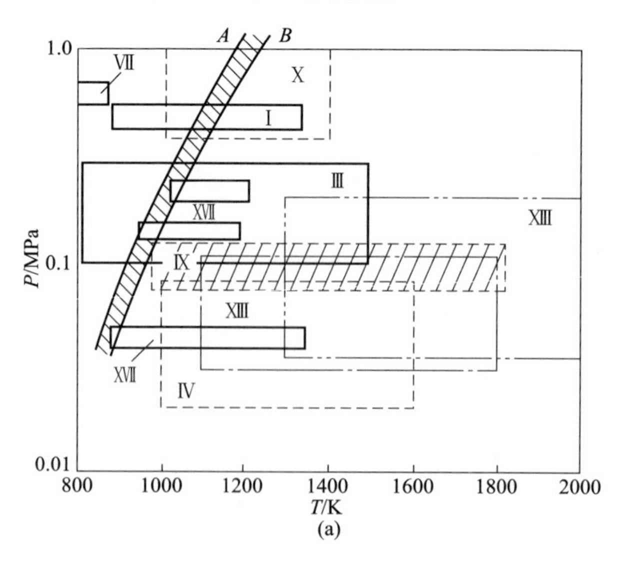

(a)

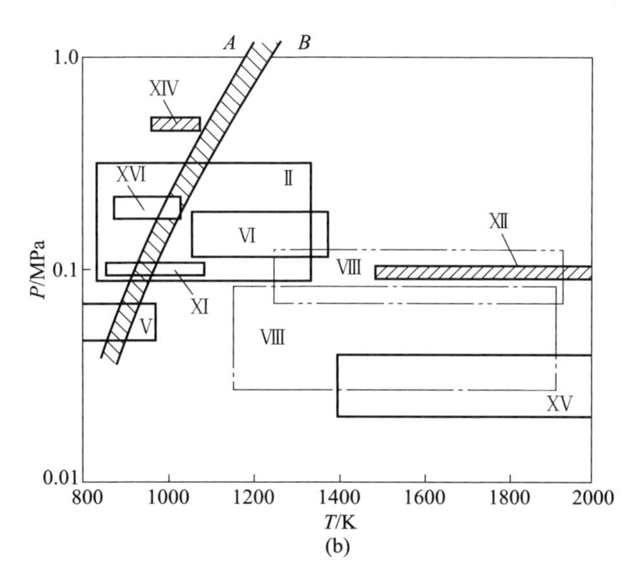

图 6.4　自燃参数的观测范围(阴影区 AB 表示限制化学反应机理变化的范围,罗马数字表示 P 和 T 的研究区域)

对于(a):Ⅰ—引自文献[94];Ⅲ—引自文献[15,21-22,95];Ⅳ—引自文献[96];Ⅶ—引自文献[97];Ⅸ—引自文献[23-25];Ⅹ—引自文献[26];ⅩⅢ—引自文献[27];ⅩⅦ—引自文献[28]。对于(b):Ⅱ—引自文献[29];Ⅴ—引自文献[30];Ⅵ—引自文献[31];Ⅷ—引自文献[32];Ⅺ—引自文献[33-35];Ⅻ—引自文献[36];ⅩⅣ—引自文献[16];ⅩⅥ—引自文献[37];ⅩⅥ—引自文献[38]。

在 RJE、LPE、ICE 中使用氢气作为燃料的实践已经揭示了一些特征,刚开始看上去,这些特征与明显的氢反应性不兼容。与煤油和氧气混合物的燃烧稳定性相比,尚未解释 LPE 的 CC 和 GG 中氢气和氧气混合物的燃烧稳定性提高。在 0.5~1.0MPa 和 $T \approx 1000$K 下,在 RJE 中氢气和氧气混合物的稳定燃烧时遇到的困难仍然不清楚。尝试根据许多氢气和空气混合物自燃延迟的经验关系来描述爆轰的反应区结构,但均未成功。

自燃延迟时间 τ_i 是描述爆炸过程的关键参数。这是说明氢爆炸特征的一个很好的例子。在早期的研究中,发现了 τ_i 对压力的表述含糊不清[13-14]。长期以来,一直假设以下关系在固定温度下是正确的[15-16]:

$$\tau_i P_{O_2} \approx \text{const}_1 \tag{6-1}$$

式中:P_{O_2}是混合物中的氧分压。文献[17]中更精确的数据使我们考虑更普遍的关系:

$$\tau_i P_{O_2}[1 - f(P)/T] = \text{const}_2 \tag{6-2}$$

方括号中的校正系数包含一个取决于温度和压力的项，并由两个化学反应常数 K_2 和 K_6 的关系指定。

这里 K_2 是反应的链分支速度常数：

$$H + O_2 = OH + O \tag{6-3}$$

K_6 是反应的破坏速度常数：

$$H + O_2 + M = HO_2 + M \tag{6-4}$$

在图 6.4 中，主要化学反应机理变化的计算边界被限制 A 线和 B 线之间的阴影区域内。在分离区左侧（有时称为第四点火极限[12]），分支链式反应占主导地位。文献[17]中 τ_i 的改进表达式首次表明了可燃混合物中压力升高时自燃延迟增长的可能性。

用更宽泛的动力学方案对参数依赖性 $\tau_i = f(P, T)$ 进行详细计算[18]，证明了在固定温度下，含氢混合物的 τ_i 对压力的非单调依赖性是可能的。文献[18]中对于 $P > 1\text{MPa}$ 的计算准确性受到该压力下化学反应速度常数曲线和剩余氢混合物数据缺乏的限制。同样也解释了 AB 过渡区边界的重叠区域。

为了更好地理解氢气和空气混合物的自燃，使用现代动力学（42 个正向和反向反应以及校正后的常数值[19-20]）对实际压力和温度范围内的 τ_i 进行了计算。

在实际压力和温度范围内的自燃分析表明，某些特性需要修改氢及其与其他燃料（如碳氢化合物）的混合物的稳态反应性概念。

6.4 自燃延迟

因为压力对自燃延迟时间 $\tau_i = \tau_i(T)$ 的表达式影响很小，因此，压力 P 和温度 T 坐标中的延迟时间 τ_i 更好地说明了空气中氢的自燃特性（图 6.5）。

对于 $T = 1000 \sim 1400\text{K}$ 和 $P = 0.01 \sim 10\text{MPa}$，$\tau_i = f(P, T)$ 的函数关系如图 6.5所示。传统上，代表表面 $\tau_i = f_1(T)$ 的平面投影用于分析[13-17,21-42]。该分析适用于低压和高温下的下垂曲线的一般依赖性。附加的上升面或下降面段指出，在不考虑初始条件的情况下，计算自燃延迟时间的已知近似关系的适用性是有限的。考虑在几个恒温 T 坐标水平下，自燃延迟时间/压力下的表面部分（图 6.6），可以区分自燃状态的 3 个特征区域。

众所周知，低压下的第一个区域 $P < 0.2\text{MPa}$，其特征在于延迟时间/压力成反比。这一分支已被多次讨论，并用于预测。

将区域Ⅰ更改为过渡区域Ⅱ，在该区域中，延迟时间不会随着压力的增加而

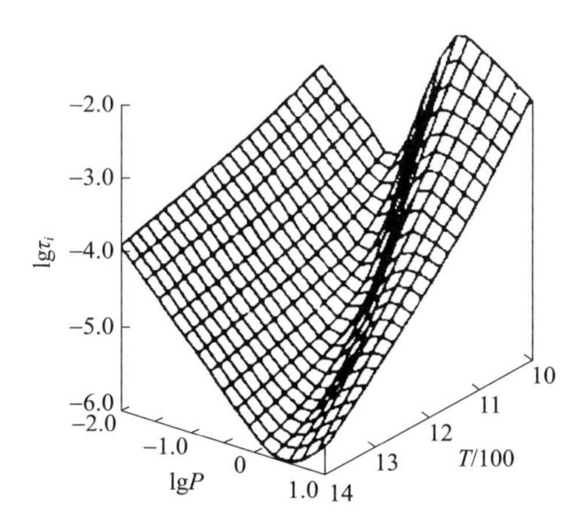

图 6.5　氢气和空气化学计量混合物的自燃延迟时间与压力和温度的关系(τ_i/μs;P/MPa;T/K)

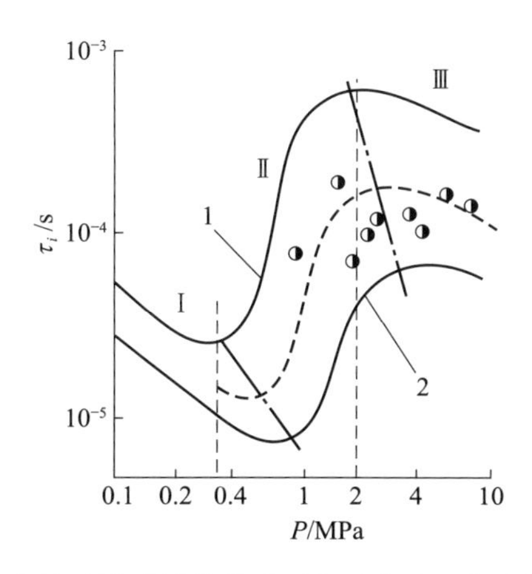

图 6.6　自燃延迟时间依赖于固定温度下压力的特征区域

曲线 1—T = 1100K；曲线 2—T = 1200K；虚线—T = 1150K。

减少,甚至会增加。这种参数过渡区对于某些类型的喷气发动机工作过程具有重要意义。应考虑可能的压力扰动/燃烧速度反馈,以确保稳定性。

在 $P > 0.5$MPa 时,在Ⅲ区和Ⅱ区以上,预计延迟时间随压力的增加而减小。超过 0.5MPa 的压力是许多喷气发动机、内燃机和液体推进剂发动机的特征。

在第一近似中,可以从条件中找到区域Ⅰ、Ⅱ和Ⅲ的边界:

$$(\partial\tau/\partial P)_T = 0 \tag{6-5}$$

图 6.6 中 x 坐标上的两条垂直虚线的位置满足该条件。

在固定温度下,氢气和空气自燃延迟时间/压力依赖性的 3 个特征区域需要对通过许多研究获得的数据进行修订,其中将已知的区域Ⅰ$\tau_i = \tau_i(T)$的公式用于区域Ⅲ和区域Ⅱ(这是绝对不能接受的)。Ⅱ区是非常重要的,因为在这里爆炸会在接近极限的混合物中发生,并且存在冲压发动机的初始条件。Ⅲ区,对$\tau_i \approx P^n$的依赖程度较低,其中$n<1$是液体推进剂发动机CC和GG过程高稳定性的部分原因[10]。

遗憾的是,有些著作[43]基于有争议的测量结果[37],解释了预测自燃延迟时间比观测值大100倍的反应模型。现代化学动力学已定性地描述了过渡区Ⅱ的轮廓[44-45],所进行的实验并未证明沿上升分支的延迟时间急剧增长。在$T<$1100K和$P>$1MPa时,观察到理论值和实验值之间存在巨大差异[45-50]。

在研究T_0对自燃的影响的实验中[51],已经报道了将预混混合物注入预热容器中时,HAM点火延迟时间的明显差异。使用标准方案的传统计算可以预测HAM安全存储时间(表6.1)。

表6.1　氢气和空气混合物自燃前的计算和实际存储时间[51]

容器温度/K	计算存储时间	充填时间/s	结果
588	>4h	5	无燃烧
650	3h	5	充填点火
650	3h	25	无燃烧
700	1000s	5	充填点火
700	1000s	25	充填点火
700	1000s	90	充填点火

但实际上,安全存储时间不会超过充填时间。在计算$T>$500K时的HAM储存时间时,应考虑该示例。在该温度范围内,已知动力学方案的准确性值得怀疑。

6.5　自燃中心和自燃机制产生的空间特征

在布置含氢气的工序时,应考虑自燃中心生成的空间特征和通过爆炸性混合物的反应前沿传播时间。在压力/温度曲线图中给出了实验案例的直观表示,如图6.7所示。

在低于1000K的温度下会激活温和的自燃状态,并且由于爆炸反应中心的混乱分布会导致压力缓慢升高(图6.8(a))。在发生爆炸前沿时的过渡自燃状态在自燃中心之间未燃烧的混合物中自发地记录到温度为1000~1050K(图6.8(b))。由于混合物在自燃中心被早期燃烧压缩,这种状态的特点是壁

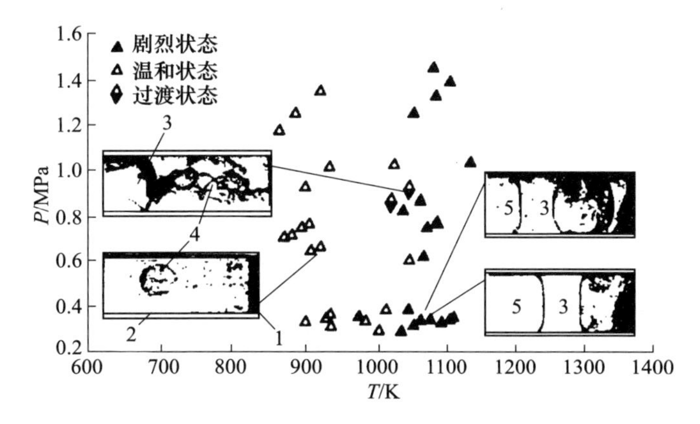

图 6.7　在压力/温度坐标下,15% 氢气和 85% 空气混合物的各种自燃状态的边界

1—管道末端; 2—管道壁面; 3—反应前沿; 4—初始自燃中心; 5—反射冲击波前。

面上的压力负荷特别高。在高于 1100K 的温度下,观察到爆炸前锋的传播,未产生可见的初始中心。压力/时间图如图 6.8(c)所示。

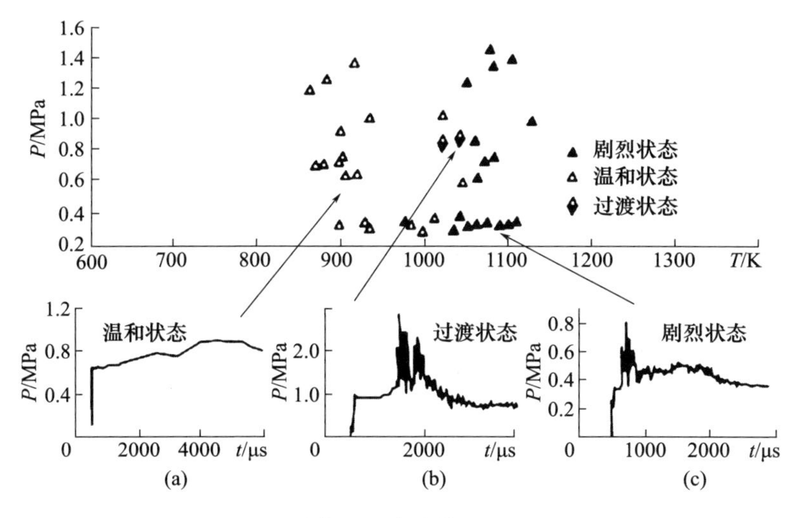

图 6.8　3 种自燃状态的特征压力/时间图

在设计冲压发动机燃烧室实验时,没有考虑到高速摄影所揭示的自燃特性,即附加压力冲击后的温和状态和过渡状态。

图 6.9[52] 给出了 HAM 自燃模式图($\phi=1$)。文献[49]中给出了 $\phi=0.5$ 的 HAM 相似图。

到目前为止,已经描述了较高压力下氢气和空气混合物中获得的实验数据。为了验证所获得数据的普遍性,考虑氢气和氧气混合物的自燃[47],在这种混合

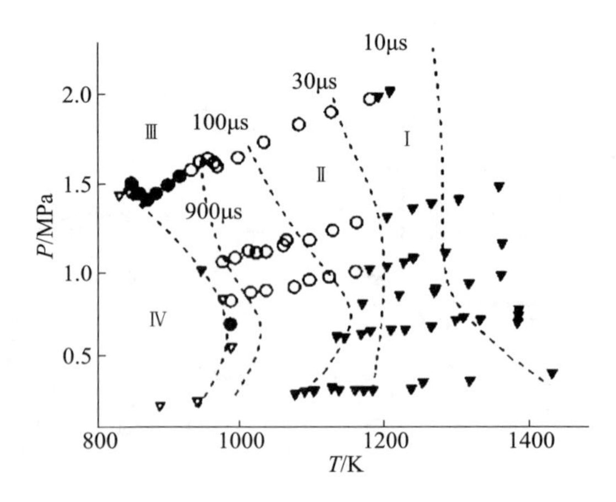

图 6.9 化学计量 HAM 在温度-压力坐标下的主要自燃状态图

Ⅰ—强烈状态；Ⅱ—过渡状态；Ⅲ—温和状态；Ⅳ—无自燃；虚线—恒定的自燃延迟。

物中消除了氮氧化物可能增加的作用[53-56]。

计算和实验自燃数据的比较如图 6.10 所示。所有显示的 τ_i 值都是在800～1200K 温度范围内获得的。这些图表显示了测量自燃延迟的实验点和温度指示。

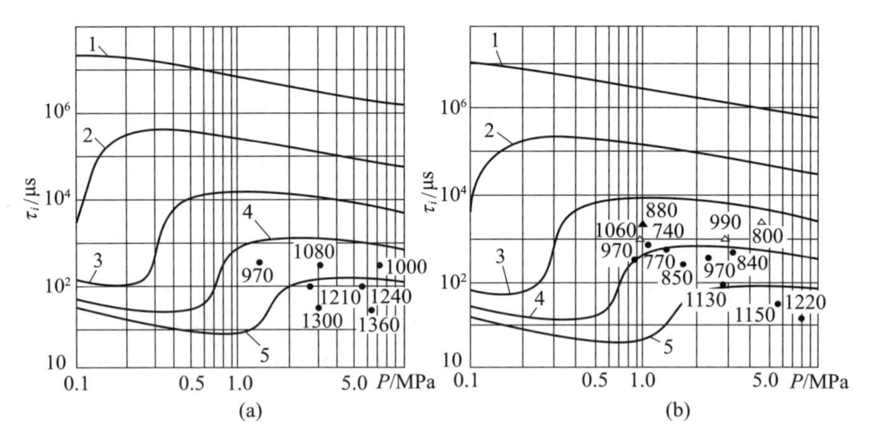

图 6.10 自燃延迟时间相对于温度和压力的计算(曲线)和测量数据

(a)对于 5% 氢气和 95% 氧气混合物；(b)对于 15% 氢气和 85% 氧气混合物。

主要特征如下：

(1) 在 700～800K 时，τ_i 值的计算值与测量值之差可以达到 1000 倍。

(2) 在 800～900K 时，τ_i 值的计算值与测量值之差为 100 倍。

(3) 在 900～1000K 时，τ_i 值的计算值与实测值之差为 10 倍。

(4) 在大于 1100K 时，计算得出的 τ_i 值与测得的数据令人满意。

(5) 1.0～10MPa 范围内的压力变化不会明显影响自燃值。

（6）在相同压力和温度下，氢气和空气点火延迟时间的绝对值比氢气和氧气中的相似值大 2～3 倍。

所有的实验数据导致在高压[57]（$P>1$MPa）和中等高温（$T<1000$K）[58-61]的条件下对已知的动力学进行必要的细化。应特别注意各种添加剂（氮氧化物）和约束表面的非均匀因素影响。

文献[46-47]中关于 HAM 和 HOM 自燃特性的结论有多种证明。图 6.11 给出了汇总的实测实验数据，用于测得的自燃延迟时间[62]，并将其与计算数据进行比较[61]。在文献[63]中与其他模拟器获得的数据进行了比较，如图 6.12 所示。

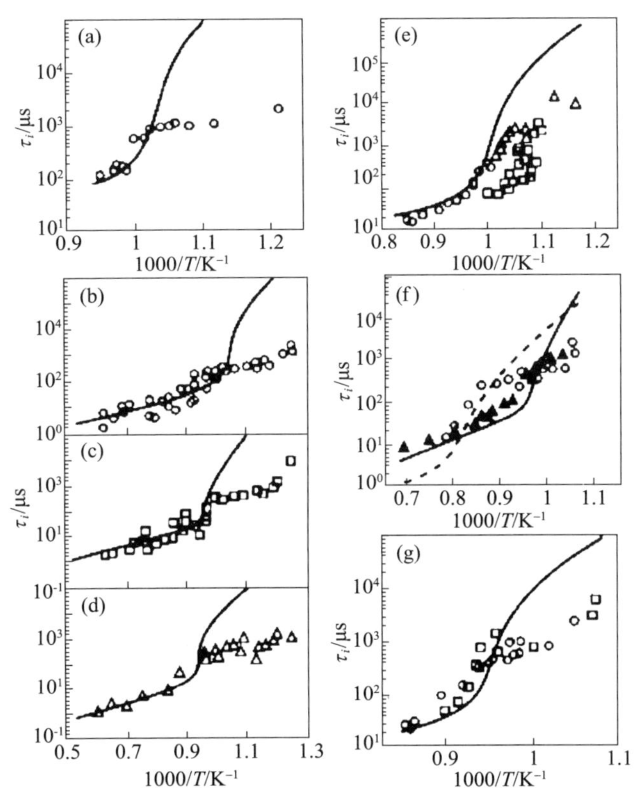

图 6.11　含氢混合物中点火延迟的计算[98]和实测数据比较

(a)在 $P=0.2$MPa 下 $H_2/O_2/Ar$ 的比例为 2:1:7[22]；(b)$2H_2/O_2$，压力 $P=0.1$MPa[25]；(c)$2H_2/O_2$，压力 $P=0.2$MPa[25]；(d)$2H_2/O_2$，压力 $P=0.3$MPa[25]；(e)H_2/空气在 $P=0.2$MPa 和 $\phi=1$[99]（△点、□点[100]和○点[54]）；(f)H_2/空气在 $\phi=1$ 和 $0.21\text{MPa}<P<0.386$MPa（▲），以及 $1\text{MPa}<P<1.49$MPa（○点）[52]；(g)H_2/空气在 $\phi=0.5$ 和 $P=0.4$MPa 下（□点[60]、○点[44]）。

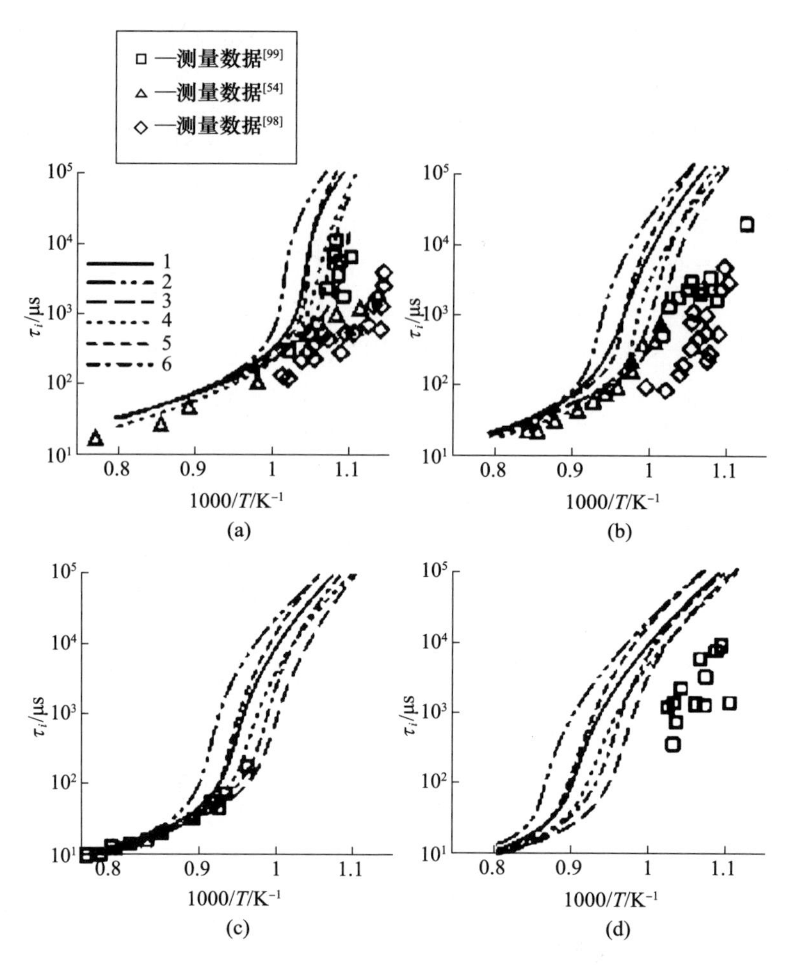

图 6.12 由各种模拟器计算出的化学计量 HAM 点火延迟数据与测量数据[63]的比较

(a) $P=0.1$MPa；(b) $P=0.2$MPa；(c) $P=0.25$MPa；(d) $P=0.4$MPa。

1—引自文献[101]；2—引自文献[102]；3—引自文献[103]；

4—引自文献[104]；5—引自文献[105]；6—引自文献[98]。

6.6 自燃的特殊情况

上述自燃数据均适用于预混合均质可燃混合物。对于研究工作过程，在将氢气喷射到装有加热氧化剂（空气）的容积中时发生自燃的特殊情况引起了人们的关注[64-65]。文献[66-67]中提出的一系列测量结果显示了混合过程对冲击压缩空气中氢射流自燃的影响。

表 6.2 比较了空气中氢射流与 τ_{ij} 的预混合混合物的 τ_i 值。不难发现,对于 $\tau_{ij} > \tau_i$,混合对点火混合气制备的整个过程有着很大的贡献。

表 6.2 在预混合和分层的氢气和空气混合物中的自燃延迟时间

温度/K	τ_i/μs	τ_{ij}/μs
1000	330	1500
1100	150	700
1200	74	300
1300	44	150
1400	28	100

氢气在空气或氧气中的自燃,当物质开始分层时,湍流或扩散混合是必要的,可以定义为扩散自燃的特例。这一现象在第 11 章会详细讨论。

在高压和中温下含氢混合物自燃的研究分析得到了俄罗斯基础研究基金会的资助,批准号为 09-03-00487。

6.7 氮氧化物对含氢混合物自燃的影响

文献[53]中得出的一些结论引起了人们对氮氧化物对氢混合物自燃影响的兴趣,这些结论认为,像 NO_x(如一氧化氮)这样的化合物在温度低于 1100K 和压力高于 0.03MPa 时是自燃的抑制剂。文献[53]中的预测与文献[54]中的实测数据相互矛盾。图 6.13 概述了文献[53-54]中显示的压力和温度区域,并补充了文献[55]中获得的数据。可以看出,大多数数据是在有限的实际使用区域内测量的。

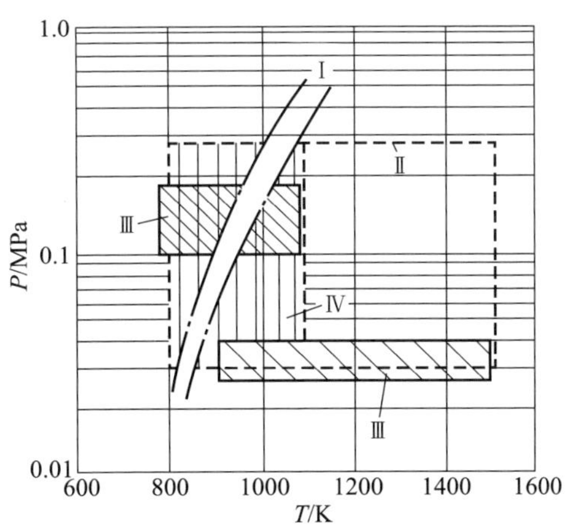

图 6.13 氢气和空气与氮氧化物混合气体的自燃参数范围

Ⅰ—极限化学反应机制的改变;Ⅱ—引自文献[53];Ⅲ—引自文献[54,68];Ⅳ—引自文献[55]。

下面描述一氧化氮和二氧化氮对氢气和空气自燃延迟的影响特征。这是基于42个氢气化学反应[19-20]和包含18种一氧化氮与二氧化氮化学反应的补充[54-55,68]计算的数据。

图6.14说明了一氧化氮添加剂对1200K下15%氢气和85%空气混合物自燃的影响[69]。实线曲线表示从不含一氧化氮的氢气和空气混合物中获得的数据。

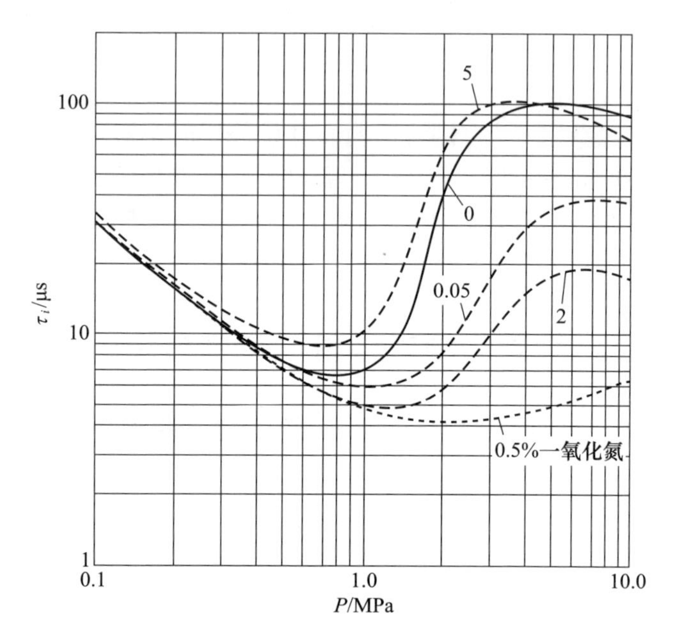

图6.14　一氧化氮添加剂对各种压力下点火延迟值的影响

可以看出，少量的一氧化氮减少了自燃延迟时间。在按体积计约0.5%的一氧化氮下测得最大促进作用。当一氧化氮含量超过5%（体积）时，对自燃没有增强作用。在低于1MPa的压力下，一氧化氮对过程的影响可忽略不计。

图6.15中的图表说明了在各种温度下0.5%（体积）的一氧化氮对 τ_i 的影响。自燃增强效应是中高温下的特征，在 $T>1350$K时未观察到。

图6.16展示了二氧化氮添加剂在1100K和1200K温度下对15%氢气和85%空气混合物自燃的影响。

压力扰动对含或不含氮氧化物的含氢混合物自燃的影响可以通过关系式 $\phi=\mathrm{d}\tau_i/\mathrm{d}P$ 来表征（图6.17(a)、(b)）。当 $\phi>0$ 时，由于压力波的影响，自燃延迟时间缩短，为燃烧的放大和发展创造了不稳定条件。

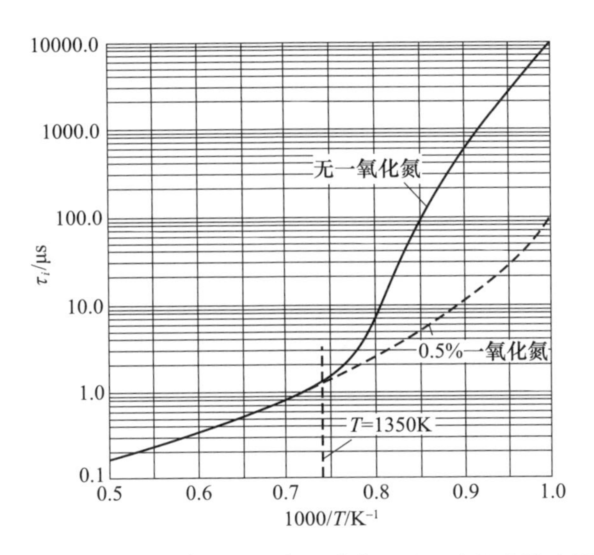

图 6.15　一氧化氮添加剂在不同温度下对自燃延迟时间的影响($P = 2$MPa)

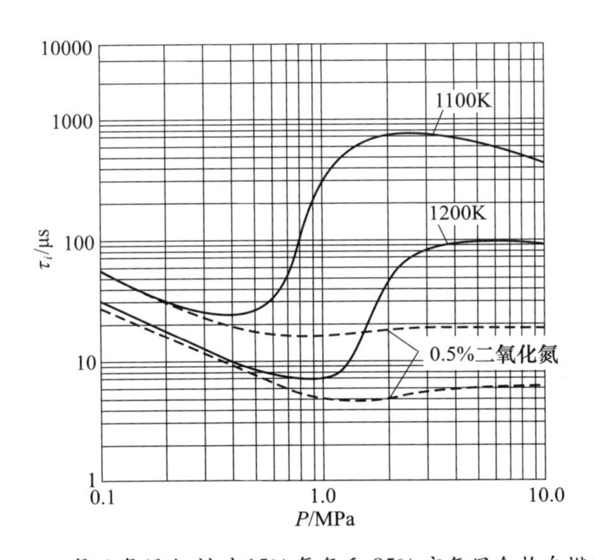

图 6.16　二氧化氮添加剂对 15% 氢气和 85% 空气混合物自燃的影响

6.8　碳氢燃料添加剂对含氢混合物自燃的影响

空气(氧气)中氢自燃的已知特征迫使对氢和碳氢化合物燃料中的自燃问题进行修正,根据天然气和氢混合物的要求,这种自燃问题称为"氢烷"[70]。这种混合物的一个例子如图 6.18 所示。它显示了氢气 - 氧气和甲烷 - 氧气混合

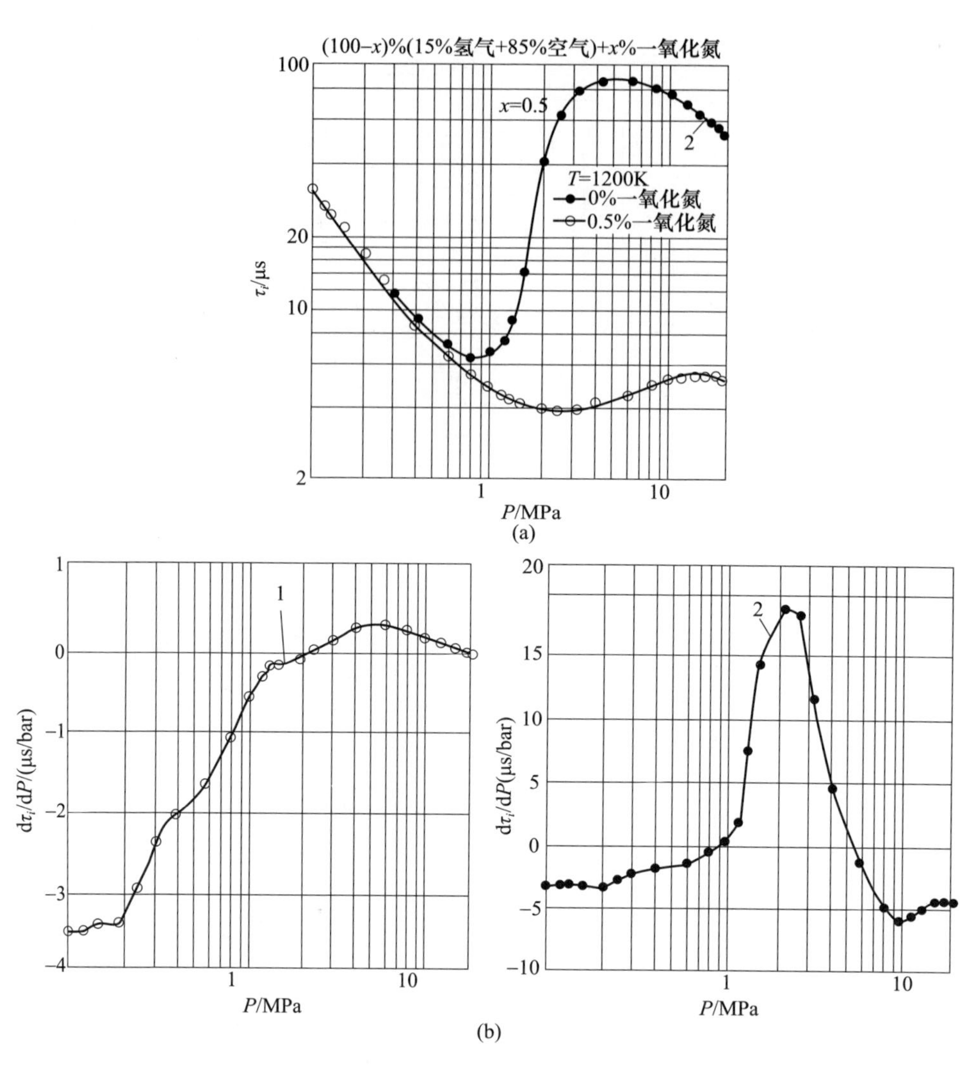

图 6.17 (a)对于含一氧化氮添加剂(1)和不含该添加剂(2)的 15% 氢气和 85% 空气混合物,自燃延迟时间与压力的关系;(b)对于含一氧化氮添加剂(1)和不含该添加剂(2)的 15% 氢气和 85% 空气混合物,自燃延迟时间压力指数与压力的关系

物的自燃延迟。已经发现,氢和甲烷等不同燃料的延迟时间值有随压力增长的趋势[71]。

在 2 ~ 3MPa 的压力下,预测相应的依赖性相互交叉。氢和甲烷延迟时间之间的已知比较是基于在 0.1MPa 压力下获得的数据,在该压力下,氢点火发生得更快[26]。

文献[26]中关于甲烷、氢气和氧气自燃的数据没有如图 6.18 所示的情况。

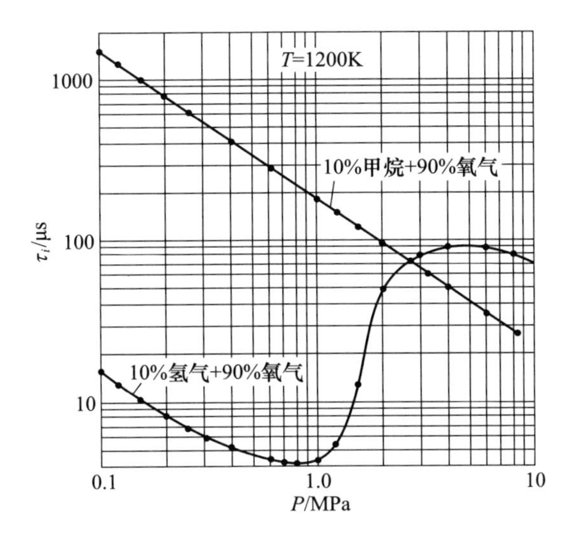

图 6.18　不同初始压力下氢气和甲烷的含氧混合物自燃延迟时间的比较

因此,可以认为尚未研究在实际条件下的类氢烷混合物的自燃特性。文献[26]中的经验依赖关系不适用于现实生活中的情况[57,72]。

将氢的自燃延迟与重烃的相应数据进行比较时,可以得出类似的结论。图 6.19显示了氢气和空气混合物与气态庚烷和空气混合物之间延迟时间的比较。在此示例中,保留了氢气和甲烷的延迟时间在 $P > 2\text{MPa}$ 时趋于接近的趋势。这一事实证明了氢添加剂控制烃类自燃的不确定性,文献[2]中的一些实测数据部分证明了这一事实。

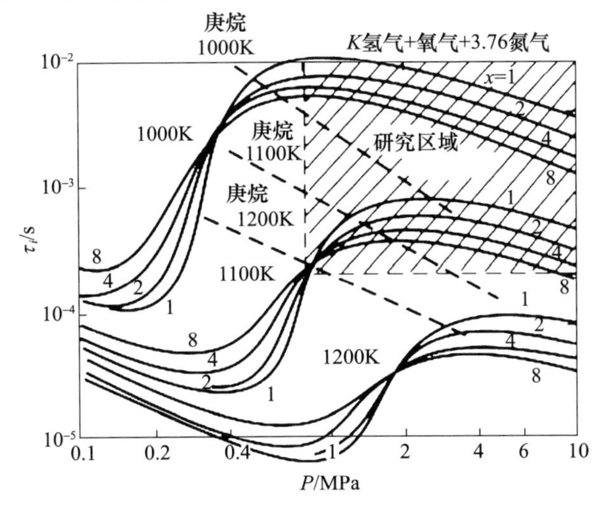

图 6.19　氢气/庚烷和空气混合物的自燃延迟时间与温度和压力的关系

图 6.19 中的曲线拓宽了图 6.5 和图 6.6 中的氢气和空气混合物自燃特性的信息。可以看出，在某些压力值下（$T=1000K$，$P\approx0.4MPa$；$T=1100K$，$P\approx1MPa$；$T=1200K$，$P\approx2MPa$），氢对延迟时间的影响会发生变化。

6.9 非均相含氢可燃混合物的自燃

氢添加剂对液态煤油在氧气中雾化的微弱影响已通过直接测量得到证实[73]。图 6.20 总结了这些测量的数据。数值带 1、2、3 表示在不同压力水平下冲击压缩氧气中雾化推进剂 RG 自燃。曲线 4 表示喷雾 $C_{10}H_{22}$ 自燃。在 7.5% 氢气 +92.5% 氧气和 15% 氢气 +85% 氧气混合气体的实验中得到了曲线 5、6 和带 7。曲线 8、9 分别为 7.5% 氢气 +92.5% 氧气混合物在 1MPa 和 4MPa 压力下的计算数据。

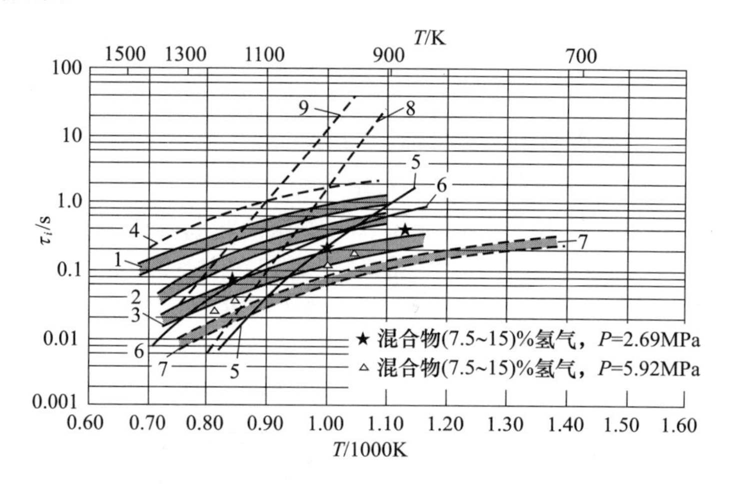

图 6.20 氢、雾化煤油和氧气混合物的自燃延迟时间

1—RG，$P=1.0\sim1.5MPa$；2—RG，$P=4.0\sim5.0MPa$；3—RG，$P=6.5\sim8.0MPa$；4—$C_{10}H_{22}$，$P=0.4\sim0.6MPa$；5—7.5% H_2，$P=1.0MPa$；6—7.5% H_2，$P=4.0MPa$；7—15% H_2，$P=3.0\sim4.0MPa$；8—7.5% H_2，$P=1.0MPa$（计算得出）；9—7.5% H_2，$P=4.0MPa$（计算得出）。

氢添加剂对在氧气中雾化的液态煤油的弱作用已通过直接测量得到证实[73]。这些测量的数据汇总在图 6.20 中。数值带 1、2、3 表示在各种压力水平下在冲击压缩氧气中的雾化推进剂 RG 自燃。曲线 4 表示喷雾 $C_{10}H_{22}$ 自燃。在 7.5% 氢气、92.5% 氧气和 15% 氢气、85% 氧气的混合气体实验中得到了曲线 5、6 以及谱带 7。曲线 8、9 分别为 7.5% 氢气和 92.5% 氧气的混合物在 1MPa 和 4MPa 压力下的计算数据。

混合混合物(氢、雾化煤油以及氧气)的实验没有显示其他特征,证明了气态氢添加物对液体燃料自燃延迟时间的影响不明显。

6.10 非平坦表面附近均匀混合气着火燃烧的热气动力学现象

通常在可燃混合物压力和温度的空间均匀条件下进行燃烧、燃烧-爆轰过渡和爆轰过程的基础研究。这样的研究有助于发现主要的爆炸特性,研究可燃混合物的化学动力学特性,并在未观察到局部预压和燃料加热的区域时预测燃烧的发展。

然而,基础研究数据由于刻意保持压力和温度均匀性而在一定程度上不同于其实际应用,如在描述自然条件下释放的热能时。特别是在内燃机的流动结构中,通过选择燃烧室的形状可以确保燃料的最有效点火和燃烧。

在冲压发动机的燃烧室中,可燃气体或两相混合物的气流通常会因尾随和反射的稀疏波而变得复杂,从而产生温度和压力的复杂时空分布。

在具有多维温度/压力分布的体积中,化学气体动力学现象的描述可以借助多维模拟器进行。在中性气体混合物及其可燃模拟物中,都需要使用简单的示例进行测试验证,该示例允许在比较的初始条件下详细测量主要参数。

根据研究可燃/不可燃混合物的气体动力学的一般经验,似乎很方便进行冲击波的研究,重点是研究它们与凹形反射面的相互作用。到目前为止,已经收集了足够的实验理论数据库,以描述在非可燃气体中与二维和三维凹面反射器的冲击波相互作用。

从这里开始,在恒定压力和温度下具有有限时间的冲击压缩气体的压力扰动称为冲击波。前端后面压力和温度持续变化的扰动称为爆炸波。二维反射器的示例是角形(楔形)、圆柱形和抛物线形空间。三维反射器是呈轴对称体形状的表面:球体、椭圆体、抛物面或圆锥体。还应提及棱锥形状或多边棱柱的结构。

图6.21示意性地显示了某些类型的反射器的形状以及冲击波(a)、爆炸波(b)与压缩波4和火焰前缘5(c)中的压力 P 在时间 t 上的变化。

有证据[74-77]表明,压力扰动背后的气体动力学过程会渗透到弯曲的管道中或从非平面的端部元素反射出来,从而影响爆炸现象。对于这些观察,已经使用了一些高反应性化学计量的混合物(它们化学反应的特征时间和反应区域比气体动力学过程短得多)。它减少了可能的相互作用区域的完整模式,并且不允许确定非均匀压力-时间场对燃烧/爆震过渡状态动力学的影响。

在可燃混合物中,未观察到冲击波聚焦在各种几何形状的末端反射器上的

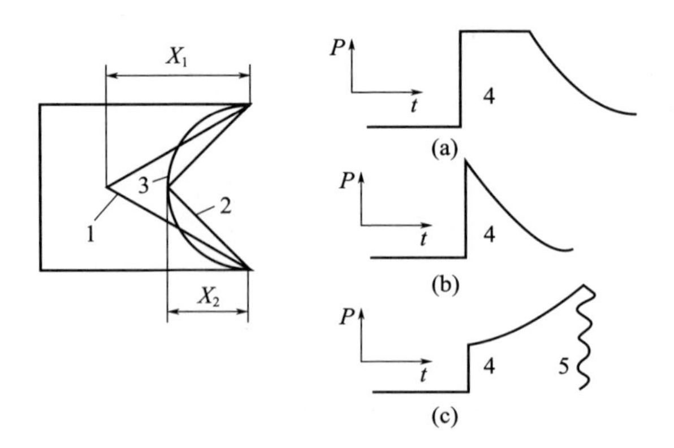

图 6.21　反射器的主要类型和与它们相互作用的压力扰动的典型压力-时间曲线

(a)冲击波；(b)爆炸波；(c)压缩波和燃烧前沿复合体。

1—楔形锥；2—楔形；3—圆柱体、球体；4—压缩波；5—燃烧前沿。

爆炸现象增强方面的差异。对于相同形状的反射器，当冲击波遇到二维或三维结构时，伴随气体燃烧的过渡现象的主要类型没有被划分为包含温度/压力上升随时间变化区域的体积。

光学观察方法允许指定爆炸伴随的物理化学过程的模式。在许多情况下，可能会发生错误，因为校正了通过其他测量方法（光谱、热、压力等）获得的不完整数据。在这方面，当气体燃料或雾化燃料在气体氧化剂（通常是空气或氧气）流动中自燃时，将物理化学过程对外部气体动力学现象的影响可视化是有用的。

自燃延迟时间 τ_i 从一部分不均匀或均质可燃混合物进入升温区域的时刻开始。它决定了燃烧室（柴油发动机、液体推进剂发动机、冲压发动机、脉冲爆震装置）中的动力学。自燃特性会影响不同设备的性能。自燃延迟时间与环境参数（压力 P、温度 T、浓度 C）之间的关系表明存在爆燃-爆轰过渡（DDT）的危险：

$$\tau_i = \tau_i(P, T, C) \tag{6-6}$$

这是大量关于自燃特性的理论和实验估计的出版物。对于具有近似相同初始条件（主要是压力和温度）的系统，已发布的实验数据差异很大。

对观测和测量方法的详细研究[23,78-80]显示，使用压力-时间、浓度-时间、脉冲时间图进行 $\tau_i = \tau_i(P, T)$ 测量的标准方法可能导致潜在的错误。

当控制参数的时间增长对应于平滑变化的信号时，错误的可能性会增加，并且测量日期的不准确性会变得明显。这是使用稀释的可燃混合物进行实验的典型问题。因此，为了平稳地增加 $P = P(t)$ 比[23,80]，很难确定爆炸产生的位置。当 $I = I(t)$ 逐渐变化[81-82]时，漫射光信号的影响不清楚，并且存在与光学传感器拍摄视角有关的问题。

在复杂的几何系统中,自燃测量还伴随着其他方法上的困难。在异形燃烧室(曲线壁、非平面火底、壁穿孔或混合气组分供应的特殊装置[7,76])中,需要对爆炸产生中心的空间位置进行全面控制。

在上述情况下,对与爆炸过程严格同步的、对反应介质的气体动力供热的目标光学监控至关重要。爆炸物前表面(压力冲击)或接触面(温度和密度的非冲击性不连续)的空间位置和位移引起人们极大的兴趣[83]。

因此,可以观察热释放前沿(燃烧、爆燃、爆震)的空间方向和位移及其相互转换(爆燃/爆震转变、爆震猝灭)。重要的是,要找到问题的答案:什么光学记录系统和以什么方式与已知的测量方法相结合,适用于解决指定的问题?

所有的爆炸、燃烧和爆轰现象都是瞬态的,伴随着声波、冲击波和爆炸波的产生和运动。因此,对于成像冲击波阵面,帧曝光时间不应超过 10^{-5}s。为了描述波动和接触间断位移,帧数应接近 10。

爆炸产物的发光会引起其他困难。对于大多数碳氢化合物混合物,燃烧产物的半透明需要强大的脉冲光源。

在已知的高速照片记录系统中,以下系统满足速度和开关时间比率的要求。

(1) Kranz - Shardin 相机,具有 12 ~24 帧[80,84]的火花照明和 10^{-6} 帧曝光时间。

(2) 高速鼓轮相机[49,85],激光脉冲光源,曝光时间少于 10^{-6} 帧,最多 100 帧。

在所研究的可燃系统中,氢气、空气和氢气、氧气混合物的爆炸产物具有最高透明度。

此外,在选择可视化方法时,还应考虑通过记录一些外部爆炸现象(如压力波)实现额外同步的可能性[80,86]。光学记录和压力测量的类似组合更适用于未稀释的可燃混合物,在这种情况下,燃烧压力的上升远远超过了寄生噪声的干扰水平。在这种情况下,来自压力传感器的数据对于光学设备[81,87]的同步很有用。

6.11 自燃过程的实验研究

可以考虑一些典型的例子,这些例子可以提供自燃过程的信息[85]。首先,通过可视化和记录压力扰动的方法可靠地区分了可燃混合物自燃的 3 个主要状态。通过对简单几何结构燃烧室中氢气和氧气[23]、氢气和空气[78,80,84,86]的爆炸过程的摄影发现了这些状态。

在文献[87]中使用 Kranz – Shardin 相机获得的一系列照片(图 6.7),如文献[82,86]中的典型图表所示,验证了以下内容。

(1) 温和的自燃状态。

(2) 强烈的自燃状态。

(3) 过渡的自燃状态。

早在文献[74,82]中,没有使用高速摄影方法只清楚地记录了很强的自燃状态参数。压力传感器可以确定爆炸过程的方向和起爆位置(激波管末端)。

温和的自燃状态[23]不允许 $P = P(t)$ 与化学反应起始时间和位置的明确相关性。因此,发现的 $\tau_i = \tau_i(P, T)$ 的相关性在自燃延迟时间增加的区域中包含明显的误差。因此,在 $T < 1000K$ 时对 τ_i 的许多测量都是不准确的。此外,从某个轻微自燃的自燃中心开始的燃烧波传播的起始点也是不准确的。

只有冲击波背后条件的摄影图像显示了燃烧中心自燃系统中温和自燃状态的具体特征。在过渡自燃状态下,在初始燃烧中心之间的空间中远程产生二次爆炸波的可能性已通过高速摄影显示出来。过渡态的特征是燃烧室部件和其他限制表面上的最高压力负荷。通过分析 $P = P(t)$ 图和高速照片,确定了冲击波运动模式,包括与反射波传播方向相反的运动。所有数据都是在含氢混合物中获得的。在使用碳氢化合物混合物进行的实验中,由于自发光燃烧产物和烟尘颗粒(庚烷和辛烷燃烧)的影响,许多细节没有被观察到[80]。

观察非平面表面附近的气体混合物自燃现象,需要对这些现象进行直观描述。冲击波与非平面反射面的相互作用定义为冲击波聚焦。

对于二维(楔形、圆柱体等)或三维(圆锥体、球体、棱镜等)反射器[87],使用图 6.21 所示方案对不可燃气体中的冲击波聚焦进行的研究,已经表明了使用高速摄影图像以及标准 $P - t$ 图的必要性。在不使用高速摄影图像的情况下,$P = P(t)$ 的依赖性不能用来描述非平面附近自燃过程的任何状态。

图 6.22 给出了在 15% 氢气和 85% 氮气不可燃混合物中距 90°楔形顶点不同距离处获得的数据的基础上绘制的 $P - t$ 图。可以看出,即使在超过 30mm 的距离处,也难以区分聚焦元件。

当比较可燃和不可燃介质的示功图,并保留所有初始气体动力学值(图 6.23)时,就会揭示爆炸过程。15% 氢气和 85% 氮气系统气体动力学模拟的是 15% 氢气和 85% 空气可燃混合物。

总结的观察经验[23,76,78–79,85]表明,发生自燃过程的空间几何结构的任何变化都会影响爆炸过程的动力学。

因此,壁穿孔[7,79]导致附着的点火中心的形成,并定性地改变了 $\tau_i = \tau_i(T)$ 依赖性的特征。在研究具有聚焦和穿孔元件的管道中的自燃现象时,由于依赖

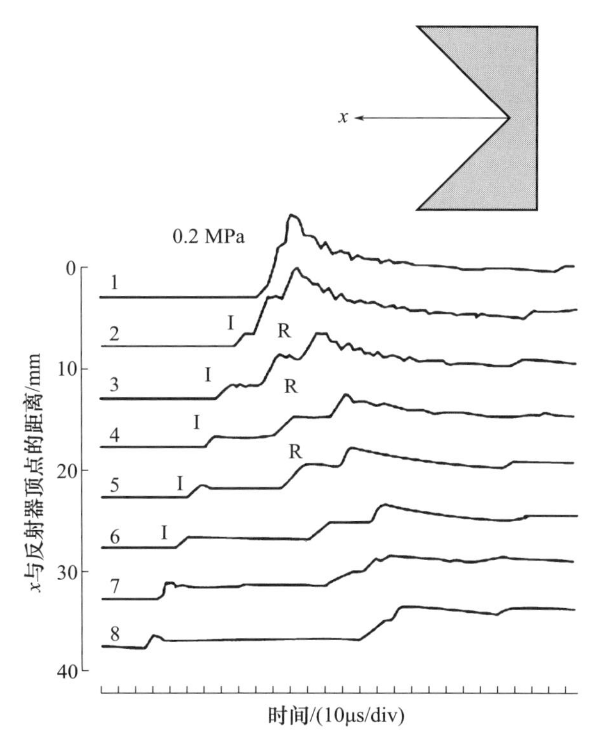

图 6.22　马赫数 $Ma = 1.8$ 的入射冲击波后的压力随时间的变化,以及在距反射器顶点不同距离处(楔角 90°)的空气中反射的冲击波

I —入射冲击波的前面; R—反射冲击波前。

于反射波背后的气体温度是未知的,因此不适用像 $\tau = \tau(T)$ 这样的标准依赖性。自燃延迟时间对入射冲击波 $\tau_i = \tau_i(Ma)$ 的马赫数的依赖性是唯一可以使用的。这种依赖性不是一般性的,而是显示了所选观察方法的部分特征。

由压力波聚焦[82,84,88]产生的爆炸过程的摄影图像已证明在简单的几何管道中具有上述 3 种自燃状态[80,86]。图 6.23 ~ 图 6.25 给出的摄影照片说明了所描述现象的主要细节。强烈的自燃状态[49,85]总是在聚焦元件的焦点,即燃烧混合物的最热点产生。温和的自燃点[49,85]的位置也转移到了最热的地方。

过渡自燃状态[49,85-86]位于聚焦元件附近,靠近接触不连续反射波的相互作用区域。从二次爆炸到聚焦元件顶点的距离取决于混合物成分和入射冲击波强度。如前所述,由于二次爆炸波的反射,过渡过程(图 6.24)的特征是结构壁上的载荷最大。

在聚焦冲击波和爆炸波的情况下,温和自燃状态[85]的特征是缺乏初始自燃。温和自燃状态发展成具有奇异曲面的燃烧中心。

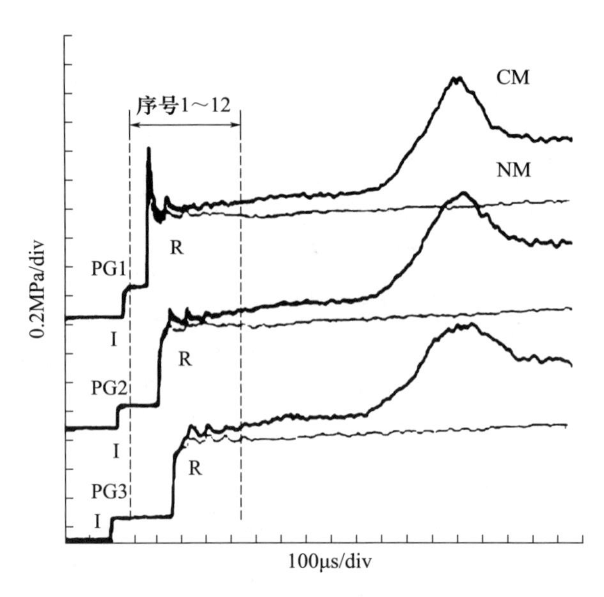

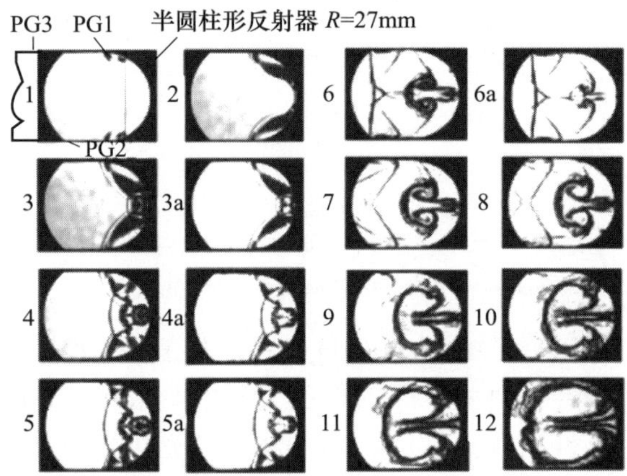

图 6.23　轻度自燃状态的照片和相应的指示图，冲击波（$Ma=2.34$）聚焦在半径为 27mm 的半圆柱形反射器附近，并在 15% 氢气和 85% 空气可燃混合物（CM）中帧 1～12 和（CM）曲线—可燃混合物；帧 3a～6a 和曲线—15% 氢气和 85% 氮气（NM）。
帧之间的时间间隔：1、2、3、4—20μs；4、5—10μs；5、6—60μs；
6、7—30μs；7、8—20μs；8、9、10、11—60μs；11、12—130μs；
PG1、PG2、PG3—压力传感器；I—入射冲击波前沿；R—反射冲击波前。

研究在二维或三维反射器附近聚焦的冲击波或爆炸波引起的自燃的实验，有助于确定在较高初始温度和压力下激发圆柱形（二维）或球形爆炸的临界条件[32,89-90]。位于成形反射器顶点附近的高温/压力区，在与入射冲击波后的温度和压力相同的可燃混合物中充当爆炸起爆器[81,87]。

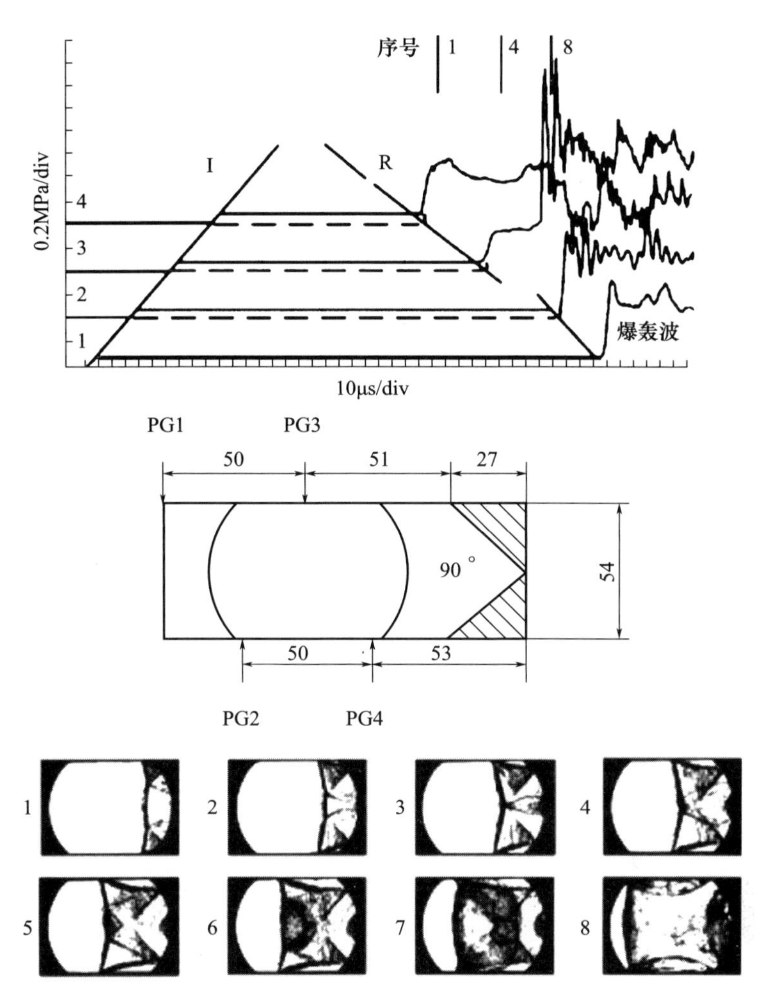

图 6.24 在 15% 氢气和 85% 空气可燃混合物中,聚焦在具有 90° 楔角的楔形反射器附近的 $Ma=2.42$ 冲击波的过渡自燃状态照片和相应的示功图

(帧之间的时间间隔为 10μs)

PG1 ~ PG4—压力传感器; I、R—见图 6.23。

气体混合物自燃摄影的上述情况可以应用于非均质混合物,如液体燃料喷雾和气体氧化剂[76,79]。文献[84]给出了通过碳氢化合物燃料喷雾和空气点火过程摄影获得的结果,该过程包括雾化、蒸发、混合和化学反应阶段。

使用液滴系统和喷射器的经验不允许区分各个阶段。但是,在实验中,Kranz - Shardin 相机可以直观地感知在空间中固定位置的单个水滴的爆炸状态,这些有助于描述中间阶段的链条[84]。

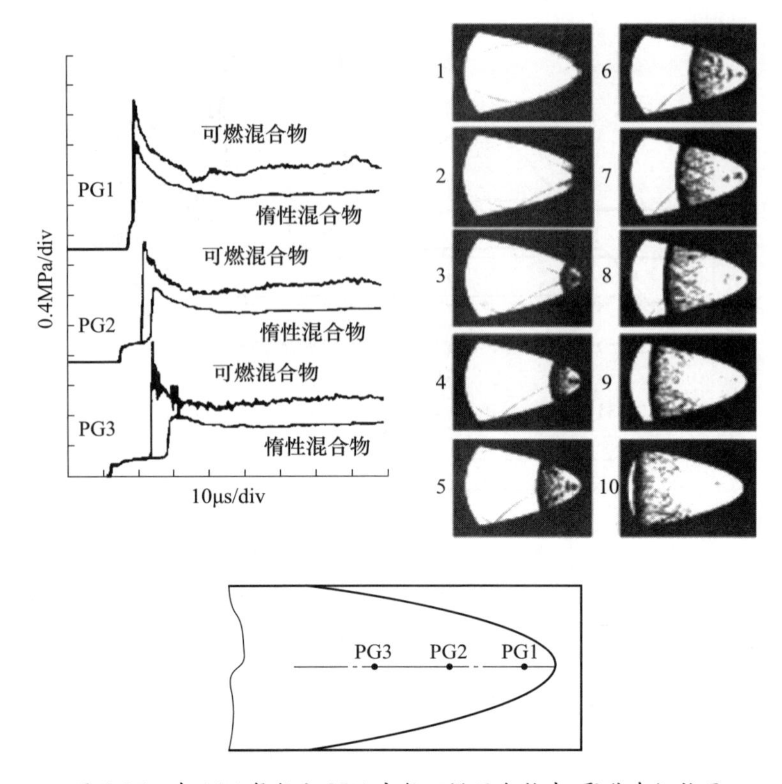

图 6.25 在 15% 氢气和 85% 空气可燃混合物中,聚焦在抛物面反射器附近的 $Ma=2.47$ 冲击波的强自燃状态照片和相应的示功图(帧之间的时间间隔为 7μs)

PG1 ~ PG3—压力传感器; I、R—见图 6.23。

6.12 可燃混合物中激波聚焦的数值模拟

所研究问题的气体动力学由二维非定常欧拉方程组描述[87-88]。采用Lax-Wendroff 格式求解,并结合激波捕捉的流量修正算法。化学反应的详细解决方案使用 CHEMKIN-Ⅱ,并包含在计算中。溶液域由半个矩形管组成,分成400×200 个单元。x 和 y 方向的空间分辨率是均匀的,均为 0.3mm。

图 6.26 给出了当冲击波聚焦在抛物面反射器上时,在 15% 氢气和 85% 空气的混合物中起爆时流场的两个典型示例。为了提高反射器边界附近的分辨率,对单元尺寸进行了双重细化。左侧边界条件采用了与入射激波相对应的恒定马赫数的流入。反射器形状由标准抛物线方程 $y^2=2kx$ 规定,焦点特性为 $k=$

0.45cm（“深”抛物线）和 $k=1.35$cm（“短”抛物线）。k 的值对应于[85-86]中的两种反射器类型。

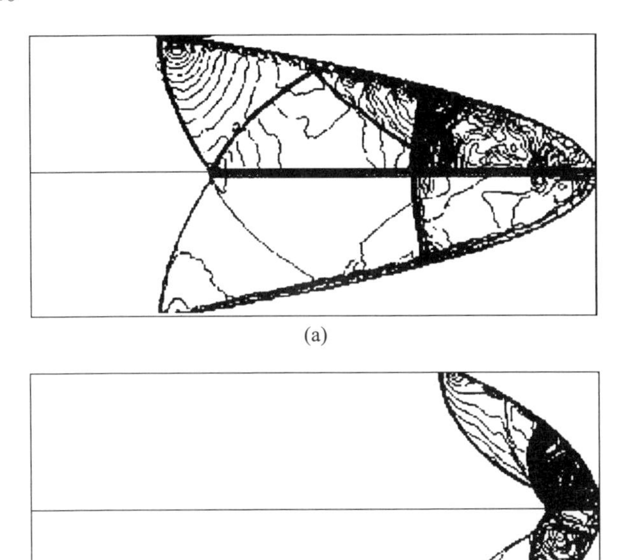

(a)

(b)

图 6.26　在 15% 氢气和 85% 空气混合物中的爆炸起爆计算，冲击波（$Ma=2.4$）由“深”（a）和“短”（b）抛物面反射器聚焦

（a）压力场；（b）温度场。

在图 6.26（a）中，$k=0.45$cm，冲击波从壁反射并在三点碰撞之前相交。在图 6.26（b）中，$k=1.45$cm，当未观察到二次压力冲击时会发生聚焦。

对于深抛物面反射镜，在三重马赫结构的碰撞点处，在其气体动力学焦点附近记录到自燃。在这种情况下，爆震将反射镜顶点留在扩散管中。较早产生的反射波系统对爆炸速度影响很小。

在短抛物面反射器的情况下，混合物在马赫杆后面的侧壁上点燃，这对应于图 6.26（b）的三重结构。此外，随着爆震波聚焦，过程继续进行。随着初始波强度的减小，爆炸位置移至抛物线焦点。

反射器附近发生了相当复杂的流动，没有直接起爆。初始反射波和燃烧波阵面在系统中独立存在，如图 6.27 所示。在某个时刻，自燃停止，燃烧由小尺度湍流和扩散控制。由于爆燃－爆震转变发生，原则上不能排除，但是尚未对此现象进行讨论。

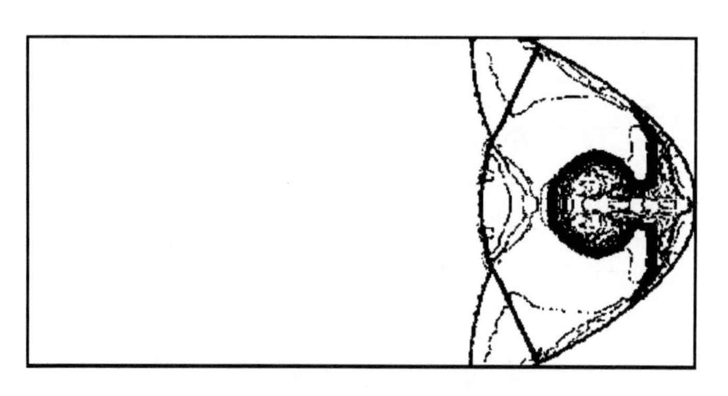

图 6.27　短抛物面反射器在冲击波焦点处，15% 氢气和 85% 空气混合物中的燃烧起始，马赫数 $Ma=2.25$

6.13　自燃过程调查数据的实际应用

冲击波聚焦下爆炸产生的临界条件图（图 6.28）可以认为是研究的实际结果。

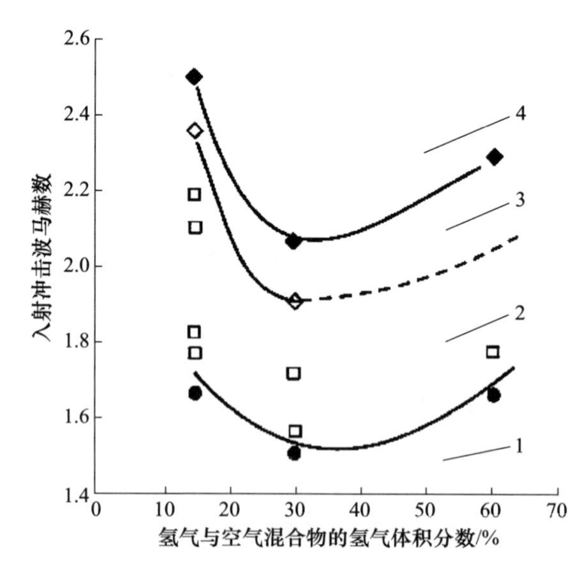

图 6.28　冲击波聚焦产生的不同区域自燃的临界条件
1—不着火；2—轻度自燃区域；3—过渡自燃区域；4—强自燃区域。

该图以 90°角反射器的混合物组成 - 激波马赫数为坐标绘制。在参数区域 1 中未看到混合物的自燃。在区域 2 中，当快速燃烧前沿在反射器内部形成时，记录到温和的自燃状态。区域 3 的特征是过渡自燃状态，当在反射器外部产生爆炸，并且压力波在所有方向（包括与初始扰动前向相反的方向）上延伸时。区域 4 显示了在反射波后面的强自燃状态，在聚焦元件顶点产生了爆震。

在没有反射器的空间中，能够触发自燃的冲击波的最小马赫数为 $Ma \approx 2$。非平面表面会显著扩大自燃区域，并增加易燃混合物的爆炸危险。文献[91 - 92]证明了聚焦元件对爆炸载荷值的负面影响。图 6.29 和图 6.30 中给出了主要结论。

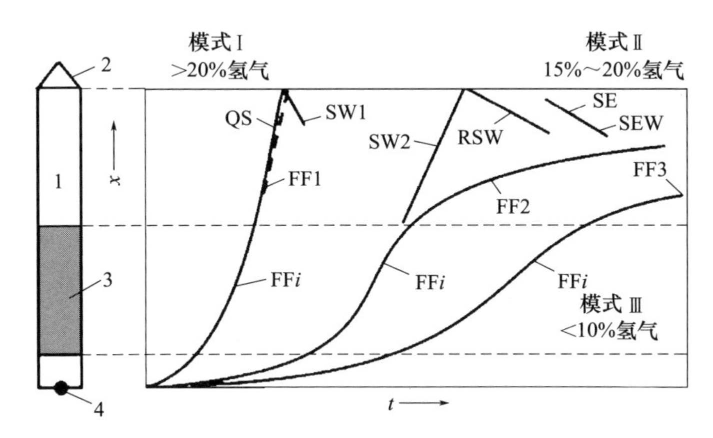

图 6.29　端部为非平面的阻塞管道中主要爆炸过程的模式和方案

1—管道；2—非平面反射镜；3—阻塞区域；4—点火器。

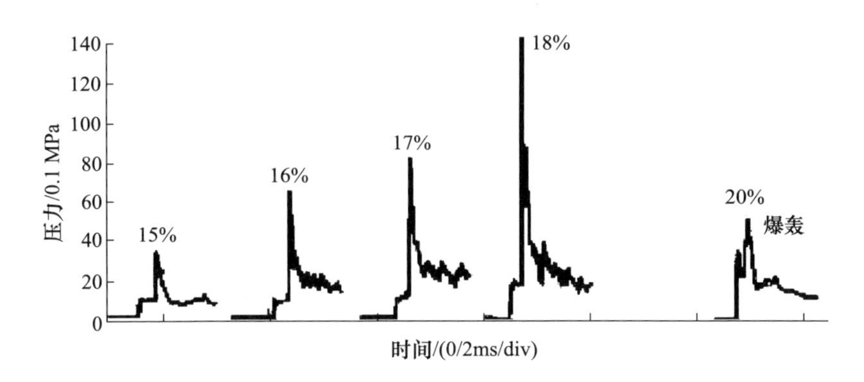

图 6.30　各种氢气和空气混合物管道中非平面端反射器的典型爆炸载荷

对于带有可燃混合物 1、锥形端反射器 2（图 6.29）和阻塞区域 3 的管道，为火焰加速创造条件，可以预计爆炸发展的 3 种情况（图 6.30）。在第一种情况下，当空气中氢气浓度超过 20% 时，点火器 4 会在区域 3 中触发自持续爆轰波 QS。锥头不会影响管道上的负载。

当空气中氢气浓度小于 11% 时，火焰 FF1 在离开区域 3 时减速，并且所发射的压力波强度到达图 6.28 中的第一参数区域(1)(区域Ⅲ，图 6.29)。同样，管道的成形端部不会影响爆炸载荷值。

然而，在空气中氢气浓度为 15% ~ 20% 时，分解复合物(SW2)冲击波和(FF2)燃烧前沿离开阻塞区域 3。SW2 强度足以使未燃烧的混合气在燃烧前沿(状态Ⅱ)之前自燃(SE)。发生这种情况时，异常高的荷载会影响结构，如图 6.30所示。

6.14 水蒸气对自燃的影响

直到最近，水蒸气对氢气和空气混合物自燃的影响，特别是在实际压力下，还没有得到充分研究。图 6.31 显示了计算和实验的参数区域[36]。文献[36]中描述的使用 1% 体积的水蒸气添加剂的实验适用于实际应用。对于因高能材料泄漏引起的核电厂严重事故，有必要分析易燃混合物燃烧和爆炸。在这种混合物中，水蒸气的含量可以达到 20% ~ 40% 。

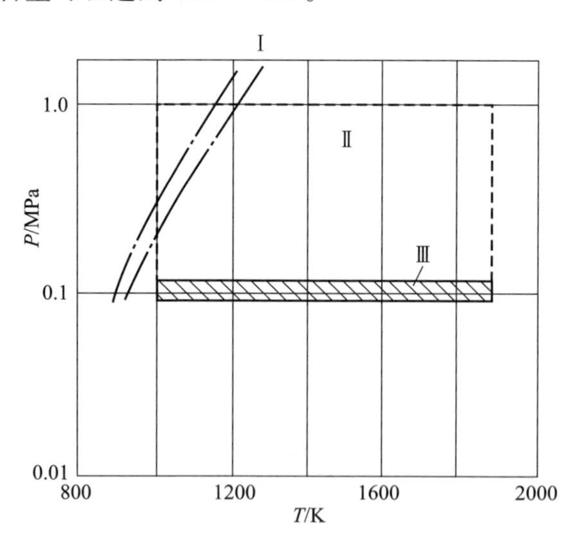

图 6.31 观察到的氢气和空气混合物与水蒸气自燃过程的参数范围

Ⅰ—极限化学反应机理的改变；Ⅱ—计算范围[36]；Ⅲ—实验范围[36]。

水蒸气对氢气和空气混合物自燃的影响已使用最新的动力学方案进行了分析，并通过图 6.32(温度为 1000 ~ 1200K)中的图表进行了说明[7]。图 6.33 显示了在几个温度水平下，与水蒸气的混合物相比，干混合物的 τ_i 自燃延迟时间的增加，也是初始压力的函数。

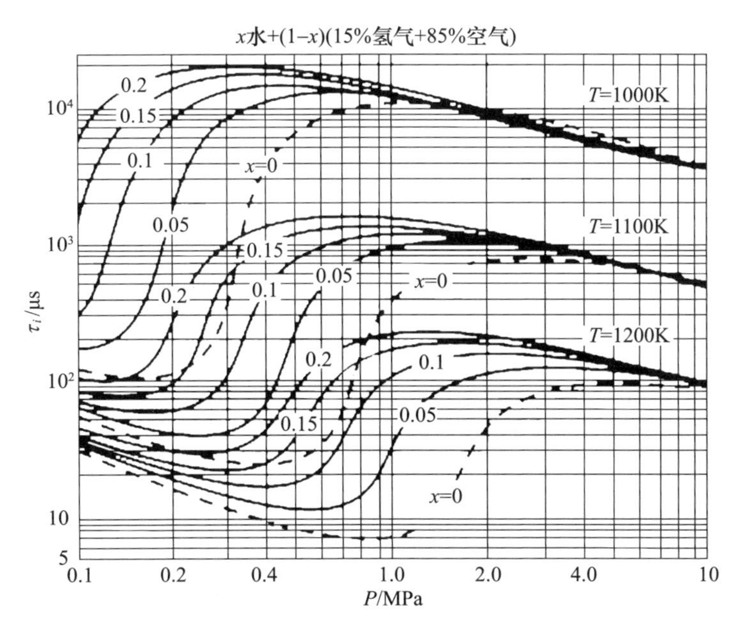

图 6.32　基于化学动力学计算的水蒸气对氢气和空气自燃的影响

图 6.33 表明,每个温度水平对应于一定的压力范围,在该压力范围内,混合物中的水蒸气含量的变化导致自燃过程受到抑制。这些压力范围处于随着压力

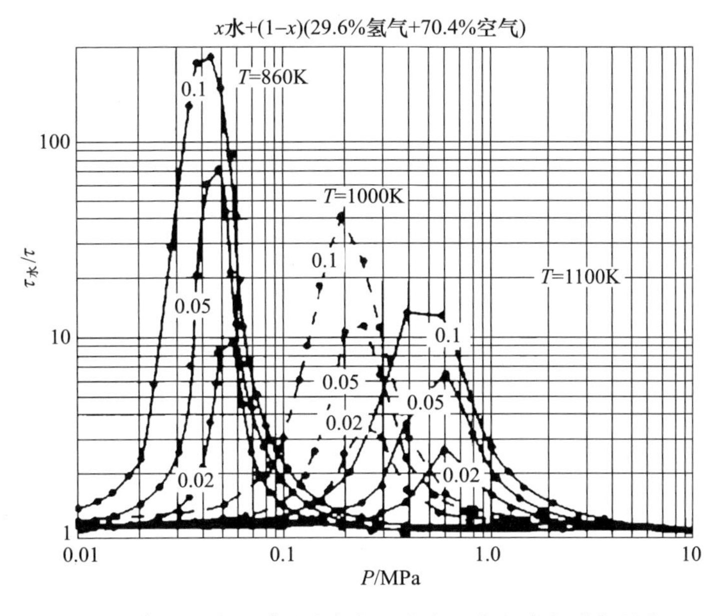

图 6.33　在用水蒸气稀释的氢气和空气混合物中相对抑制自燃

增加而自燃延迟增加的区域。在 $P<0.1\text{MPa}$ 和高压 $P>5\text{MPa}$ 时,水蒸气对自燃的影响可以忽略。目前,已经获得了氢气和空气混合物具有自燃特性的强有力的实验证据[44]。

图 6.34 说明了在 15% 氢气和 85% 空气混合物中水蒸气浓度最高为 40%(体积)时,τ_i 对温度的依赖性。

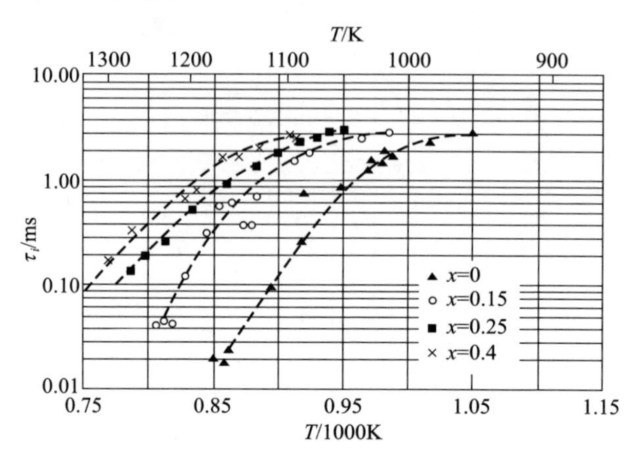

图 6.34 x 水和(1 − x)(15% 氢气和 85% 空气)混合物在 0.3 ~ 0.5MPa 压力下自燃延迟的实验数据[44]

图 6.35 中 τ_i 的温度依赖性证明了在超过 1100K 的温度下,压力对自燃延迟的影响较小。为实际评估水蒸气对 950 ~ 1100K 范围内的氢气和空气自燃的影响,建议使用文献[93]中的动力学方案。

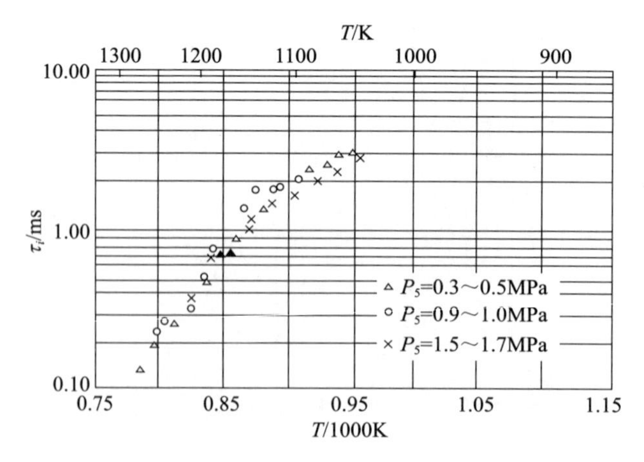

图 6.35 压力和温度对 11.25% 氢气和 63.75% 空气与 25% 水(蒸气)混合物自燃延迟的影响[44]

6.15 二氧化碳对自燃的影响

气态二氧化碳被认为是潜在的有效稀释剂,可抑制氢气和空气/氧气混合物中的爆炸过程。关于这一点,作为示例,估计了氢气、二氧化碳以及空气在实际压力和温度范围内的自燃延迟。

使用包含72个反应的化学动力学方案进行估算。对 xH_2 和 yCO_2 和 $(1-x-y)$ 空气混合物的压力为0.1~1.5MPa、温度为800~1200K进行了估算。图6.36给出了 τ_i 对温度/压力的依赖性示例。添加二氧化碳时,空气中氢气着火的所有上述指定特征都不会改变。

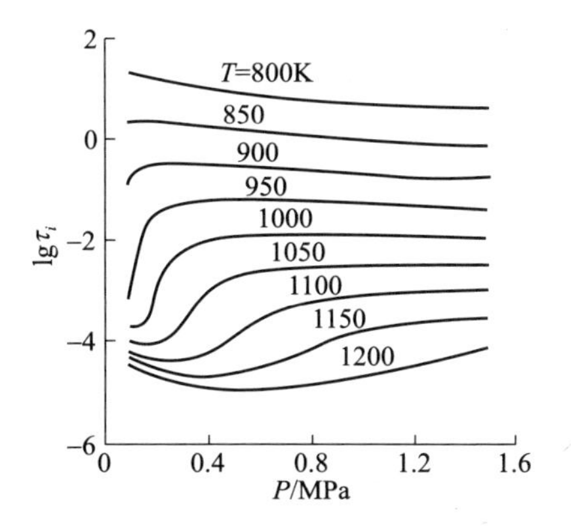

图6.36 15%氢气、20%二氧化碳和65%空气混合物的自燃延迟时间与压力的关系

应该注意的是,这些过程的某些抑制表现为延迟时间的绝对值增加。在中间温度范围内(与水蒸气相同)记录了延迟时间 τ_i 的增长最明显,如图6.37所示。

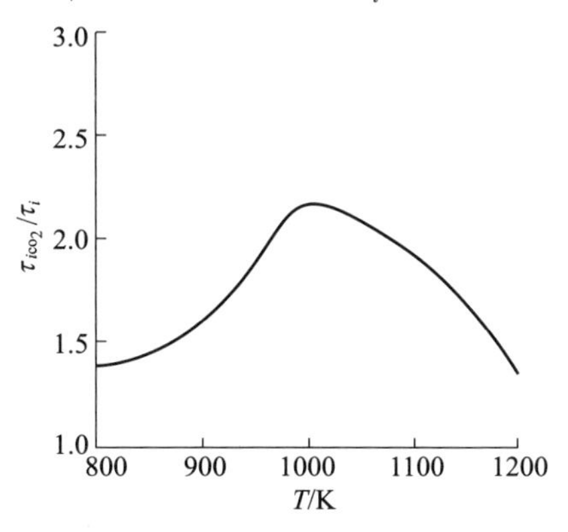

图6.37 在0.4MPa下用二氧化碳稀释的氢气和空气混合物的相对自燃延迟时间

此处的 y 坐标为 τ_{ico_2}/τ_i，其中 τ_{ico_2} 用于含二氧化碳含量的混合物。恒定温度下的可燃混合物的 τ_i 依赖关系和预期的变化，如图 6.36 和图 6.37 所示。

混合物爆炸的情况有所不同。当添加惰性气体时，导致爆震的冲击前沿的速度降低。在化学计量的氢气、空气和二氧化碳混合物中，在起爆波之后自燃延迟时间的变化如图 6.38 所示。为了帮助更好地理解，图 6.39 给出了在氢气、空气和稀释剂的冲击压缩三重混合物中，二氧化碳和氮气对温度与压力的影响。

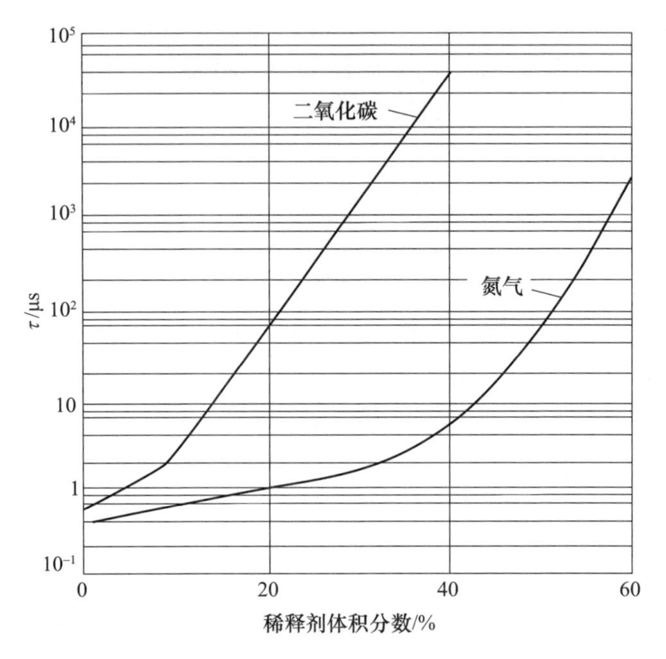

图 6.38 在 0.1MPa 初始压力和 298K 的条件下，惰性稀释剂对氢气和空气混合物中爆炸波后自燃延迟时间的影响

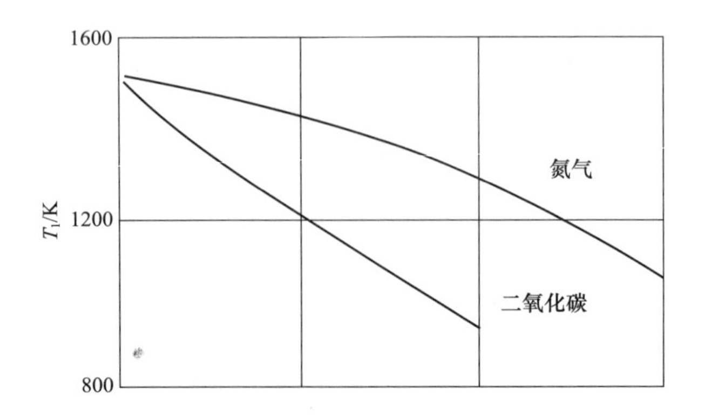

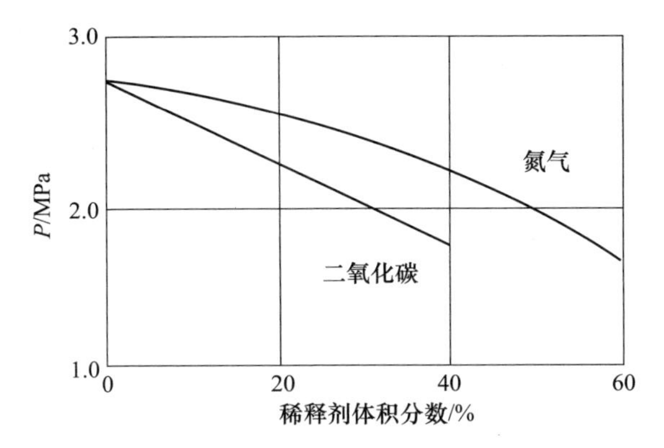

图 6.39 惰性稀释剂对冲击压缩含氢混合物压力和温度的影响

参考文献

1. S.O. Bode Shrestha, G.A. Karim, Hydrogen as an additive to methane for spark ignition engine applications. Int. J. Hydrogen Energy 24(5), 521–586 (1994)
2. R.D. Hawtorn, A.C. Nixon, Shock tube ignition delay studies of endothermic fuels. AIAA J 4(3), 513–520 (1966)
3. L. Maurice, T. Edwards, J. Griffits, Liquid hydrocarbon fuels for hypersonic propulsion, in *Scramjet Propulsion*, ed. by E.T. Curran, S.N.B. Murphy. Progress in Aeronautics and Astronautics (AIAA, New York, 1999), pp. 757–822
4. L.S. Yanovski, V.A. Sosunov, Y.M. Shikman, The application of endothermic fuels for high speed propulsion systems, in *Proceedings of the 13th symposium (international) on air-breathing engines*, vol. 1 (AIAA, New York, 1997), pp. 59–69
5. L.S. Yanovski, Endothermic fuels for hypersonic aviation, in *Proceedings of AGARD conference on fuels and combustion technology for advanced aircraft engines*, 1993. AGARD CP-536, pp. 44.1–44.8
6. D.B. Wheeler, Tripropellant engine study, Rocketdyne ASR (1977), pp. 77–240
7. W. Breitung, A. Eder, C.K. Chan, S.B. Dorofeev, B.E. Gelfand, et al., SOAR on flame acceleration and DDT in nuclear safety, OECD/NEA/CSNI/R 2000 vol. 7 (2000)
8. C.K. Westbrook, Hydrogen oxidation kinetics in gaseous detonations. Comb. Sci. Technol 29 (1–2), 67–81 (1982)
9. N.S. Astapov, A. Yu Nikolaev, V. Yu Ul'yanitskii, Detonation parameters of hydrogen-oxygen and hydrogen-air mixtures at high initial density. Combust. Explos. Shock Waves 20 (1), 89–96 (1984)
10. D.T. Harrje, F.H. Reardon (eds.), *Liquid Propellant Rocket Combustion Instability* (NASA, Washington, 1972), p. 637
11. L.N. Khitrin, *The Physics of Combustion and Explosion* (Israel Program for Scientific Translations, Washington, 1962), p. 448
12. В.М. Заманский, А.А. Борисов, Механизм и промотирование самовоспламенения перспективных топлив, Сб. Итоги науки и техники. Кинетика. Катализ. ВИНИТИ АН СССР. 1989. Т. 19. 155 с. (Zamanskii V.M., Borisov A.A., Mechanism and promotion of self-ignition for prospective fuels, Sb. Itogi Nauki i Tehniki. Kinetika. Kataliz. VINITI AN SSSR, vol. 19 (1989), 155 p.)

13. F.E. Belles, J.H. Ehlers, Shock wave ignition of $H_2 + O_2$ + diluent mixtures near detonation limits. ARS J 32(2), 215–220 (1962)
14. Воеводский В.В., Солоухин Р.И. О механизме и пределах цепного самовоспламенения водорода с кислородом за ударными волнами. Докл. АН СССР. 1964. Т. 154, № 6. С. 1425–1428 (V.V. Voevodsky, R.I. Soloukhin, On mechanism and limits of a chain self ignition of a hydrogen – oxygen mixture behind the shock waves. Doklady AN SSSR154(6), 1425–1428 (1964))
15. H. Miyama, F. Takeyma, Kinetics of $H_2 + O_2$ reaction in shock waves. J. Chem. Phys 41(8), 2287–2290 (1964)
16. G.L. Shott, J.L. Kinsey, Induction times in the hydrogen-oxygen reaction. J. Chem. Phys. 29 (5), 1177–1182 (1958)
17. F.W. Ruegg, W.W. Dorsey, A missile technique for study of detonation waves. J. Res. Nat. Bur. Standards 66(1), 51–58 (1962)
18. E. Oran, J. Boris, Weak and strong ignition. Sensitivity of the hydrogen-oxygen system. Combust. Flame 48(1), 149–161 (1982)
19. W. Tsang, R.J. Hampson, Chemical Kinetic Data Base for Combustion Chemistry. Part I. Methane and Related Compounds Chem. Phys. Ref. Data 15(3), 1087–1279 (1986)
20. W.G. Gardiner Jr. (ed.), *Combustion Chemistry* (Springer, New York, 1984), p. 509
21. K. Hasegawa, T. Asaba, Study of the ignition reaction in a mixture of oxygen with hydrogen at relatively high pressures and low temperatures in a shock tube. Combust. Explos. Shock Waves 8(3), 317–324 (1972)
22. S. Fujimoto, Chemical reaction in shock waves. The ignition delay of $H_2 + O_2$ mixtures in a shock tube. Bull. Chem. Soc. Jap. 36(10), 1233–1236 (1963)
23. Зайцев С.Г., Солоухин Р.И. О воспламенении адиабатически нагретой газовой смеси//Докл. АН СССР. 1958. Т. 112, № 6. С. 1039–1041 (S.G. Zaytsev , R.I. Soloukhin, On ignition of an adiabatically heated gas mixture. Doklady AN SSSR 112(6), 1039–1041 (1958))
24. S.G. Zaytsev, R.I. Soloukhin, Study of combustion of an adiabatically heated gas mixture. Proc. Combust. Inst. 8, 344–347 (1962)
25. V.V. Voevodsky, R.I. Soloukhin, On the mechanisms and explosion limits of hydrogen-oxygen chain self ignition in shock waves. Proc. Combust. Inst. 10, 279–283 (1965)
26. R.K. Cheng, A.K. Oppenheim, Autoignition of methane–hydrogen mixtures. Combust. Flame 58(2), 125–139 (1984)
27. D.L. Baulch, D.D. Drysdale, D.G. Horne, A.C. Lloyd, *Evaluated Kinetic Date for High Temperature Reactions* (Leeds University, 1972), 433 p. Leeds, UK
28. D.R. White, G.E. Moore, Structure of gaseous detonation. Induction zone studies in $H_2 + O_2$ and $CO + O_2$ mixtures. Proc. Combust. Inst. 10, 785–795 (1965)
29. M. Steinberg, W.E. Kaskan, The ignition of combustible mixtures by shock waves. Proc. Combust. Inst. 5, 664–672 (1955)
30. R.A. Strehlow, A. Cohen, Initiation of detonation. Phys. Fluids 5(1), 97–101 (1962)
31. R.A. Strehlow, R. Maurer, T. Rajan, Transverse waves in detonation spacing in the $H_2 + O_2$ systems. AIAA J 7(2), 323–328 (1969)
32. R.B. Gilbert, R.A. Strehlow, Theory of detonation initiation behind reflected shock waves. AIAA J 4(10), 1777–1783 (1966)
33. R.W. Patch, Prediction of composition limits for detonation of H_2-O_2-diluent mixtures. ARS J 31(1), 46–51 (1961)
34. B.P. Mullins, Ignition delay times measurements on gas turbine fuels, NATO AGARD AG5/P2. (1952)
35. B.P. Mullins, Studies of spontaneous ignition of fuels injected into a hot gas stream. Fuel. 32 Parts III, IV, 327–362 (1953)
36. V.I. Golovichev, V.I. Dimitrov, R.I. Soloukhin, Numerical analysis of kinetic models of hydrogen ignition. Combust. Explos. Shock Waves 9(1), 79–83 (1973)
37. J.B. Skinner, J.M. Ringrose, Ignition delays of $H_2 + O_2$ + Ar mixtures at relatively low temperatures. J. Chem. Phys. 42(6), 2190–2194 (1965)

38. T. Asaba, W.C. Gardiner, R.F. Stubbeman, Shock tube study of hydrogen-oxygen reaction. Proc. Combust. Inst. 10, 292–302 (1965)
39. G. Mullaney, P. Ku, W. Boch, Determination of induction times in one-dimensional detonations. AIAA J 3, 873–879 (1965)
40. Гостинцев Ю.А., Гамера Ю.В., Петухов В.А., Фортов В.Е. Адаптация системы кинетических уравнений для расчета газодинамики реагирующей водородо-кислородной смеси//Химическая физика. 1988. Т. 18, № 5. С. 67–72 (Yu.A. Gostintsev, Yu.V. Gamera, V.A. Petukhov, V.E. Fortov, Adaptation of kinetic equations set for the calculation of reactive hydrogen – oxygen mixture gasdynamics. Himicheskaya Fizika.18(5), 67–72 (1988))
41. J.E. Dove, T.D. Tribbeck, Computational study of the kinetics of the hydrogen-oxygen reaction behind steady-state shock waves. Astron. Acta. 15(5/6), 387–397 (1970)
42. F.E. Belles, Detonability and chemical kinetics. Prediction of limits of detonability of hydrogen. Proc. Combust. Inst. 7, 745–751 (1959)
43. U. Maas, J. Warnatz, Ignition processes in $H_2 + O_2$ mixtures. Combust. Flame 74(1), 53–69 (1988)
44. B.L. Wang, H. Olivier, H. Grönig, Ignition of shock heated H_2 + Air + Steam mixtures. Combust. Flame 133(1/2), 93–106 (2003)
45. C. Viguier, L.F. Figueria Da Silva, D. Desbordes, D. Deshaies, Onset of detonation waves. Comparison between experimental and numerical results for H_2 + air mixtures. Proc. Combust. Inst. 26, 3023–3031 (1996)
46. Гельфанд Б.Е., Попов О.Е., Медведев С.П., Хомик С.В., Агафонов Г.Л., Кушарин А.Ю. Отличительные признаки самовоспламенения водородо-воздушных смесей при высоком давлении//Докл. РАН. 1993. Т. 330, № 4. С. 457–459 (B.E. Gelfand, O.E. Popov, S.P. Medvedev, S.V. Khomik, G.L. Agafonov, A.Yu. Kusharin, Specific features of hydrogen – air mixtures self ignition at high pressure. Doklady RAN. 330(4) (1993), pp. 457–459)
47. Гельфанд Б.Е.. Медведев С.П., Хомик С.В., Попов О.Е., Кушарин А.Ю., Агафонов Г.Л. Самовоспламенение смесей водород + кислород при высоком начальном давлении//Докл. РАН. 1996. Т. 349, № 4. С. 482–485 (B.E. Gelfand, S.P. Medvedev, S.V. Khomik, O.E. Popov, A.Yu. Kusharin, G.L. Agafonov, Self ignition of hydrogen + oxygen mixtures at high initial pressure. Doklady RAN 349(4), 482–485 (1996))
48. T.M. Cain, Autoignition of hydrogen at high pressure. Combust. Flame 111(1/2), 124–132 (1997)
49. B.E. Gel'fand, S.P. Medvedev, A.N. Polenov, S.V. Khomik, A.M. Bartenev, Basic self-ignition regimes and conditions for their realization in combustible gas mixtures. Combust. Explos. Shock Waves 33(2), 127–133 (1997)
50. B.E. Gelfand, A.M. Bartenev, S.V. Khomik, S.P. Medvedev, A.N. Polenov, Selfignition of hybrid (H_2 + atomized liquid hydrocarbon fuel + gaseous oxydizer) at engine relevant conditions. Proc. Combust. Inst. 26, 2573–2579 (1996)
51. G. Ciccarelli, J.L. Boccio, T. Ginsberg, C. Finfrock, L. Gerlach, K. Sato, A.M. Kinoshita, High-temperature H_2 + Air + Steam detonation experiments in the BNL small scale development apparatus. BNL-Nureg-52414. Nureg/CR-6213, 1994, 69 p.
52. A.N. Derevyago, O.G. Peniazkov, K.A. Ragotner, K.L. Sevruk, Auto-ignition of hydrogen – air mixture at elevated pressures, in *Proceedings of 26th International Symposium on Shock Waves*, ed. by K. Hannemann, F. Seiler, vol. 1 (Springer, Berlin-Heidelberg, 2009), pp.733–738
53. V.N. Strokin, V.M. Khailov, Effects of nitric oxide on ignition delay for hydrogen in air. Combust. Explos. Shock Waves 10(2), 198–201 (1974)
54. M.W. Slack, A.R. Grillo, (a) Kinetics of hydrogen-oxygen and methane-oxygen ignition sensitized by NO and NO_2, in *Proceedings of 11-th Symposium (International) on Shock Tubes*, ed. by A. Lifshitz, A. Burcat (Jerusalem University, 1978), pp. 408–415; M.W. Slack, A.R. Grillo (b) Investigation of H_2 + Air ignition sensitized by NO and NO_2, NASA CR-2896 (1977), 56 p.

55. W.R. Laster, P.E. Sojka, Autoignition of H_2 + air mixture. The effect of NOx addition. J. Propulsion. 5(4), 385–390 (1989)
56. J. Lu, A.K. Gupta, A.A. Pouring, E.L. Keating, A preliminary study of chemically enhanced autoignition in an Intal combustion engine. Paper presented at 14th ICDERS, University of Coimbra, vol. 1 (1993), pp. 10.7.1–10
57. L. Chengku, G.A. Karim, A simulation of the combustion of hydrogen in HCCI engine using a 3d model with detailed kinetics. Int. J. Hydrogen Energy 33(14), 3863–3875 (2008)
58. Диваков О.Г., Зиборов В.С., Еремин А.В., Фортов В.Е. Неравновесное самовоспламенение кислородно-водородных смесей во фронте слабой ударной волны//Докл. РАН. 2000. Т. 373, № 3. С. 487–490 (O.G. Divakov, V.S. Ziborov, A.B. Eremin, V.E. Fortov, Nonequilibrium self ignition of oxygen – hydrogen mixtures at the front of the weak shock wave. Doklady RAN 373(3), 487–490 (2000))
59. O.G. Divakov, A.V. Eremin, V.S. Ziborov, Gas diluter influence on H_2/O_2 mixture ignition in weak shock wave. CD-ROM Proceedings of 22–ISSW, paper № 3974, Southampton University, 1999
60. R. Blumenthal, K. Fieweger, K.H. Komp et al., in *Selfignition of H_2 + air mixtures at high pressure and low temperature*, ed. by B. Sturtevant, J.E. Shepherd, H. Hornung. Shock Waves, Proceedings of 20th ISSW, vol. 2 (World Scientific, 1996), pp. 935–940
61. G.A. Pang, D.E. Davidson, R.K. Hanson, Shock tube ignition delay times for H_2 + O_2 + Air mixtures at low temperature and elevated pressure. Paper 07F-12. Fall meeting of WSS of Combustion Institute, Livermore, 16–17 Oct 2007
62. F.L. Dryer, M. Chaos, Syngas combustion kinetics and applications. Comb. Sci. Tech 180, 1051–1094 (2008)
63. J. Ströhle, T. Myhrvoid, An evaluation of detailed reaction mechanisms for hydrogen combustion under gas turbine conditions. Int. J. Hydrogen Energy 32(1), 125–135 (2007)
64. Баев В.К., Бузуков А.А., Тимошенко Б.П., Шумский В.В., Ярославцев М.И., Яцких А.В. Самовоспламенение водорода при импульсном высоконапорном впрыске его в воздух//В сб. Структура газофазных пламен (под ред. В.К. Баева) ИТПМ СОАН СССР: Новосибирск. 1984. С. 179–188 (V. K. Baev, A.A. Buzukov, B.P. Timoshenko, V.V. Shumskii, M.I. Yuroslavtsev, A.V. Yutskih, Hydrogen self ignition at pulse high-pressure injection to air. V sb. Structura gazofaznyh plamen (red. Baev V.K.) (ITPM SOAN SSSR, Novosibirsk, 1984), pp. 179–188)
65. J.D. Naber, D.L. Siebers, Hydrogen combustion under diesel engine conditions. Int. J. Hydrogen Energy 23(5), 363–371 (1998)
66. F. Takeyama, S. Taki, T. Fujiwara, A. Hayashi, A. Sakurai, *Numerical analysis of ignition of H_2 spray into air*, ed. by J.R. Bowen, J-C. Leyer, R.I. Soloukhin, Progress in Astronautics. and Aeronautics. Dynamics of reactive systems. P.2: Modeling and heterogeneous combustion, vol. 105 (AIAA, Washington, DC, 1986), pp. 25–37
67. A. Sakurai, Autoignition of H_2 by shock compressed oxidizer in shock waves, in *Proceedings of 15th Symposium (International) on Shock Waves*, 1986, pp. 77–86
68. M.W. Slack, Rate coefficient for $H + O_2 + M = HO_2 + M$ evaluated from shock tube measurements of induction times. Combust. Flame 28(3), 241–249 (1977)
69. B.E. Gelfand, O.E. Popov, A. Yu. Kusharin, G.L. Agafonov, W. Breitung, High-temperature self ignition and detonation of hydrogen + air mixtures with NO_x additives, in *Proceedings of 15th ICDERS*, Colorado University, Denver, 1995, pp. 473–475
70. R. Sierens, E. Rosseel, Variable composition hydrogen/ natural gas mixtures for increased engine efficiency and decreased emissions. Trans. ASME: J. Eng. Gas Turbines Power 122(1), 135–140 (2000)
71. Гельфанд Б.Е., Попов А.Е, Чайванов Б.Б. Водород: параметры горения и взрыва. – М.: Физматлит, 2008. – 288 с. (B.E. Gelfand, O.E. Popov, B.B. Chaivanov, *Hydrogen: parameters of combustion and explosion*, Moscow, Physmatlit, 2008, 288 p.)
72. S.K. Alavandi, A.K. Agrawal, Experimental study of combustion of syngas/methane fuel mixture in porous burner. Int. J. Hydrogen Energy 33(4), 1407–1415 (2008)

73. N. Saravanan, G. Nagarajan, An experimental investigation of hydrogen-enriched air induction in diesel engine system. Int. J. Hydrogen Energy 33(6), 1769–1775 (2008)
74. Борисов А.А., Гельфанд Б.Е., Заманский В.М., Лисянский В.В., Скачков Г.И., Трошин К.Я. Воспламенение горючих газовых смесей в условиях фокусировки отраженных ударных волн//Химическая физика. 1988. Т. 7, № 10. С. 1387–1391. (A.A. Borisov, B.E. Gelfand, V.M. Zamanskii, V.V. Lisianskii, G.I. Skachkov, K. Ya. Troshin, Ignition of gaseous combustible mixtures at conditions of focused reflected shock waves.Himicheskaya Fizika **7**(10), 1387–1391 (1988))
75. A.A. Borisov, B.E. Gelfand, G.I. Skatchkov et al., Ignition of gaseous combustible mixtures in focused shock waves, in *Current topics in shock waves*, ed. by Y. Kim. Proceedings of 17th ISSW (AIP, New York, 1990), pp. 696–701
76. B.E. Gelfand, S.M. Frolov, S.P. Medvedev, S.A. Tsyganov, Three cases of shock waves focusing in combustible media, in *Shock Waves*, ed. by K. Takayama. Proceedings of 18th ISSW, vol. 2 (Springer, Berlin/New York, 1992), pp. 837–842
77. C.K. Chan, D. Lau, P.A. Thibault, J.D. Penrose, Ignition and detonation initiation by shock focusing, in *Current topics in shock waves*, ed. by Y. Kim. Proceedings of 17th ISSW (AIP, New York, 1990), pp. 161–166
78. S.P. Medvedev, V.V. Zukov, S.V. Khomik, A.N. Polenov, B.E. Gelfand, H. Grönig, H. Olivier, Application of double – wavelength photodiode detector for study of H_2 + air combustion induced by shock focusing, in *Proceedings of 22nd International Symposium on Shock Waves*, vol. 1, ed. by R. Hiller, et al., Southampton University Press, 2000, pp. 315–320
79. Борисов А.А., Гельфанд Б.Е., Цыганов С.А., Тимофеев Е.И. Газодинамические эффекты при самовоспламенении распыленного жидкого топлива//Докл. АН СССР. 1985. Т. 281, № 2. С. 361–363 (A.A. Borisov, B.E. Gelfand, S.A. Tsyganov, E.I. Timofeev, Gasdynamic phenomena at self ignition of atomized liquid fuel. Doklady AN SSSR 281(2), 361–363 (1985))
80. K. Fieweger, R. Blumenthal, G. Adomeit, Self-ignition of SI-engine model fuels. A shock tube investigation at high pressure. Combust. Flame 109(4), 599–619 (1997)
81. S.P. Medvedev, B.E. Gelfand, S.V. Khomik, H. Olivier, H. Grönig, Experimental evidence for detonation of lean H_2 + air mixtures induced by shock focussing, in *Proceedings of 17-ICDERS*, CD-ROM, Heidelberg, Germany, 1999. Paper № 024
82. A.M. Bartenev, B.E. Gelfand, H. Grönig, S.P. Medvedev, A.N. Polenov, S.V. Khomik, Combustion of gaseous mixtures in space with nonuniform pressure – temperature. Fluid Dynamics 34(2), 258–266 (1999)
83. B.E. Gelfand, S.V. Khomik, S.P. Medvedev, H. Grönig, H. Olivier, Visualization of the explosive regimes at the shock waves focusing, in *Proceedings of 22nd International Symposium on Shock Waves*, vol. 1, ed. by R. Hiller et al., Southampton University Press, 2000, pp. 309–314
84. U. Pfahl, K. Fieweger, G. Adomeit, B.E. Gelfand, Shock tube investigation of atomization, evaporation and ignition of n-decane and α-methylnaphtalene droplets, in *Shock Waves*, ed. by B. Sturtevant, J.E. Shepherd, H. Hornung, vol. 2 (World Scientific, Singapore/River Edge/London/Hong Kong, 1996), pp. 1027–1032
85. S.V. Khomik, S.P. Medvedev, A.M. Bartenev, B.E. Gelfand, H. Grönig, H. Olivier, Time – resolved studies of mild and strong ignition of hydrogen – air mixtures in *Proceedings of the International Workshop on Shock wave focusing phenomena in combustible mixtures: Ignition and transition to detonation of reactive media under geometrical constrains*, ed. by H. Grönig, B. Gelfand. (Shaker Verlag, Aachen, 2000), 15–31
86. Гельфанд Б.Е., Хомик С.В., Медведев С.П., Поленов А.Н., Бартенев А.М., Грёниг Х. Самовоспламенение гомогенных газовых смесей вблизи неплоских поверхностей//Докл. РАН. 1998. Т. 359, № 4. С. 490–494 (B.E. Gelfand, S.V. Khomik, S.P. Medvedev, A.N Polenov, A.M. Bartenev, H. Grönig, Self ignition of homogeneous gaseous mixtures near non-flat surfaces. Doklady RAN 359(4), 490–494 (1998))
87. B.E. Gelfand, S.V. Khomik, A.M. Bartenev, H. Grönig, H. Olivier, Detonation and deflagra-

tion initiation at the focusing of shock waves in combustible gaseous mixture. Shock Waves 10(3), 197–204 (2000)
88. A.M. Bartenev, S.V. Khomik, B.E. Gelfand, H. Grönig, H. Olivier, Effect of reflection type on detonation initiation at shock waves focusing. Shock Waves 10(3), 205–215 (2000)
89. B.E. Gelfand, S.V. Khomik, S.P. Medvedev, H. Grönig, H. Olivier, Visualization of selfignition regimes under the shock waves focusing, in *Proceedings of 24th International Congress High-Speed Photography and Photonic*, vol. 183, ed. by K. Takayama et al., Proceedings SPIE, 2001, paper 4183–83, pp. 688–695
90. B.E. Gelfand, S.V. Khomik, S.P. Medvedev, A.N. Polenov, A.M. Bartenev, W. Breitung, Self ignition of combustible mixture behind shock waves reflected at non-flat surfaces at high initial pressure, in *Proceedings of 20th ISSW*, 1995, Cal. Tech, Pasadena, p. 251
91. B.E. Gelfand, S.P. Medvedev, S.V. Khomik, A.M. Bartenev, A.N. Polenov, A. Veser, W. Breitung, Investigation of H_2 + air fast flame propagation and DDT in tube with multidimensional endplates. Archivum combustionis 18(1–4), 105–123 (1998)
92. Гельфанд Б.Е., Бартенев А.М. Медведев С.П., Поленов А.Н., Хомик С.В. Газодинамические явления при воспламенении и горении гомогенных смесей вблизи неплоских поверхностей//Российский химический журнал. 2001. № 3. С. 5–15 (B.E. Gelfand, A.M. Bartenev, S.P. Medvedev, A.N. Polenov, S.V. Khomik, Gasdynamics phenomena at ignition and combustion of homogeneous mixtures near non-flat surfaces. Rossiiskii Khimicheskii Zhurnal 3, 5–15 (2001))
93. J.A. Miller, C.T. Bowman, Mechanism and modelling of nitrogen chemistry in combustion. Progr. Energy Combust. Sci. 15, 287–338 (1989)
94. F. Westley, Table of recommended rate constants for chemical reactions occurring in combustion. U.S. NBS Report No. 67, 1980, 110 p.
95. В.Т. Гонтковская, А.Г. Мержанов, Численное исследование кинетики и механизма окисления водорода, ОИХФ АН СССР, Препринт 1982, 22 с. (V.T. Gontkovskaya, A.G. Merzhanov, Numerical study of kinetics and mechanism of hydrogen oxidation, OIChPh AN SSSR, Preprint (1982), 22 p.)
96. R.I. Soloukhin, Exothermic reaction zone in one-dimensional shock waves in gases. Combust. Explos. Shock Waves 2(3), 6–10 (1966)
97. Солоухин Р.И. О детонации в газе, нагретом ударной волной//ПМТФ. 1964. № 4. С 42–48 (R.I. Soloukhin , On the detonation in gas heated by shock wave. Zh. Prikl. Mehan. Tehn. Fiziki 4, 42–48 (1964)).
98. J.Z. Li, A. Kazakov, M. Chaos, F.L. Dryer, J.J. Scire, A comprehensive kinetic mechanism for CO, CH_2O and CH_3OH combustion. Int. J. Chem. Kinet 39(1), 109–136 (2007)
99. A.D. Snyder, J. Robertson, D.I. Zanders, G.B. Skinner, Shock tube studies of fuel-air ignition characteristics. AFAPL TR-65-93, 1965
100. R.R. Craig, A shock tube study of the ignition delay near the second explosion limit. AFAFAPL TR-66-74, 1966
101. G.P. Smith, D.M. Golden, M. Frenklach, N.W. Moriarty, B. Eiteneer, M. Goldenberg et al., GRI-Mech 3.0 (http://www.me.berkley.edu/gri_mech). 2002.
102. J. Warnatz, U. Maas, R.W. Dibble, *Combustion* (Springer, Berlin, 2003)
103. M. O'Conaire, H.J. Curran, J.M. Simmie, W.J. Pitz, C.K. Westbrook, A comprechensive modeling study of hydrogen oxidation. Int. J. Chem. Kinet 36, 603–622 (2004)
104. G. Del Alamo, F.A. Williams, A.L. Sancez, Hydrogen–oxygen induction times above crossover temperature. Comb. Sci. Technol 176, 1599–1626 (2004)
105. K.J. Hughes, T. Turany, A. Clague, M.J. Pilling, Leeds methane oxidationmechanism. http://www.chem.leeds.ac.uk/combustion/combustion.html. 2001
106. K.A. Bhashkaran, M.C. Gupta, T.H. Just, Shock tube study of the effect of NDMG on ignition characteristics of H_2 + air mixtures. Combust. Flame 21(1), 45–48 (1973)

第7章　超声速燃烧状态：爆炸波

爆炸是燃烧过程中最具破坏性的一种形式，虽然在现实生活中，特别是氢和空气混合物，爆炸很少发生，但由于其潜在的巨大危险性，本文对其特性进行分析。

7.1　含氢混合物的爆炸参数

本节通过计算和实验的方式确定了爆炸波的参数。根据参考文献[1－3]中给出的数据，图7.1表示爆炸波速度 D 和气体速度 u 与氢气和空气混合物当量比 ϕ 的关系。其中，一维爆炸波结构参数的表示和HAM、HOM的一些参数说明，可以在参考文献[4－5]中找到，如图7.2～图7.5所示以及表7.1、表7.2所列。

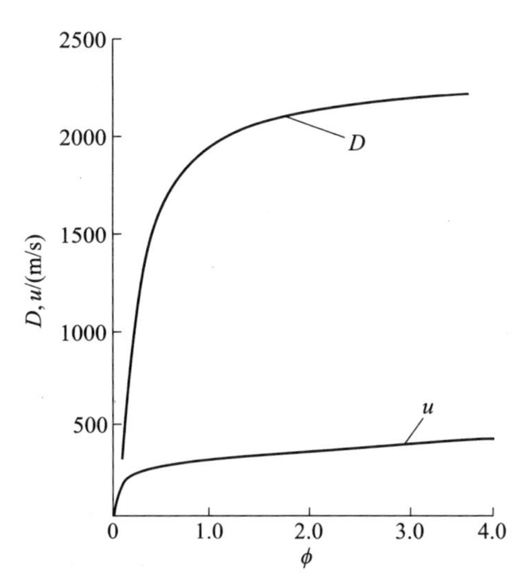

图7.1　0.1MPa压力和298K温度下氢气与空气混合中爆炸波速 D 和波后气体速度 u 相对混合当量比 ϕ 之间的关系

图7.4说明了在氢气和空气混合物中从避免壁面垂直反射时发生的爆炸波温度 T_2 和温度 T_3 的变化。图7.5给出了在氢气－空气混合燃烧完成后的

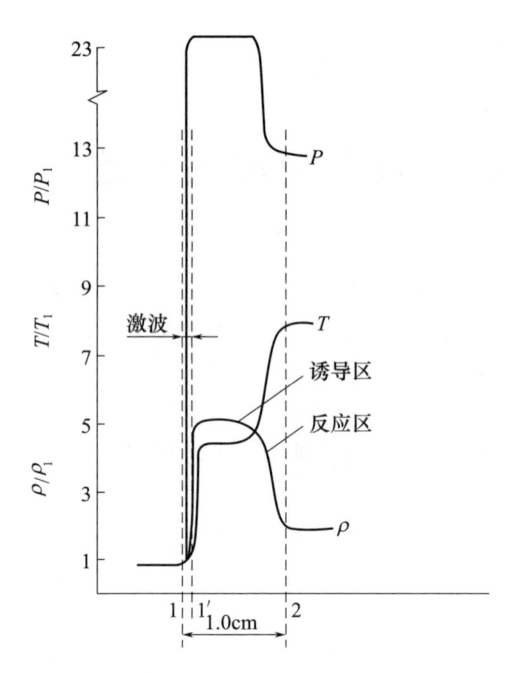

图 7.2 一维 ZND 爆炸波模型中流场的参数

1—前沿激波；2—诱导区；3—反应区。

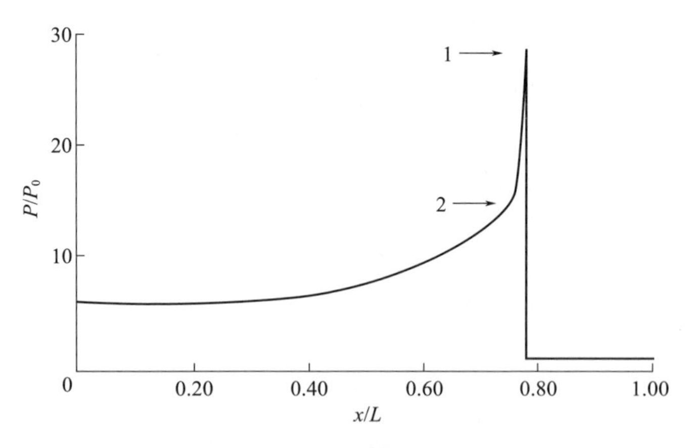

图 7.3 $T_0=300\mathrm{K}$ 下管道内化学计量比 HAM 爆炸波一维 ZND 模型中的压力分布

1—Vonneuman 尖峰；2—Chapman - Jouguet 状态。

Chapman - Jouguet(C - J)点处的压力比 P_2/P_1，以及刚性壁面垂直爆炸波反射时压力 P_3/P_1 的变化，在文献[6]中获得的结果给出了刚性壁面上任意爆炸入射角下可能的压力水平。

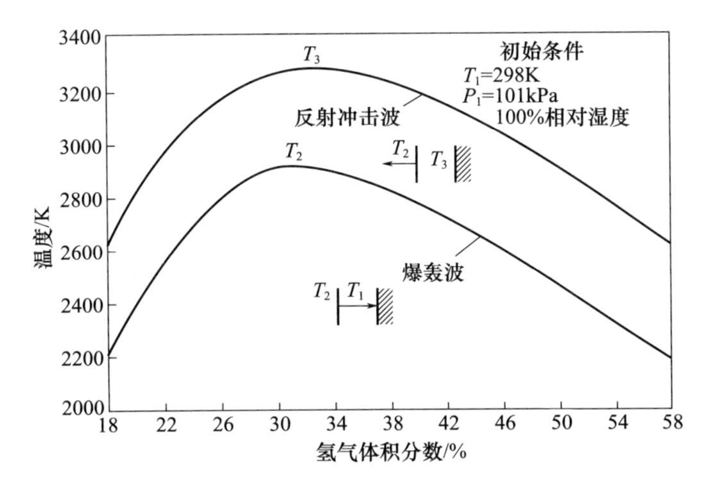

图 7.4 爆炸波中的温度($T_2=T_{C-J}$)和氢气与空气混合物中从壁面反射的温度 T_3 与氢含量的函数关系[5]

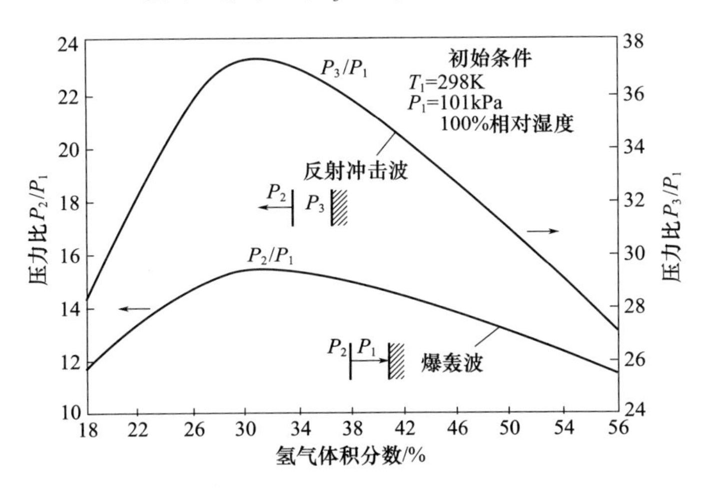

图 7.5 在 C－J 点处的压力(P_2/P_1)及在氢气和空气混合物中从壁面反射的爆炸波中的压力(P_3/P_1)与氢百分比的函数关系($P_{C-J}=P_2$)[5]

表 7.1 图 7.2 中不同当量比 ϕ 下的各个截面的参数值

截面	1	1′	2
氢气－空气,$\phi=1.2$			
Ma	4.86	0.41	1.00
$D/(m/s)$	2033	377	1129
P/MPa	0.1	2.8	1.6
T/K	298	1546	2976
ρ/ρ_0	1.00	5.39	1.80

续表

截面	1	1′	2
氢气 - 氧气,$\phi = 1.1$			
Ma	5.29	0.40	1.00
$D/(\mathrm{m/s})$	2920	524	1589
P/MPa	0.1	3.3	1.9
T/K	298	1773	3680
ρ/ρ_0	1.00	5.57	1.84
注:马赫数 $Ma = D/s$,s 为混合物中的初始声速			

表 7.2 HAM 中的定压爆炸参数

T_0/K	P_{cv}/MPa	$D/(\mathrm{m/s})$	P_{C-J}/MPa	P_3/MPa
氢气 - 空气,$\phi = 1$				
300	8.08	1971	15.7	38.1
400	6.12	1958	11.8	28
500	4.95	1946	9.43	22
600	4.17	1934	7.85	18
700	3.61	1922	6.73	15.1
70% (氢气 - 空气,$\phi = 1$) + 30% 水				
400	4.84	1783	9.35	21.7
500	4.02	1779	7.57	17.2
600	3.43	1775	6.38	14.2
700	3.01	1770	5.52	12
2 氢气 + 氧气				
300	9.69	2841	18.97	46.65
400	7.25	2811	14.06	34.02
500	5.8	2784	11.14	26.51
600	4.84	2759	9.21	21.54
700	4.16	2734	7.83	18.01

7.2 反射爆炸波参数

除了爆炸波的正常反射外,在实际情况中还可能发生与障碍物的各种相互作用。文献[6]给出了一个例子,分析了爆炸波从管道中传播到受壁面限制的大空间的过程。首先,记录了球形爆炸的发展过程(时间 $t_1 < t_2 < t_3 < t_4$)。

爆炸波以一定的入射角 θ 撞击侧面(图 7.6)。根据入射角的不同,会形成一个双组态冲击波(2 - SW)或一个三组态冲击波(3 - SW),如图 7.6(a)、(b)所示。双组态冲击波结构参数由入射爆炸波 1 和反射波 2 组成,三组态冲击波还包含扰动面3。当爆炸波从管道出口向大空间移动时,侧壁入射角趋于90°,入射端角趋于0°,从而使爆炸波发生垂直反射。

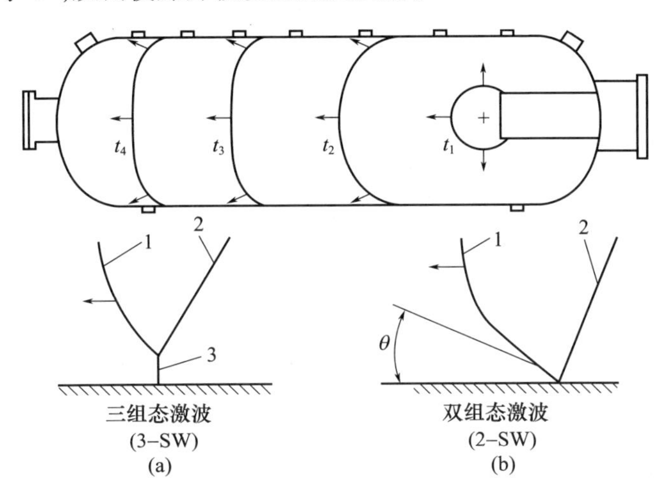

图 7.6 爆轰波从管道中传播到被壁面限制的空间。"马赫"(a)和规则的(b)从壁面反射
1—入射爆炸波; 2—反射冲击波; 3—马赫扰动面。

图7.7表明反射爆炸波的压力上升与入射角 θ 的关系。y 坐标表示 P_3(反射波后的压力)与 P_2(爆炸波后C－J点处的压力)的比值。在 $\theta \approx 57°$ 处绘制的垂直线,两边分别表示图中的激波配置分割区。

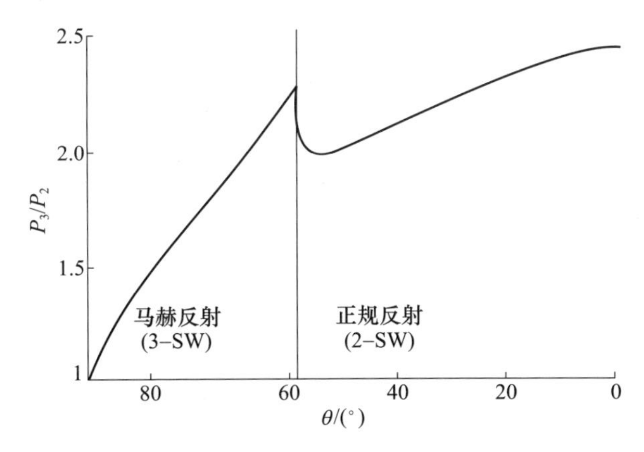

图 7.7 爆炸波反射时的压力上升与壁面入射角的关系

7.3 初始温度和不可燃气体对爆炸参数的影响

本节研究一些不可燃气体对爆炸参数的影响,研究水蒸气或二氧化碳稀释

的氢气和空气混合物的爆炸参数测量具有非常重要的意义。

图 7.8 和图 7.9 说明了水蒸气和二氧化碳对氢气与空气混合物爆炸速度和爆炸压力的影响。结果表明，非燃烧气体添加剂降低了爆炸速度和 C－J 处压力。这些数据有助于了解混合气初始温度对稀释和非稀释氢气与空气混合物爆炸参数的影响。

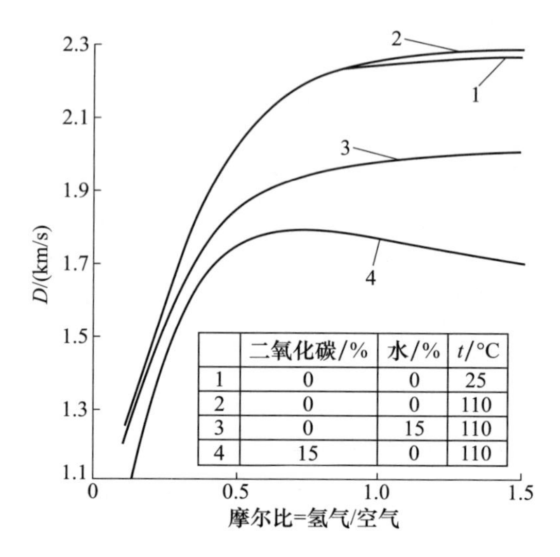

图 7.8　二氧化碳和水对氢气和空气混合物爆炸速度的影响

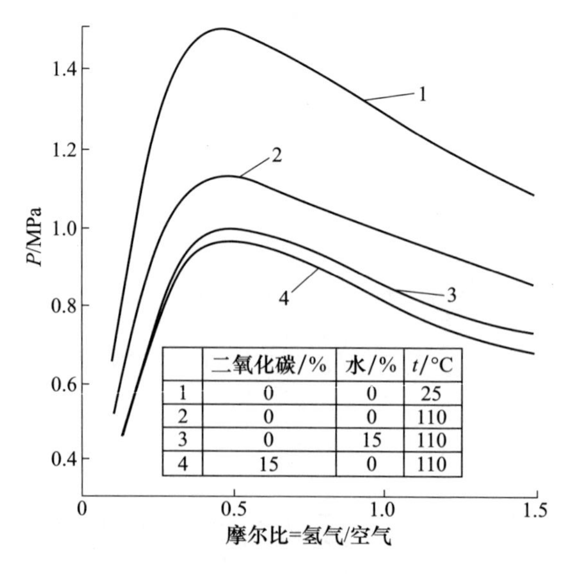

图 7.9　水蒸气对氢气和空气混合物中 C－J 压力的影响

表 7.3 给出了图 7.8 和图 7.9 中混合气中氢气的体积浓度、空气与氢气/空气比之间的关系。

表 7.3 氢气体积浓度

氢气/%	氢气/空气
10	0.11
20	0.25
30	0.43
40	0.67
50	1.0
60	1.5

表 7.4 说明了文献[7]中计算的初始温度对 2 氢气和氧气混合物爆炸参数的影响。根据文献[8－9]中的结果，在压力 P_0 达到 10MPa 时，爆炸速度对初始温度的依赖性很弱。当这种情况发生时，初始温度的增长导致相对压力 P_2/P_0 的升高和马赫数 Ma 的显著降低。含氢混合物燃烧产物的温度、压力和成分可使用理想气体状态方程进行评估，最高可达 $P_0 \leqslant 50$MPa。氢气和空气混合物的过驱动爆炸参数如表 7.5[10－11] 所列。表 7.6[10－11] 给出了氢气和一氧化氮混合物的爆炸参数。

表 7.4 氢气和氧气混合物在不同初始温度下的爆炸参数

T_0/K	c_0/(m/s)	γ_0	D/(m/s)	P_2/P_0	T_2/K	γ_1	Ma
223	465	1.40	2740	23.4	3319	1.119	5.89
298	537	1.398	2713	17.3	3278	1.116	5.05
373	600	1.393	2688	13.7	3248	1.116	4.48
1000	968	1.35	2519	4.8	3136	1.115	2.60

表 7.5 氢气与空气混合物过驱动爆炸参数

（H_2和空气混合，$\phi = 1$，$T_0 = 300$K，$P_0 = 0.1$MPa）

D/(m/s)	D/D_{C-J}	P/MPa	P_3/MPa
1971	1.00	15.8	38.1
2000	1.01	18.85	52.8
2200	1.12	28.0	105.2
2400	1.22	36.2	162.6

续表

$D/(m/s)$	D/D_{C-J}	P/MPa	P_3/MPa
2600	1.32	44.6	230.9
2800	1.42	53.5	311.8
3000	1.52	63.0	406.4
3200	1.62	73.0	515.2
3400	1.72	83.7	638.6

表 7.6　氢气和氧化亚氮混合物爆炸参数，$\phi=1, T_0=300K, P_0=0.1MPa$

$H_2/\%$	a/mm	$D/(m/s)$	P_{C-J}/MPa	$c_1/(m/s)$
50	1.5	2394	2.52	1300
30	3.2	2092	2.60	1142
20	4.6	1959	2.57	1076
13	9.1	1869	2.52	1032
注：c_1 为爆轰产物中的声速；a 为胞格尺寸				

7.4　爆炸胞格的尺寸

爆炸胞格尺寸是表征非一维爆炸波结构的参数。在惰性气体稀释混合物时，爆炸混合物的反应性能随混合物组成、初始温度和压力的变化而变化，所有这些参数都会导致爆炸胞格尺寸的变化。

横向胞格尺寸 a（英文文献 λ）是指在垂直于爆炸管轴线的平面上，单向横波传播线之间的平均距离。纵向胞格尺寸可由下式得到：

$$b=a/\tan\varphi_0 \tag{7-1}$$

式中：φ_0为横波传播线与爆炸管母线之间的平均夹角。

图 7.10 说明了在化学计量的氢气和空气混合物（1）以及氢气和氧气混合物（2）中，在文献[7,12]中测量的纵向爆炸胞格尺寸 b 和初始压力 P_0的关系。纵向 b 和横向 a 胞格尺寸之间的关系可从图 7.11[7] 中找到。

实验数据表明，随着初始压力的增加，胞体尺寸减小，在较低的压力下，胞格的形状变得不像在较低的压力下那样的长圆形。在氢气和 0.5 氧气混合气中，胞格尺寸明显小于氢气和空气混合物。图 7.12 显示了文献[13－17]中测量的氢气和空气混合物中的横向胞格尺寸。在大气压和室温下,氢气和空气混合物中的最小横向胞格尺寸约为 10mm,这与化学计量成分相对应。胞格尺寸在大和小混合比的混合物中都会增长。

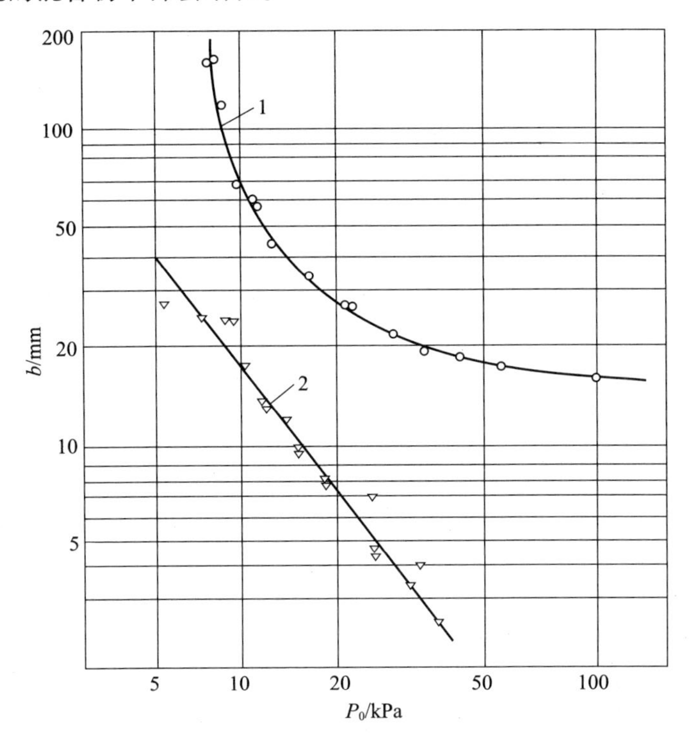

图 7.10　化学计量氢气和空气混合物(1)及氢气和氧气混合物(2)中纵向爆炸胞格尺寸 b 与初始压力 P_0 的关系[7]

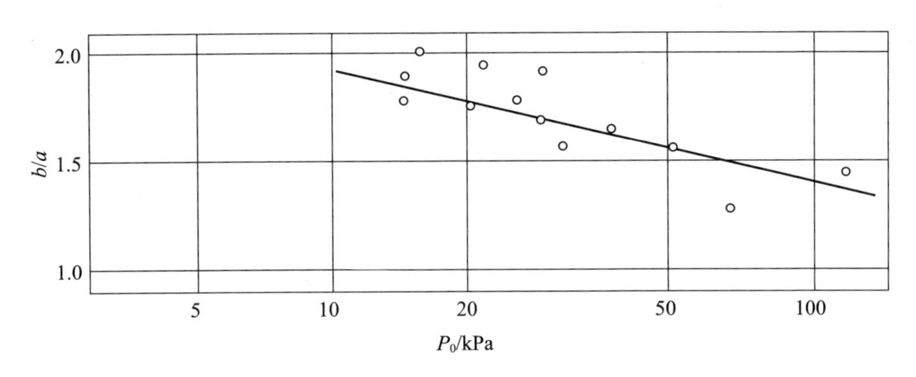

图 7.11　化学计量氢气和空气混合物的纵向 b/横向 a 爆炸胞格尺寸比与初始压力的关系[7]

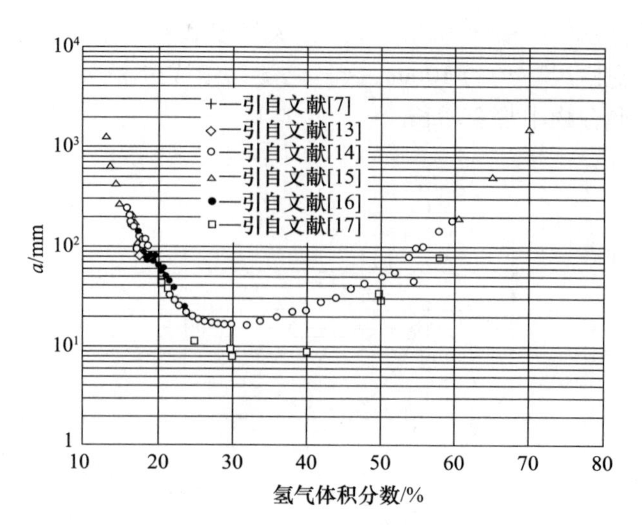

图 7.12　常压和室温下纵向爆炸胞格尺寸 a 与氢气和空气混合物中氢气体积百分比的关系

7.5　温度对爆炸胞格尺寸的影响

图 7.13 说明了温度对氢气和氧气化学计量混合物中爆炸胞格相对尺寸的影响。在 298K 温度下,纵向胞格尺寸的参考值为 b_{298}。在这个温度下,胞格的相对大小等于参考单位,相关数据发表于文献[8]。

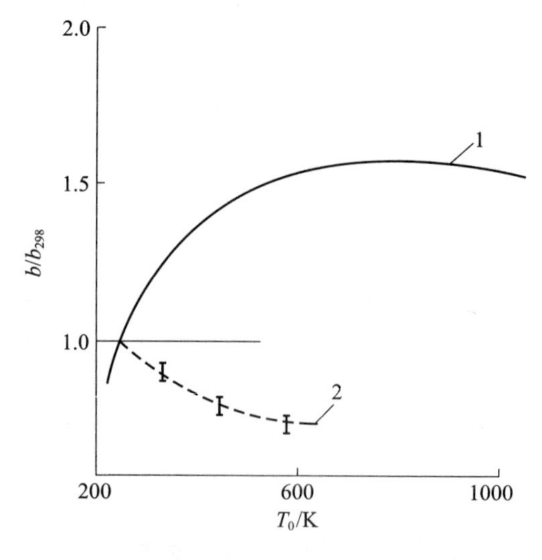

图 7.13　相对纵向爆炸胞格尺寸与初始温度(氢气和 0.5 氧气混合物)

1—混合物的固定压力; 2—混合物的固定密度。

胞格大小随着温度的升高而增大,在一定的压力下(这里 $P_0=10\text{kPa}$)达到最大值,但是在固定密度下,随着冲击波后温度的升高,胞格尺寸减小。这表明,炸药混合物的预热和预压缩可以降低爆炸起爆能量(取决于胞格尺寸)。

图 7.14 说明了初始温度对氢气和空气混合物胞格尺寸的影响。这些点显示了不同组分的氢气和空气混合物在不同初始温度下的爆炸胞格尺寸[13]。曲线显示了考虑氢氧化动力学的各种成分混合物(当量比 ϕ 范围在 $\phi=0.425$ 和 $\phi=3$ 之间)计算的胞格尺寸。温度对横向爆炸胞格尺寸的影响是不稳定的。不同阴影点对应于不同作者测量的数据,数据没有明显的差异[13]。

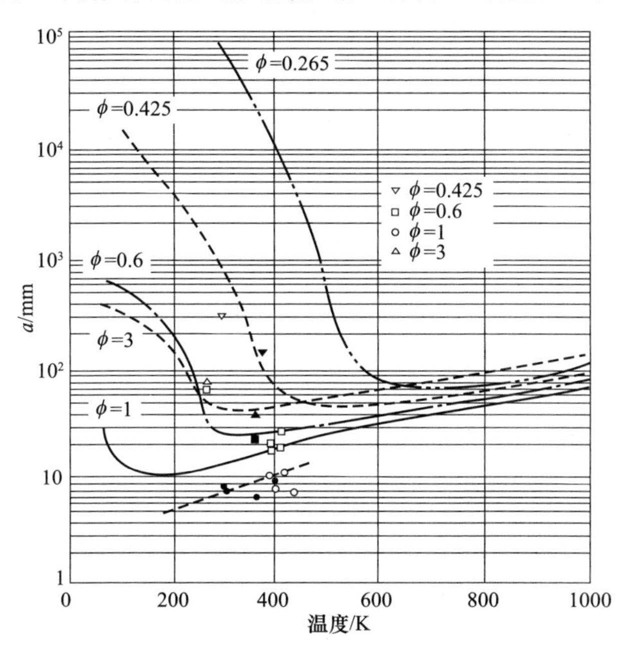

图 7.14 初始温度对氢气和空气混合物横向爆炸胞格尺寸的影响

点—实验数据;曲线—基于氧化动力学的计算[13]。

7.6 含氢混合物组成对爆炸胞格尺寸的影响

图 7.15 详细展示了含氢混合物成分和压力对爆炸胞格尺寸的影响[18-19]。此外,图 7.15(b)比较了具有相同参数的丙烷和空气及乙炔和空气混合物的 HAM 的胞格尺寸。曲线 $a=f(P)$ 在略高的 HAM 压力下具有最小值,可以用前面描述的点火延迟的特定压力效应解释。在增加压力下的 HAM 可引爆性的量级可以与某些碳氢化合物-空气混合物(丙烷和空气,乙炔和空气)进行比较。

在文献[20]中测量了在 373K 温度和 0.1MPa 压力下用水蒸气和二氧化碳稀释的氢气与空气混合物中的横向胞格尺寸 a,图 7.16 和图 7.17 给出了这些数据与当量比 ϕ 的关系。

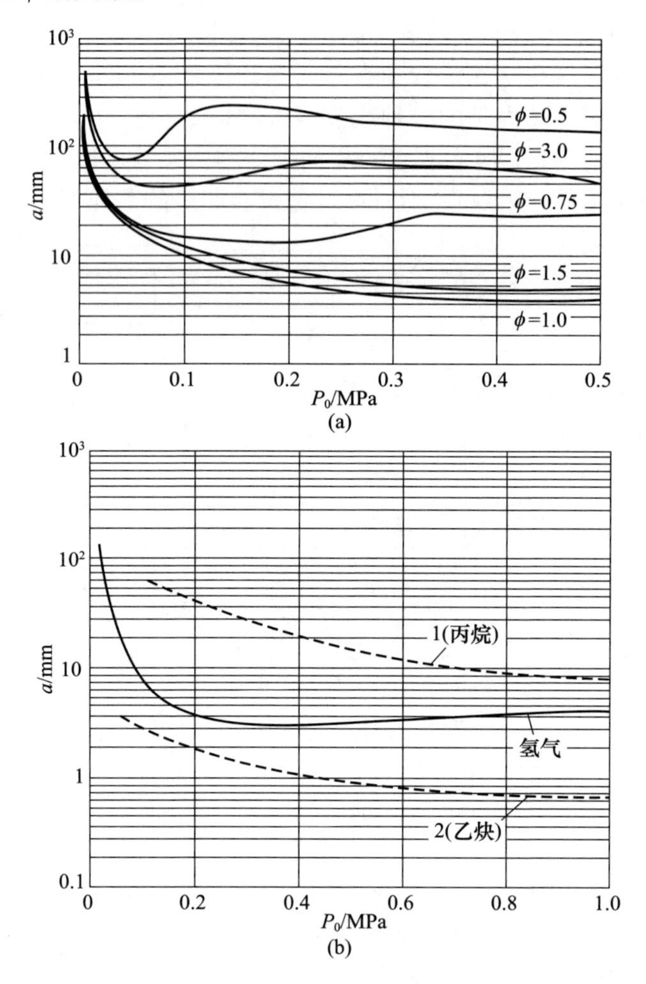

图 7.15　横向爆炸胞格尺寸与初始压力关系

(a) HAM 成分; (b) 丙烷、空气、乙炔和空气混合物[18-19]。

图 7.17 用二氧化碳稀释的氢气和空气混合物中横向爆炸胞格尺寸与当量比 ϕ 的关系。初始温度 373K,初始压力 0.1MPa[20] 实曲线显示了使用 ZND 爆炸模型计算的胞格尺寸。最小胞格尺寸对应于化学计量的氢气/空气比。当向混合物中加入 30% 体积的水蒸气时,胞格尺寸增大。

添加到混合物中的二氧化碳也会产生类似的效果。在相同稀释度下,氢气、

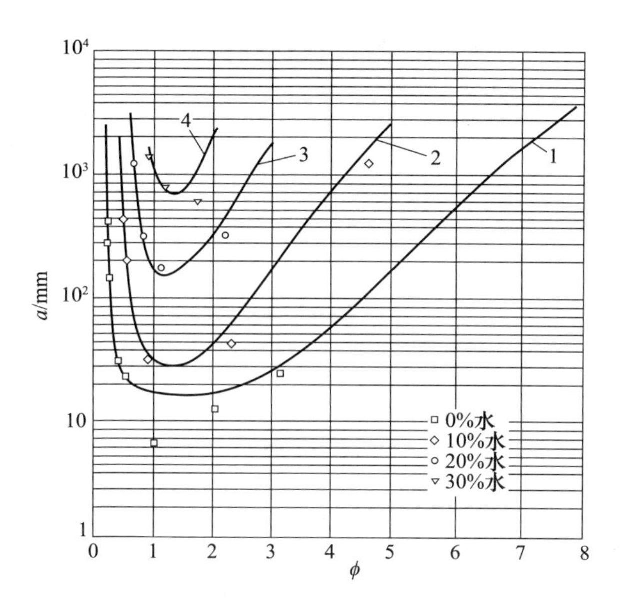

图 7.16　水蒸气稀释氢气和空气混合物中横向爆炸胞格尺寸与当量比 ϕ 的关系(初始温度为 373K,初始压力为 0.1MPa[20])

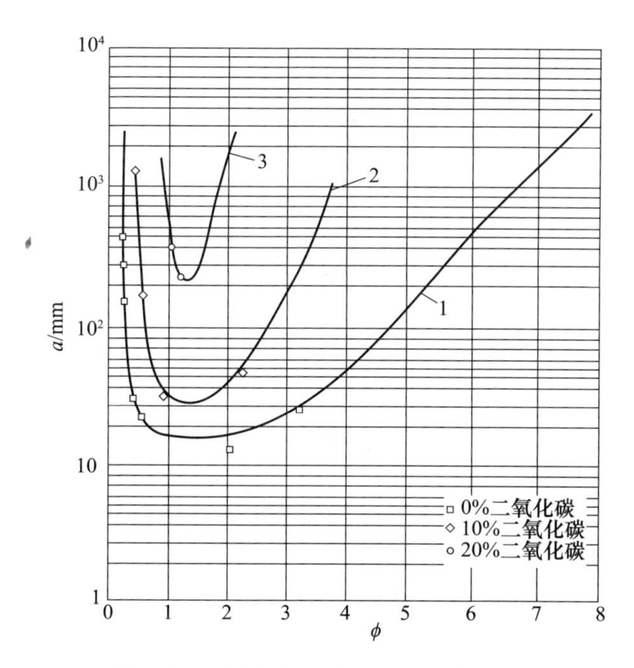

图 7.17　用二氧化碳稀释的氢气和空气混合物中横向爆炸胞格尺寸与当量比 ϕ 的关系(初始温度为 373K,初始压力为 0.1MPa[20])

空气和二氧化碳中的爆炸胞格尺寸大于氢气、空气和水中的爆炸胞格尺寸，表明二氧化碳比水具有更高的抑制能力。

研究爆炸传播和测量爆炸胞格的初始温度参数参见文献[17]。图7.18显示了在650K温度和大气压下，氢气含量在6.3%～35%的氢气和空气混合物中的爆速。实测数据与ZND模型计算结果吻合较好。

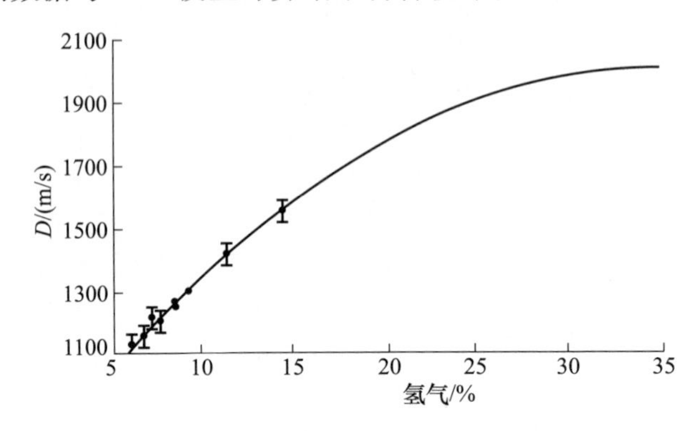

图7.18　650K温度和大气压下氢气和空气混合物中的爆速

点—测量数据；曲线—计算数据[17]。

图7.19显示了在300～650K的温升范围内，氢气和空气混合物中爆炸胞格尺寸的变化。这些点表示不同尺寸管道中爆炸胞格的测量值；这些线显示了根据ZND模型计算的横向胞体尺寸，模型中使用爆炸胞格尺寸与反应区宽度 $a/\Delta=51$[21]。

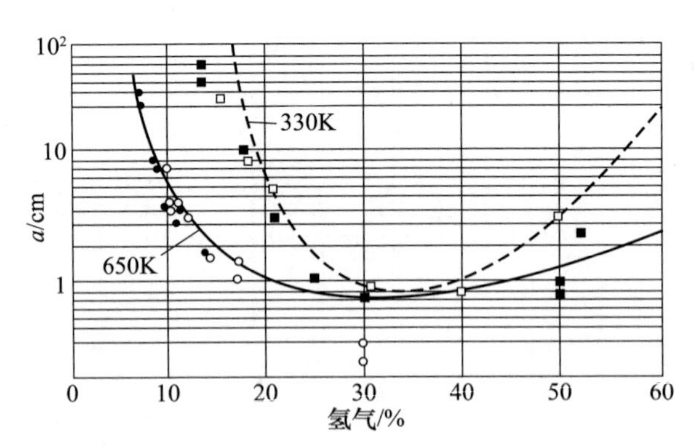

图7.19　氢气和空气爆炸压力为650K的情况

点—测量数据；曲线—计算数据[21]。

图7.20显示了在0.1MPa和650K温度下（混合物中氢气浓度为10%、18%和30%）的水蒸气对爆炸胞格尺寸的影响。文献[17]中，在直径为0.27m和长

21m 的加热管中测量胞格大小。混合物中水蒸气体积分数的增加具有增大胞格尺寸的作用;在一定的水蒸气体积分数下,爆炸波在管内的传播是否停止取决于氢气的体积分数。

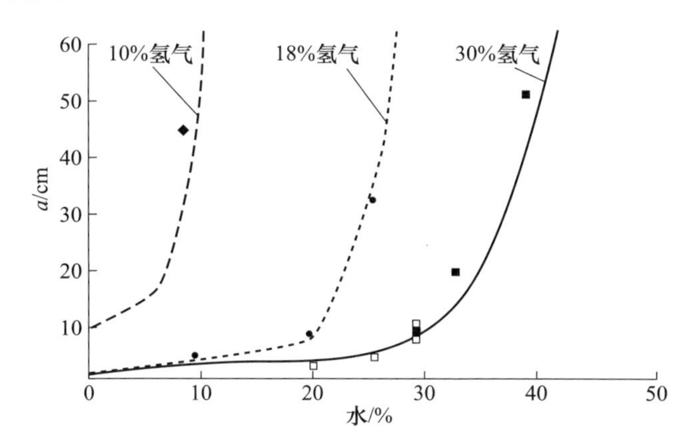

图 7.20 在 650K 温度和大气压下,水蒸气对氢气和空气混合物中爆炸胞格尺寸的影响[17]

7.7 爆炸浓度限值

表 7.7 给出了在氢气和空气混合物中由 HE 炸药引发的爆炸的氢气体积分数限值,爆炸的浓度极限取决于起爆剂的能量、几何尺寸和初始条件(如混合物温度)。起爆剂重量和温度的增加会扩大浓度范围,从而使爆炸在混合物中传播。

表 7.7 在氢气和空气混合物中由 HE 炸药引发的爆炸浓度限值

HE 炸药质量	当量比 ϕ 极限	氢气体积分数极限/%	文献
1g Tetryl	0.93 ~ 1.4	28 ~ 37	[39]
10g Tetryl	0.56 ~ 4.0	19.2 ~ 63	[39]
30g Tetryl	0.57 ~ 3.3	19.6 ~ 58	[28]
ϕ20mm 管道			
30g Tetryl	0.42 ~ 4.1	15 ~ 63.5	[28]
ϕ305mm 管道			
100g Tetryl	0.4 ~ 7.6	14.4 ~ 76	[39]
100g HE C-4	0.3 ~ 6.7	11.6 ~ 74.9	[40]
ϕ430mm,293K			
100g HE C-4 ϕ430mm 管道,373K	0.25 ~ 7.9	9.4 ~ 76.9	[40]

此前，根据文献[22 - 23]的数据，假设氢气和空气中爆炸的浓度限值在18.2%~58.9%氢气范围内（燃烧极限为4%~75%氢气）。还假设爆炸是用30%以上的水蒸气稀释的化学计量混合物中被抑制（在超过55%的水蒸气稀释下记录到燃烧抑制）。

使用大型实验装置进行的测量[24-26]导致对氢气和空气混合物（9.4%~76.9%氢气）的爆炸极限的评估结果更差；抑爆所需的水蒸气体积分数约为混合物体积的39%。实验结果表明，在0.05~1MPa的初始压力范围内，爆炸浓度限值变化不大。

表7.8比较了室温和更高温度下的燃烧和爆炸极限值。爆炸极限是在直径为0.43m的加热管中测量的[20]。表7.8中的实验数据表明，在上限处，宽管内的火焰和爆炸传播边界实际上重合，而在下限处，爆炸边界则靠近火焰前沿传播边界（9.4%为火焰向下传播至标准管的边界）。虽然假设室温下氢气的燃烧下限为4%氢气，但4%氢气和9%~10%氢气的浓度范围是一个特定范围，在该范围内，燃烧由氢扩散维持。

表7.8　0.1MPa初始压力下的燃烧和爆炸极限

混合物组成	稀释剂	T/K	燃烧极限	爆炸极限
氢气-空气	—	293	9.4%~75%氢气	11.6%~74.9%氢气
氢气-空气	—	373	8.7%~77.4%氢气	9.4%~76.9%氢气
氢气-空气-水，$\phi=1$	水	373	59.4%水	38.8%水
氢气-空气-二氧化碳，$\phi=1$	二氧化碳	293	56.0%二氧化碳	24.8%二氧化碳

在垂直管中最低点火的最稀混合物中，燃烧是在单独的火焰球中开始的，其中氢浓度超过了该混合物的平均浓度。这些火焰球通过对流向上移动，系统中仍有大量未燃烧的氢气。表7.8给出了由固相前沿形式的燃烧引起的火焰向下传播的数据。将温度从293K提高到373K，可以使体积分数下限从11.6%氢气降低到9.4%氢气。从表7.8中可以看出，随着温度的升高，燃烧极限和爆炸极限的值越来越接近。

随着温度的升高，上层体积分数从74.9%氢气增加到76.9%氢气。因此，爆炸波传播的浓度范围随温度升高而增大。当温度升高到650K时，在直径为0.27m且含有氢气和空气混合物的管道中的实验表明，爆炸传播边界向含有6.3%氢气的稀薄混合物移动[17,21]。

可以得到在0.43m管道内抑制爆炸传播的水蒸气或二氧化碳量，这些管道中填充了用上述物质稀释的化学计量混合物。为了在373K温度下抑制爆炸，需要39%的水蒸气。在室温下，当混合物中的二氧化碳含量为25%时，爆炸波不会传播。

利用实验装置进行了测定用二氧化碳和水稀释的混合物的爆炸极限实验。图 7.21 所示为填充直径为 41mm 的管道的氢气、空气和二氧化碳混合物的爆炸极限测量数据(■—爆炸传播,□—爆炸不传播)。

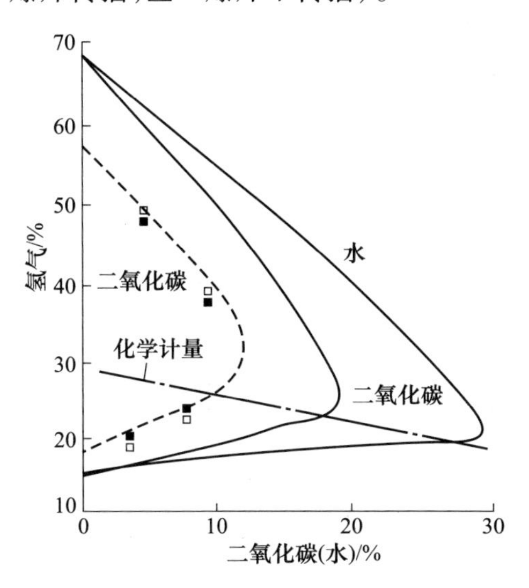

图 7.21 直径为 41mm 的管子中用二氧化碳和水稀释的氢气与空气混合物中的爆炸极限
实线—计算数据,373K;虚线—计算数据,298K;点—测量数据。

同一张图显示了使用 ZND 模型下使用细节动力学计算的爆炸极限值,并考虑了冲量损失[27]。在含有稀释剂(二氧化碳和水)的氢气和空气混合物中的爆炸图呈半岛状,其狭窄部分对应于在这样直径的管道中抑制爆炸所需稀释剂的最小量。

在 298K 初始温度下的计算值与实测值吻合较好。实曲线显示了在 373K 下计算的数据。该模型正确地预测了爆炸边界随温度的升高而扩展,以及在氢 - 空气混合物中,用二氧化碳稀释比用水蒸气稀释的延迟爆炸更有效。

7.8 爆炸波传播的几何限制

众所周知,在小直径管中,爆炸波在较窄的体积分数范围内传播。图 7.22 给出了在直径 14 ~ 16mm 的管道中引爆的氢气、氧气和氮气混合物的体积分数限值。同一张图显示了通过外推法得到的无限直径管道的爆炸传播边界。

文献[28]中在宽管中进行了实际测量;在室温和 0.1MPa 下,在直径为 0.3m 的管道中测量了氢气和空气混合物的爆炸极限。在爆炸临界条件的实验研究中,几何尺度增加了 10 倍,使爆炸体积分数限值扩大到 15% 氢气和 63.5% 氢气之间。从现有知识的观点来看,在文献[28]中达到了与 0.3mm 管径相对应的爆炸传播下限,并且与小尺度实验相比,获得了爆炸边界的普遍加宽。注意:在美国,大尺寸实验的必要性是在这项工作发表 30 年后才意识到的。

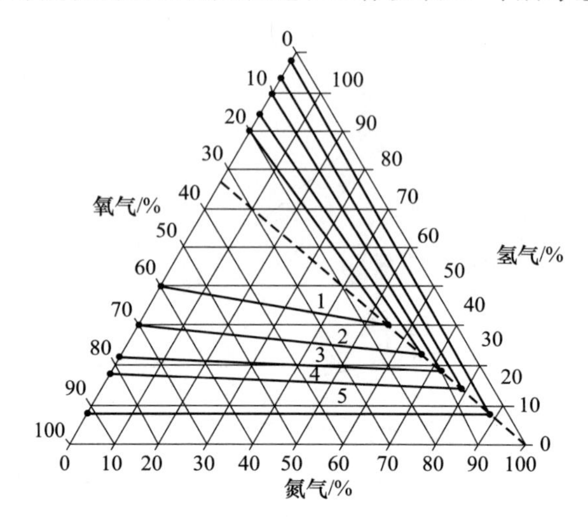

图 7.22 各种管道内氢气、氧气和氮气混合物爆炸极限三角图直径[41]

1—4mm; 2—6mm; 3—10mm; 4—16mm; 5—无限直径的外延。

爆炸波在圆截面管内传播的极限是自旋模态,此时,临界直径 d^* 与横截面胞格尺寸 a 符合以下关系式 $d^* = a/\pi$。

在同一张图上绘制测得的爆炸胞格尺寸数据和临界直径值。图 7.23 中的曲线显示了室温下氢气和空气化学计量混合物中临界直径与初始压力的关系[27]。点表示使用 $d^* = a/\pi$ 关系计算的 d^* 值,同样的方法也适用于用二氧化碳稀释的氢气和空气混合物。

图 7.24 中的点表示通过使用文献[13]中测量的胞格尺寸并从上述关系式中获得的临界直径值。在直径为 24mm 的圆管内测量的氢气、空气和二氧化碳混合物(5% 二氧化碳和 10% 二氧化碳)中实验获得的爆炸体积分数限值用两个水平矩形表示。在矩形之外,爆炸不会传播。实曲线显示了在 5% 二氧化碳、10% 二氧化碳和 15% 二氧化碳含量下计算的混合物临界直径值。虚线曲线给出了含饱和水蒸气混合物在 298K 温度下的计算数据,3 种方法表征的爆炸波传播极限在含有上述混合物的圆管中一致。

与无限制爆炸不同,刚性管壁可防止爆炸产物的侧向膨胀。对于爆炸产物的侧向膨胀,爆炸能传播的区域的特征尺度应较大。例如,对于自由圆柱药柱的爆炸传播,装药直径必须超过爆炸胞格尺寸的 20 倍。对于半受限混合料基底层

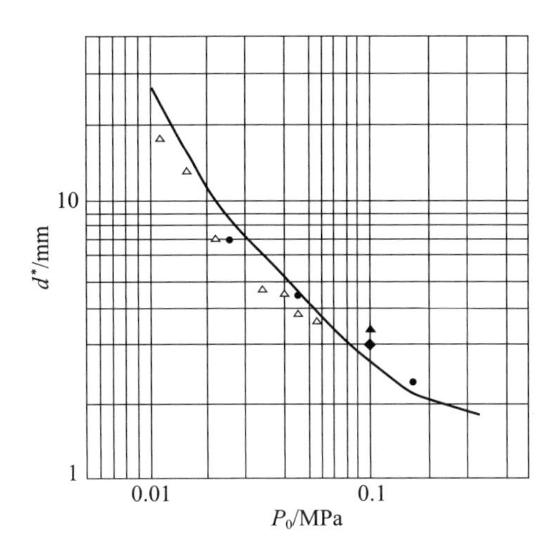

图 7.23 室温下氢气和空气化学计量混合物中爆炸传播的临界直径与初始压力的关系

曲线—基于 Zeldovitch 模型计算；点—使用测量的胞格尺寸从关系中找到的临界直径[27]。

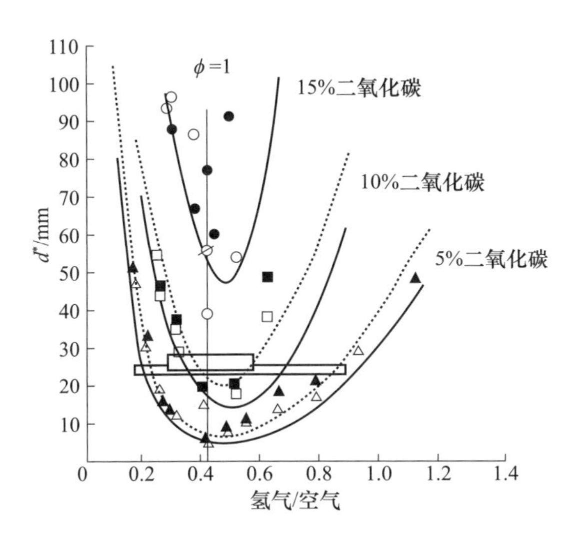

图 7.24 298K 和 0.1MPa 初始压力下氢气、空气和二氧化碳混合物中爆炸传播的临界直径(基于 Zeldovich 模型)

实线—使用二氧化碳稀释；虚线—与饱和水蒸气混合；点—在直径为 24mm 的管道中根据文献[13]胞格尺寸测得的爆炸极限[27]。

内的爆炸传播,临界层厚度必须超过 7 倍[29]。

几何限制的另一个例子是在开放空间中通过爆炸波绕射出管或矩形截面管道进入空间的球形起爆。文献[1-2]中发现,ZND 模型中的诱导区长度 D 与横向爆炸胞格尺寸(宽度)a 成正比。实验表明,起爆的临界管直径至少为 13 个横

波[30]。在这种情况下,起爆的临界直径可以从下式中得到:

$$d^{**} \approx 13a \tag{7-2}$$

由于这一关系式已被大量实验数据证明是正确的,因此,在没有实测数据的情况下,它常常用来初步评估起爆初始值。例如,评估甲烷和空气化学计量混合物管道的临界直径为10m。很明显,与氢气和空气混合物相比,氢气和氧气混合物中球形起爆所需的管或导管横截面尺寸更小。图7.25显示了用氮气稀释的氢气和0.5氧气(化学计量)混合物中起始点 d^{**} 的临界直径的变化。当在氢气和空气混合物(氮气/氧气 = 3.76)添加相对应的氮气量时,可观察到临界直径增加10倍。图7.26说明了导管尺寸与爆炸胞格宽度之间的极限关系。

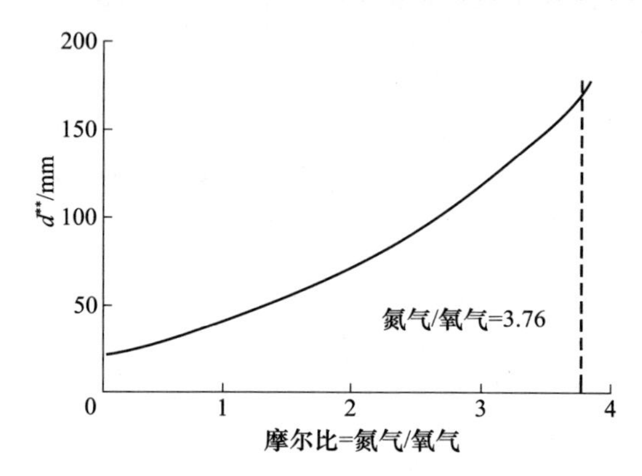

图7.25 用氮气稀释氢气和0.5氧气化学计量混合物的空间中起爆临界直径的变化
(虚线对应氢气和空气混合物。初始温度为298K,初始压力为0.1MPa)

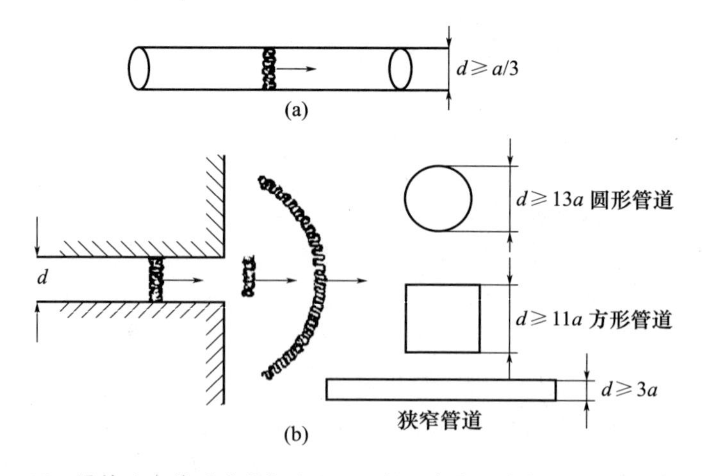

图7.26 爆炸波在管道中传播(a)和绕射后在空间中起爆(b)的几何极限
d—管道或导管的特征尺寸;a—爆炸胞格尺寸。

7.9 球形爆炸直接起爆的临界能量

Zeldovich 模型[31]用于评估直接起爆的临界能量,它基于这样一个假设,即冲击波运动由起爆能量和诱导时间结束时反应气体的化学能之和决定。当这发生时,波的强度和速度降低到某个最小值,之后,速度逐渐接近对应于 C－J 点的 D_{C-J}值。

根据 Zeldovich 准则,当 SW 强度下降到 C－J 条件值时,起爆冲击波的持续时间近似等于燃烧混合物诱导时间 τ_i。当 SW 迅速衰减时,化学能可能没有时间释放。因此,球形爆炸起爆应存在一定的最小能量。

因此,基于以下关系式的模型可用于评估直接爆炸初始能量:

$$E^* = k \cdot \Delta^3 \tag{7-3}$$

式中:Δ 为爆炸波宽度,$\Delta = \tau_i(D-u)$,D 为爆速,u 为激波后气体速度,τ_i为感应时间;比例系数 k 的值取决于许多因素(引爆方法、燃料类型等)。模型的一个特点是其爆炸波假定为光滑的且是一维的。

文献[1－3]表明,用详细的化学动力学模型计算的化学诱导时间(点火延迟)与某些爆炸参数之间存在相关性。然而,当诱导区长度明显大于能量释放区时,爆炸胞格尺寸 a 与爆炸波宽度成正比[12],其他情况下关系更复杂了。

在文献[3]中对考虑详细动力学理论的计算值 Δ 与测量的爆炸胞格尺寸 a 进行了比较。利用该方法求出了特定燃烧混合物的 C－J 参数,然后利用爆速 D 值确定了未反应气体中激波后的温度、压力和颗粒速度,这些是考虑详细动力学方案的诱导时间计算的初始参数。

实际爆炸波的结构不是一维的,速度从胞格初始值至 1.6D 到最小值至 0.6D 跳跃变化,因此,使用该模型得到了参数的平均值,对于不同的燃烧混合物,无论是对起爆条件的相当充分的预测,还是与实际值相差数值误差的一定数量级,都可以得到。通常情况下,在错误的压力和温度区使用一步动力学或简化动力学方案时,预计会有细微差异。

化学计量 HAM 中的直接起爆能量可以从以下关系式来评估:

$$E^* = 430 I \rho_0 D^2 a^3 \tag{7-4}$$

对于任意成分的混合物,可以使用以下方程:

$$E^* = 137.3 I \pi \rho_0 D^2 a^3 \tag{7-5}$$

式中:ρ_0为混合物密度;D 为爆炸速度;a 为爆炸胞格的横向尺寸;I 为能量参数。表 7.9 给出了 HAM 的值 I(能量参数)。

用最小装药量实验确定了球形爆炸点火的临界能量。在文献[29]中报告了在氢气和空气化学计量实验中测得的临界能量值:初始温度 $T_0=298\text{K}$,压力 $P_0=0.1\text{MPa}$ 时,$E^*=4.6\text{kJ}$ 或 $E^*=6.3\text{kJ}$。在反应物的化学计量比附近,爆炸初始能量与混合物组成的 U 形关系有最小值。

表 7.9 能量参数值

氢气%	I	氢气%	I
15	0.64765	45	0.76532
20	0.74232	50	0.71585
25	0.87237	55	0.67299
29.6	0.99306	60	0.63518
30	0.99527	65	0.60108
35	0.91458	70	0.58742
40	0.82589	75	0.54058

在文献[32]中,测定了室温和常压下氢气和氧气混合物的临界起爆能值。这些数据如图 7.27 所示。在接近化学计量比的氢气和氧气混合物中,临界起爆能为 $E^*\approx 70\text{J}$,在贫富混合气中迅速上升。图 7.28 显示了 H_2和空气混合物中球形爆炸起爆的临界能量与当量比 ϕ 的关系。该依赖关系根据文献[1,14,33-35]中的数据绘制。数据库[36]包含了使用给定的 HE 装药量、已知反应放热特性以及根据测量的爆炸胞格尺寸和文献[37]中的关系计算的起爆能值来确定临界能量。

根据文献[33-34],在氢气和空气混合物中起爆的最小装药量 $M^*=1.86\text{g}$ TNT,相当于 7.8kJ 的能量。氢气和空气混合物临界起爆能曲线的最小值向富混合区移动。在文献[34]的基础上,该最小值是在 35% 氢气下实现的。贫富混合气中爆炸只有在装药量大的情况下才可能发生。因此,在 20% 氢气 $M^*=190\text{g}$ 和 62% 氢气 $M^*=71\text{g}$ 时,含有 13%~15% 氢气和 66% 氢气浓度的混合物未能被 190g TNT 炸药引爆。这种浓度的氢气需要更重的炸药才能起爆。

在文献[32]中,提出了确定氢气和氧气、氢气和空气混合物的临界起爆能的简单插值表达式:

$$E^*=E_{st}(b/b_{st})^3 \tag{7-6}$$

如果已知化学计量混合物的 E_{st}和爆炸胞格参数,特别是横向胞格尺寸 b 的起始能,则此表达式很有用。对于氢气和空气混合物的 E_{st},约为 15kJ。在化学计量混合物中,横向胞格尺寸 b_{st} 为 1.6mm(氢气和氧气)、9.5mm(氢气和空气)。根据文献[18-19]的数据,初始压力和 HAM 成分对爆炸起始临界能量的影响如图 7.29 所示。

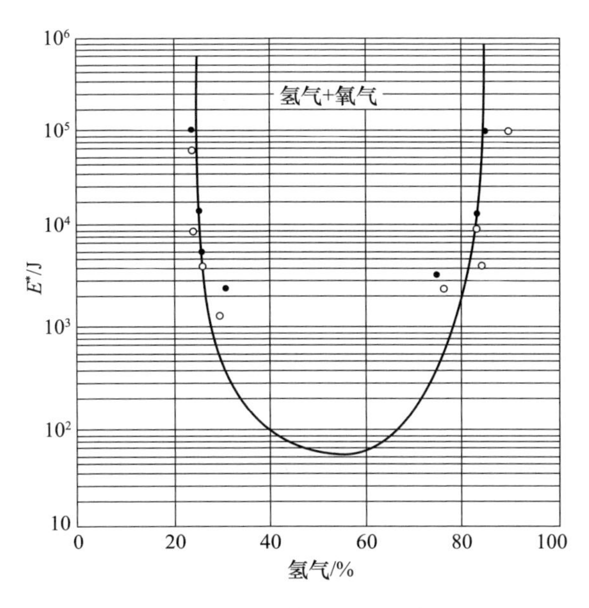

图 7.27 球形起爆能量与氢气和氧气混合物中氢气体积分数的关系
实心点—起爆;空心点—无起爆。

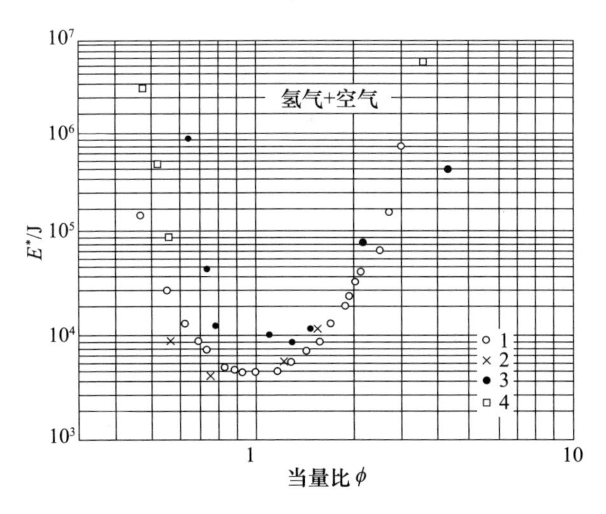

图 7.28 室温和大气压下氢气及空气混合物中的
球形起爆能量与当量比 ϕ[1,14,33-35]

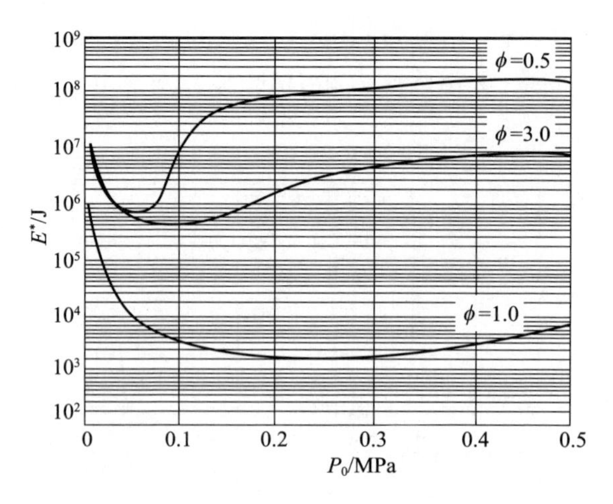

图 7.29 初始压力对 HAM 起爆临界能量的影响

7.10 含氢双组分可燃气体混合物中的爆炸

由于含碳氢化合物的含氢混合物可用于发动机,因此,研究可燃复合燃料中空气和氧气混合物中的爆速是很有意义的。关于氢气、甲烷和氧气,氢气、丙烷和氧气的计算在文献[38]中进行,如图 7.30 和图 7.31 中的在爆速(D)/当量比(ϕ)坐标系所示。可以看出,各种复合三元混合物和简单二元混合物之间的爆速差别不大[4,5,7,12-59]。

关于气体混合物爆炸的可用信息,通常包含与单个可燃(分子)物质(氢、烷烃、芳香烃等)的空气和氧气混合物中爆炸参数的描述是不存在的,因为使用了各种可燃气体混合物[27,43-51]。

对于具有类似性质的气体混合物(丙烷和丁烷[39,48]、MAPP 和气体[49]及轻烃长馏出物[50]等),其组分及其混合物的爆炸参数之间的差异不大。但是,使用的可燃气体混合物具有不同的爆炸参数,如不同的爆炸浓度限值、氢和烃(HH)或氢和碳氧化物(HCO)等复合混合物。

自从喷气发动机用吸热燃料(EF)被开发出来,HH 混合物就变得越来越受关注[43,46-47]。自相矛盾的术语“吸热燃料”涉及由于进入燃料成分的重烃的脱氢或热分解,希望增加其燃料的冷却能力。在燃料进入燃烧室之前,会产生一种中间产物 HH(含循环烃的氢混合物)。

甲醇分解后生成 HCO 混合物,这被认为是内燃机的一种有前景的燃料[44,51]。在核电站的安全问题上,HCO 混合物作为熔融金属和核电站保护外壳

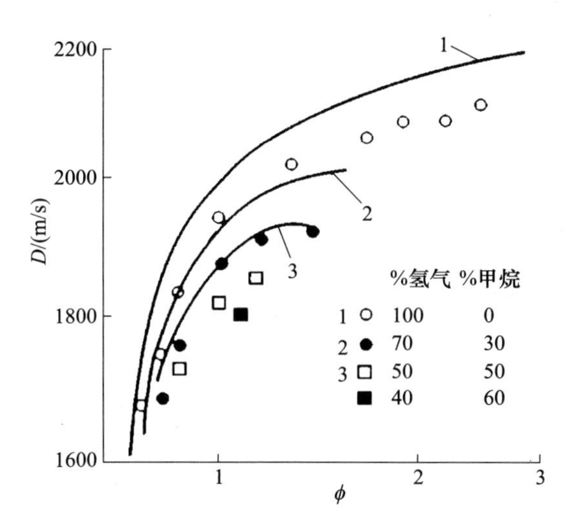

图 7.30 在不同氢气/甲烷比、室温和大气压下，氢气、甲烷和空气混合物的爆速
点—实验数据；曲线—计算数据。

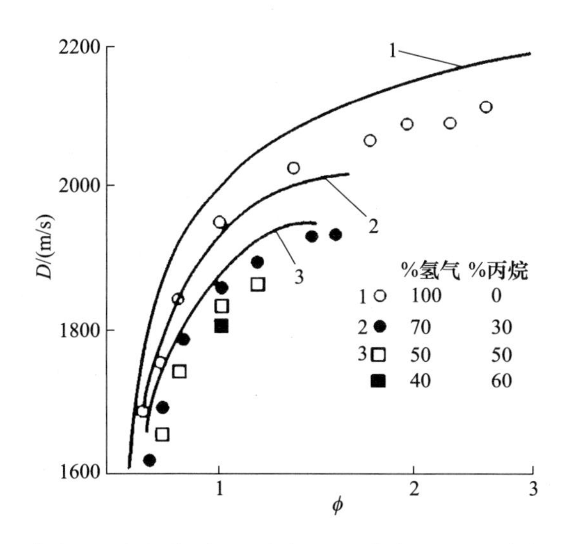

图 7.31 在不同氢气/丙烷比值、室温、大气压下，氢气、丙烷和空气混合物中的爆速
点—实验数据；曲线—计算数据。

材料反应的可能产物也引起了人们的兴趣。

图 7.32 给出了在不同氢含量下一氧化碳、氢气和空气化学计量混合物中爆炸胞格宽度的实验数据[55]，并给出了一些二元可燃混合物与空气在大气压下的爆炸能力的概念。

图 7.33 显示了一氧化碳、乙烯和空气化学计量混合物的类似关系。结果表

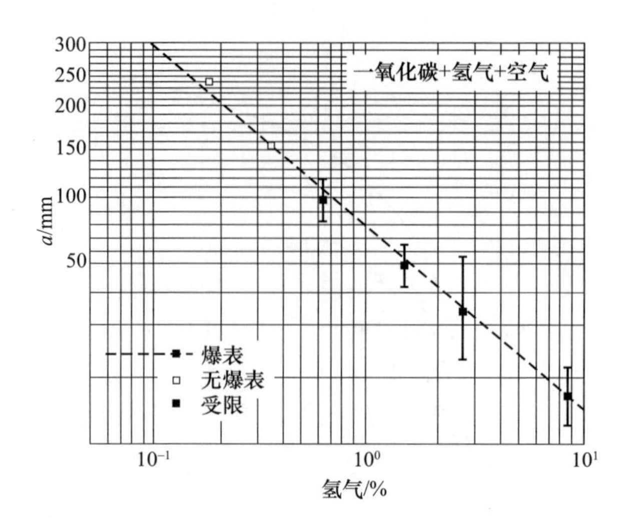

图 7.32　不同化学计量比的一氧化碳和氢气和空气混合物中的爆炸胞格尺寸

明,在一氧化碳和空气混合物中加入氢气或乙烯会减小爆炸胞格的尺寸。在所研究的混合物中,氢气或乙烯存在有可能爆炸的最小含量。

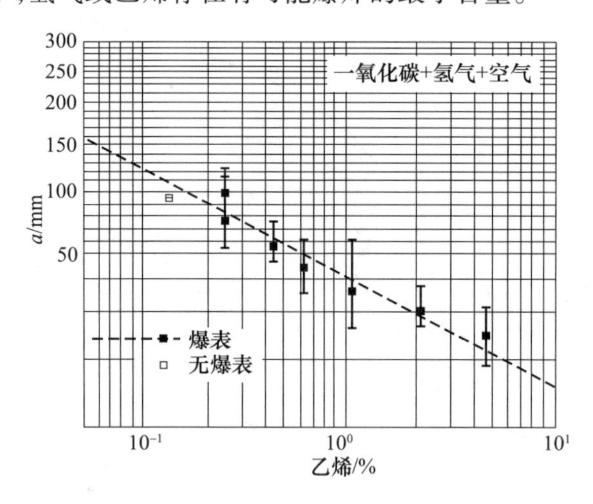

图 7.33　爆炸胞格尺寸与一氧化碳、乙烯和空气混合物中乙烯含量的关系

考虑确定二元可燃气体燃料和空气混合物中爆炸浓度限值的方法。HCO 混合物中爆炸极限的计算可以使用一维 Zeldovich 模型进行,该模型考虑了与管道壁摩擦和热交换引起的能量损失[27]。

图 7.34 显示了氢与碳氧化物和空气混合物的爆炸半岛的计算形状。可以看出,在含有 30%~40% 一氧化碳的混合物中,少量的氢会使爆炸传播。在直径为 41mm 的圆管中,计算结果与实验数据吻合良好。

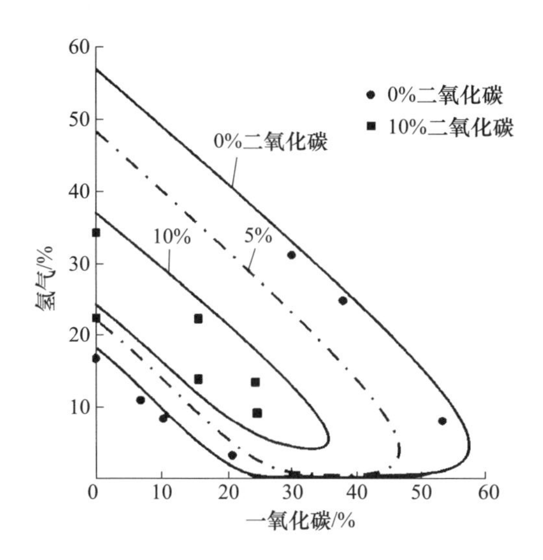

图 7.34 氢气、一氧化碳、二氧化碳和空气混合物中的爆炸区域

曲线—基于 Zeldovich 爆炸模型的能量损失计算；点—爆炸在直径 41mm 的管道中的传播。

7.11 三元混合物的爆炸极限

不需要像文献[27]中那样耗时的计算，就可以得到接近上述的结果。可燃气体混合物火焰传播极限变化的具体特征是众所周知的，假设这种混合物含有 n 种化合物，每种物质的浓度为 φ_n，其火焰传播下限为 φ_{n1}，过程遵循勒夏特列定律[58]。

图 7.35 是根据勒夏特列定律，在空气中绘制的一氧化碳爆炸图：

$$\varphi_n \Sigma_1 \sum_n \left(\frac{\varphi_n}{\varphi_{n1}}\right) = \sum_n \varphi_n \tag{7-7}$$

式中：$\varphi_n \Sigma_1$ 为混合气的实验燃烧极限。

对于二元气体混合物，在笛卡儿坐标系 $\varphi_{n1}-\varphi_{n2}$ 关系图中，混合物火焰传播极限处隔开 φ_{11} 和 φ_{21} 的截面的直线。

对于稀有气体（式(7.7)）定律的有效性已经反复证明。相反，大多数情况下，火焰传播的上限满足条件（式(7.7)）是一个例外。原因有很多：其中一种成分的火焰冷却、选择性扩散等。氢气和一氧化碳、氢气和甲烷、氢气和丙烷、氢气和乙烯混合物与空气的燃烧符合勒夏特列定律[51]。

图 7.35 所示为根据勒夏特列定律绘制的氢气、一氧化碳和空气混合物的爆炸边界 Ω。这些边界与计算直径为 41mm 的爆炸波的边界一致，并通过在该管

中进行的实验进行了部分验证。

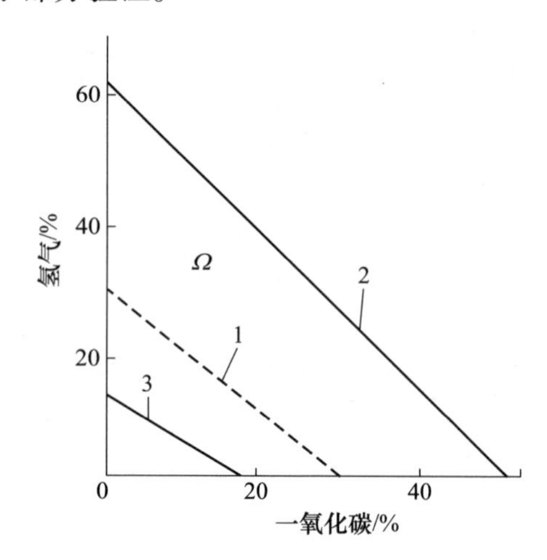

图 7.35 根据勒夏特列定律绘制的氢气、一氧化碳和空气混合物的爆炸边界[58]

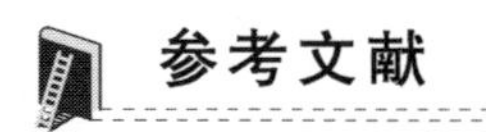

参考文献

1. R. Atkinson, D.C. Bull, P.J. Shuff, Initiation of spherical detonation in hydrogen/air. Combust. Flame 39, 287–300 (1980)
2. C.K. Westbrook, Hydrogen oxidation kinetics in gaseous detonation. Combust. Sci. Technol. 29, 67–81 (1982)
3. C. Westbrook, Chemical kinetics of hydrocarbon oxidation in gaseous detonations. Combust. Flame 46, 191–210 (1982)
4. I. Glassman, *Combustion*, 3rd edn. (Academic, San Diego, 1996), p. 631, CA, US
5. A. Teodorczyk, Limits of steady propagation of hydrogen deflagrations and detonations.2nd European Summer School on Hydrogen Safety, Belfast, 2007
6. J.C. Krok, Jet initiation of deflagration and detonation. Ph.D. thesis, Caltech Institute, Pasadena, 1997, 190 p.
7. D.C. Bull, J.E. Elsworth, P.J. Shuff, E. Metcalfe, Detonation cell structures in fuel/air mixtures. Combust. Flame 45, 7–22 (1982)
8. A.A. Vasil'ev, M.E. Tochiyan, V.Yu. Ul'yanitskii, Effects of initial temperature on gas-detonation parameters. Combust. Explos. Shock Waves 15(6), 815–818 (1979)
9. W.A. Straus, J.N. Scott, Experimental investigation of the detonation properties of $H_2 + O_2$ and $H_2 + NO_2$ mixtures. Combust. Flame 19, 141–143 (1972)
10. J.E. Shepherd, Deflagration to detonation transition loads,in *Proceedings of PVP- IS-PVT211*. ASME Pressure Vessels and Piping Conference, 2006
11. J.E. Shepherd, Pressure loads and structural response of BNL high temperature detonation tube. RPI Technical Report A-3991, 1992
12. R.A. Strehlow, C.D. Engel, Transverse waves in detonations: structure and spacing in $H_2 + O_2$, $C_2H_2 + O_2$, $C_2H_4 + O_2$, and $CH_4 + O_2$ systems. AIAA J. 7, 492–496 (1969)
13. D.W. Stamps, S.R. Tieszen, The influence of initial pressure and temperature on hydrogen-air-diluent detonations. Combust. Flame 83, 353–364 (1991)
14. C.M. Guirao, R. Knystautas, J. Lee, W. Benedick, M. Berman, Hydrogen-air detonations.

Proc. Combust. Institute 19, 583–590 (1982)
15. S.R. Tieszen, M.P. Sherman, W.B. Benedick, J.E. Shepherd, R. Knystautas, J.H.S. Lee, Detonation cell size measurements in hydrogen-air-steam mixtures. Progr. Astron. Aeron. 106, 205–219 (1986)
16. W.B. Benedick, R. Knystautas, J.H.S. Lee, Large-scale experiments on the transmission of fuel-air detonations from two-dimensional channels. Progr. Astron. Aeron. 94, 546–555 (1984)
17. G. Ciccarelli, T. Ginsberg, J. Boccio, C. Economos, K. Sato, M. Kinoshita, Detonation cell size measurements and predictions in hydrogen-air-steam mixtures at elevated temperatures. Combust. Flame 99, 212–220 (1994)
18. H.D. Ng, Y. Ju, J.H. Lee, Assessment of detonation hazards in high-pressure hydrogen storage from chemical sensitivity analysis. Int. J. Hydrogen Energy 32(2), 93–99 (2007)
19. H.D. Ng, J.H. Lee, Comments to explosion problems to hydrogen safety. J. Loss Prevention Process Industries 21(2), 135–146 (2008)
20. D.W. Stamps, S.E. Slezak, S.R. Tieszen, Observations of the cellular structure of fuel-air detonations. Combust. Flame 144, 289–298 (2006)
21. G. Ciccarelli, T.G. Ginsberg, J.L. Boccio, The influence of initial temperature on the detonability characteristics of hydrogen-air-steam mixtures. Combust. Science Technol. 128, 181–196 (1997)
22. Z.M. Shapiro, T.R. Moffette, Hydrogen flammability data and application to PWR loss-of-coolant accident. Report WAPD-SC- 545, Bettis Plant, 1957
23. B. Lewis, G. Von Elbe, *Combustion, Flames and Explosion of Gases*, 3rd edn. (Academic, Orlando, 1987), p. 739
24. Reactor Risk Reference Document. NUREG −1150, 1987
25. M.P. Sherman, M. Berman, The possibility of local detonations during degraded-core accidents in the Bellefonte nuclear power plant. Nuclear Technol. 81(1), 63–67 (1988)
26. M.P. Sherman, S.R. Tieszen, W.B. Benedick, FLAME facility. The effects of obstacles and transverse venting on flame acceleration and transition to detonation of hydrogen + air mixtures at large scale. NUREG CR-5275 & SAND 85–1261, 1989
27. A.Y. Kusharin, G.L. Agafonov, O.E. Popov, B.E. Gelfand, Detonability of $H_2/CO/CO_2$/air mixtures. Combust. Sci. Technol. 135, 85–98 (1998)
28. Когарко С.М., Зельдович Я.Б. О детонации газовых смесей//Доклады АН СССР, 1948. Т. 63, № 5. С. 533 (S.M. Kogarko, Ya.B. Zeldovich, On detonation of gaseous mixtures. Doklady AN SSSR 63(5), 533 (1948))
29. A.A. Vasil'ev, V.V. Mitrofanov, M.E. Topchiyan, Detonation waves in gases. Combust. Explos. Shock Waves 23(5), 605–623 (1987)
30. Митрофанов В.В., Солоухин Р.И. О дифракции многофронтовой детонационной волны в газе//Доклады АН СССР, 1964. Т. 159, № 5. С. 1003 (V.V. Mitrofanov, R.I. Soloukhin, On diffraction of multifront detonation wave in gas. Doklady AN SSSR 159(5), 1003 (1964))
31. Зельдович Я.Б., Когарко С.М., Симонов Н.Н. Экспериментальное исследование сферической газовой детонации//ЖТФ, 1956. Т. 26, № 8. С. 1744–1768 (Ya.B. Zeldovich, S.M. Kogarko, N.N. Simonov, Experimental investigation of spherical gaseous detonation. Zhurn. Tehnich. Fiziki 26(8), 1744–1768 (1956))
32. Бохон Ю.А., Шуленин Ю.В. Минимальная энергия инициирования сферической газовой детонации некоторых смесей водорода//Доклады АН СССР, 1979. Т. 245, № 3. С. 623–626 (Yu.A. Bokhon, Yu.V. Shulenin, Minimum spherical gaseous detonation initiation energy for certain hydrogen mixtures. Doklady AN SSSR 245(3), 623–626 (1979))
33. V.I. Makeev, Yu.A. Gostintsev, V.V. Strogonov, Yu.A. Bokhon, Yu.N. Chernushkin et al., Combustion and detonation of hydrogen air mixtures in free spaces. Combust. Explos. Shock Waves 19(5), 548–550 (1983)
34. Адушкин В.В., Гостинцев Ю.А., Фортов В.Е. Энергетические характеристики взрыва и параметры ударных волн в воздухе при детонации водородсодержащих

облаков в свободной атмосфере//Химическая физика, 1995. Т.14, № 6. С. 59–102 (V. V. Adushkin, Yu.A. Gostintsev, V.E. Fortov, Energetic characteristics of explosion and shock wave parameters in air at detonation of hydrogenous clouds in free space. Himicheskaya Fizika14(6), 59–102 (1995))
35. W.B. Benedick, C.M. Guirao, R. Knystautas, J.H. Lee, Critical energy for the direct initiation of detonation in gaseous fuel-air mixtures. Progr. Asronaut. Aeronaut. 106, 181–202 (1986)
36. Detonation Database. http://www.galcit.caltech.edu/detn_db/html/ db.html
37. J.H.S. Lee, A.J. Higgins, Comments on criteria for direct initiation of detonation. Phil. Trans. R. Soc. Lond. A. 357, 3503–3521 (1999)
38. T. Niioka, K. Takita, On the detonation behavior of mixed fuels. Shock Waves 6, 61–66 (1996)
39. D.C. Bull, Concentration limits to the initiation of unconfined detonation in fuel + air mixtures. Trans. I. Chem. Eng. 57, 219–227 (1979)
40. M. Berman, The effects of scale and geometry on hydrogen-air detonation. Report SAND 85–0171, 1985
41. W. Jost, H.G. Wagner, Influence of various parameters on initiation, stability and limits of detonation. AFOSR 78–3587, 1979, AFOSR 79-0117A, 1981, AFOSR 73–2541, 1978
42. C.K. Westbrook, P.A. Urtiew, Chemical kinetic prediction of critical parameters in gaseous detonations. Proc. Combust. Inst. 19, 615–623 (1982)
43. L. Maurice, T. Edwards, J. Griffits, Liquid hydrocarbon fuels for hypersonic Propulsion. Progr. Astron. and Aeron, in *Scramjet propulsion*, ed. by E.T. Curran, S.N.B. Murphy, vol. 189 (AIAA, NewYork, 1999), pp. 757–822
44. J.M. Austin, J.E. Shepherd, Carbon monoxide detonations, in *CD-ROM Proceeding of 17th ICDERS*, Paper № 79, Heidelberg, 1999
45. A. Teodorczyk, A. Dobkowski, Suppression effectiveness studies of inert gases, halons and halon-alternative agents on detonation, in *CD-ROM Proceeding of 17th ICDERS*, Paper № 225, Heidelberg, 1999
46. L.S. Yanovski, V.A. Sosunov, Y.M. Shikman, The application of endothermic fuels for high speed propulsion systems, in *Proceedings of the 13-th Symposium (Int.) on Air-Breathing Engines*, vol. 1 (AIAA, New York, 1997), pp. 59–69, AIAA
47. L.S. Yanovski, Endothermic fuels for hypersonic aviation, in *Proceedings of AGARD Conference on Fuels and Combustion Technology for Advanced Aircraft Engines* . AGARD CP-536, 1993, pp. 44.1–44.8
48. A.A. Borisov, S.A. Loban', Detonation limits of hydrocarbon-air mixtures in tubes. Combust. Explos. Shock Waves 13(5), 618–621 (1977)
49. W.B. Benedick, J.B. Kennedy, B. Morosin, Detonation limits of unconfined hydrocarbon-air mixtures. Combust. Flame 15(1), 83–84 (1970)
50. W. Bartknecht, *Explosions* (Springer, Berlin/Heidelberg/NewYork, 1981), p. 251
51. G.A. Karim, I. Wierzba, S. Boon, Some considerations of the lean flammability limits of mixtures including hydrogen. Int. J. Hydrogen Energy 10(1/2), 117–122 (1985)
52. H. Jang, R. Knystautas, J.H. Lee, in *Research of Flammabililty Limits of Hybrid Mixtures*, vol. 105, ed. by J.R. Bowen, J.-C. Leyer, R.I. Soloukhin. Progress in Aeronautics and Astronautics (AIAA, New York, 1986), p. 2, pp. 155–168
53. Борисов А.А., Гельфанд Б.Е., Лобань С.А., Маилков А.Е., Хомик С.В. Исследование пределов детонации топливовоздушных смесей в гладких и шероховатых трубах//Химическая физика, 1982. Т.2, № 6. С. 848–853 (A.A. Borisov, B.E. Gelfand, S.A. Loban', A.E. Mailkov, S.V. Khomik, Investigation of fuel-air mixtures detonation limits in smooth and rough tubes. Himicheskaya Fizika 2(6), 848–853 (1982))
54. A.A. Vasilev, Yu.A. Nikolaev, V.Yu. Ul'yanitskii, Critical energy of initiation of a multifront detonation. Combust. Explos. Shock Waves 15(6), 768–775 (1979)
55. J.M. Austin, J.E. Shepherd, Detonations in hydrocarbon fuel blends. Combust. Flame 132, 73–90 (2003)
56. A. Teodorczyk, Mitigation of hydrogen-air detonations. First European Summer School on Hydrogen Safety, Belfast, 2006

57. J.H. Lee, Explosion hazards of hydrogen-air mixtures. First European Summer School on Hydrogen Safety, Belfast, 2006
58. B.E. Gelfand, Detonation limits of air mixtures with two-component gaseous fuel. Combust. Explos. Shock Waves 38(5), 581–584 (2002)
59. N. Chaumeix, S. Pichon, F. Lafosse, C.E. Paillard, Role of chemical kinetics on the detonation properties of hydrogen/natural gas/air mixtures. Int. J. Hydrogen Energy 32(13), 2216–2226 (2007)

第8章　爆炸区域的无冲击和自发起爆

燃料空气混合物中的自发起爆过程可分为以下两类：

(1) 爆燃到爆炸转变(DDT)；

(2) 遵循 Zeldovich 梯度机制(通过相干能量释放放大冲击波)的非均匀混合物中的起爆和爆炸过程。

8.1　爆燃到爆炸转变

最具破坏性的爆燃状态通常是从普通火焰传播发展而来的[1]。在小直径长管[2-10]中进行的 DDT 研究表明,爆燃波是在爆燃前沿起始和由于火焰加速而形成的领先冲击波形成的。爆炸波通常是由湍流混合物中的局部爆炸引起的,而燃烧区与起爆区之间的距离 L_d(预爆区长度)则是许多研究的关注点。

化学计量下氢气和空气混合物(氢气含量高达 50%)的 L_d 与管直径 d 的关系可在文献[1,11]中找到。图 8.1 给出了与弱火花点火的 L_d 值相对应的阴影区 1。当使用更强大的起爆剂(烟火装药)时,预爆区减小,如图 8.1 中的曲线 2。

粗糙壁管内的流动混合过程对火焰前沿预爆炸加速度起主导作用[6-7,12-13]。粗糙壁并不是唯一可能的湍流混合促进方式。惰性颗粒在一定体积内的分散会导致预爆距的缩短。

根据文献[14]中获得的数据,图 8.2 说明了预爆区长度随着 80mm 惰性颗粒质量浓度的增加而减少,这些颗粒是分散在含氢混合物体积中的砂粒。水蒸气凝结导致混合物体积中的水滴悬浮也增加了爆燃到爆炸转变的概率。

实验数据[15]表明,随着混合物几何尺寸的增加,由于预爆炸区长度的减小和氢浓度值的扩大,DDT 的概率增加。过渡长度可以是填充可燃混合物的管道的 1 个或 2 个特征尺寸。在实验中,在氢气含量超过 15% 的混合物中可观察到 DDT。数据是使用“FLAME”实验设备获得的,管道尺寸为 1.83m × 2.44m × 30.5m。在小型实验设施“Mini flame”(0.13m × 0.13m × 1.2m)中进行的实验导致了更高(约 30%)的氢气浓度限值。结果表明,预爆距离值不能作为含氢混合物的特征值,更不能用于专业评估。

虽然 DDT 的关键参数可以得到,但还没有一个已知的模型能够充分描述

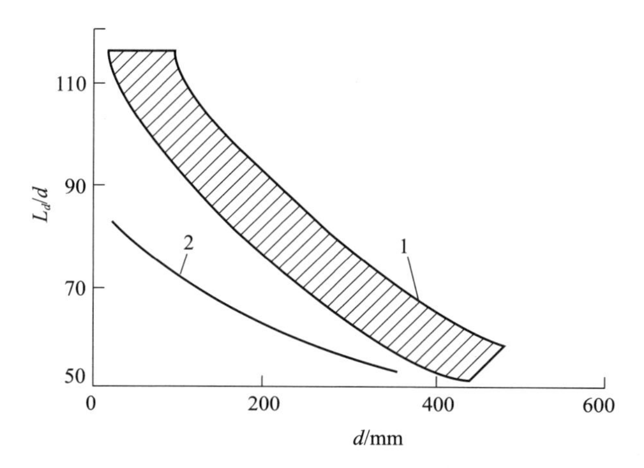

图 8.1 预爆区 L_d/d 的相对长度与管径的关系

1—弱启动器(火花);2—强启动器。

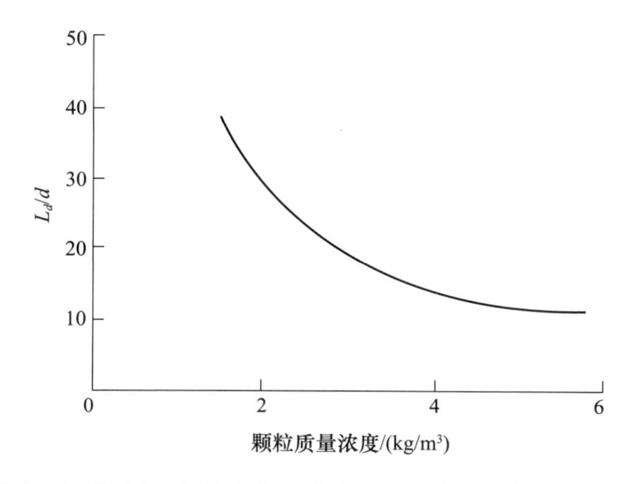

图 8.2 相对预爆炸区长度 L_d/d 与 80mm 惰性颗粒质量浓度的关系

DDT 过程的所有阶段。首先,可燃混合物应满足允许爆炸传播的条件(成分、几何形状、初始热力学参数),此外,还需要一种高效的火焰加速机制,最后,还要对起爆和爆炸的演化机制创造条件,这是非常重要的。

最有效的火焰加速机制是发展大规模的燃烧前缘曲率[16]。锋面曲率是由湍流燃烧前沿和压力扰动(泰勒不稳定性[17])之间的多重相互作用或火焰与周期性放置的大规模障碍物的相互作用形成的。

在光滑管中可以观察到前缘曲率发展的第一种情况(对该过程详细研究的一个例子是湍流锋面的稳定性分析[18]),在第二种情况下,前缘曲率发展的特征取决于障碍物之间的距离，在极限情况下，障碍物可以作为在可燃混合物中形成一系列湍流射流的连续孔口[19]。

8.2 有障碍物管道内火焰加速过程的研究

本节重点放在有障碍物的管道中的火焰加速研究[16]。这个过程的一些变化(点火后火焰加速；经过几个障碍物后，火焰要么熄灭，要么达到稳定的恒速)被记录下来。在接近混合物混合极限中可以观察到自熄模式(氢和乙炔混合物除外)，这可以通过热燃烧产物与冷试剂的快速湍流混合来解释[20]。

对于有障碍物的管内准稳态燃烧波传播速度，由于火焰加速度而得到的速度取决于混合物成分、管道尺寸和障碍物几何形状。图8.3[16]显示了直径为5～30mm 的管子中 HAM 的这种依赖性，实验中的堵塞率 BR =0.39～0.43。

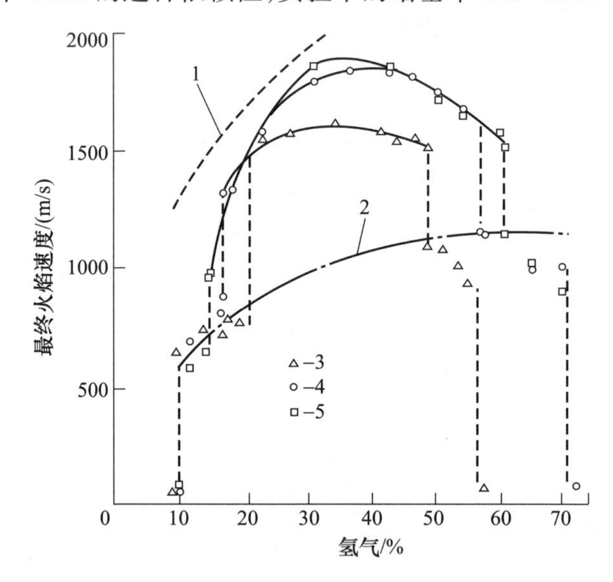

图8.3 在有障碍物的管道中，最终火焰速度与氢气和空气混合物中氢气体积分数的变化

1—C－J 速度；2—等压声速；3—5cm 直径管，BR =0.43；4—15cm 直径管，BR =0.39；5—30cm 直径管道，BR =0.43[16]。

观察到以下典型的燃烧速度：稀薄混合物中速度约为每秒几十米的湍流爆燃模式；“声音”爆燃模式，速度为 800～1000m/s 的高速爆燃，当相对于反应产物下燃烧前沿随局部声速移动时，速度谱超过 1100m/s，但比 C－J 爆速小200m/s 的“准爆炸”模式。与热力学定义值相比，准爆炸模式速度亏损是由于与壁面和障碍物相互作用引起的冲量损失。

当火焰离开管道的阻塞部分并到达光滑部分时，各种火焰传播模式都是可能的(图8.4)[16]。在有障碍物的圆管内，当爆燃模式为“声音”时，火焰传播要么急剧减慢到一个相对缓慢的恒速，要么前沿再加速到接近爆速值，这是在减速带之前观察到的。在这种情况下，重燃区域较大；对于直径为50mm的管子，约为1m。对于准爆炸模式，爆燃波在离开有障碍物的圆管进入光滑管时迅速加速到爆速。

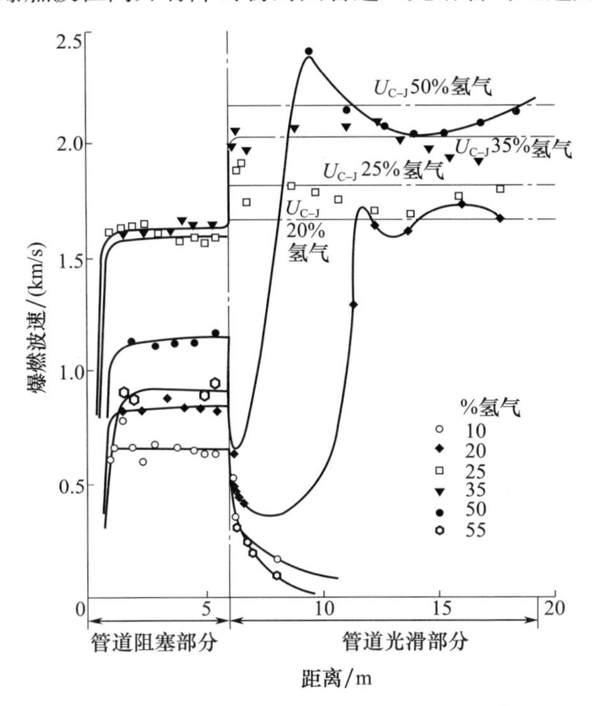

图8.4　在直径为50mm的管子中，HAM下爆炸波速度与距离的关系[16]

根据文献[16,21]中给出的判据，当圆管直径大于爆炸胞格尺寸($d>a$)时，光滑长管内会发生DDT。在这种情况下，过渡长度超过管直径的10倍，因此，该标准仅适用于长管。该准则需要强调维持爆炸传播的最小管径($d^*=a/\pi$)与能够实现DDT的最小管径($d=a$)之间的差异。

上述DDT标准是在长管$a/d<1$(直径为5～30cm的管子)中进行实验得到的，同样，BR=0.43。这一标准的一般性及其值是模糊的。对于具有其他几何参数的管道，应谨慎使用此关系。然而，所考虑的条件都支持这样一个结论：DDT随着混合物几何尺寸的增加而增加。

管道爆燃前相对长度的值不能被视为DDT的普遍特征，但它对工程实际和专家评估很有意义。与此相关，图8.5～图8.8中给出了用于确定L_d/d的一组经验关系[22]。

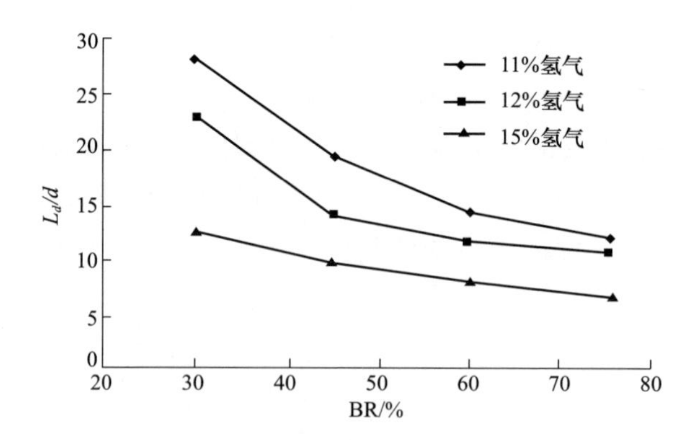

图 8.5　相对 HAM 下预爆燃区长度与堵塞比 BR 的关系($P=0.1$MPa)

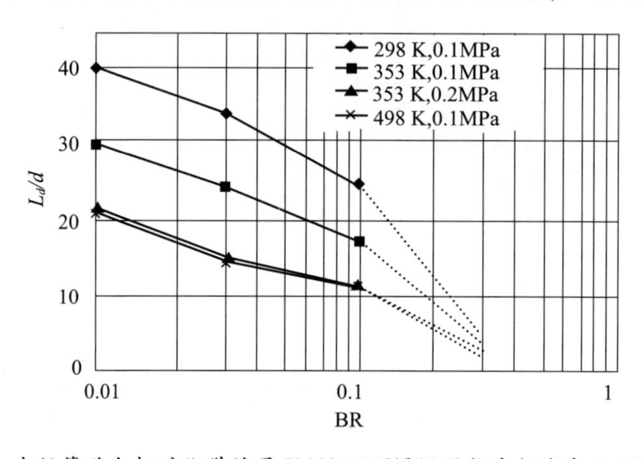

图 8.6　100mm 直径管道内相对化学计量 HAM 下预爆燃区长度与堵塞比 BR 和温度的关系

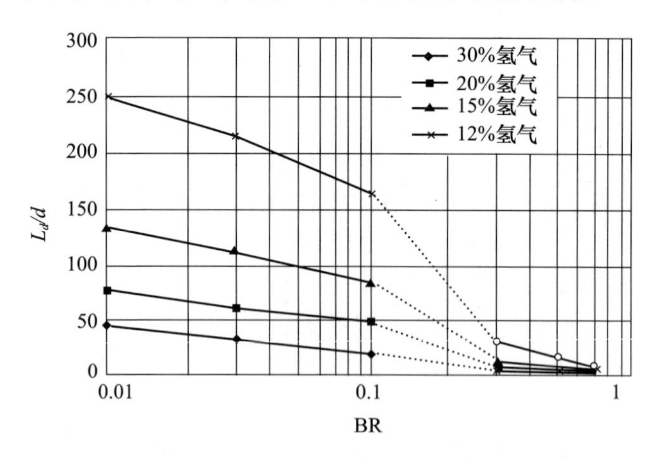

图 8.7　在直径为 100mm 的管道中,相对 HAM 预爆燃区长度
与堵塞率 BR 的关系($P=0.1$MPa,$T=298$K)

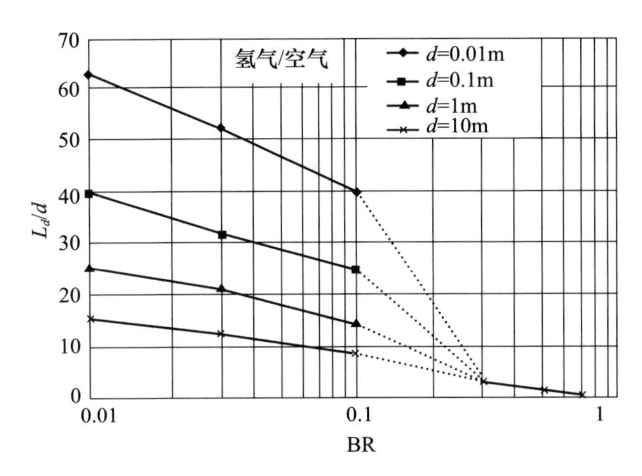

图 8.8　不同直径管道中相对化学计量比 HAM 预爆燃区长度与堵塞率 BR 的关系($P=0.1$MPa,$T=298$K)

为了进行初步估计,使用[22]中的关系式确定预爆长度值,即 BR 在 0.3 ~ 0.75 的范围内,$L_d/d=a(1-\text{BR})[1+b\cdot\text{BR}]^{-1}$,经验系数 $a=2$ 和 $b^*=1.5$,障碍物的位置 $d=H$,H 在 $0.5d$ ~ $1.5d$ 范围内时障碍物间距对 L_d/d 影响不大。

8.3　爆炸环境中无冲击(轻度)起爆的替代条件研究

燃烧理论尚未解决的一个基本问题是低速爆燃模式自发转变为爆燃 DDT 的条件和机理。这个问题对于氢和空气混合物非常重要,特别是对于 DDT 面积和 DDT 处发生的结构荷载的问题。

由于缺乏完整的理论模型和现有概念的不确定性,人们不得不进行更多的大规模测试,但不幸的是,所有这些测试都没有得出全面的结论。同时,传统的燃烧模型概念无法解释某些动力学现象及其结果。

对这些事故的解释和探索性研究揭示了一种令人担忧的可能性,尤其是一种没有外部起爆剂但发生了无冲击 DDT 的实际现象。目前,有种假设是 DDT 不是由超声速能量释放引起的,如 HE 爆炸(强大的炸药爆炸或气体/非均质混合物的供体体积爆炸)。很明显,关于潜在自发或强制 DDT 加速的信息具有工程实际价值(如防爆问题、电厂运行)。

将传统的 DDT 模式划分为爆炸区和爆燃区是有条件的,并且基于燃烧波自传播机理。但这样的划分在极端的变化下并没有提供模式之间的边界。

此外,实际单纯比较爆炸和爆燃的研究会相当主观,往往是不合理的,将燃烧理论划分为两个弱相关的子理论。因此,过渡速度现象及其后果尚未得到充分的研究。由于过渡现象的复杂性及其与初始条件的多参数关系，得到的 DDT 数据范围很广，有时甚至不一致。有些错误是由于记录设备的缺陷或忽略了可燃混合物行为的不明显特征而造成的。

使用燃烧过程的实际经验表明，有必要找到更有效、不危险的能量释放方法。由于初始条件越来越苛刻，工程装置的尺寸越来越小，因此，有必要找出可达到的爆燃波参数（压力、温度），以及它们与试剂组成、反应性以及促进/抑制添加剂的关系。

传统研究现象链：火焰加速→燃烧前沿前方的压力波/波列加强→在燃烧前沿（但在领先压缩波之后）的自燃并不总能获得令人信服的 DDT 图片。当它用于氢/乙炔混合物燃烧时，这种链条是合理的，但它不适用于大多数碳氢化合物混合物。打破或削弱燃烧区 - 压力波反馈会明显阻碍无冲击 DDT 现象的可能性，但并不排除这种可能性。

8.4 温度和浓度不均匀性对无冲击激波起爆的影响

通常，DDT 过程是基于一个默认假设，即系统中没有空间温度或浓度的试剂梯度。但是，Y. B. Zeldovich 指出，在正常 DDT 条件下，由于气体混合物中分子的混沌运动，存在温度和浓度不均匀性（TCN）的可能性[23]。在现实生活中，事故会导致化学混合物的释放，从而产生具有温度和浓度变化的临时构型，表现为初始产物或不完全化学转化的半成品，特定功率调节装置的运行也会导致强制形成 TCN。

在液体喷射发动机的燃烧区，TCN 区域出现最多。由于广泛使用的化油器方案，在燃烧室/气体发生器的喷嘴附近有一个空间，初始成分逐渐消失，气体温度升高[24]。

另一个广泛使用的设备是压缩机，其中存在温度不断升高的气体区域。由于冷网格和气缸的周期性排空/填充，内燃机（ICE）中形成了分布在整个体积、温度和燃料/半成品浓度的热点（HS）[25]。燃料成分的电离辐射可能是混合物成分不均匀性的主要来源。活性粒子的浓度可能沿射线变化，这可能会影响爆炸运动。当忽略温度/浓度分布的真实图像和 HS 作用时，分析中就排除了一个重要的气体动力不稳定性因素（压力扰动/燃烧过程相互作用无关）。可以假设，TCN 可能是有时会观察到的以下现象的一个原因。

（1）液体发动机燃烧室内的周期性强压力脉冲[24]。

（2）内燃机在高压缩水平下的“强”或“冲击”运行模式[25]。

（3）当不完全反应产物和新鲜混合物通过狭窄的管道流入相连的容器时激

发的破坏性压力波[26]。

(4) 部分燃尽燃料的容器排空过程中压力振荡的激发[26]。

TCN 系统的一个特点是具有无冲击起爆或准爆炸复合物(激波前沿和自发火焰)的潜力。TCN 系统最重要的特点是在其内部产生爆炸过程,而在均质混合物中或仅在温度不均匀或仅浓度不均匀的混合物中没有观察到。

要确认超临界尺寸的 TCN 区域是否是燃烧不稳定或爆炸的无冲击源头产生原因,需要进行彻底的参数分析。首先,要考虑管道中燃烧波前和燃烧表面之间的区域内的过程。此外,研究约束面附近的 TCN 带是合理的。

8.5 引起爆燃转爆炸的临界温度和浓度梯度

Y. B. Zeldovich 及其合作者在具有温度梯度的反应性介质中气体流动的数值模拟的工作[27]中,第一次提出了一种新的起爆机理。非均匀混合物自燃产生快速爆炸波的可能性如文献[27]所示,此过程的机理与反应混合物中的诱导时间梯度有关。在接近自燃的条件下,诱导时间的不均匀性可能导致混合物中形成压力波和自发化学反应前沿,其速度由诱导时间分布决定。压力波的快速放大与化学能量释放和气体动力学过程同步发生。与冲击起爆不同,过压缩爆炸阶段没有记录;由于弱波放大效应,爆炸模式由“下方”产生。图 8.9 和图 8.10 给出了根据数值模拟获得的数据下具有初始温度和浓度梯度的混合物中爆炸及发展的示例[28]。

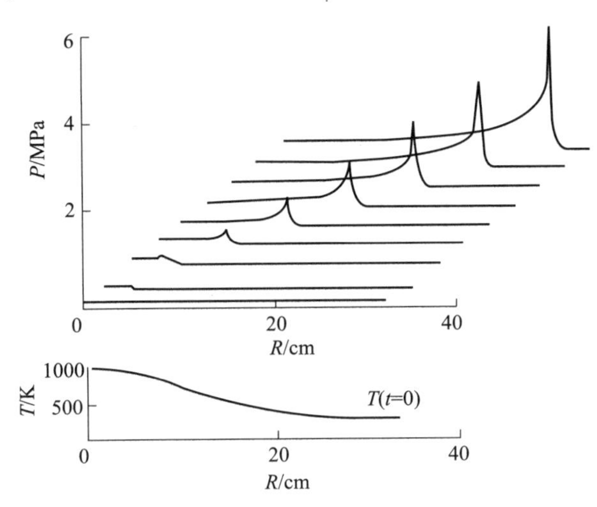

图 8.9 给定温度梯度下氢气和空气混合物自燃时的爆炸形貌

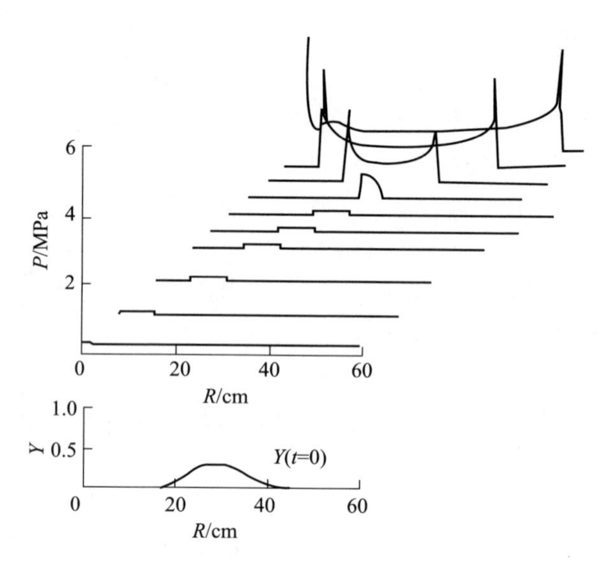

图 8.10　弱压缩波与非均匀浓度的活性添加剂 Y 相互作用产生的爆炸现象

一种新的梯度起爆机理研究[29-36]揭示了非均匀性可能解释爆炸的源头。在一定条件下,混合物的局部加热、少量活性物质的加入或加热气体和燃烧产物的湍流流出,形成了临界混合物不均匀性。

8.6　温度/浓度梯度区域的发生

本节研究操作一些装备或设备来形成温度/浓度梯度的例子。图 8.11(a)显示了沿限制壁滑动的冲击波(SW)后边界层(BL)中温度梯度形成的示例。

冲击波后气体温度增长的另一个例子与压力波穿透阻塞空间有关。阻塞可能来源于飞溅到空间中的颗粒(图 8.11(b))或位于风管壁上的障碍物(图 8.11(c))。随着温度从 T_0升到 T_1,在波前后面,由于与连续体中其他物体的摩擦和热交换,温度像 $T(x)$一样增长。

温度/浓度梯度区域(TCG)形成的另一个例子是加热的爆炸产物(或初始混合物)从管道喷射到开放空间的情况(图 8.11(d))。在边界混合层 3 中,温度和注入物质浓度的不均匀性在流芯 1 和环境 2 之间的横截面上形成,在半径 r 周围,距离为 x_1 和 x_2。

图 8.11(e)给出了 ICE 冷壁附近形成的简化温度梯度系统。燃烧室或 LPE 气体发生器的工作过程发生在沿 x 方向具有温度(T)分布的燃烧区(图 8.11(f))。假设初始产物浓度场(燃烧半产物和燃烧气体)叠加在温度场上。

图 8.11(g)给出了由 HE 炸药爆炸后的温度场 T 和爆炸压力 P 场的特征。在距离 r^* 处,波速超过临界值($U>U^*$)。在更远的距离,波速变成 $U<U^*$。在文献[37]中已经表明:当 $U>U^*$ 时,波前后面的气体温度升高;当 $U<U^*$ 时,它降低,爆炸波后的压力衰减并没有改变信号。

图 8.11(h)显示了火焰加速时火焰前沿(FF)和领先激波前沿(SW)之间的温度与压力分布。热点的形成总是伴随着冲击波或爆炸波的聚焦,以及在凹面或弯曲风管壁附近产生反射冲击波(RSW)(图 8.11(i))。在特定的压力和温度场前面,缓慢的燃烧可能起源于长管、管道或过道(图 8.11(j))。

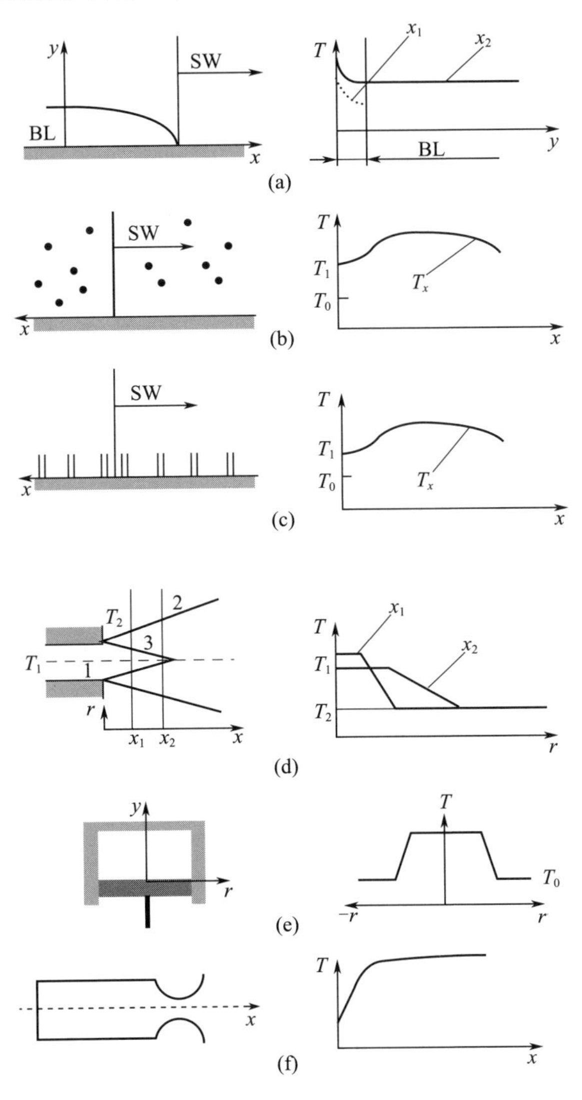

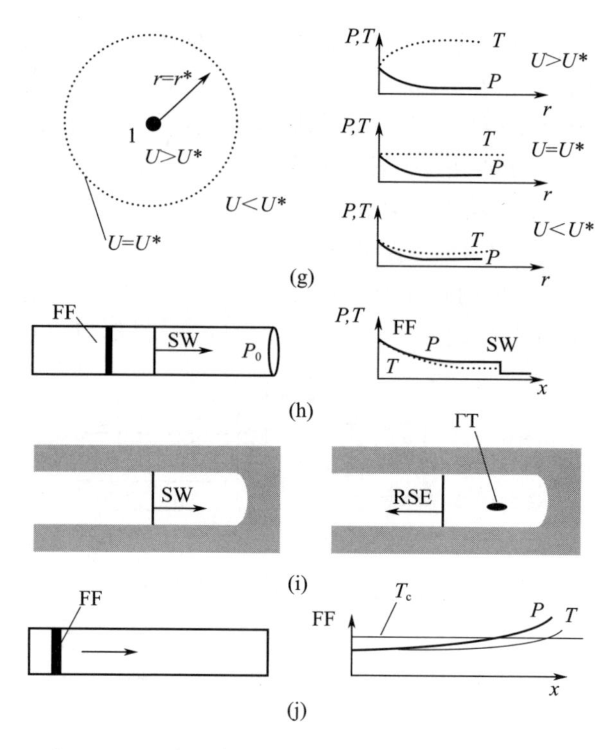

图 8.11　温度和浓度不均匀性示例(T_c为自燃温度)

8.7　自发爆炸过程的起始条件

气体动力学过程和化学能量释放耦合的判据已在文献[36]中给出。实现这些判据会导致压力波放大。在非均匀区域观察到一系列混合物参数(温度和浓度)使得炸药自燃,发展进而产生强大的压力波。爆炸模式产生通用判据的近似形式给出了非均匀区燃烧前沿的自发传播与混合物中速度 U_{sp}和声速 c_0的关系:

$$U_{sp} \approx c_0 \tag{8-1}$$

这些条件引发了非均匀混合气中的自燃爆炸过程,因此,在非扰动混合物区域中,评估了静态起爆的条件[28]。这些条件与非均匀混合区的最小非均匀性尺寸和最小变化能量有关。模拟结果表明,起爆的最小非均匀性尺寸并不取决于非均匀形成自燃爆炸过程的特性,而是由混合物的非扰动区特性决定的。

实验[38]中报告了在紫外线照射下高灵敏度混合物(氢气和氯气、氢气和氧气及氯气添加剂)导致自由基浓度分布不均匀的异常快速爆炸的发生,证明了产生最大振幅冲击波存在最佳辐射强度。文献[38]中提出了冲击波放大梯度机制的一个替代词——SWACER(相干能量释放的冲击波放大)。

有一些混合物的实验,其中参数不均匀是由热燃烧产物的喷射造成的[39]。这种混合物的自燃会导致爆炸波的产生。在低灵敏度空气混合物自由聚集群中获得的实验结果也可以作为 SWACER 的例子,造成起爆的机制[40]。文献为非均匀混合物中压力波的产生和快速放大引起爆炸机制的存在提供了有力的论据,并进行了实验证明。

对直接起爆和爆燃到爆炸转变 DDT 的实验研究的分析[16]中,假设条件是由于梯度机制的存在,爆炸发展的必要条件是在 DDT(局部爆炸)的最后阶段创造的。这些可能发生在反应前沿和领先激波前沿之间的区域(在冲击起始时)。这些结论可作为描述 Y. B. Zeldovich 机制引发爆炸过程的基础。

研究 DDT 过程,在所有情况下,作为爆炸源的混合物区域是明显不同的。这种自引发区形成于燃烧产物与试剂的湍流混合区,与压力波的产生和快速放大相吻合。

第一阶段包括火焰加速和流动混合,这取决于燃烧条件,并形成一个自启动区域。火焰在窄管内传播、大体积燃烧或障碍物的影响或固体或液体颗粒物的积聚等都可能发生充分的混合。

第二阶段包括在自爆区的爆炸过程发展。对于爆炸起爆,应满足两个必要条件:在发生自燃的情况下形成湍流混合区,并根据梯度机制将自起爆区域扩大到足以使爆炸发生的尺寸。自起爆区域内的爆炸发展过程发生在比混合物体积特征尺寸更小的尺寸上,导致燃烧时发生局部爆炸。

8.8 自爆炸发生最小距离的估算

根据文献[28]的计算结果,文献[41]提出了估算允许自发爆炸发生的最小距离(混合物尺寸)L_m的经验公式 $L_m=7a$。

图8.12 给出了燃烧产物湍流射流引发爆炸的实验数据和大体积(但不是长管中)DDT 过程的数据,其形式为诱导爆炸的非均匀特征尺寸 L_m 和横向胞格尺寸 a 之间的公式关系。在实验 1~5 中,形成湍流射流的入口喷嘴的直径为 L_m;在实验 6 中,它是设备圆顶的尺寸,在实验 7~9 中,则是宏观不均匀导致爆炸的最小体积尺寸,实验数据与 $L_m=7a$ 一致。

上述起爆最小距离 $L_m=7a$ 的评估与文献[16,21]中给出的判据不同。这些判据将 DDT 过程的最小管径与由 $d>a$ 确定的混合物爆炸胞格尺寸联系起

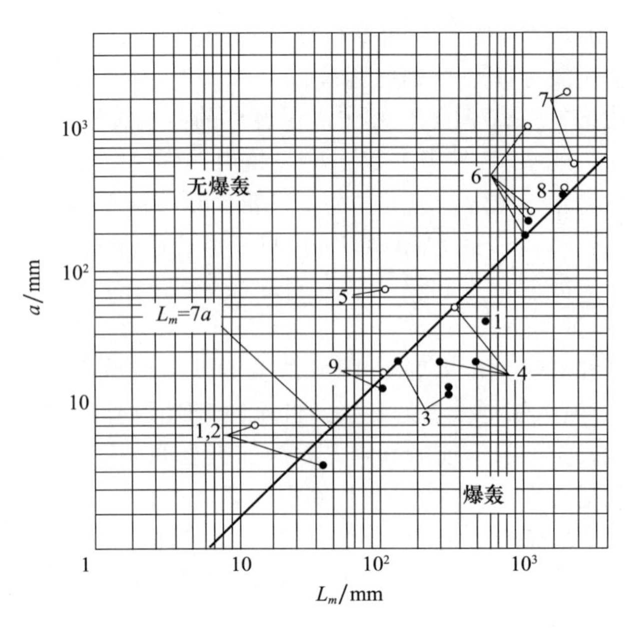

图 8.12 引起爆炸的湍流射流特征尺寸与混合物爆炸胞格尺寸的经验关系
1—引自文献[42]；2—引自文献[39]；3—引自文献[43]；
4—引自文献[44]；5—“Koper”设施 IAE；6—引自文献[45]；
7—引自文献[46]；8—引自文献[15]；9—引自文献[47]。

来。这种差异的原因是：L_m值为燃烧过程升级或其他因素作用导致的不均匀性（自爆区）的特征尺寸。

在长管中燃烧时形成的不均匀长度超过了管直径，因此，爆炸过程在超过管直径的距离处发生。公式 $L_m=7a$ 似乎是一个通用的关系，因为它包含了可能的自发爆炸过程的谱。

氢和空气与水蒸气混合物的 L_m距离计算数据表明，贫混合气和高水蒸气含量混合物的 L_m值为几米。当混合气的特征体积超过相应的 L_m值时，由自起爆或DDT 引起的爆炸过程是可能的。

含氢混合物爆炸的潜在危险影响可根据空间内可能的混合物成分和该空间的大小进行评估。这种评估的关键问题是在任何情况下，包括不利条件下，得到给定成分混合物在已知体积内的爆炸发生潜力，进行的评估是在不可能发生爆炸的情况下挑出一些案例。

公式 $L_m=7a$ 是近似值，只能用于估算。通过对自起爆过程的数值模拟和实验模拟，确定 L_m值与混合物爆炸特性（如最小起爆能量、爆炸胞格尺寸）之间的关系。

8.9 危险 TCG 形成物的几何约束及伴随自爆的压力效应

分析热点(HS)及其产生的过程非常重要,这不仅是因为 TCG 的尺寸,还因为它们在足够的条件下,由温度和浓度梯度引起的各种自爆模式,使热点变得非常危险。评估潜在的自爆压力效应是非常重要的。到目前为止,已经对温度不均匀性进行了分析。先考虑一个具有温度变化线性分布的 HS 的简单情况:

$$T(x)=T_1(1-\xi x),0<x<l_1,l_1=\mathrm{HS} \tag{8-2}$$

在 HS 外,即 $L>x>l_1$时,尺寸为 L 的容器中的混合物具有初始温度 T_0,在 HS 内部,温度梯度为

$$\xi=(T_1-T_0)/l_1 \tag{8-3}$$

方程的数值解揭示了下面的事实。

在小温度梯度 $\xi<\xi^*$下,起始中心几乎会同时发生非均匀参数的点火。绝热点火波在 HS 区的传播速度超过 CHJ 爆速。绝热点火波的高速传播使得气体动力扰动波不可能穿透来自燃尽气体区的化学相互作用波前区。因此,在这样的系统中,不可能预料到像冲击波这样的不连续流动,在非常大的温度梯度上 $\xi<\xi^{**}$,其他限制模式就会出现。在最高温度区的初始点火会导致压力波(冲击波阵面)强度不足,无法与化学反应波相互作用。自燃速度的降低,由于温度的指数依赖性,导致化学前沿与气体动力的前沿分离,并逐渐熄灭系统中的自发燃烧过程。从 Zeldovich 分类可以得出结论,在这种情况下,正常火焰和扩散火焰很可能会发生。第三种也是最有趣的过程模式发生在 $\xi^*<\xi<\xi^{**}$,这种模式的特点是在系统中产生强大的冲击(爆炸)波。由气体动力波引发的强烈的化学能量释放,导致形成具有极端温度和压力值的非稳态类似于爆炸的复合物。许多关于火焰传播的自发模式的研究都致力于研究其产生的临界条件及其放大过程。

所考虑的方案含有沿长度 l_1的不均匀点火延迟引起的爆炸过程的自发传播特性,以定容 P_{cv}下的爆炸压力作为压力载荷的参考水平。图 8.13 给出了在某些初始条件下,15% 氢气和 85% 空气燃烧的非定常准爆炸复振幅 $P_{max}/P_{cv}=(P_{sp}-P_{cv})/P_{cv}$与温度梯度 $\mathrm{d}T/\mathrm{d}x$ 的关系预测。如图 8.13 所示,在某些温度梯度下,系统中可能会出现非常大的压力载荷,这引起了科研人员对这类现象的极大关注。

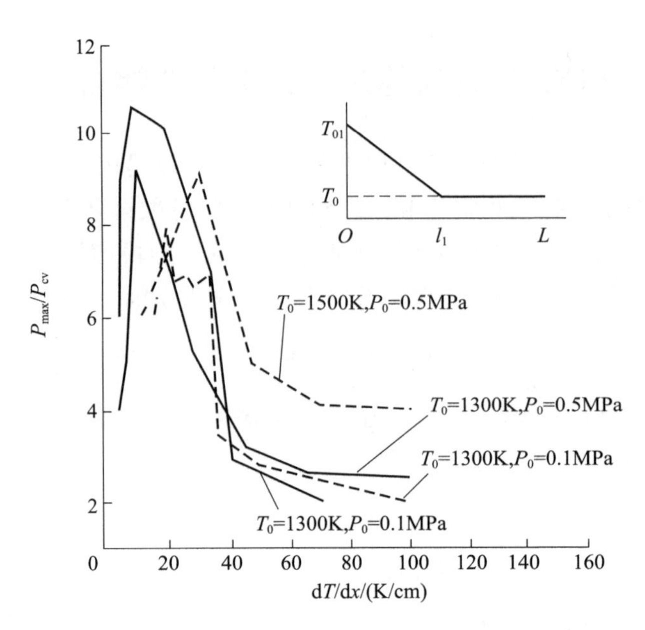

图 8.13　15% 氢气和 85% 空气混合物热点不同温度梯度的压力载荷图[36]

8.10　DDT 过程中管壁上的压力荷载

在分析任何封闭管道中爆炸的影响时，必须知道理想爆炸模式与 DDT 的特殊情况之间的区别。理想爆炸的特征是伴随着 C－J 表面的爆炸而来的已知水平和类型的 P_{C-J} 载荷，并且 P_3 发生在封闭反射区[48－50]，相关信息如表 7.1、表 7.2、表 7.5 所列和图 7.4、图 7.5 所示。

DDT 情况需要进行更多的解释。沿管道传播的燃烧波会使火焰前面未反应的新混合物受到压缩。助推爆破可能导致初始气体占据的管道部分突然形成爆炸。$D/D_{C-J}>1$ 的过压缩爆炸波可以通过二次爆炸震中的混合物传播。即使是这种波的简单反射也能增加压力水平 P_3（图 7.4、图 7.5）。在初始火焰预压缩的未燃混合物区域中的理想爆炸潜力值得关注。图 8.14（a）、（b）给出了这两个假设的 DDT 情况。

在第一种情况下（图 8.14（a）），DDT 发生在封闭端附近，该过程遵循初始混合物的缓慢压缩，在火焰前沿之前没有观察到明显的混合物运动。在平均压力上升时，预计压缩气体中会出现热扰动（或热点）。这些热点相互作用，形成二次燃料空气爆炸/燃烧的中心。这种现象是 ICE“强”模式的特征，即发动机“爆震”。

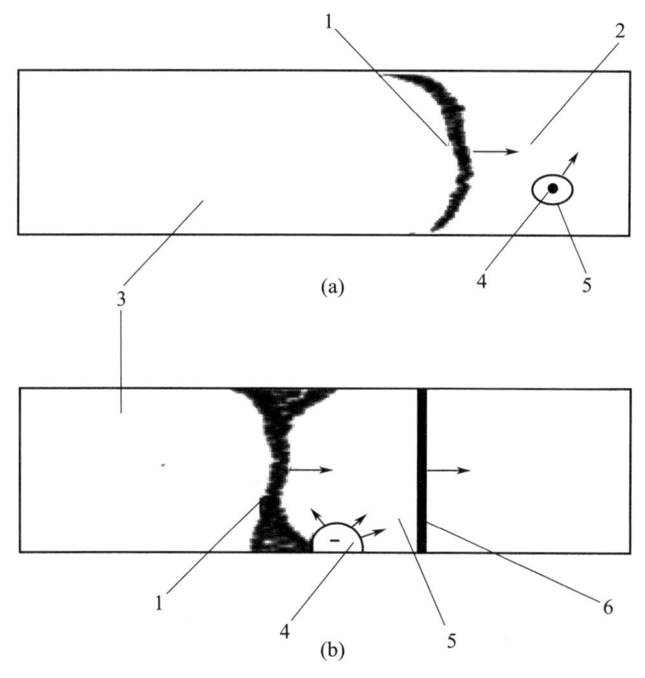

图 8.14　管道内燃烧时的 DDT 过程类型

(a)管道内缓慢燃烧；(b)管道内快速或加速燃烧。

1—火焰前沿；2—绝热压缩初始混合物；3—燃烧产物；4—爆炸热点；

5—冲击压缩初始混合物；6—压力上升或冲击前沿。

在第二种情况下(图 8.14(b)),DDT 过程涉及管道中的加速火焰前沿。火焰加速为燃烧区前方的压力升高创造了前提,冲击波的不连续性增加了热点形成的可能性;由于热点的存在,DDT 过程在冲击波和燃烧前沿之后开始。产生爆炸的主要原因是过度压缩,当它离开热点时,会转变成正常的爆炸。在 DDT 和管道末端的某些位置可以(并且已经)观察到极端压力载荷,但在设计使用可燃气体混合物能量的工程和研究设备时并不一定要考虑这种极端压力荷载。在 HOM 混合的实验中,图 8.15(a)显示了风管末端附近区域的压力 P_8 和各种成分的 HOM 在风管末端的最大压力值 P_{max},图中绘制了定容 P_{cv} 下的爆炸压力、瞬态爆炸波 P_{C-J} 后的压力以及反射理想爆炸波 P_3 后的压力与当量比 ϕ 的关系。在已公开发布文献的计算中,理想爆炸的 $P_3/P_{C-J} \approx 2.5$[49,51,53]。实验[49]时,在反应区较长的贫混合物中或在远离管道端部的 DDT 区域(图 8.15(b))中记录到了比 HOM 更明显的压力载荷,有时记录的载荷可能会破坏设备。

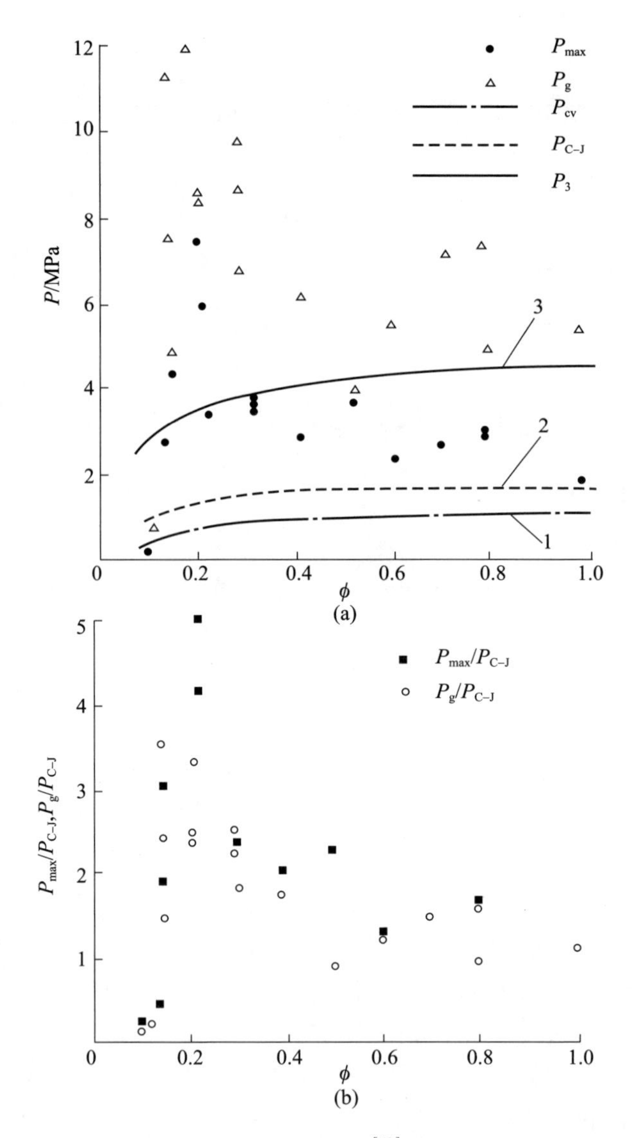

图 8.15 压力关系(与实验数据比较[49], P_0 = 0.1MPa, HOM 下)

1—定容爆炸计算; 2—入射爆炸波后; 3—反射爆炸波后。

参考文献

1. W. Bartknecht, *Explosions* (Springer, Berlin/New York, 1981), p. 251
2. Y.K. Liu, J.H. Lee, R. Knystautas, Effect of geometry on the transmission of detonation through an orifice. Combust. Flame 56(2), 215–225 (1984)

3. W.B. Benedick, J.H. Lee, R. Knystautas, Large scale experiments on the transmission of fuel-air detonations from two-dimensional channels Progress. Astronautics and Aeronautics, in *Dynamics of Shock Waves, Explosions and Detonations*, ed. by J.R. Bowen, N. Manson, A.K. Oppenheim, R.I. Soloukhin, vol. 94 (AIAA, New York, 1984), pp. 546–555
4. W. Fickett, W.C. Davis, *Detonation* (University of California Press, Berkeley, 1979), p. 386
5. C.K. Westbrook, Chemical kinetics in gaseous detonations. in *Proceedings of Fuel-Air Explosions*, McGill University, 1982, pp. 189–244
6. Щелкин К.И. К теории возникновения детонации в газовых смесях в трубах// Доклады АН СССР. 1939. Т. 23, No 4. С. 636 (K.I. Shchelkin, On theory of detonation onset in gaseous mixtures in tubes. Doklady AN SSSR 23(4), 636 (1939))
7. Щелкин К.И. Влияние шероховатости трубы на возникновение и распространение детонации в газах//ЖЭТФ. 1940. Т. 10. С. 823–832 (K.I. Shchelkin, Effect of roughness of the surface in a tube on origination and propagation of detonation in gas. Zh. Exper. Teoretich. Fiziki10, 823–832 (1940))
8. R.A. Strehlow, A. Cohen, Initiation of detonation. Phys. Fluids A **5**(1), 97–101 (1962)
9. P.A. Urtiew, A.K. Oppenheim, Experimental observations of the transition to detonation in an explosive gas. Proc. Roy. Soc. Lond. A 295, 13–28 (1966)
10. J.H. Lee, The propagation of turbulent flames and detonations in tubes, in *Advances in Chemical Reaction Dynamics*, ed. by P.M. Rentzepis, C. Capellos (D. Reidel Publising company, Dordrecht, Holland, 1986) pp. 345–378
11. M.A. Nettleton, D.M. Young, The propagation of flames in gases in large diameter pipes. in/ Proceedings of 3rd International Symposium (European) on Combustion, 1973, p. 717
12. Соколик А.С. О механизме преддетонационного ускорения пламени//ЖЭТФ. 1951. Т. 21. С. 1172–1176 (A.S. Sokolik, The mechanism of predetonation acceleration of flame. Zh. Exper. Teoretich. Fiziki 21, 1172–1176 (1951))
13. Ya.B. Zeldovich, A.S. Kompaneets, *Theory of Detonation* (Academic, New York, 1960), p. 284
14. M. Wolinski, P. Wolanski, Gaseous detonation processes in presence of inert particles. Paper at 13th Coll. (International) on Dust Explosion, 1987
15. M.P. Sherman, S.R. Tieszen, W.B. Benedick, FLAME facility. The effects of obstacles and transverse venting on flame acceleration and transition to detonation of hydrogen-air mixtures at large scale. NUREG/CR-5275 & SAND 85–12610, 1989
16. C.M. Guirao, R. Knystautas, J.H. Lee, A summary of hydrogen-air detonations for reactor safety, NUREG/CR-4961, 1989
17. G.I. Taylor, The instability of liquid surface when accelerated in direction perpendicular their plane. Proc. Roy. Soc. A201(1065), 192–196 (1950)
18. N. Brehm, F. Mayinger, Ein Beitrag zum Phanomen des Uberganges Deflagration-Detonation, vol. 653 (VOI-Verlag, Dusseldorf, 1989), 36 p.
19. F. Mayinger, R. Beauvais, G. Strube, Consideration of DDT models. Paper at hydrogen seminar, GRS, Cologne, 1990
20. A. Lannoy, Analyse des explosions air-hydrocarbures en milieu libre: Etudes deterministe et probabiliste du scenario d'accident. Prevision des effets de surpression. Bulletin Direct. Etudes et Recherches EDF, A4, 390 (1984)
21. R. Knystautas, J.H. Lee, O. Peraldi, C.K. Chan, Transmission of flame from a rough to a smooth wall tube. Progress Astronautics and Aeronautics, in *Dynamics of Explosions*, ed. by J.R. Bowen, N. Manson, A.K. Oppenheim, R.I. Soloukhin, vol. 106 (AIAA, New York, 1986), pp. 37–52
22. S.B. Dorofeev, Hydrogen flame in tubes: critical run-up distances. in *Proceedings of International Conference Hydrogen Safety*, San Sebastian, 2007
23. Зельдович Я.Б. Флуктуации периода индукции разветвленных цепных реакций// Доклады АН СССР. 1981. Т. 257, № 5. С. 1173–1175 (Ya.B. Zeldovich, Fluctuation of induction period of branched chain reactions. Doklady AN SSSR 257(5), 1173–1175 (1981))
24. D.T. Harrje, F.H. Reardon (eds.), *Liquid Propellant Rocket Combustion Instability* (NASA, Washington, 1972), p. 637

25. G. König, R.R. Maly, D. Bradley, A.K.C. Lau, C.G.W. Sheppard, Role of exothermic centers on knock initiation and knock engine. SAE TP, No 902136, 1990, p. 22
26. Медведев С.П., Поленов А.Н., Гельфанд Б.Е. Возбуждение ударных волн при взаимодействии волны разрежения с областью самовоспламенения в газовой смеси//Доклады АН СССР, 1991. Т. 319, № 4, С.918-921 (S.P. Medvedev, A.N. Polenov, B.E. Gelfand, Shock waves onset upon interaction of rarefaction wave with self-ignition region in gaseous mixture. Doklady AN SSSR 319(4),918–921 (1991))
27. Ya.B. Zel'dovich, V.B. Librovich, G.M. Makhviladze, G.I. Sivashinsky, On the development of detonation in a non-uniformly preheated gas. Acta Astronaut 15, 313–321 (1970)
28. A.M. Bartenev, B.E. Gelfand, Spontaneous initiation of detonations. Progr. Energy Combust. Sci. 26(1), 29–55 (2000)
29. Ya.B. Zeldovich, B.E. Gelfand, S.A. Tsyganov, S.M. Frolov, A.N. Polenov, Concentration and temperature nonuniformities (CTN) of combustible mixtures as a reason of pressure waves generation. Progr. Astronaut. Aeronaut, in *Dynamics of Explosions*, ed. by A.L. Kuhl, J.R. Bowen, J.-C. Leyer, A.A. Borisov, vol. 114 (AIAA, Washington, DC, 1988), pp. 99–123
30. Гельфанд Б.Е., Фролов С.М., Цыганов С.А. Самопроизвольное возбуждение ударных и детонационных волн при расширении реагирующих сред//В кн. «Фундаментальные проблемы физики ударных волн». 1987. Т. 1, часть 1.Черноголовка. ОИХФ АН СССР. С. 144 (B.E. Gelfand, S.M. Frolov, S.A. Tsyganov, Spontaneous initiation of shock and detonation waves upon expansion of reactive media. In: "Fundamentalnye problemy fiziki udarnyh voln", Chernogolovka OIHF AN SSSR,1(Pt. 1), 144 (1987))
31. Бартенев А.М. Газодинамика спонтанных взрывных процессов. Диссертация д.ф.-м.н. ИХФ РАН, 2001, 303 С (A.M. Bartenev, Gasdynamics of spontaneous explosion processes. Dissertation d.f.-m.n.. Inst. Chem. Phys. RAS, 2001, p. 303)
32. B.E. Gel'fand, A.N. Polenov, S.M. Frolov, S.A. Tsyganov, Occurrence of detonation in a nonuniformly heated gas mixture. Combust. Explos. Shock Waves 21(4), 488–492 (1985)
33. Гельфанд Б.Е., Фролов С.А., Поленов А.Н., Цыганов С.А. Возникновение детонации в системах с неоднородным распределением температуры и концентрации//Химическая физика. 1986. Т. 5, № 9. С. 1277–1284. (B.E. Gelfand, S. M. Frolov, A.N. Polenov, S.A. Tsyganov, Detonation onset in systems with non-uniform temperature and concentration distribution. Himicheskaya Fizika5(9), 1277–1284 (1986))
34. B.E. Gel'fand, S.M. Frolov, S.A. Tsyganov, Mechanism of explosions in gas pumping units for gas mains. Combust. Explos. Shock Waves 24(3), 356–358 (1988)
35. Махвиладзе Г.М., Рогатых Д.И. Начальные неоднородности температуры и концентрации – причина взрывного протекания химической реакции в горючем газе//М.: Препринт ИПМ АН СССР. 1988. № 321. 41 с. (G.M. Makhviladze, D.I. Rogatykh, Nonuniformities in initial temperature and concentration as a cause of explosive chemical reactions in combustible gases. M.:Preprint Inst. Probl. Mech. AN SSSR, 321, 41 (1988))
36. Гельфанд Б.Е., Махвиладзе Г.М., Рогатых Д.И., Фролов С.М. Критерии спонтанного возникновения взрывных режимов реакции на неоднородностях распределения периода задержки самовоспламенения//Препринт ИПМ АН СССР. 1989. № 424. 46 с. (B.E. Gelfand, G.M. Makhviladze, D.I. Rogatykh, S.M. Frolov, Criterium of spontaneous initiation of explosive regimes of reaction at non-uniformities of induction time delay. M.: Preprint Inst. Probl. Mech. AN SSSR, 424, 46 (1989))
37. B.E. Gelfand, A.M. Bartenev, S.P. Medvedev, A.N. Polenov, H. Grönig, M. Lenartz, Specific features of incident and reflected blast waves. Shock Waves 4(2), 137–157 (1994)
38. J.H. Lee, R. Knystautas, N. Yoshikawa, Photochemical initiation of gaseous detonation. Acta Astronaut. 5(11/12), 971–982 (1978)
39. R. Knystautas, J.H. Lee, I.O. Moen, H.G. Wagner, Direct initiation of spherical detonation by a hot turbulent gas jet. Proc. Combust. Inst. 17, 1235–1244 (1979)
40. V.I. Alekseev, S.B. Dorofeev, V.I. Sidorov, Investigation of blast waves transformation to detonation in two-phase unconfined clouds. Preprint IAE-5228/13. M.: Atominform, 1990, p.35

41. S.B. Dorofeev, A.S. Kotchurko, B.B. Chaivanov, Evaluation of the hydrogen explosion hazard. in *Proceedings of 18th Water Reactor Safety Meeting*, 1990
42. I.O. Moen, D. Bjerketvedt, A. Jenssen, P. Thibault, Transition to detonation in large fuel cloud. Combust. Flame 61(3), 285–291 (1985)
43. M. Schildknecht et al., Versuche zur freistrahlzundung von wasserstoff + luft gemischen im hinblick auf DDT. BleV-R-65, 769–1, 1984
44. M. Berman, The effects of scale and geometry on hydrogen-air detonation. SAND 85–0171, 1985
45. U. Behrens, G. Langer, M. Stock, I. Wirkner-Bott, Deflagration-detonation transition in hydrogen + air + steam mixtures. Nucl. Eng. Design 130(1), 43–50 (1991)
46. T.F. Kanzleiter, Multi-compartment hydrogen deflagration experiments in Battele (Frankfurt/Main) model containment, in *Proceedings of WRSIM-89*, Rockvill, 1989
47. P. Worthington, Hydrogen combustion research. Paper at seminar on hydrogen safety, Sukhumi, 1989
48. J.E. Shepherd, Deflagration to detonation transition loads, in *Proceedings of PVP- IS-PVT211, 2006, ASME Pressure Vessels and Piping Conference*, 2006
49. J.E. Shepherd, Structural response to explosions. Paper at 1st European School on Hydrogen Safety, Olster, 2007
50. K.P. Staniukovich, *Unsteady Motion of Continuous Media* (Pergamon, London, 1960), p. 745
51. A.D. Craven, T.R. Greig, The development of detonation overpressure in pipelines. Chem. Eng. Symp. Ser. 25, 41–50 (1968)
52. Когарко С.М. Исследование давления на торце трубы при быстром нестационарном горении//ЖТФ. 1958. Т. 38, No 9. С. 1958–1969 (S.M. Kogarko, Study of pressure at the tube end-flange upon fast non-stationary combustion. Zh. Tehnich. Fiziki38(9), 1958–1969 (1958))
53. J.E. Shepherd, Pressure loads and structurel response of BNL high temperature detonation tube. RPI Technical Report A-3991, 1992

第9章　氢混合物爆炸的现象学

在介绍特征参数和推荐评估方法之前，值得提供有关氢和空气混合物爆炸参数最近大规模研究的更多信息。

9.1　空间燃料-空气混合物爆轰参数

在文献[1-3]中可以找到在高度为3.4m、直径为3.4m的31m^3圆柱体中的HAM爆轰的描述。混合物中的氢含量在21%~52.9%的范围内变化。图9.1给出了测试设备的布置。对照不同C-4装药量(2.5kg和20kg)的爆炸结果进行了比较[4-5]。

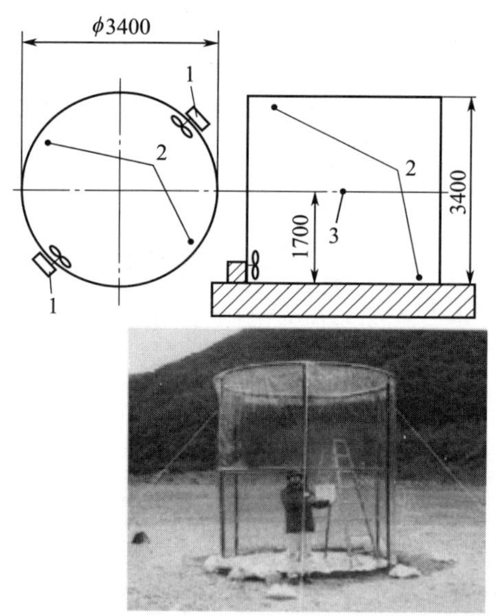

图9.1　用于HAM爆炸研究的图表和测试设备(单位:mm)
1—风扇；2—氢气浓度传感器；3—HE助推器。

HAM爆炸是由625kJ能量的0.1kg C-4增强器触发的。图9.2(a)、(b)给出了爆炸波的相对振幅 $\bar{P}=\Delta P/P_0$ 和比例正冲量 $I=Ic_0[P_0^2E]^{-1/3}$[5-6]。这里

过压 $\Delta P = P_1 - P_0$，P_1为爆炸波波锋处压力，P_0为爆炸波前方压力。图 9.2(c) 给出了一组记录，显示了在 10.6m 距离处氢气和空气混合物中氢气含量为 28.7%、52.9% 和 21% 的 20kg C-4 装药爆炸产生的爆炸波超压曲线。

在确定相对距离 $\bar{R} = R/R_E$ 时，忽略炸药体积的形状，以 Sachs 特征尺寸为基准 $R_E = [E/P_0]^{1/3}$。这种方法并不意味着在 $1 < R/R_v < 3$ 的距离处分析爆炸波参数。在文献[1]描述的实验中，装有 HAM 的圆柱体的半径为 $R_v = 1.7$m。在氢气含量少于 28.7% 的混合物中，压力和脉冲值降低。

与上述相反，在 52.9% 的氢气混合物中，未记录到爆炸波衰减。这可以通过未燃烧的氢气与燃烧产物一起膨胀而导致的燃料燃烧过度延迟来解释。在文献[1]中获得的爆炸特性数据应为补充文献[4,7-8]的结果。

在近距离区域获得通用化汽缸爆炸参数数据时不允许接近 HAM 空气边界，而对半球形爆炸的分析可以完成 $0.1 < R < 1$ 距离处的压力/脉冲图(图 9.3(a)、(b))。

图 9.3 说明填充了 30% 氢气 HAM 的 5.2~300m³ 半球集合的获取依赖关系的普遍性。图 9.4 展示了在不同时间点的半球形爆炸照片。图 9.5 是距爆炸中心不同距离的热流探测器记录。

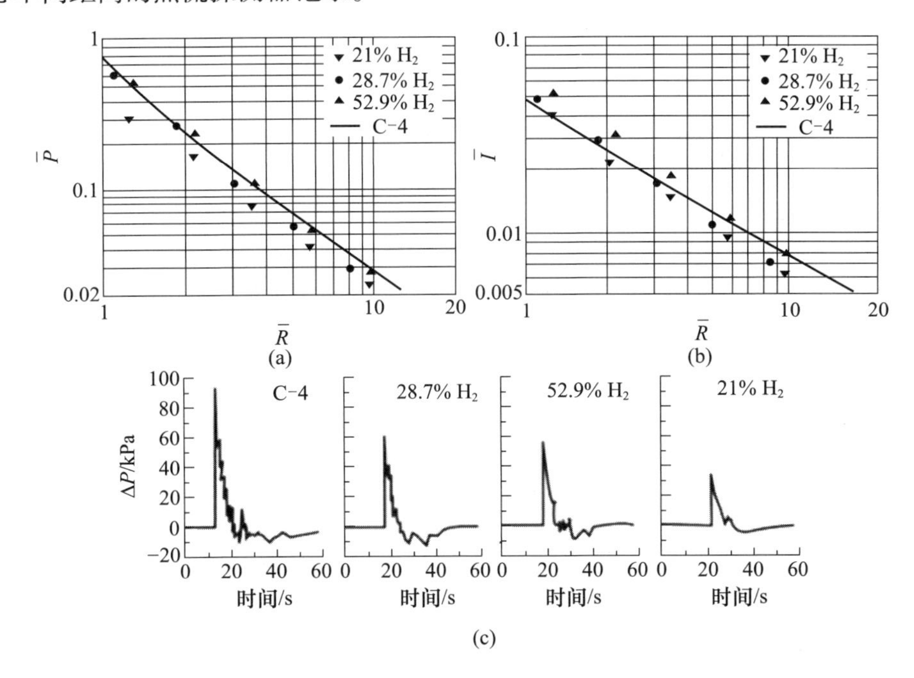

图 9.2 由各种氢气含量的 HAM 爆炸和 20kg C-4 装药爆炸引起的相对爆炸波幅(a)和按比例缩放的正脉冲(b)在 10.6m 处记录的压力(c)，即 $R^* \approx (3 \sim 7) R_v$[1-2]

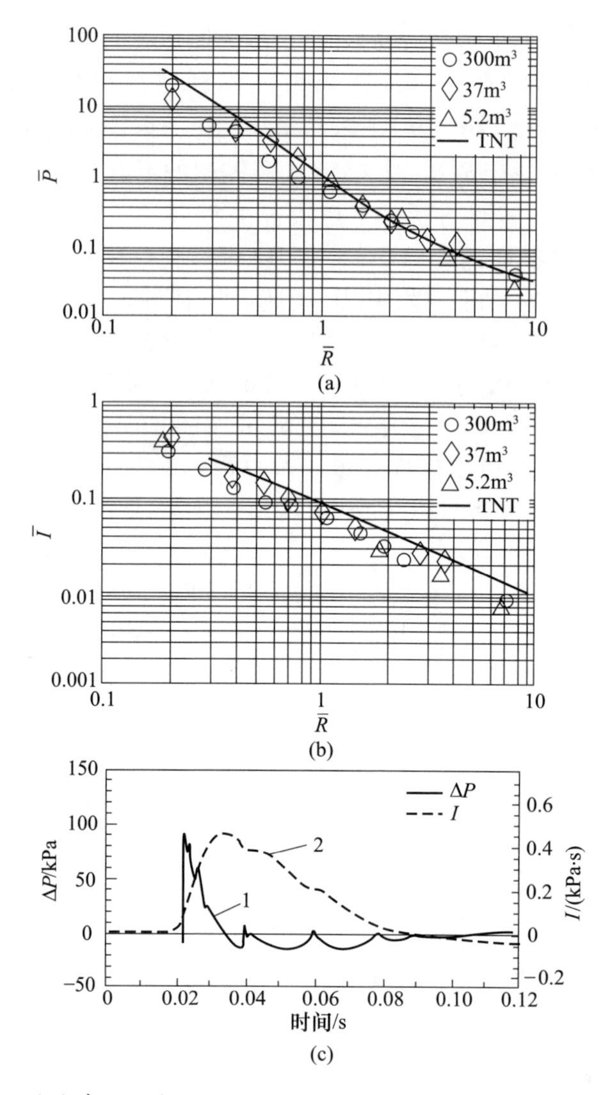

图 9.3　由充有 30% 氢气 HAM 混合物的各种半球形体积的爆炸引起的爆炸冲击波相对压力(a)和缩放正脉冲(b)300m³ 半球在 15.61m 距离处的超压 1 与脉冲 2 的记录(c)[7]

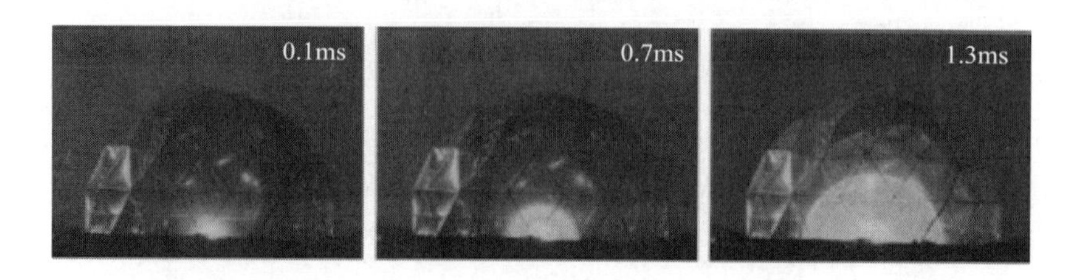

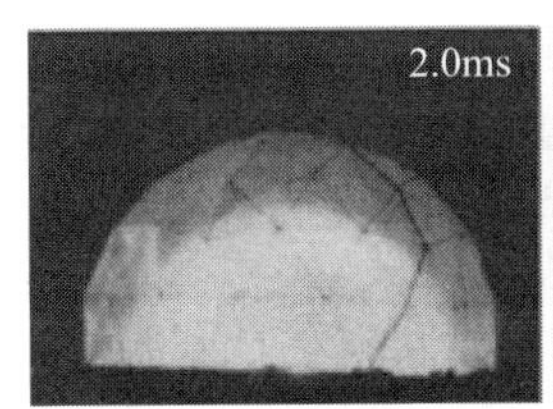

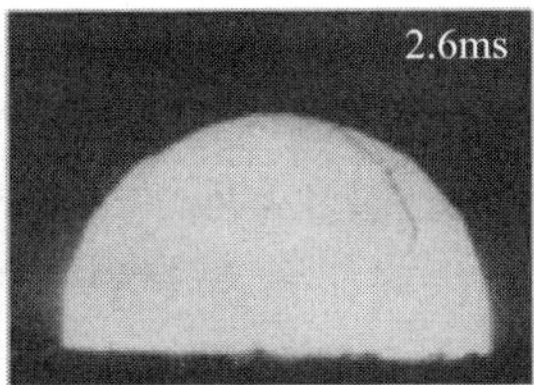

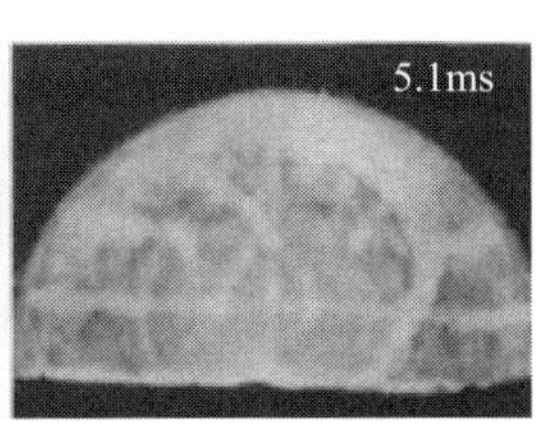

图 9.4　不同时间的 $300\mathrm{m}^3$ 半球爆炸照片[7]

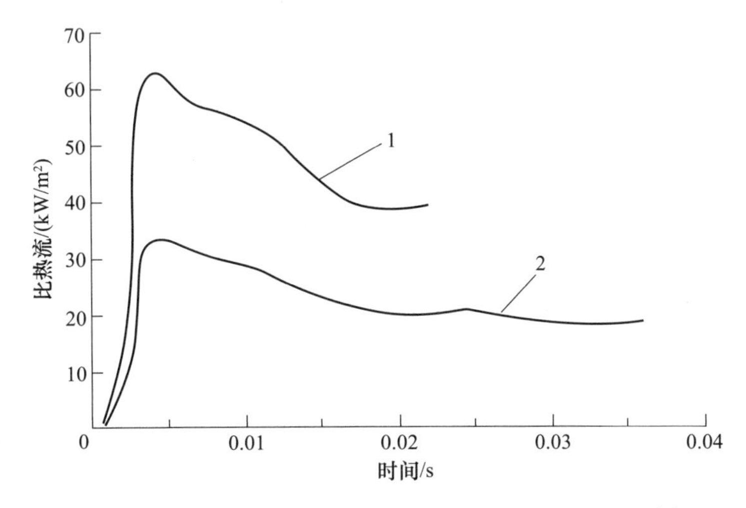

图 9.5　在 15.6m(1)和 21.9m 距离(2)处测得的比热流[7]

9.2　燃油 - 空气混合物无限制爆燃爆炸参数

在文献[1,7]中描述的实验已经揭示了燃烧的 HAM 体积周围空间中的压力负荷特性。在文献[1]的实验中,平行六面体(图 9.6)中填充了最危险的 HAM 混合物。平行六面体的几何尺寸范围如表 9.1 所列。

表 9.1　填充有 HAM[1] 的平行六面体的几何尺寸

体积/m^3	长度和宽度 A/m	高度 H/m	横截面
9.4	2.5	1.5	矩形
7.5	5	3	矩形
200	7	4.2	矩形

HAM 被电火花点燃,燃烧时没有明显的火焰加速,周围的压力波前参数没有急剧变化。在整个测量 $0.6 < R/R_0 < 4$ 范围内,压力分布图的形状接近如图 9.7所示的分布图。

压力波曲线对 HAM 体积的依赖性(图 9.7)以及不可避免地从压缩相到稀疏相的转变引起了人们的注意。对于爆燃,压力波幅度取决于 HAM 云的线性尺寸,在近区,它比爆轰小 1/10(图 9.8)。减小的脉冲值小于爆震的值,并且对于不同的体积实际上是相同的。这样的结果对于根据 HAM 爆炸类型对目标行为进行专家评估非常重要。仅基于压力幅度水平的效果评估可能包含主观误差。

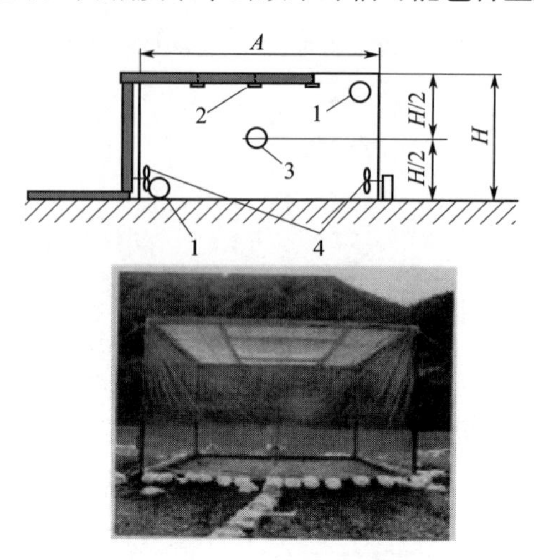

图 9.6　HAM 爆破爆炸研究设施

1—氢浓度检测器; 2—氢气进料; 3—火花; 4—风扇[8-9]。

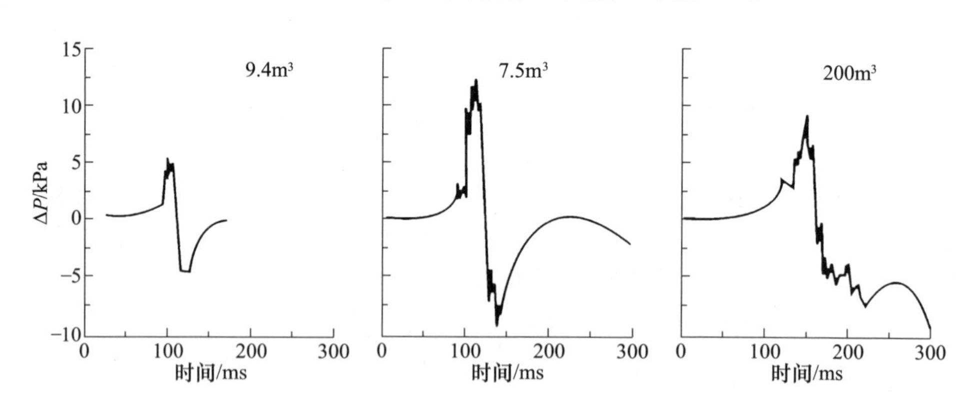

图 9.7　在相同的定标距离 $R/R_0=0.6$ 下,由不同体积的化学计量 HAM 爆燃引起的过压扰动

在具有湍流产生障碍的半球形 HAM 设施中,实验中获得的结果将补充上述数据[7]。在 300m^{3}的半球中研究了爆燃。图 9.9 给出了球体的示意图,该球体具有两个垂直放置的、直径为 0.46m 且高度为 3m 的管的同心圆。流动截面

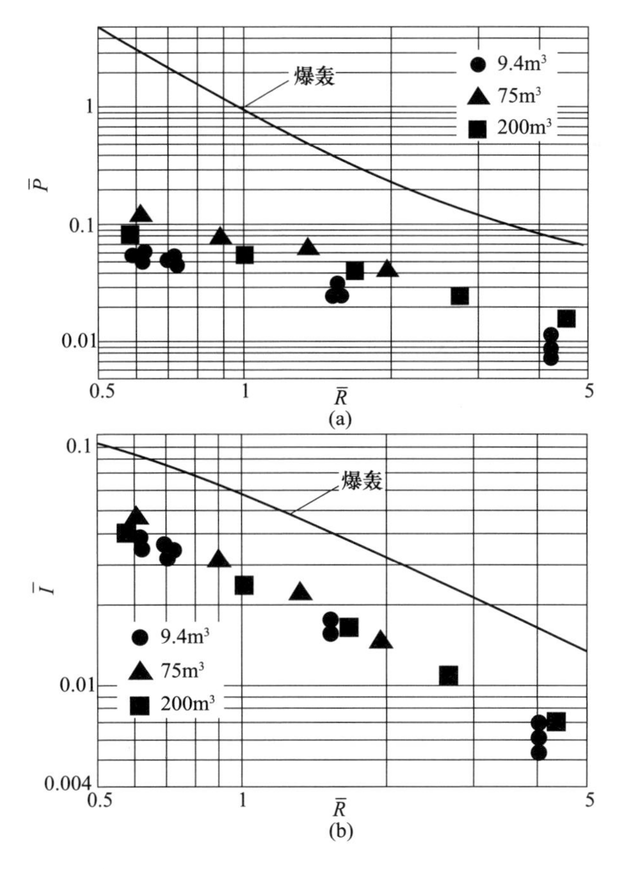

图 9.8　在矩形截面设备中因爆燃 29.5% 氢气 - 空气混合物而引起的爆炸波的相对振幅(a)和缩放的正脉冲(b)

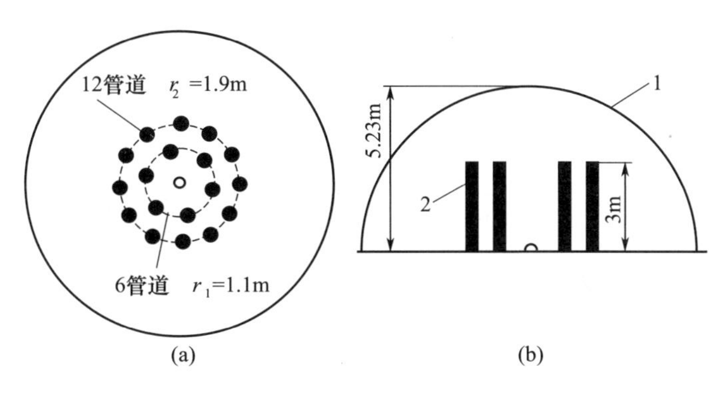

图 9.9　氢混合物球形爆燃图

(a)俯视图；(b)侧视图。

1—5.23m 高的半球；2—0.46m 直径的管道(障碍物)。

阻塞率 BR 为 11%。爆燃是由半球底部中央的电火花引起的。爆炸是由 HE 装药爆炸引起的(图 9.10)。氢和空气混合物含 15%~30% 的氢气。

图 9.10 不同时间点在 $300m^3$ 受阻半球内的化学计量氢混合物爆燃爆炸照片[7-9]

即使在化学计量含氢混合物的燃烧中,测试中的障碍也不会影响所记录的压力负载或爆炸产物的热辐射水平(图 9.11)。由爆燃引起的热辐射水平不小

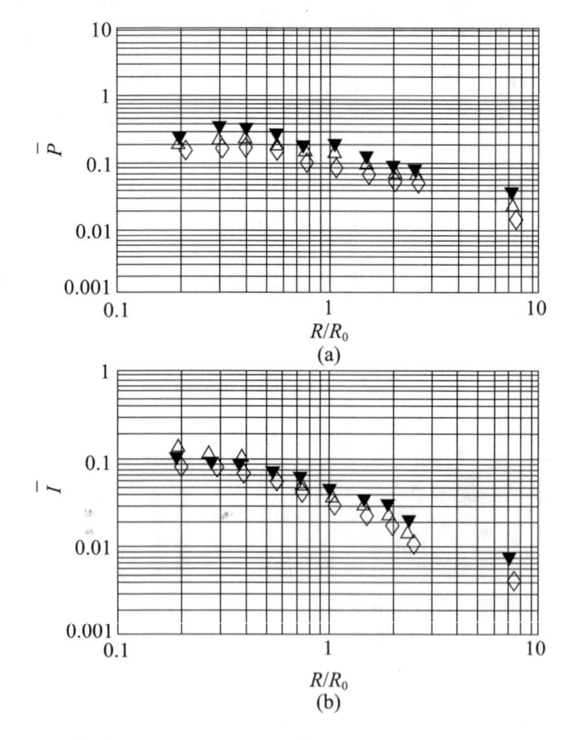

图 9.11 在不同体积,有障碍物(◇点)和没有障碍物(△点和▼点)的化学计量 HAM 中的球形爆燃产生的爆炸波相对振幅(a)和按比例缩放的正脉冲(b)[7]

于由爆炸引起的热辐射水平,但其持续时间更长(图9.12的辐射记录)。该结论是根据15.6m距离处的热流之间的比较得出的(图9.5)。

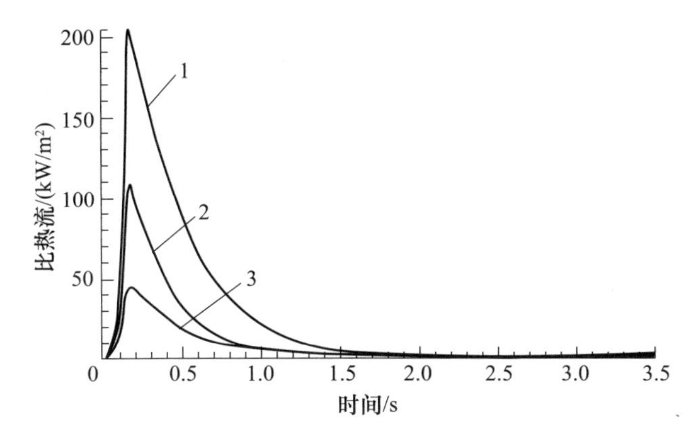

图9.12 在11.6m(1)、15.6m(2)和21.9m距离(3)处测得的比热流[7]

在$37m^3$的设施中,由HAM燃烧产生的压力参数不受安装狭缝隔膜的影响,该狭缝隔膜由两个2m×1m板组成,在2m高气体体积的轴向平面中有10mm的间隙[7]。即使在将点火器安装在板之间间隙中的情况下,隔膜也不会改变化学计量HAM中的爆燃模式。

9.3 管道内一些含气量的一维燃烧引起的HAM爆炸参数

运输氢气罐的需求以及在带有隧道的道路上使用氢气动力车辆的挑战,对在部分充满气体混合物的一维管道中HAM爆炸的影响进行评估。对这种事故的初步评估可以根据在直径78.5m、长2.4m隧道中获得的实验数据进行,需要将一个装有HAM(体积中的氢含量为9.5%~30%)的$37m^3$气球(长度为10m)放置在隧道内。

在另一组实验中,将氢气以0.1kg/s的流量注入管道20s。最后,通过$1.6m^3/s$的强制通风将2.2kg氢气注入管道。在某些实验中,风管流动部分受相互放置0.94m的模拟车辆(0.94m(长)×0.36m(宽)×0.34m(高))的阻碍;流动截面阻塞率BR为0.03。测试尺寸与现实生活相关,比例为1∶5。图9.13显示了测试管道视图(a)和其中的车辆模拟器(b)。

中度HAM体积爆炸($37m^3$,氢气含量为9.5%,氢气质量为0.32kg)没有引起明显的压力波。

但是,相同体积的氢气爆炸(氢气质量为0.67kg)会在整个长度上引起压力差为35kPa的压力波。30%氢气的HAM(氢气质量1kg)的爆炸产生了一个压力波,振幅约为 150kPa。安装在管道中的车辆模拟器不会影响爆炸行为。图 9.14显示了压力波曲线和导管出口处的脉冲。图 9.15 中的图表说明了爆炸参数(超压幅度(a)和脉冲(b))沿 20% 氢气 HAM(1)和 30% 氢气 HAM(2)爆炸的长度方向的变化。

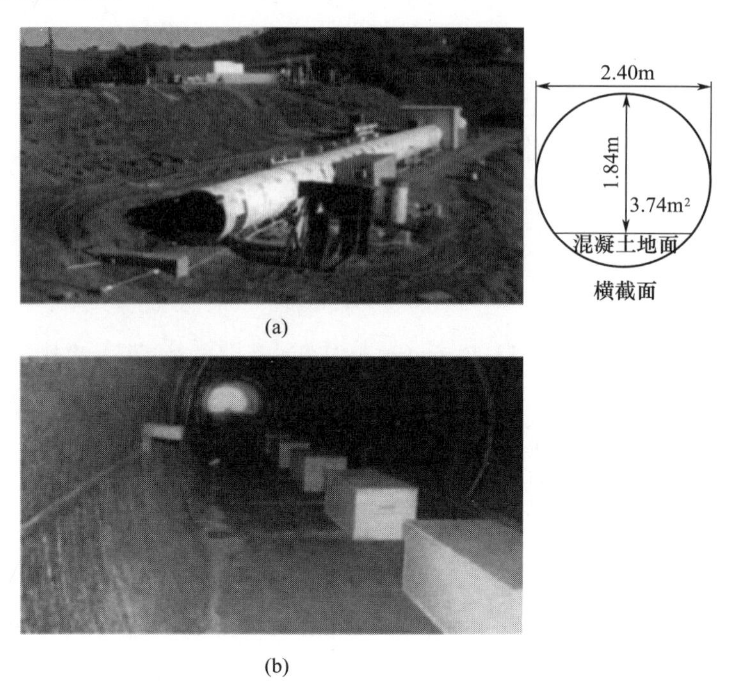

图 9.13 78.5m 长的测试导管(a)及其内部的车辆模拟器(b)的视图[7]

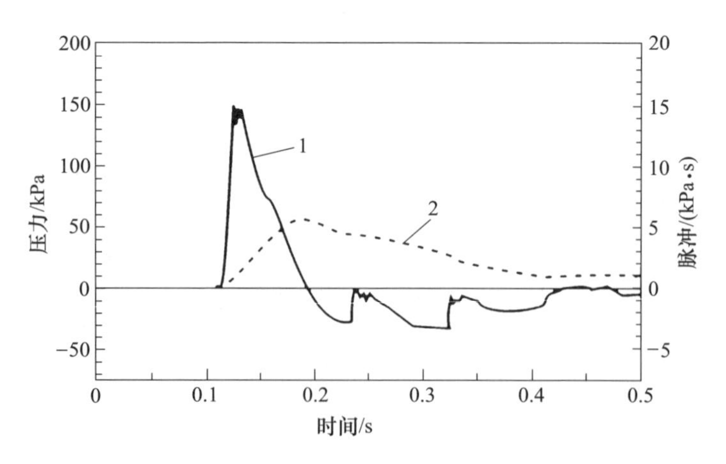

图 9.14 隧道中 $37m^3$ HAM 爆炸(氢气含量为 30%)引起的压力(1)和脉冲(2)曲线[7]

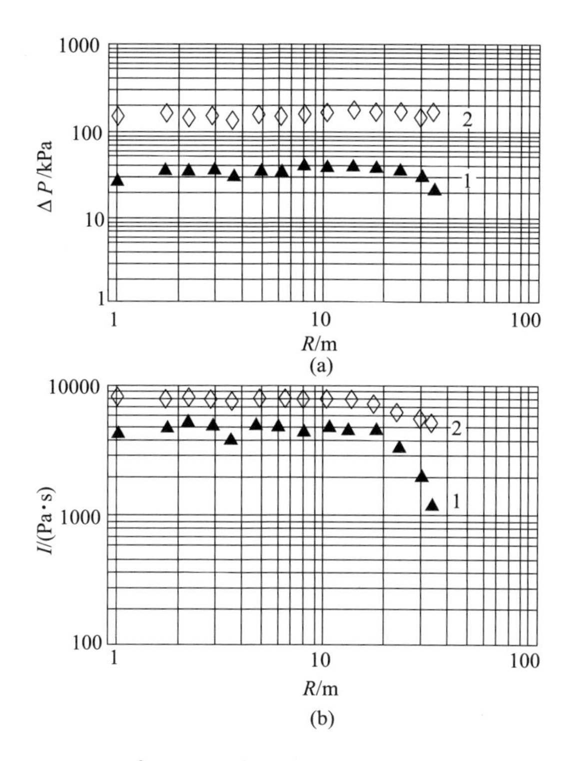

图 9.15 在 $37m^3$ HAM 爆炸(20% 氢气(1)和 30% 氢气(2))中沿管道长度的超压幅度(a)和脉冲(b)的变化[7]

当以 20s 的时间延迟将 0.1kg 氢气注入通风管道时,压力脉冲出现在测量设备灵敏度之外。在该测试中,当将 420kg 的氢气注入通风管道达 420s(流量为 $1.6m^3/s$)时,未记录到明显的压力波。

9.4 二元燃料(氢气和天然气)和空气爆燃爆炸参数

现有的天然气管道(天然气的主要成分是甲烷)被认为是将氢从存储设施输送到消费者的一种可能方式。在这方面,我们已经研究了二元燃料(氢和碳氢化合物)的光谱,除了纯氢燃料外,最常考虑的是氢和甲烷二元燃料(BF)。人们已经进行了许多尝试来确定氢气和甲烷燃料在空气中燃烧的爆炸特性。

在文献[10]中测量了在 $5.27m^3$ 的无阻塞体积中由氢和天然气(NG)爆燃引起的压力波参数。测试图如图 9.16 所示,方形截面体积为 $2.24m \times 2.24m \times 1.5m$。高炉中充满了表 9.2 成分的气体,燃烧过程由炸药丝触发。

NG 组成:90% 的甲烷,6% 的乙烷,3% 的丙烷和 1% 的丁烷。

表 9.2　H_2和 NG 二元燃料参数

X_{NG}	$X_{氢气}$	氢气/%	BF/%	ϕ	E/MJ
0	1.000	29.8	29.8	1.01	15.12
0.001	0.999	29.6	29.6	1.01	15.81
0.010	0.990	28.6	28.9	1.00	15.93
0.051	0.949	25.4	26.8	1.00	15.60
0.103	0.897	22.3	24.9	1.02	16.36

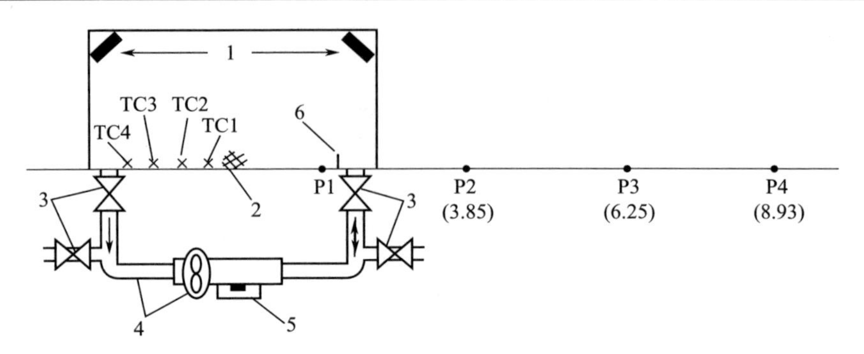

图 9.16　氢气和甲烷高炉爆燃实验图[10]

1—风扇；2—炸药丝；3—先导阀；4—带风扇的采样器；5—氢气分析仪；6—氢气注入；P1～P4—压力传感器；TC1～TC4—热电偶。

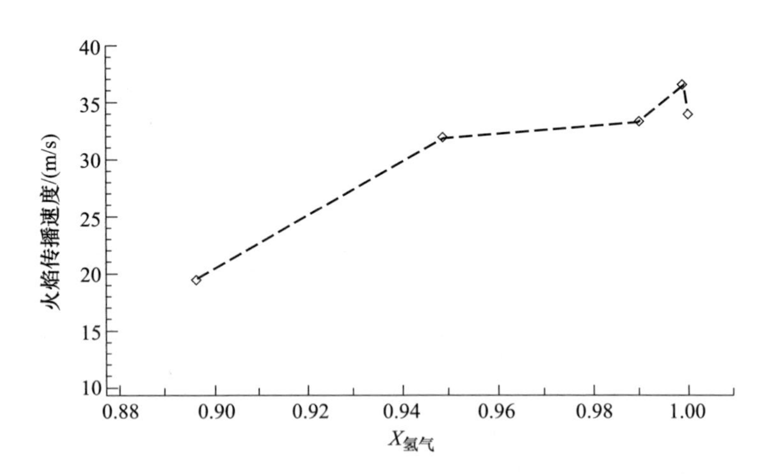

图 9.17　实测高炉火焰速度与氢气摩尔分数的关系

高性能热电偶记录的火焰速度在 36.2～19.7m/s 的范围内（图 9.17）。当用天然气稀释氢气摩尔分数 $X_{氢气}<0.99$ 的高炉混合物时，火焰速度下降。当 $X_{氢气}<0.949$ 时，周围环境中的火焰产生的压力波振幅下降，如图 9.18 所示。

图 9. 19显示了 8. 93m 距离处的压力脉冲变化。

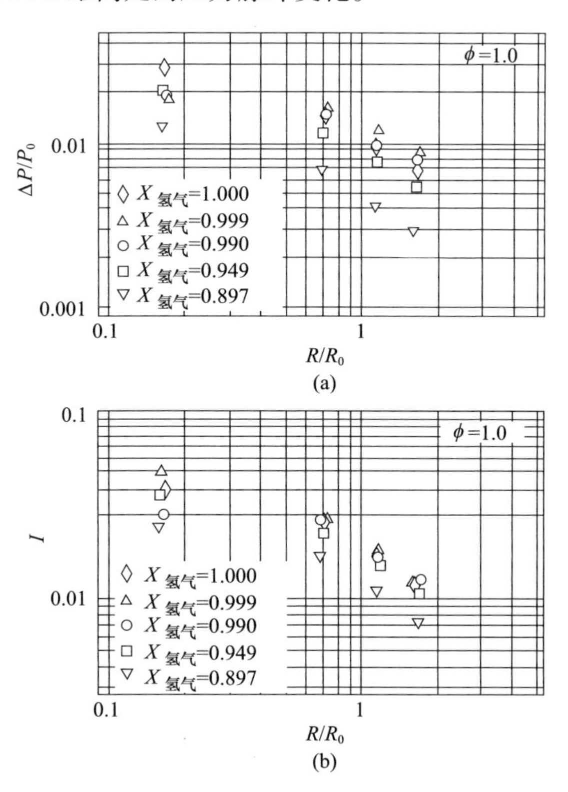

图 9. 18　高炉空气爆燃产生的相对压力(a)和脉冲(b)[10]

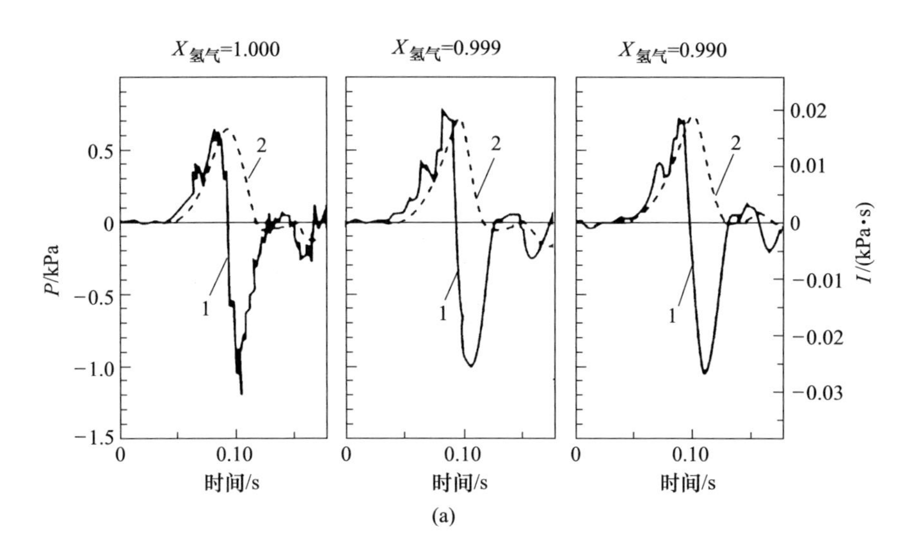

(a)

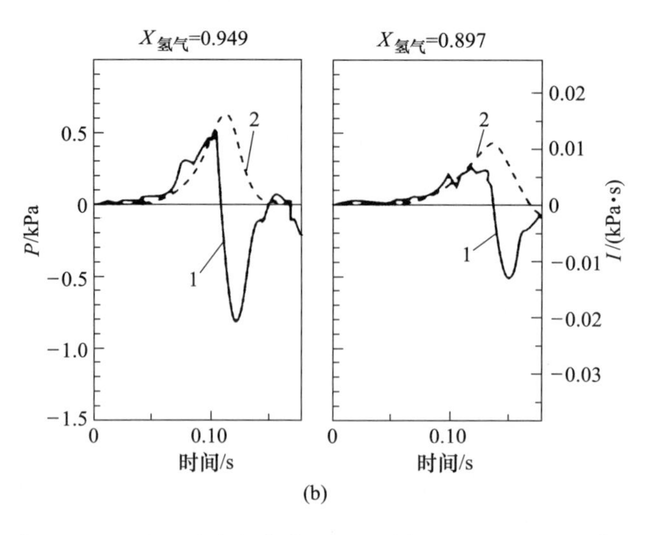

图 9.19　在 8.93m 距离处的空气中高炉爆燃引起的压力(a)和脉冲(b)曲线[10]

9.5　无约束球体中的 HAM 爆炸

为了评估 HAM 中 DDT 过程的潜力,德国研究人员进行了一系列实验,其中半球体积的半径 R_v = 1.53m、2.8m、5.0m 和 10m 处填充有接近化学计量组成的 HAM[11-13]。图 9.20 给出了最大的半球视图。HAM 点火是由 10 ~ 1000J 能量的爆炸丝触发的。在某些测试中,燃烧是由烟火引发的。

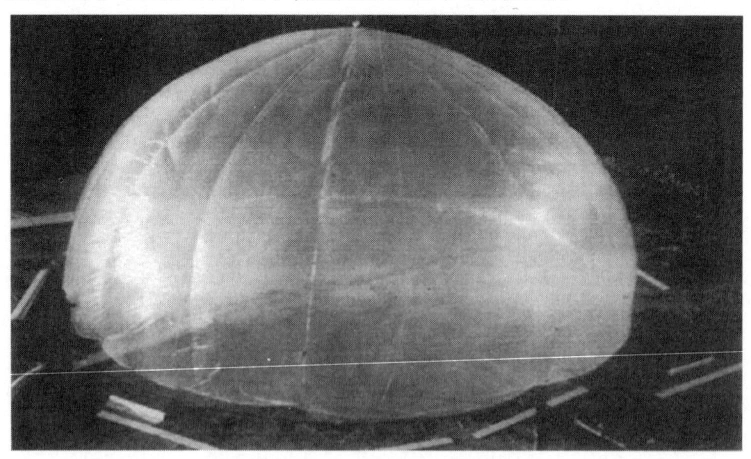

图 9.20　在发生 29.7% 的氢气 HAM 爆炸之前半径为 10m 的半球(体积为 2094m³)的视图[11-12]

实验表明,燃烧速度不取决于点火器的能量。引爆器功率对加速湍流燃烧的最大速度影响很小。在最后阶段,燃烧速度提高了 2.55 ~2.71 倍。在距点火器 80m 处记录压力波的同时记录燃烧气体混合物的形状和尺寸。当半球半径被火焰包裹时,包含测试 HAM 的聚乙烯外壳破裂。在燃烧的半球半径中观察到的最大火焰速度在 $R = R_v \sim R = 1.5R_v$ 的范围内。获得的膨胀水平为 $R_f/R_v \approx 2$。可见,燃烧速度是:半径为 1.53m 的半球,速度为 43m/s;半径为 2.88m 的半球,速度为 54m/s;半径为 5m 的半球,速度为 60m/s;半径为 10m 的半球,速度为 84m/s。

压缩波振幅在燃烧容积内是恒定的,并且对应于燃烧速度。在燃烧体积之外,压力下降与 R^{-1} 成比例。紧随压缩阶段之后的是稀疏阶段,持续时间少于压缩阶段,但振幅增加。在任何实验中均未记录 DDT 过程。

在预期的层流火焰速度 2.39m/s 和燃烧产物膨胀系数 $\sigma = 7.26$(无湍流效应或火焰曲率)的情况下,预测的可见速度为 17.35m/s。

即使将它们与新鲜 HAM 混合物中的声速(397.3m/s)进行比较,上述所有参数都与爆炸无关。根据燃烧体积的照片(图 9.21),测得的球形湍流火焰的厚度等于几米[12]。

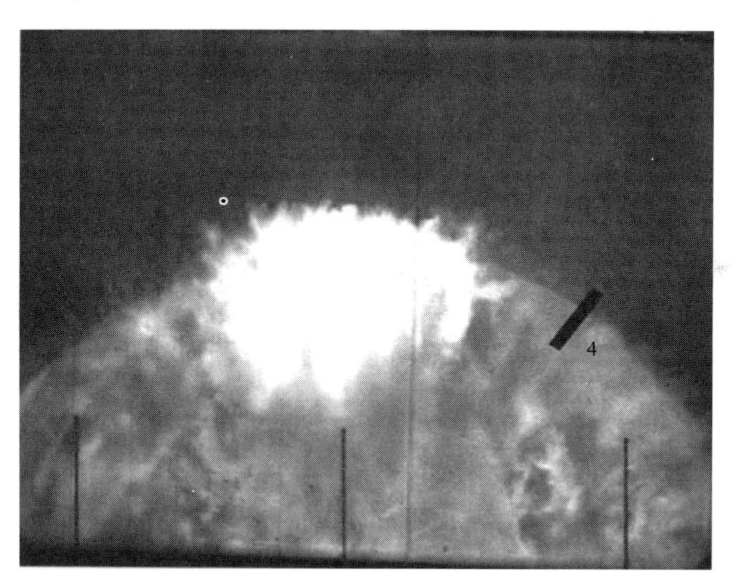

图 9.21　半球中 HAM 最终燃烧阶段的照片[11-12]

9.6　半封闭管道中的 HAM 爆炸

HAM 燃烧行为在很大程度上取决于填充有可燃混合物的容积的配置。我们分析在半封闭U形管道中获得的实验数据[11-13]，其总体视图如图9.22所示。在这些实验中，HAM在常温常压条件下含有37%~41%的氢气。区分了3种典型情况。

（1）初始HAM位于半封闭管道中。

（2）HAM强行混合。

（3）HAM由与主容积相连的3m长的1.5m×1.5m方形交叉预燃烧室发出的爆炸产物点燃。从预燃烧室到主要容积的出口面积为2.25m^{2}的10%或30%。

在第一种情况下，仅当由于混合气体被燃烧前沿推出而使火焰到达管道的开口部分时，才将火焰加速记录为170m/s，记录的压力扰动水平高达15kPa。

在第二种情况下，安装在引爆器附近的1.5m风扇显著改变了爆炸动力学，实验中很少使用风扇的最大效率（24000m^3/h）。

当火焰在风扇（3）附近前进时，爆燃（2）加速到200m/s，并且振幅最大为40kPa的压力波辐射到管道。在风扇后面，在压力波与侧壁相互作用之前观察到压力波衰减。该相互作用的时间对应于高达50kPa振幅的第二压力脉冲。当风扇以最大效率工作时，DDT发生在距壁面3.5m处。沿着管道长度，爆炸以2100m/s的速度传播。DDT湍流脉动的前提条件为1.5m/s。

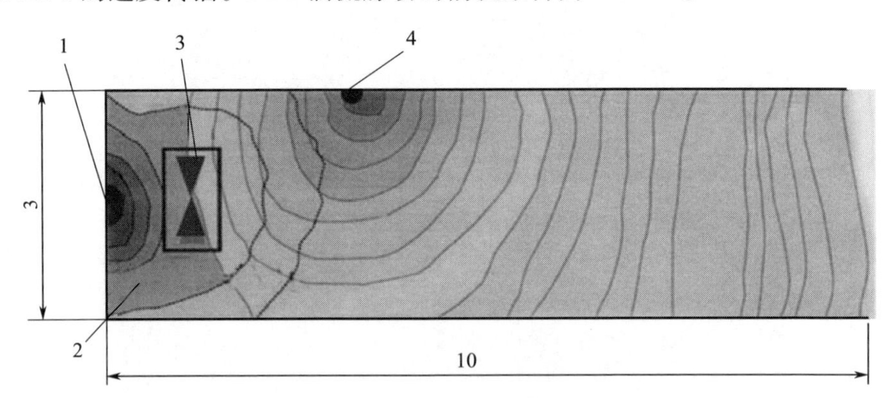

图9.22 风扇强制混合时HAM爆燃过渡到起爆（氢气含量为37%）

1—点火中心；2—爆燃；3—风扇；4—爆炸的外观和进一步发展。

在第三种情况下，爆炸是从预燃烧室排出的，研究氢气含量为19.9%~22.5%的HAM。在实验中记录的DDT过程中，含量超过20.8%的氢气独立于控制端口的平方面积。通常，DDT过程在聚焦于燃烧区之前的压力波区域中启动。

因此，在文献[11-13]中显示了在一个拥挤空间中HAM强制流动混合对观察到的 DDT 过程的关键影响。

大规模实验揭示了管道尺寸对爆炸动力学的影响。模型体积中的爆震激发受阻，线性尺寸减小了 1/3（图 9.22）；对于那种情况，爆炸仅在 HAM 中发生。

9.7 蜂窝材料阻塞的体积中的 HAM 爆炸效应

具有泡沫状内部结构的蜂窝材料通常用于减少气态/蒸气烃混合物爆炸。泡沫容器对于保持氢气和空气的混合物是不可接受的，因为这种混合物在蜂窝/泡沫结构的受阻碍空间中极易发生爆燃和爆炸。泡沫物质中 HAM 爆炸产生影响的一个例子可以在文献[14]中找到。

图 9.23 中的照片显示了蜂窝状体积中的 HAM 爆炸时序。炸药初始状态的特征是气泡中的氢气质量，以及由比例压力场和正脉冲所指定的压力场参数。

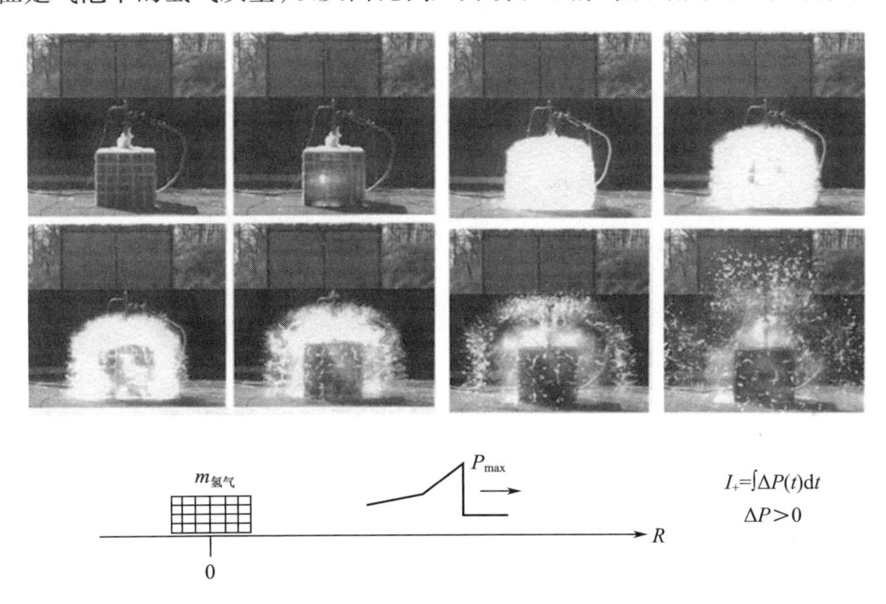

图 9.23　蜂窝状体积中的 HAM 爆炸时序[14]

蜂窝体是一组由泡沫聚合材料切出的立方体组成（图 9.24）或由金属丝网层制成的（每个单元为 6.5mm^2）。电线厚度为 0.65mm。爆炸了含有 0.5g、1g、2g、4g、8g 和 16g 氢气和空气混合物。注意：在正常情况下，1g 的氢气占 83.7L 体积。

在上述实验中获得的 HAM 爆炸效应的测量数据如图 9.25（a）、（b）所示。HAM 体积中的特殊骨架不会影响爆炸场特性。

图 9.24 装有不同质量氢气的结构化立方晶胞(b)的容器(a)视图[14]

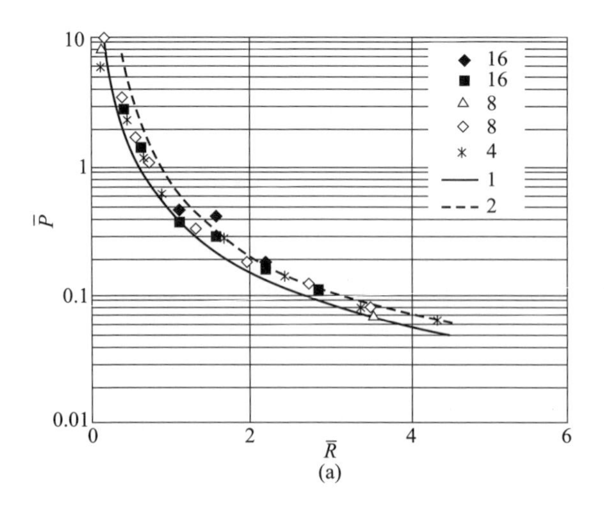

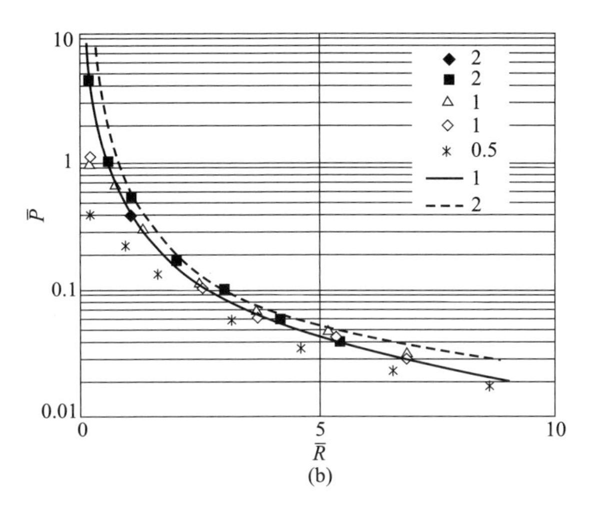

图 9.25 在充满不同氢气含量(a)、(b)的化学计量 HAM 单元中，由球形爆轰引起的爆炸波振幅标度与标度距离的关系

1—气体爆炸；2—TNT。

9.8 二元燃料(可燃氢和天然气)和混合气爆炸的受阻体积参数

二元燃料(可燃氢和天然气)和空气混合物受阻的爆炸具有实际意义。在文献[15]中描述了为研究这个问题而进行的模型实验。

建立了由直径为 26mm 的金属棒制成的格子结构。这些金属棒被组装在彼此相距 125mm 的单独格子中。堵塞率 BR 为 20%。18 个立方单元由格子组成。由这 18 个单元组装了 3m×3m×2m 的结构(图 9.26)。

图 9.26 具有格子结构的设施视图，用于研究二元燃料和空气混合物爆炸[15]

该结构安装在混凝土基础上，并在结构的一侧竖立了防爆墙。垂直排列的立方单元格的下面垂直安装，顶部水平安装。棒的总体积为 0.793m^3，剩下的自由体积可以填充 17.2m^3 的气体。

使用以下空气混合物填充孔结构：100% 甲烷，75% 甲烷和 25% 氢气，50% 甲烷和 50% 氢气，25% 甲烷和 75% 氢气，100% 氢气。为了获得最危险的爆炸状态，使用化学计量的空气混合物进行了实验。点火器（电火花）被放置在结构的中心，位于地基上方 0.5m 的高度。火花的估计能量为 50mJ。压力场由压电压力传感器（K）和一组传声器（hy）控制。

压电压力传感器在蜂窝结构内部和外部的位置如图 9.27 所示。图 9.27 显示了爆炸保护壁和填充有可燃混合物的结构的示意图。

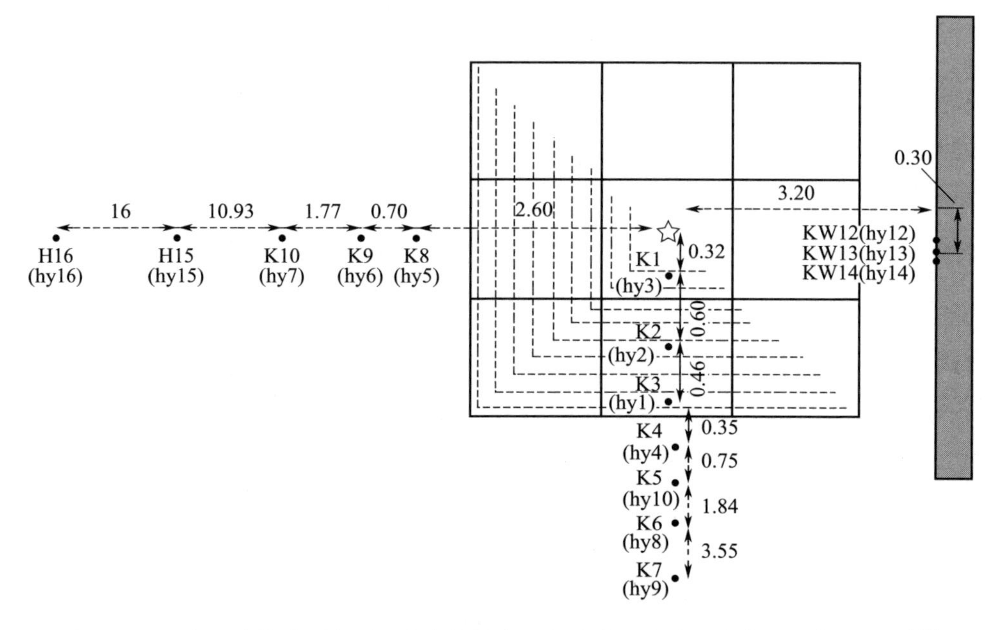

图 9.27　压电压力传感器（K 和 KW）和传声器（hy）在阻塞体积内部和外部的位置[15]

在平行于保护壁的方向上测得的超压扰动水平如图 9.28 所示，在垂直于保护壁的方向上（图 9.29）。

表 9.3 总结了设施某些特定部分的超压水平，恒定体积下的最大爆炸压力可从文献[16]中提供的数据中找到。

所获得的压力场特性得出具有实际重要性的结论：向天然气中添加多达 25% 的氢气不会影响其爆炸性。但是添加超过 50% 的氢气使二元燃料像 HAM 一样危险。再次证明，在接近化学计量的 HAM 燃烧中，阻塞的体积导致了爆炸的开始。

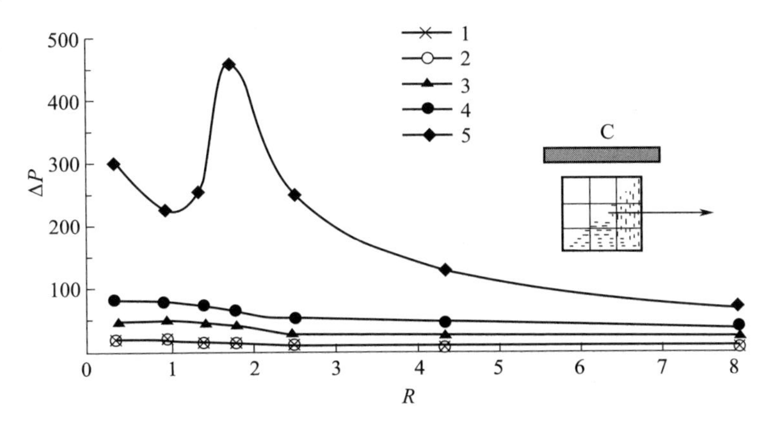

图 9.28　沿爆炸保护壁测得的超压场数据

1—0% 氢气；2—25% 氢气；3—50% 氢气；4—75% 氢气；5—100% 氢气；C—墙。

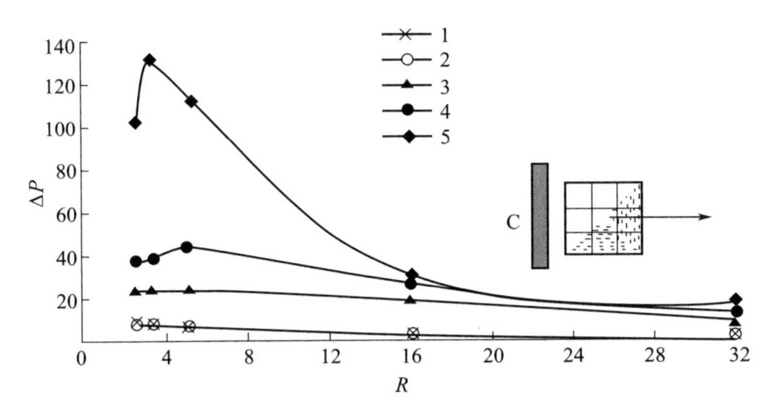

图 9.29　垂直于爆炸保护壁测得的超压场数据

1—0% 氢气；2—25% 氢气；3—50% 氢气；4—75% 氢气；5—100% 氢气；C—墙。

表 9.3　设施特定部位的最大超压水平

氢气（不同 BF）/%	壁面过压 /kPa	结构边界内过压 /kPa	结构边界外过压 /kPa	32m 距离处的过压 /kPa
0（ϕ=1.1）	14.8	11.4	11.8	1.2
25（ϕ=1.1）	19.3	13.7	13.7	1.4
50（ϕ=1.1）	98	42.8	44.0	8.6
75（ϕ=1.1）	171.3	66.1	79.3	13.0
100（ϕ=1.2）	614.5	457.7	30.2	16.5

9.9 HAM 爆燃爆炸对爆破荷载的衰减

同样,最简单的气体爆炸防护是在压力波沿危险方向移动过程中安装防爆壁。可以根据文献[7,17-18]中所述的实验和计算创建针对由 HAM 爆燃爆炸引起的压力波的保护。实验技术如图 9.30 所示。

图 9.30 HAM 爆燃压力衰减图[7]

1—5.3m^3的装有 HAM 的容器;2—高 4m、宽 10m 的防护墙。

将一个具有化学计量的 HAM 的 5.3m^3矩形容器放在测试地面上。HAM 爆燃是由电火花引发的。在距容器侧壁 4m 的距离处建造了高 4m、宽 10m、厚 150mm 的防爆墙。压力传感器安装在地面、防护墙表面、墙壁后面的地面上以及离地面 4m 和 8m 高的位置,以记录压力负荷。

图 9.31 给出了壁前和壁后的相对压力波强度,以及按比例缩放的正脉冲值与减小的距离的关系。图 9.31 和图 9.8 说明了在等于两倍壁高的距离处的爆炸波衰减[18]。

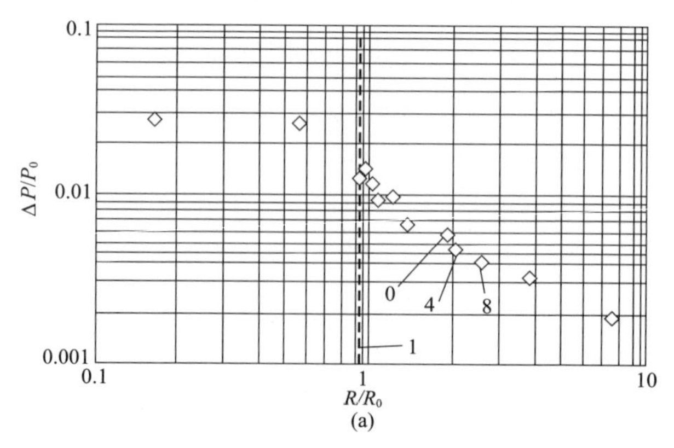

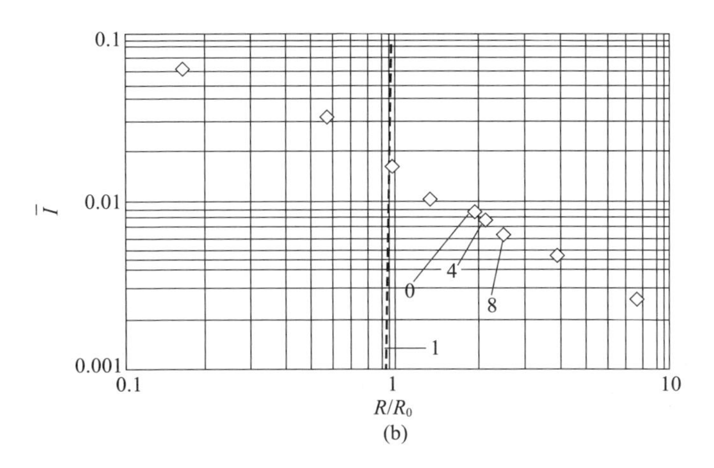

图 9.31　爆炸波在保护墙前后的相对振幅(a)和比例正脉冲(b)
(含 29.5% 氢气的 HAM 爆燃:1 为壁位置;传感器安装高度以 m 为单位)

9.10　HAM 爆炸引起的压力衰减和转变

化学计量 HAM 爆震压力衰减技术在文献[17]中进行了描述,并在图 9.32 中进行了说明。在装有 HAM 的 5.3m^3 容器中引发爆炸波与文献[7]类似。但是,在这种情况下,通过 10g C-4 装料在容器中引发了气体爆炸。在爆炸波的路径上建了一个 2m 高、10m 宽的墙,其厚度为 150mm。引爆器与墙之间的距离为 2m 和 4m。

图 9.32　HAM 爆炸[17-18]引起的压力衰减装置示意图
1—壁; 2—HAM。

压力传感器 P1 ~ P9 和位移传感器 D1 ~ D6 安装在墙壁上及其周围（图 9.33）。安装在墙壁前面和后面的压力传感器的记录，如图 9.34 和图 9.35 所示。墙后的压力负荷显著下降。HAM 爆震波分布发生了根本变化。曲线 1 和 2 描述了由爆震（a）和爆燃（b）引起的点 D2 和 D1 的壁面振动位移（图 9.36）。

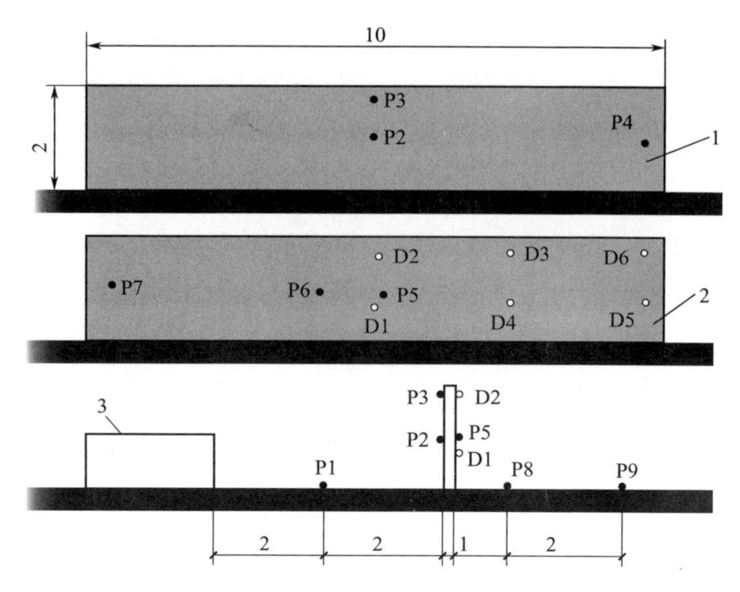

图 9.33　压力/位移传感器相对于保护壁和爆炸源的位置

1—迎风壁一侧；2—墙后侧；3—HAM；P1 ~ P9—压力传感器；D1 和 D2—位移传感器[17-18]。

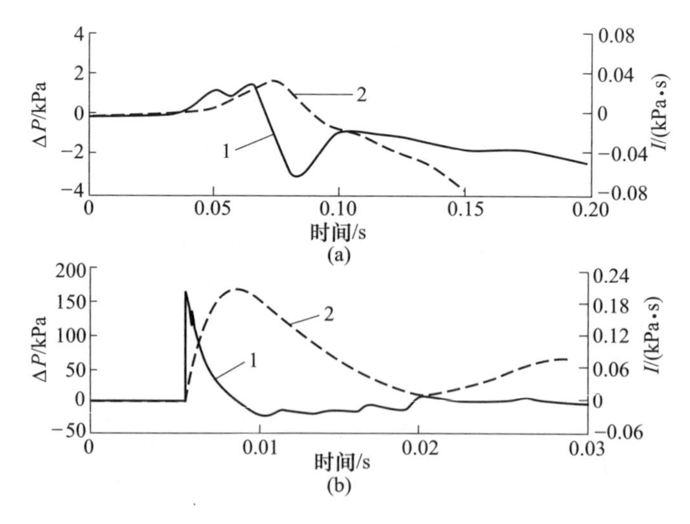

图 9.34　爆炸波超压（1）和脉冲（2）在壁之前（a）和后面（b）传播曲线（用 30% 氢气爆炸 HAM）[17-18]

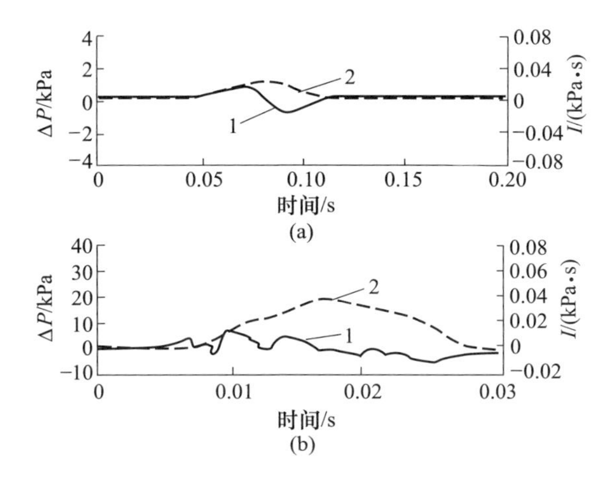

图 9.35　爆炸波超压(1)和冲击(2)在壁之前(a)和后面(b)传播曲线(含 30% 氢气的 HAM 爆燃)[17]

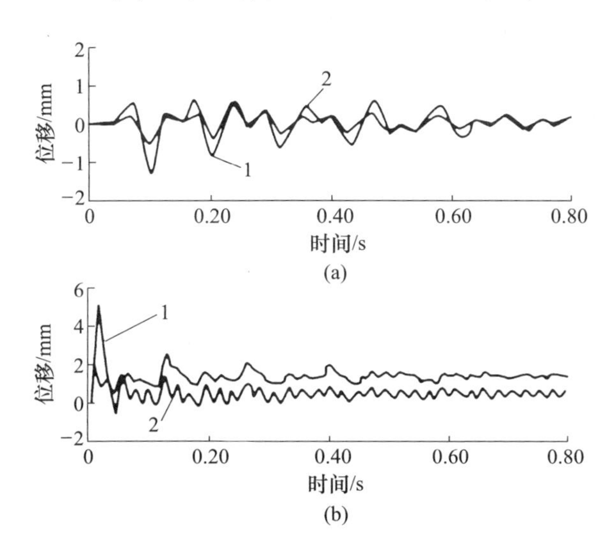

图 9.36　由 30% 氢气 HAM 爆炸爆炸波(a)和爆燃爆炸波(b)引起的保护壁位移[17-18]

参考文献

1. K. Wakabayshi, T. Mogi, D. Kim, T. Abe, K. Ishikawa, E. Kurode, T. Matsumura, Y. Nakayama, S. Horiguchi, M. Oya, S. Fujiwara, A field explosion test of hydrogen-air mixtures. International conference on hydrogen safety, Pisa, 2005

2. Y. Mizuta, Y. Nakayama, K. Wakabayashi, T. Matsumura, T. Mogi, S. Horiguchi, A. Miyake, T. Ogawa, The effect of mixture composition on the explosion behavior of hydrogen–air mixture, in *Proceedings of Kayakugakkai*, Mitsuyama, Japan, 2004
3. V.I. Makeev, Y.A. Gostintsev, V.V. Strogonov, Y.A. Bokhon, Y.N. Chernuskin, V.N. Kulikov, Combustion and detonation of hydrogen-air mixtures in free spaces. Combust. Explos. Shock Waves 19(5), 548–550 (1984)
4. C.N. Kingery, Air blast parameters versus distance for hemispherical TNT surface bursts. BRL report, No. 1344, 1966
5. Гельфанд Б.Е., Сильников Ь.И., Фугасное действие взрывов, СПб. Астерион, 2007, 252 с. (B.E. Gelfand, M.V. Silnikov, *Demolition Effects of Explosions* (Asterion, St-Petersburg, 2007), 252 p.)
6. Гельфанд Б.Е., Сильников М.В. Химические и физические взрывы. СПб.: Астерион, 2003. – 416 с. (B.E. Gelfand, M.V. Silnikov, *Chemical and Physical Explosions* (Asterion, St-Petersburg, 2003), 416 p.)
7. M. Gröthe, E. Merilo, J. Colton, S. Chiba, Y. Sato, H. Iwabuchi, Large scale hydrogen deflagrations and detonations. Int. J. Hydrogen Energy 32(13), 2125–2133 (2007)
8. M. Groethe, J. Colton, S. Chiba, Y. Sato, Hydrogen deflagrations at large scale, in *Proceedings of 15th World Hydrogen Energy Conference*, Yokohama, 2005
9. M. Groethe, J. Colton, S. Chiba, Hydrogen deflagration safety studies in semi-open space, in *Proceedings of 14th World Hydrogen Energy Conference*, Montreal, 2002
10. E.G. Merilo, M.A. Groethe, Deflagration safety study of mixtures of hydrogen and natural gas in semi-open space. International conference on hydrogen safety, San Sebastian, 2007
11. H. Shneider, Large scale experiments: deflagration and DDT within partial confinement. International conference on hydrogen safety, Pisa, 2005
12. H. Schneider, Large scale experiments: DDT within partial confinement similar to lane. International conference on hydrogen safety, Pisa, 2005
13. H. Pfertner, The effects of gas explosions in free and partially confined fuel-air mixtures. Propellants Explos. Pyrotech. 10(4), 151–155 (1985)
14. W. Breitung, Mechanistic safety analysis of hydrogen based energy systems. 2nd European Summer school on hydrogen safety, Belfast, 2007
15. M. Royle, L.C. Shirvill, T.A. Roberts, Vapor cloud explosion from the ignition of methane/hydrogen/air mixtures in a congested region. International conference on hydrogen safety, San Sebastian, 2007
16. C.-T. Tang, Z.-H. Huang, Ch Jin, J.-J. He, J.-H. Wang, X.-B. Wan, H.-Y. Miao, Explosion characteristics of hydrogen–nitrogen–air mixtures at elevated pressures and temperatures. Int. J. Hydrogen Energy 34(1), 554–561 (2009)
17. T. Nozu, R. Tanaka, T. Ogawa, K. Hibi, Y. Sakai, Numerical simulation of hydrogen tests with barrier for blast mitigation. International conference on hydrogen safety, Pisa, 2005
18. T. Nozu, K. Hibi, T. Ogawa, Numerical simulation of blast wave propagation of hydrogen explosion, in *Proceedings of the 18th National Symposium on Wind Engineering*, Japan Association for Wind Engineering, 2004, pp. 133–138

第10章 氢混合物爆炸产生的拆除载荷

10.1 爆破载荷的拆除参数

压力波中的压力和冲量决定了含氢可燃混合物爆炸的危险程度,图10.1给出了主要的可测量冲击波参数。气体爆炸中的冲击波压力是能量释放率的函数,爆轰模式下的燃烧达到最大值[1-4]。

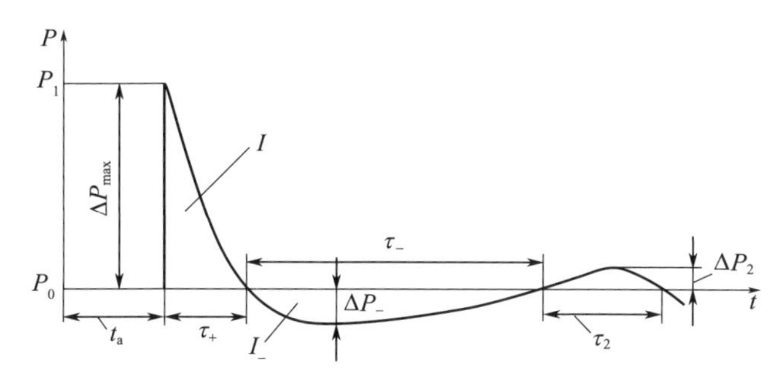

图10.1 冲击波的可测参数

t_a—到达时间;τ_+—正相位持续时间;τ_-—稀疏波持续时间;

ΔP_{max}—超压波振幅;ΔP—稀疏波振幅;I—压缩相位脉冲;

I_-—稀疏相位脉冲;ΔP_2和τ_2—二次压力上升及其持续时间。

在气体和非均质系统中,必须满足某些条件才能触发爆燃至爆震的转变,这些系统包含所需极限浓度内的燃料[5-6]。

(1)受阻的工业区或公寓楼。

(2)适当预混燃料的高反应性。

危险的冲击波是由气体云燃烧产生的,其可见前锋速度至少为150~200m/s。不幸的是,由于要考虑影响云生成、其形状和燃料成分的许多因素,气体云或不均匀云中的冲击波速度值(特定情况下的初始条件是已知的)是无法预测的[2-3,5-7]。

因此,必须定义预期的危险水平,并使用最大评估值。此外,潜在机械损伤的评估与云外空间有关,在云外空间,热因素没有燃烧产物体积内的目标重要[6]。

燃料-空气气体爆炸效应(冲击波压力和冲量)取决于最终能量释放[7-28]。冲击波压力振幅主要与能量释放率有关[10,13,24-25],压力冲击与能量释放率的关系较弱,但它由爆炸能量水平决定[10,13,25]。在文献中可以找到相反的说法,如在[29]中,可能由测量的不准确性引起专家评估的不准确,并且可能导致气体/灰尘冲击波参数的不准确。

冲击波与目标相互作用的机械效应取决于冲击波压力振幅和冲击波冲量,可为不同目标找到冲击波压力幅值-冲击波冲量坐标中的损伤效应边界[5-6,30-31]。

如果不知道非理想爆炸效应(气体云爆炸效应属于此类)的压力分布参数值,则不知道它们与压力脉冲坐标中的损伤效应边界的比较,就不可能对非理想爆炸效应进行评估。通常,最好使用爆炸产生的参数值作为最危险的燃烧模式。文献[5-6,30-31]用HE炸药进行实验,得到了确定的损伤边界值,解释了人们为何试图用TNT当量表示许多HE炸药的效果。

然而,仅根据能量相似性将HE爆炸参数归于气体云燃烧/爆炸是不正确的,采用的程序需要修正。值得注意的是,气体爆炸产物的膨胀水平比HE爆炸低几十分之一,低密度爆炸源的几何尺寸很大,并且总是与冲击波危险的距离相当。

因此,对于燃料-气体或异质混合物云爆炸,爆炸范围的远近距离概念不同于HE炸药爆炸。

不同炸药产生的爆炸参数场之间的比较必要性是基于有序的基础。关键是实验数据用于验证理论模型,其中理论模型是为计算气体混合物爆燃/爆炸产生的爆炸载荷而设计的[21-24,32-35]。

10.2 可燃含氢云爆炸产生的冲击波参数

对于球形气体爆炸产生的相对爆炸波振幅,通过对大量实验数据的详细分析,获得了 $0.25\text{m/MJ}^{0.33} < \Lambda < 25\text{m/MJ}^{0.33}$ 比例距离内的经验相关性[8-11]:

$$\begin{aligned}\ln\bar{P} &= 0.299 - 2.0581\ln\Lambda + 0.26\ln\bar{P}\\ &= 0.299 - 2.0581\ln\Lambda + 0.26\,(\ln\Lambda)^2\,(\ln\Lambda)^2 \qquad (10-1)\end{aligned}$$

式中:$\Lambda = R/E^{0.33}$,R 为距离(m),E 为爆炸能量(MJ);$\bar{P} = \Delta P/P_0$。在初始压力 P_0 下,空气中直径为 R_0 的球形气体云爆炸产生的爆炸能量 $E = 4/3\pi R_0^3\rho_f E_t$($\rho_f$ 为爆炸混合物密度;E_f 为爆炸的比热)。

考虑到 Sadovskiy – Hopkinson 距离 Λ、相对距离 R/R_0 和无量纲 Sachs 参数之间的关系，在 $P_0 = 0.1\text{MPa}$ 时，可得到 R/R_0 为 $2.5\Lambda = 5.2\bar{R}$，因此，有

$$\ln\bar{P} = 1.75 - 1.69\ln(R/R_0) + 0.07[\ln(R/R_0)]^2, \quad 1.2 < R/R_0 < 60 \tag{10-2}$$

或

$$\ln\bar{P} = -0.91 - 1.5\ln\bar{R} + 0.16(\ln\bar{R})^2 + 0.03(\ln\bar{R})^3, \quad 0.3 < \bar{R} < 12 \tag{10-3}$$

与传统上用 Sadovskiy – Hopkinson 能量尺度变量描述的爆炸不同，气体爆炸主要参数的表达式采用 Sadovskiy – Hopkinson 能量尺度变量[36]：

$$\Lambda = R/E^{0.33}; \quad I_E = I/E^{0.33}; \quad \tau_E = \tau/E^{0.33} \tag{10-4}$$

在图 10.2 中，曲线 1 和曲线 2 显示了气体爆炸(1)和 TNT 爆炸(2)的入射波参数与距离的关系，曲线 3 和曲线 4 显示了气体爆炸(3)和 TNT 爆炸(4)的反射冲击波参数，自变量 R/R_0 仅指液化气爆炸。

可以看出，曲线 1、2 和曲线 3、4 在接近云边界时分叉($R/R_0 \to 1$)，但它们随着离震中距离的增加而收敛($R/R_0 \to \infty$)。上述关系的准确度约为 ±15%。这些关系优于文献[2 – 3]中三项式方程首次给出的相关性，其优点是不需要考虑爆炸跃迁能量随压力波迁移的部分。

使用测量的入射冲击波参数数据，可以绘制气体爆炸的 TNT 压力当量 K_P 与相对冲击波压力振幅的关系(图 10.3)，K_P 定义为在距离震中相同距离 R 处能够产生相等相对振幅 $\bar{P}$ 冲击波的 HE 和燃烧气体的质量比。

图 10.4 给出了不同比热的可燃气体的 $K_P = f(\Delta P)$ 关系。

文献[16，18 – 19，23，30，33，37 – 39]已发现空气和氧气混合物爆炸的 TNT 压力当量不是一个恒定值，它随震中距离的增加而增加。其中，气体冲击波振幅总是小于 HE 爆炸产生的振幅的观点也不太准确。虽然，气体爆轰产物的膨胀更少，因此消耗的能量更少，更多的能量可用于冲击波的维持，这一事实并不足以支持上述观点[2 – 3]。但是，它没有考虑到空气中 HE 爆炸对周围环境的非绝热加热所造成的巨大能量损失。在文献[5 – 6]中已经指出，这部分能量不参与机械功；维持冲击波 $\eta_1 < \eta_e = 1 - \zeta^{\gamma - 1/\gamma}$ 的能量已消耗。这里 ζ 是指 HE 爆炸产物的膨胀水平。

非引爆爆炸获得的冲击波测量数据显示，当爆炸速度降低时，TNT 压力当量有变化的趋势。图 10.5 中的曲线显示了 3 个相对震中距离 $R/R_0 = 5$、$R/R_0 = 10$、$R/R_0 = 10$ 和 $E_f = 46\text{MJ/kg}$ 时，爆炸速度 D_e 对 K_P 的影响。

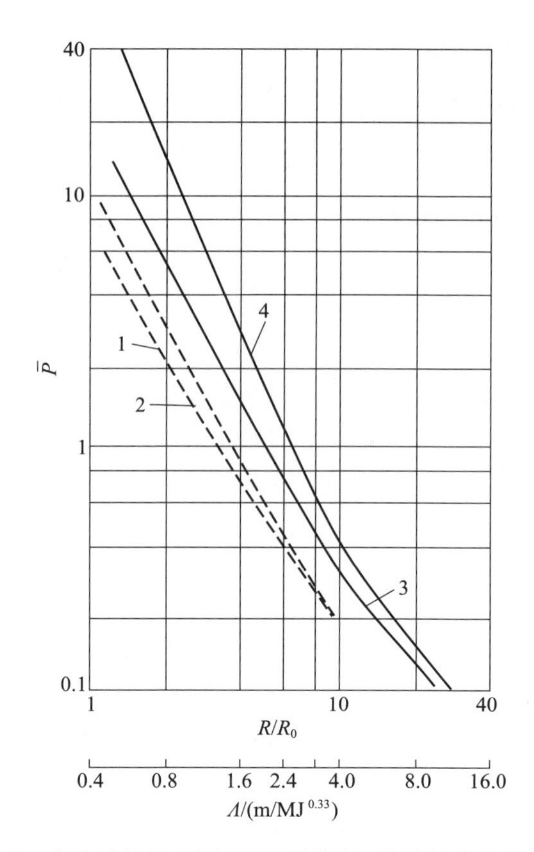

图 10.2 气体爆炸(1、3)和 TNT 爆炸(2、4)的相对冲击波振幅与相对距离(R/R_0)和比例距离(Λ)的关系

1、2—入射冲击波参数；3、4—与障碍物垂直相互作用时的反射波参数。

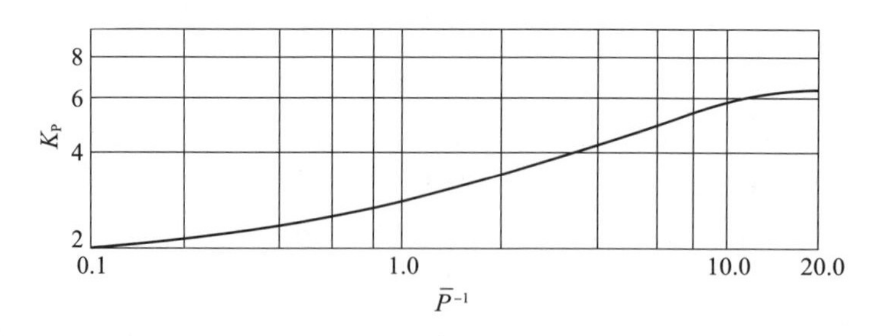

图 10.3 气体爆炸的 TNT 压力当量与相对爆炸波振幅倒数的关系

接下来描述气体爆轰冲击波的冲量和时间参数。根据文献[8-11]，$0.25\mathrm{m/MJ}^{0.33} < \Lambda < 25\mathrm{m/MJ}^{0.33}$距离范围内的正相压力脉冲 I_+ 和压缩相持续时间 τ_+ 分别如下：

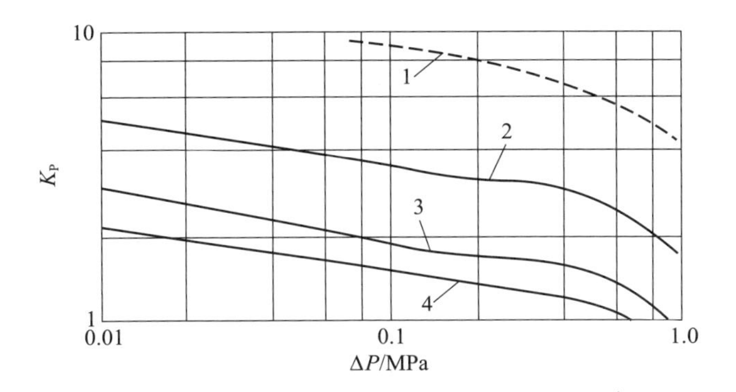

图 10.4 气体爆炸的 TNT 压力当量与爆炸释放热量的冲击波振幅的关系

1—E_f = 116MJ/kg(氢气); 2—E_f = 46MJ/kg(甲烷);

3—E_f = 33MJ/kg(酒精); 4—E_f = 25MJ/kg(一氧化碳)。

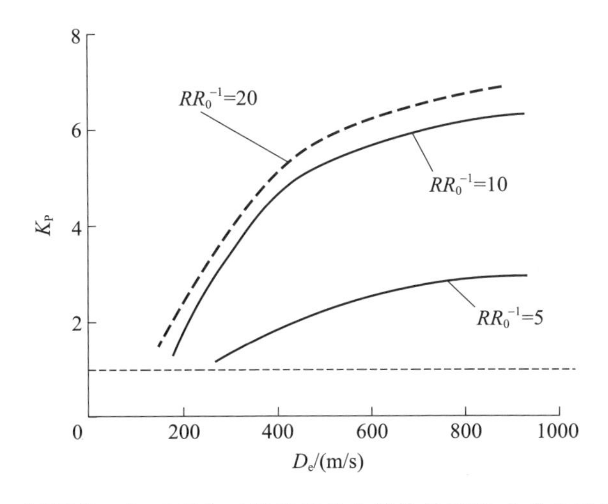

图 10.5 E_f = 46MJ/kg 时,不同相对距离下气体爆炸的 TNT 当量与爆炸速度的关系

$$\ln I_E = \ln(I_+/E^{0.33}) = -0.843 - 0.9321\ln\Lambda + 0.037[\ln\Lambda]^2 \quad (10-5)$$

$$\ln\tau_E = \ln(\tau_+/E^{0.33}) = -0.20 + 0.67\ln\Lambda - 0.11[\ln\Lambda]^2 \quad (10-6)$$

$I_E = I_+/E^{0.33} = f(\Lambda) = f(R/R_0)$的形式如图 10.6 所示。曲线 1 和曲线 3 分别是气体爆炸(1)和 TNT 爆炸(3)的入射波,曲线 2(气体爆炸)和曲线 4(HE 爆炸)表示反射波的条件相同。虚线 5 显示了速度为 190m/s 的爆燃爆炸的瞬态波压缩相的压力脉冲值[8-11]。在爆炸的远区 $\bar{P} = \Delta P/P_0 < 0.1$,当 $D_e > 150$m/s 时,压缩相压力脉冲不依赖于爆炸速度。在近区,气体爆炸的 TNT 的 K_I当量与 K_P不同,不随距离增加而增加。与此相关,仅用 TNT 压力当量不足以评估总的

气体爆炸影响。

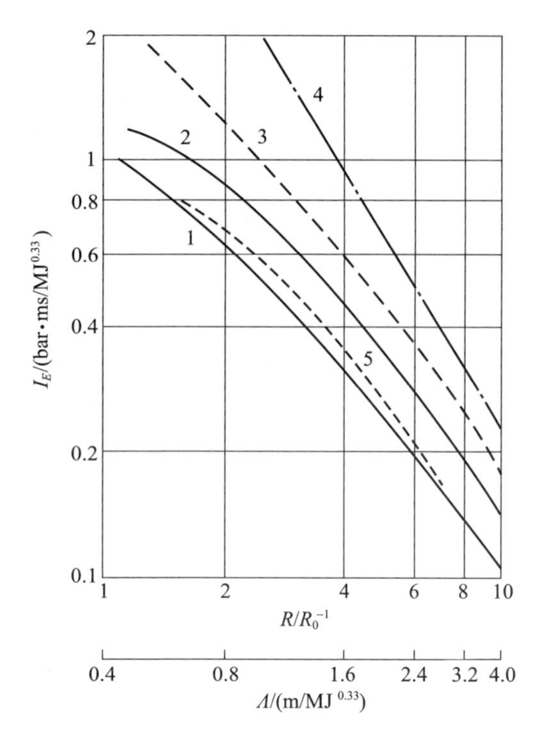

图 10.6　气体爆炸(1、3)、TNT 爆炸(2、4)和 190m/s 速度的气体爆燃(5)的压缩相冲击波振幅与相对距离(R/R_0)和比例距离(Λ)的关系

1、3、5—入射冲击波参数；2、4—反射波参数。

在图 10.7 中,气体爆轰冲击波参数用无量纲 Sachs 变量表示：

$$\bar{P}_{+} = \Delta P/P_0 \tag{10-7}$$

$$\bar{I}_{+} = I_{+} c_0 \left(E \cdot P_0^2\right)^{-0.33} \tag{10-8}$$

$$\bar{R} = R \cdot \left(E/P_0\right)^{-0.33} \tag{10-9}$$

式中:P_0和 c_0分别为环境压力和声速。

众所周知,气体云爆炸非常罕见。如果冲击波传播速度超过 150m/s,那么,在整个速度范围内,其压缩相位脉冲值实际上是恒定的,直到冲击波速度达到爆炸速度[13,24,35],超压水平随着爆炸速度的降低而降低。

图 10.8 中的压力/冲量图说明了爆炸(曲线 1)、定容爆炸(曲线 2)和速度为 200m/s(曲线 3)和 150m/s(曲线 4)的爆燃的变化。由于危险距离有可能减少,因此考虑爆炸波的有限持续时间是至关重要的。

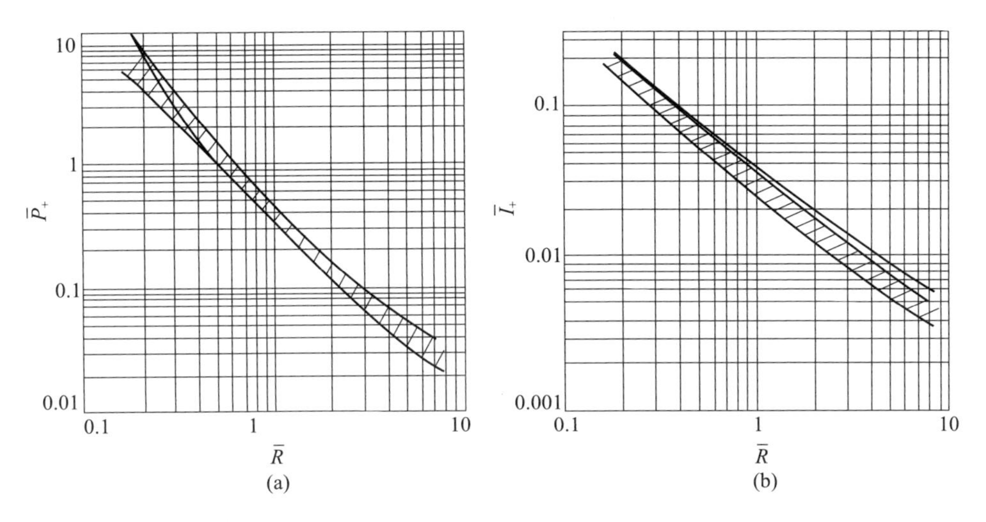

图 10.7　冲击波正相位相对振幅(a)和无量纲脉冲(b)与无量纲距离的关系。参数值范围包含实验和计算数据[2-3,11,17,20-21,26-27,32]

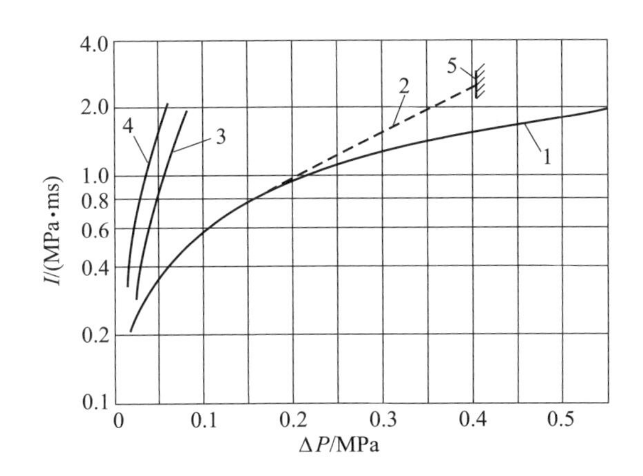

图 10.8　各种燃烧模式下氢气和空气云团爆炸(氢气—100kg)产生的冲击波压力/冲量图

1—爆炸；2—恒定体积爆炸；3—速度为 200m/s 的爆燃；

4—速度为 100m/s 的爆燃；5—爆燃状态的边界。

对气体爆炸效应数据的概括得出结论:由非冲击爆炸引起的爆炸载荷类型在时间和空间上随着离震中的距离的变化而变化。图 10.9 给出了简化的变化方案。

如果可燃云中的爆炸速度小于 100m/s,波列如图 10.9(a)所示,没有明显的压力跃变。在云团外的环境中观察到压力逐渐上升的非线性准声压扰动(压缩波)。

在 150 ~ 250m/s 的燃烧速度下,压力分布发生变化,如图 10.9(b)所示。在压力扰动前沿,冲击波作为前兆,随后压力持续增长。随着离震中距离的增加,压力波转变成具有陡峭的锋面和下降的三角形压力剖面的波的冲击波。

最后,在超声速燃烧速度下(达到爆炸速度),典型的爆炸载荷分布在云团环境内的各个地方,如图 10.9(c)所示。

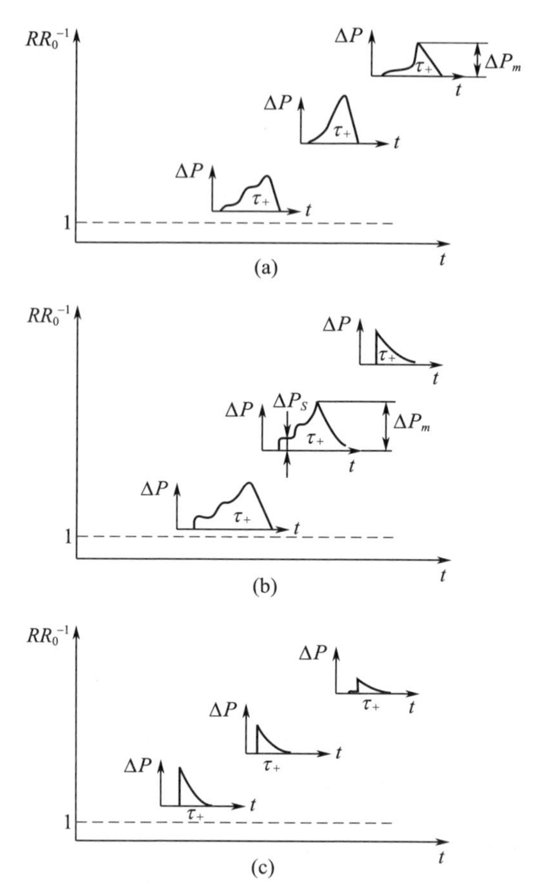

图 10.9 不同爆炸速度下压力波的时间和空间变化

(a)燃烧速度高达 100m/s;(b)燃烧速度为 100 ~ 250m/s;(c)超声速燃烧速度。

上面描述的情况是云中中心爆炸引发的特征,对于非中心、不对称的爆炸起爆,预计在拆除载荷的下降分支上会有额外的压力释放[11,34,40]。气体冲击波压力对距离和燃烧速度的关系[10]可以转化为近似潜在压力载荷图(图 10.10),不同阴影区显示压缩波(A 区)、具有冲击波前兆的压缩波(B 区)和冲击波(C 区)的冲击波超压(ΔP) - 相对距离(RR_0^{-1})关系。

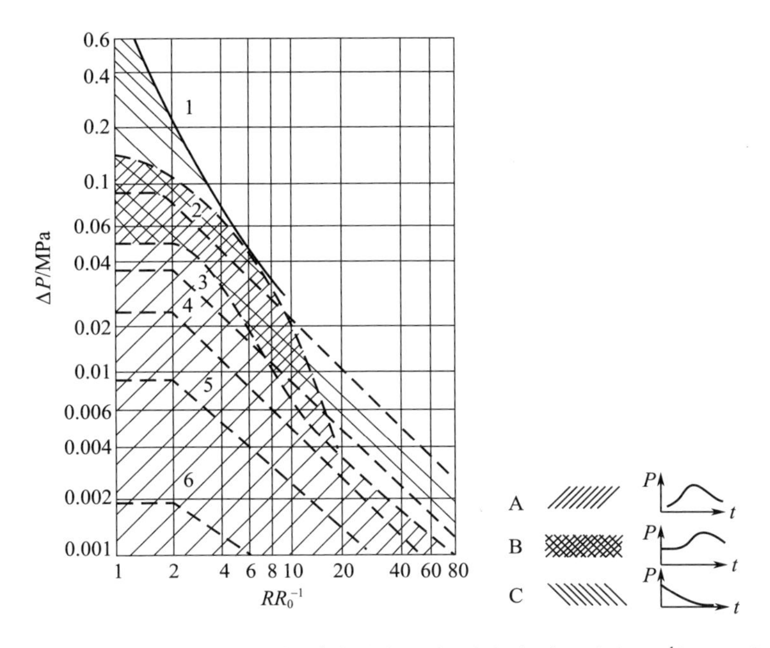

图 10.10　对于不同的燃烧速度,冲击波超压(ΔP)与相对距离(RR_0^{-1})之间的关系

1—爆震; 2—300m/s; 3—150m/s; 4—120m/s; 5—80m/s; 6—35m/s。

10.3　稀疏波参数

气体爆炸压缩相后稀疏波参数是不可完全测量的。由于位于爆炸源附近危险区域内的实际载荷分布是扭曲的,仅基于压缩相参数的气体爆炸效应的专家评估是不正确的。对于术语,振幅、脉冲和压缩/稀疏相持续时间分别定义为:ΔP_+ 和 ΔP_-、I_+ 和 I_-、τ_+ 和 τ_-。在 $0.25\text{m/MJ}^{0.33} < \Lambda < 25\text{m/MJ}^{0.33}$ 范围内,获得 Sadovkiy - Hopkinson 变量[7-11]:

$$\ln \overline{P}_- = \ln(\Delta P_-/P_0) = -1.46 - 1.402\ln\Lambda - 0.079[\ln\Lambda]^2 \quad (10-10)$$

$$\ln(\tau_-/E^{0.33}) = 1.7 + 0.08\ln\Lambda + 0.02[\ln\Lambda]^2 \quad (10-11)$$

$$\ln(I_-/E^{0.33}) = -0.873 - 1.251\ln\Lambda + 0.132[\ln\Lambda]^2 \quad (10-12)$$

根据上述方程进行计算时,需注意时间单位为 ms、压力单位为 bar、冲量单位为 bar · ms。

在变量中,冲击波半径 R/云半径 R_0的值为

$$\ln \bar{P}_{-} = -0.03 - 1.34\ln R/R_0 + 0.03\,[\ln R/R_0]^2 \tag{10-13}$$

$$\ln\tau_{-} c_0/R_0 = 1.72 - 0.12\ln R/R_0 = 0.05\,[\ln R/R_0]^2 \tag{10-14}$$

在 Sachs 变量中，图 10.11 给出了相对冲击波压力振幅（ΔP_+时）和稀疏波（ΔP_-时）与距离 $\bar{R}$ 的关系，冲击波阵面/稀疏相的压差比为

$$\ln(\Delta P_+/\Delta P_-) = 1.79 - 0.35\ln(R/R_0) + 0.03\,[\ln(R/R_0)]^2,\quad 1.2 < R/R_0 < 60 \tag{10-15}$$

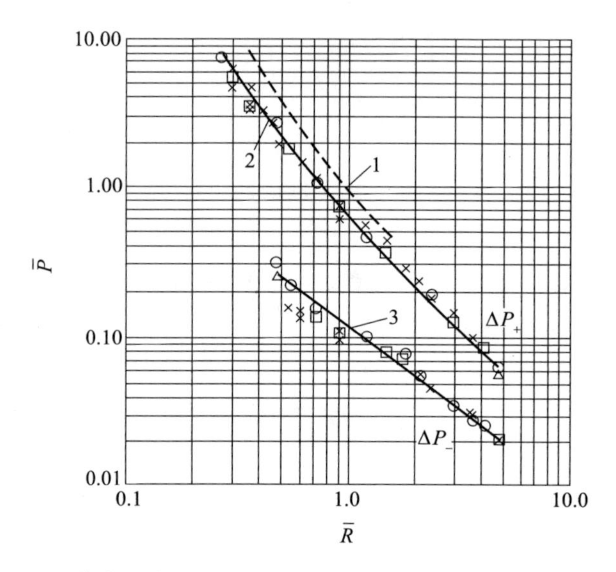

图 10.11 TNT 装药爆炸和丙烷与空气混合物爆炸的爆炸波(2)及稀疏波(3)的最大相对振幅与无量纲距离的关系（丙烷体积含量为 4%～7%）[20,26]

1—TNT 装药爆炸；2、3—气体混合物爆炸。

图 10.12 给出了稀薄和冲击压缩相的压力脉冲比，可见 $I_+ \approx I_-$，HE 炸药、高压容器或体积爆炸都具有这样的比例特征。

在 Sachs 变量（$\bar{\tau} - \bar{R}$）中，图 10.13 中的曲线 1 和 2 显示了稀疏（1）和压缩（2）相持续时间的变化。注意：$\bar{\tau} = t/t_0$，$t_0 = (E/P_0)^{0.33}/c_0$，并且 τ_+/τ_- 可用下式表示：

$$\ln(\tau_+/\tau_-) = -3.11 + 1.67\ln R/R_0 - 0.47\,[\ln R/R_0]^2,\quad 1.2 < R/R_0 < 60 \tag{10-16}$$

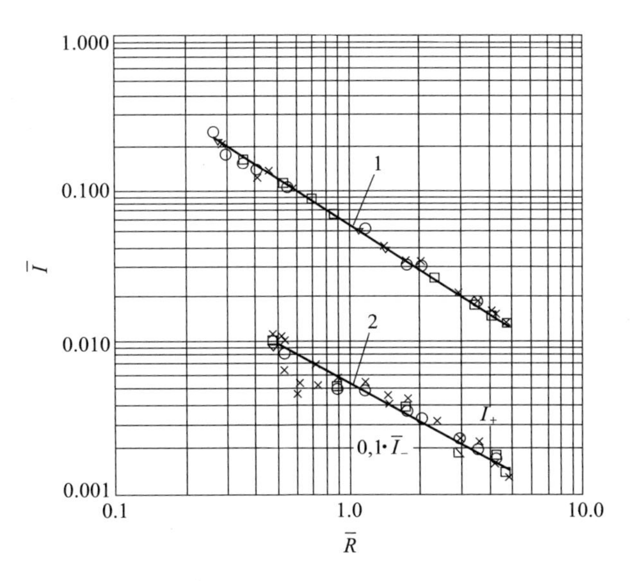

图 10.12　丙烷和空气混合物爆炸(丙烷体积含量 4%~7%)的爆炸波(1)和稀疏波(2)的无量纲压力脉冲与无量纲距离的关系[12,26]

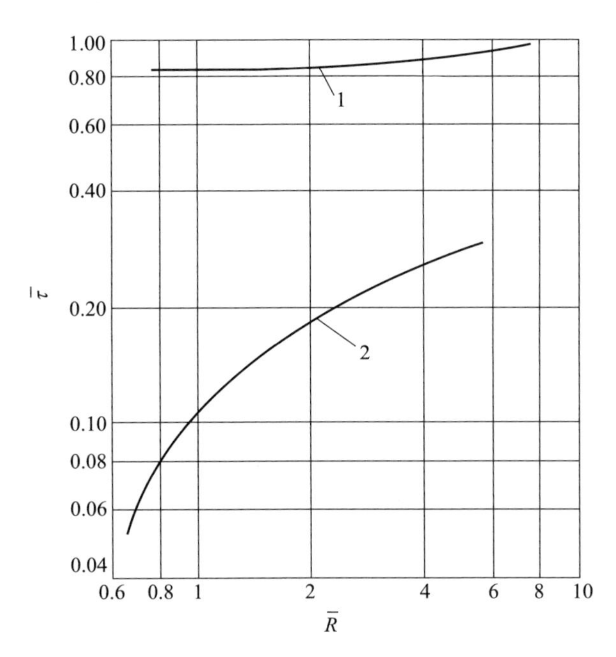

图 10.13　气体混合物爆炸的稀疏(1)和压缩(2)阶段的无量纲持续时间与无量纲距离的关系

图 10.14 说明了稀疏和压缩相随离震中距离的变化,冲击波/稀疏波振幅比

如图 10.15 所示。

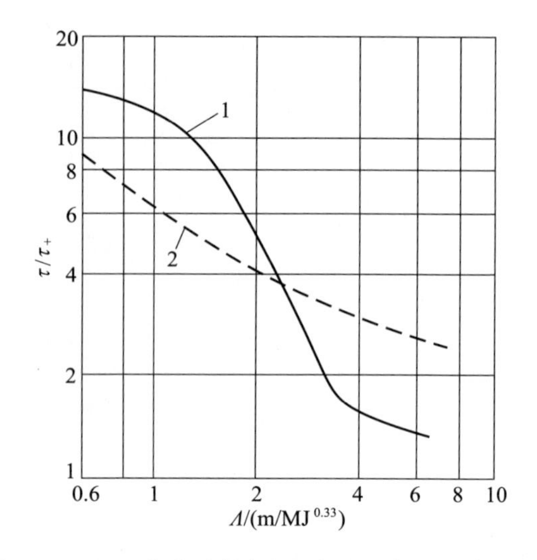

图 10.14　HE 装药爆炸(1)和气体混合物爆炸(2)的稀疏/压缩阶段持续时间与震中距离的比例关系

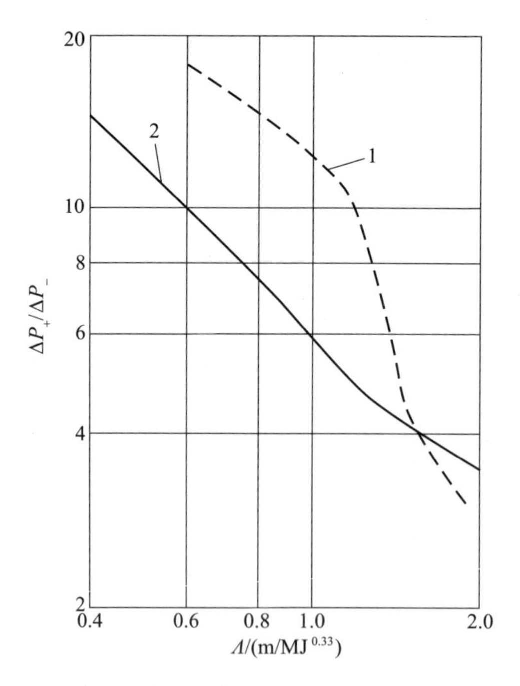

图 10.15　HE 装药爆炸(1)和气体混合物爆炸(2)的稀疏/压缩相位振幅比与震中距离的比例关系

文献[20,27]中比较了均匀(气体)云爆炸和非均匀两相(气体和液体喷雾)云爆炸的参数。根据其中的实验数据,发动机燃料云(汽油、煤油)爆炸时分散在空气冲击波的振幅:

$$\bar{P} = 0.125/\bar{R} + 0.137/\bar{R}^2 + 0.023/\bar{R}^3 \qquad (10-17)$$

那么,在 $2.0 > \bar{R} > 0.3$ 时,预测脉冲 $\bar{I}_+ = 0.022\bar{R}^{-1}$。

图 10.16(a)、(b)给出了相关关系。通常,高蒸汽压力的发动机燃料爆炸具有较高的爆炸波压力脉冲特征,可通过完整的爆炸转变过程解释。

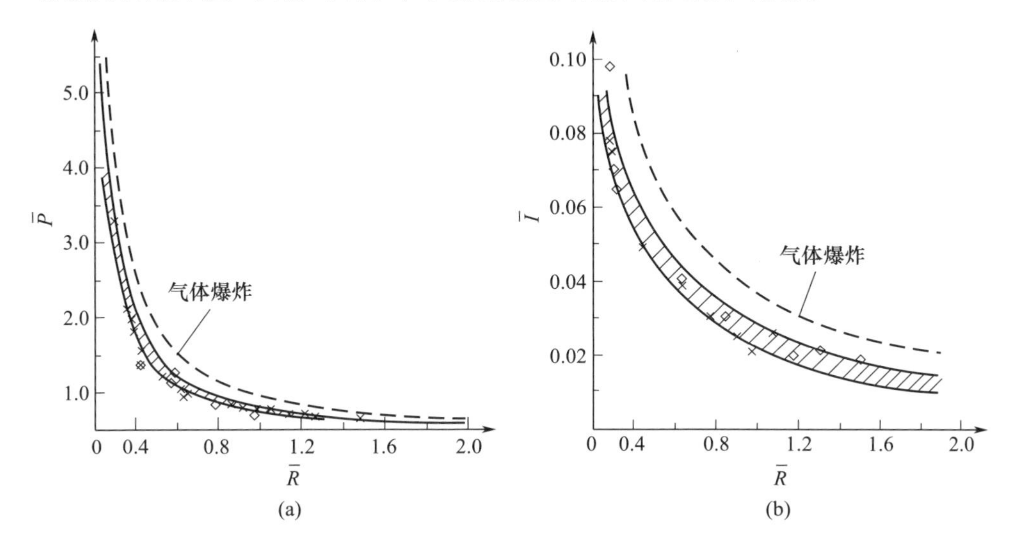

图 10.16　非均质空气混合物云团(煤油质量为 0.16t,苯为 0.16~1t)[19,26],爆轰波的相对振幅(a)和无量纲脉冲(b)与无量纲距离的关系

10.4　稀疏波造成的损伤图

可以利用无量纲距离表示的变量 $\bar{L}_- = f(\bar{P})$ 或 $\bar{\tau}_- = f(\bar{P})$,绘制表示稀疏波参数与距离关系的曲线,从而形成稀疏波损伤图,如图 10.17 和图 10.18 所示。曲线 1 表示气体爆炸的压缩相,曲线 2 表示稀薄相。在波压相对振幅值的范围内(图 10.17、图 10.18),对于 HE 炸药爆炸,曲线关系 1 也成立。此外,在 Sachs 变量中,相对压力振幅、稀疏波持续时间和压缩/稀疏相压力脉冲是通用的,不依赖于爆炸源类型。

从图 10.17、图 10.18 可以看出,由于稀疏相在 $\bar{P} < 0.7$ 时持续时间很长,对

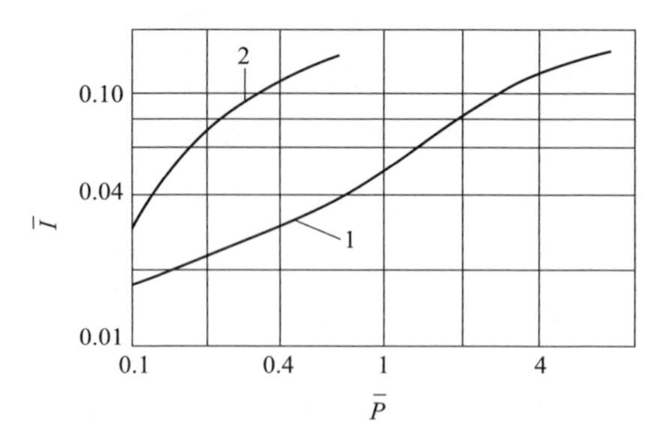

图 10.17 压力幅值脉冲坐标下气体爆炸引起的损伤概图

1—压缩相损伤；2—稀疏相损伤。

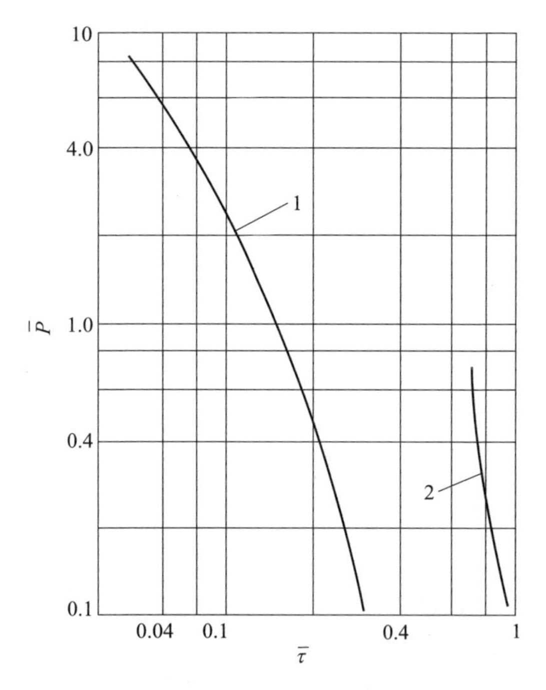

图 10.18 幅值－压力相持续时间坐标下由气体爆炸引起的损伤的概图

1—压缩相损伤；2—稀疏相损伤。

于某些目标稀疏波效应比压力波效应更危险。图 10.19 给出了在距离爆炸中心不同距离处基于稀薄相压力 K_{P-}（曲线 1、2）和压缩相压力 K_{P+}（曲线 3、4）的 TNT 当量。在测量的稀疏波参数精度范围内，稀疏相的压力 TNT 当量不依赖于距离，并且在任何地方都不小于压缩相的 TNT 当量。

影响稀薄相 TNT 当量压力的主要爆炸参数是爆炸比能。图 10.19 给出了 $E_f = 46MJ/kg$(曲线 1)和 $E_f = 37MJ/kg$(曲线 2)的两种燃料稀薄相的 TNT 压力当量 K_{P-},压缩相的 K_{P+} 具有相同的 E_f 值(曲线 3 和曲线 4)。

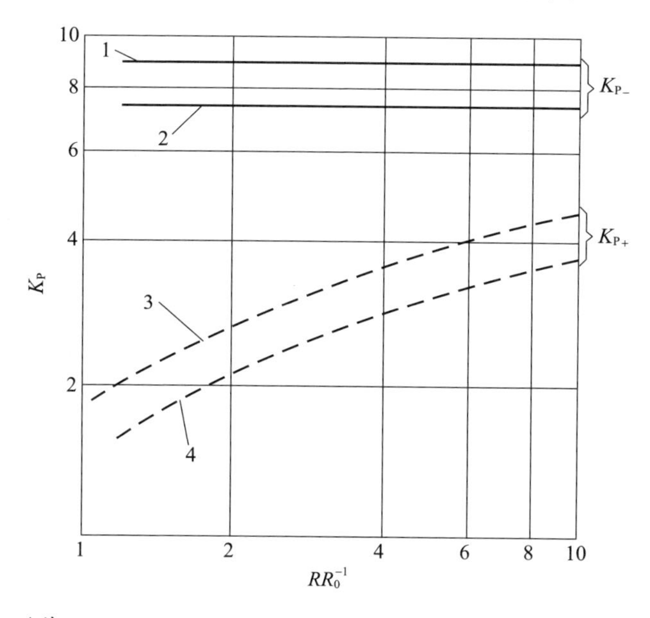

图 10.19 稀薄(1,2)和压缩(3,4)相气体爆炸的压力 TNT 当量与相对距离的关系

1、3—$E_f = 46MJ/kg$; 2、4—$E_f = 37MJ/kg$。

图 10.20 给出了 $E_f = 46MJ/kg$(曲线 1)和 $E_f = 37MJ/kg$(曲线 2)的两种燃料稀薄相的 TNT 脉冲当量值 K_{I-},以及 $E_f = 46MJ/kg$(曲线 3)的压缩相的 TNT 脉冲当量值 K_{I+}。由于其声学性质,由 HE 炸药爆炸和气体爆炸产生的稀疏波参数的强度非常接近。当 $R/R_0 > 5$ 时,爆炸远区的压力扰动持续时间与距离无关。

描述稀疏和压缩相的入射冲击波压力剖面图[8-11]可以表示为以下形式:

$$\Delta P_i(t,\Lambda) = \Delta P_i\{\sin[\pi(t-\tau_{i+})/\tau_{i-}]/\sin[(-\pi\tau_{i+})/\tau_{i-}]\}\exp[-K_i t/\tau_{i+}] \tag{10-18}$$

式中:τ_{i+} 和 τ_{i-} 是稀疏相和压缩相持续时间;阻尼增量 K_i 可写为

$$K_i = 0.889 - 0.356\ln\Lambda + 0.105(\ln\Lambda)^2 \tag{10-19}$$

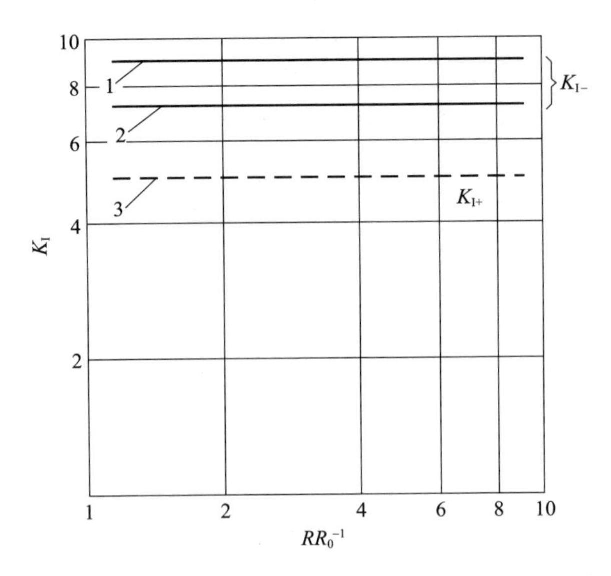

图 10.20 稀薄(1,2)和压缩(3)相气体爆炸的 TNT 压力脉冲当量与相对距离的关系
1、3—$E_f = 46$MJ/kg; 2—$E_f = 37$MJ/kg。

10.5 气体爆炸的反射冲击波参数

对于高架气体爆炸,障碍物法向反射波主要参数可以使用文献[8-11]中的测量数据和文献[16,34]中的计算结果找到。可以用简化的 Sadovskiy-Hopkinson 能量变量写成以下方程。

对于压缩相的反射波压力振幅 ΔP_r:

$$\ln \overline{P_r} = \ln(\Delta P_r / P_0) = 1.264 - 2.056\ln\Lambda + 0.2011(\ln\Lambda)^2 \quad (10-20)$$

对于稀疏相的反射波压力振幅 ΔP_{r-}:

$$\ln \overline{P_{r-}} = \ln(\Delta P_{r-} / P_0) = -0.67 - 1.043\ln\Lambda + 0.252(\ln\Lambda)^2 \quad (10-21)$$

对于压缩相的反射波脉冲 I_r:

$$\ln(I_r / E^{0.33}) = 0.07 - 1.03\ln\Lambda + 0.045(\ln L)^2 \quad (10-22)$$

对于稀疏相和压缩相持续时间 τ_{i+} 和 τ_{i-}:

$$\begin{aligned} \ln\tau_{r+} &= 0.18 + 0.52\ln\Lambda - 0.074(\ln\Lambda)^2 \\ \ln\tau_{r-} &= 1.45 + 0.6\ln\Lambda - 0.11(\ln\Lambda)^2 \end{aligned} \quad (10-23)$$

这些关系式是在 $1\mathrm{m/MJ}^{0.33} < \Lambda < 10\mathrm{m/MJ}^{0.33}$ 的情况下获得的，主要参数的无量纲化由上面方程表示：ΔP – bar，τ – ms，E – MJ，I – bar · ms。

对于 HE 炸药爆炸和气体爆炸，反射波的相对压力振幅与距离的函数如图 10.2所示。反射波压缩相脉冲与距离的关系如图 10.6 所示。

压缩/稀疏相的反射波压力剖面[8-10]可写为

$$\Delta P_r(t,\Lambda) = \Delta P_r\{\sin[\pi(t-\tau_{r+})/\tau_{r-}]/\sin[(-\pi\tau_{r+})/\tau_{r-}]\}\exp[-K_r t/\tau_{r+}] \tag{10-24}$$

波面后的阻尼压力衰减表达为

$$K_r = 0.978 - 0.554(\ln\Lambda) + 0.26(\ln\Lambda)^2 \tag{10-25}$$

TNT 压力 K_P和脉冲 K_I当量可以根据 HE 炸药爆炸和气体爆炸产生的反射波和入射波参数之间的关系来确定。

图 10.21 显示了 $E_f = 46\mathrm{MJ/kg}$ 的反射冲击波（曲线 1）和入射冲击波（曲线 2）的 K_P值随距离的变化。图 10.22 给出了 TNT 脉冲当量 K_I的类似关系。

气体爆炸和 HE 炸药爆炸产生的入射波、反射波和稀疏波参数的比较表明，对于稀疏相和压缩波运动和反射的准声学阶段，它们爆炸效应的相似性是正确的。在 $1 \leqslant R/R_0 \leqslant 6$ 的相对距离下，或者压力振幅 $\bar{P} > 0.1$ 时，气体爆炸和 HE 炸药爆炸的压缩相参数不等价，等价参数随距离变化。专家评估指出不涉及距离的 TNT 当量是不充分或不正确的。

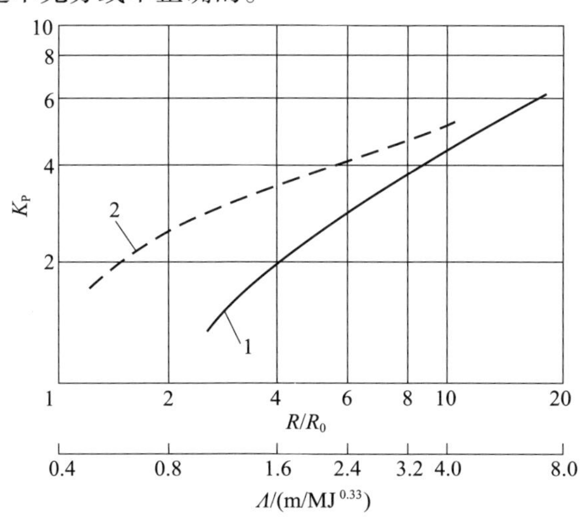

图 10.21 反射波（1）和入射波（2）压缩相气体爆炸的 TNT 压力当量与比例和相对距离的关系

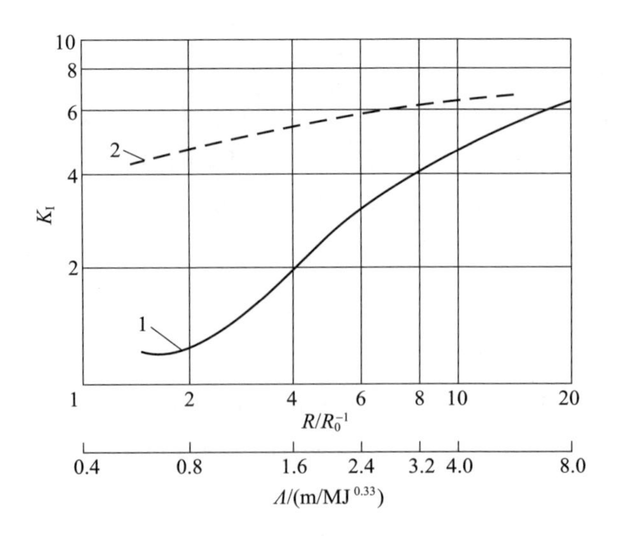

图 10.22　反射波(1)和入射波(2)压缩阶段气体爆炸的 TNT 脉冲当量与比例和相对距离的关系

10.6　气体体积几何形状对冲击波参数的影响

通过考虑气体云几何形状对压力波参数的影响,可以得到上述关于由气体爆炸引起的爆炸波的信息。考虑气体云的 3 种简单构型:平面、圆柱和球形,如图 10.23 所示。

平面爆炸是由一层接地在无限大表面上的薄 R_0厚气体层燃烧引发的,该层在两个维度上不受限制。长管道中的 R_0厚气体层爆炸可视为一种特殊情况(图 10.23(a))。圆柱形爆炸(图 10.23(b))对应于具有圆形截面的无限长气体柱的径向爆炸。

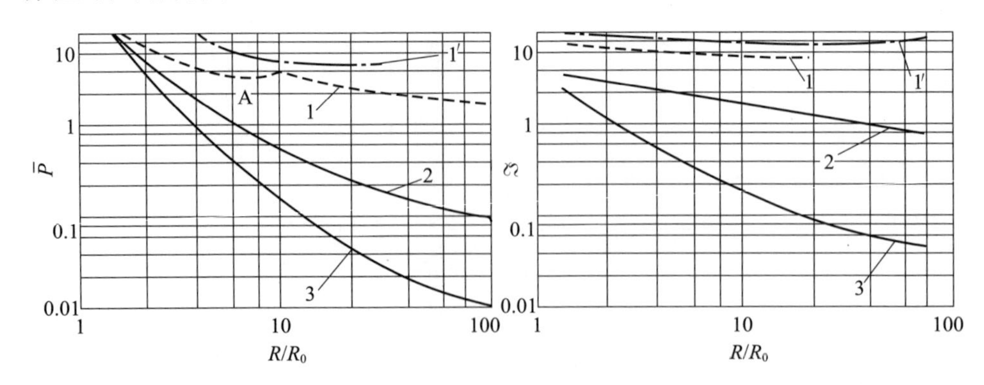

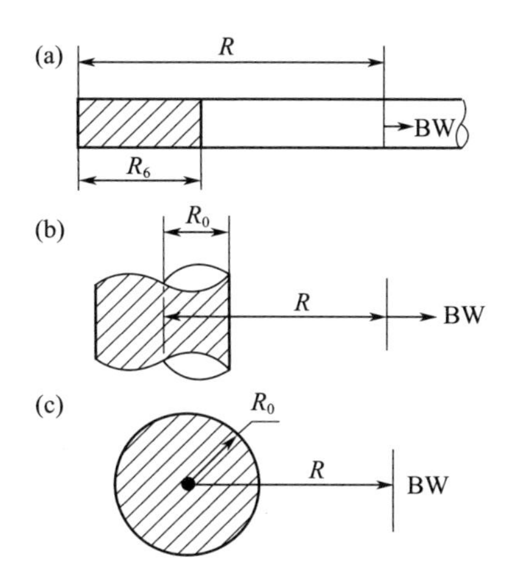

图 10.23　气体混合物爆炸压缩相的相对压力振幅和无量纲冲量与相对距离的关系

曲线 1、图(a)—平面爆炸；曲线 2、图(b)—圆柱形爆炸；曲线 3、图(c)—球形爆炸；BW—冲击波。

图 10.23(c)给出了球形爆炸图。图 10.23 说明了相对压力振幅和爆炸波脉冲随距离的变化(在文献[21－22,32,41]中的计算),利用具体的无量纲冲量坐标绘制冲击波冲量关系：

$$\Im = Ic_0/P_0R_0 \tag{10-26}$$

在 $R/R_0>1$ 时,关注的是云外的压力波参数场。对于丙烷和空气化学当量混合物,获得曲线 1、2、3。绘制了乙炔和 2.5 氧气混合物爆炸的曲线 1,记录了平面爆炸冲击波参数值随距离的最小下降。在平面爆炸情况下的图 $P=f(R/R_0)$ 中,在长度范围 $5<R/R_0<8$[41－43] 内观察到了具有恒定速度和强度的准静态冲击波运动的区域。准静态区域起始及其时空特征是用众所周知的激波管理论计算出来的[32,42],由于其唯一性,准平稳冲击波运动区域 $5<R/R_0<8$ 不能用于模型近似。在准静态区域之后,平面爆炸可以用于分析矿井、管道和管道中的事故。

管道中平面爆炸的一个显著特征是缺少负压相,如果没有水蒸气凝结,这与氢气和氧气混合物爆炸相同。在整个长度 $R/R_0\approx100$ 上,由于没有摩擦损失,管道中的冲击波压力脉冲实际上是恒定的。结合锋面的适度衰减,有证据表明,当波穿过导管时,压缩相膨胀。

气体层(曲线 1)、柱状物(曲线 2)和球状物(曲线 3)爆炸的计算数据[41]可由压力脉冲坐标中的损伤图表示(图 10.24)。如果其中一个目标具有对应于曲线 4 的等概率破坏的边界,则很容易比较各种形状的气体云产生的危险影响。可以看出,平面爆炸引起最低程度的破坏性冲击波压力(曲线 1、2、3 与曲线 4 的交点的位置数据)。

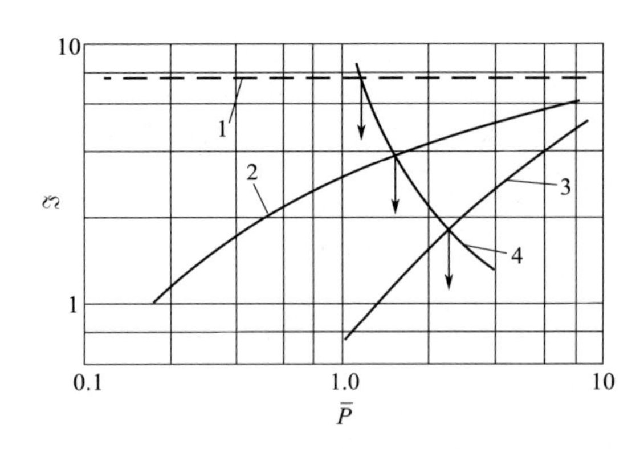

图 10.24　平面(1)、圆柱形(2)或球形(3)气体混合物装药爆炸的损伤图
(曲线 4 为等概率破坏区域的边界)

10.7　充气空腔水下爆炸产生的压力载荷参数

出于技术目的,水下气体混合物爆炸是在半封闭容器(爆炸室)或在薄弹性壳中的球形装药中触发的。简单的爆炸室是垂直的半封闭导管,其开口端浸没在液体中,浸入深度可以是变化的。从爆炸混合物－水界面反射产生的压力波振幅,与气体混合物密度成比例增长[44]。

在文献[45－46]中测量了水下气体爆炸时的压力场参数、冲击波和气体气泡脉动的冲击与时间特性。水下气体爆炸是在一个半封闭的容器和一个球形外壳中触发的。上一种工况的压力场是对称的、全向的。丙烷和 5 氧气、2 氢气和氧气混合物的实验数据与理论结果吻合较好。

美国三里岛核电站事故引起了人们对高初始压力下充有 2 氢气和氧气的气腔水下爆炸的关注[47]。假设氢氧混合物爆炸的初始温度为 422K、压力为 6.8MPa。

水下爆炸参数是在 0.1～0.9MPa 的初始压力范围内测量的,并与 TNT 和 PETN 爆炸的已知参数进行了比较[45－46]。较高的初始压力(高达 10MPa)应用于装有 2 氢气和氧气混合物的球形玻璃瓶的水下爆炸[48]。下面对充气球形薄壁橡胶腔水下爆轰实验结果进行分析。

图 10.25(a)给出了在初始压力 $P_0 = 0.13$MPa 时超压－时间坐标下气体混合物 2 氢气和氧气水下爆炸的压力变化,爆炸产物在前两个压力峰之间的脉动周期是 $T_1 = 21.5$ms,爆炸波振幅是 $\Delta P \approx 0.1$MPa。图 10.25(b)是水下爆炸的确定参数图。ΔP 为前面的冲击波振幅,I 为第一次脉动期间的压缩相位压力脉冲,τ_+ 为压缩相位波持续时间。

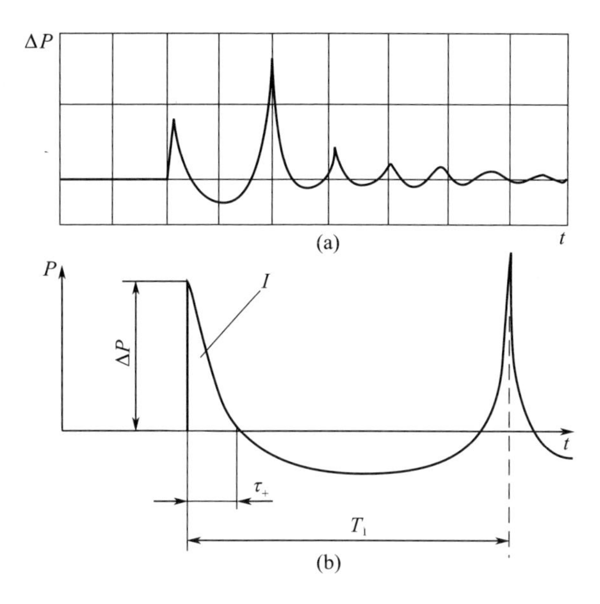

图 10.25　气腔水下爆炸产生的爆炸载荷的典型记录

图 10.26 显示了在 6.8MPa 压力和 422K 初始温度下，填充有 2 氢气、氧气和水蒸气混合物的气腔中压力振荡的计算值。图 10.26 给出了核电站发生严重事故时结构上可能的载荷水平和载荷类型[47,49]，前缘处的最大压力对应于水气混合界面处的爆轰波反射压力[50-51]。水平虚线对应于等容燃烧的爆炸产物压力，不考虑热损失。倾斜的虚线显示了当爆震到达气水界面时，气腔振荡的压力脉冲参考值。

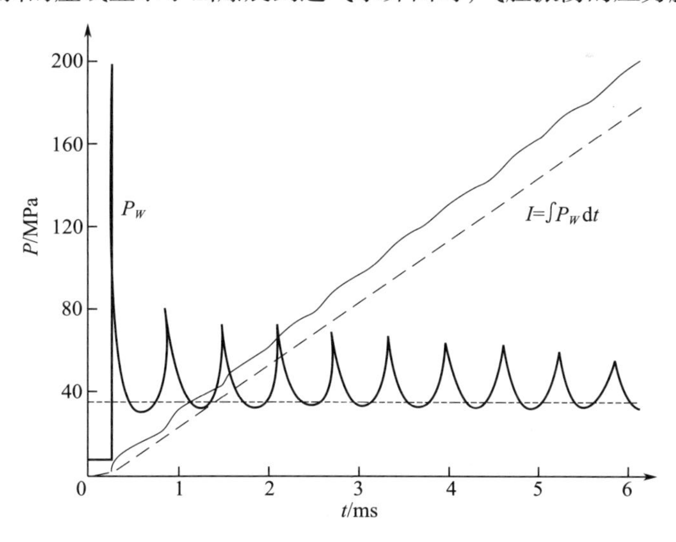

图 10.26　NPP 事故中气体外壳爆炸的计算压力

10.8 水下气体爆炸产生的压力波参数

文献[52]中注意到水下低堆积密度爆炸违反了能量相似原理,这是由于水界面处的爆轰波振幅减小所致。能量体积密度 q 的最大差异高达 10^3 倍,这是初始压力接近大气压力时冷凝 HE(TNT$q = 9400 \mathrm{MJ/m^3}$)和气体混合物体积的特征。

距离为 $R/R_0 > 2$ 时能量释放为 $E = qV$(V 为爆炸混合物体积),可利用下式求出,该公式基于文献[45-46]中获得的测量结果:

$$\Delta P = (0.149 \pm 0.006) E^{0.66} \Lambda^{-1} \tag{10-27}$$

比例距离 $\Lambda = R/E^{0.33}$。与密度 ρ_e 有关的气体混合物爆炸的能量体积密度由 $q = P_B/(\gamma - 1)$ 或爆炸参数获得,约为

$$q = 0.5\rho_e D^2 \,(\gamma - 1)\, - 1(1 - Ma^{-2}) \tag{10-28}$$

式中:P_B是爆炸压力;γ 是爆炸产物比热比;D 是爆炸速度;Ma 是空腔内的爆轰波马赫数。用于差压方程的参数 q、Λ、E 的单位分别为 $\mathrm{MJ/m^3}$、$\mathrm{m/MJ^{0.33}}$、MJ。

对于 $P_0 = 0.1\mathrm{MPa}$ 的丙烷和氧气混合物,$q = 7.2\mathrm{MJ/m^3}$。

图 10.27 比较了水下 TNT 爆炸(曲线 1)和丙烷和氧气混合物爆炸(曲线 2 中 $P_0 = 0.4\mathrm{MPa}$,曲线 3 中 $P_0 = 0.1\mathrm{MPa}$)产生的压力波振幅(超压),垂直虚线表示气体腔边界。

水下气体球壳爆炸的压力脉冲与比例距离的关系可以在文献[45-46]中获得。如果脉冲 I 用 Pa · s 来表示,则有

$$I/E^{0.33} = 3190\Lambda^{-0.33} \tag{10-29}$$

在类似于图 10.27 所示的条件下,图 10.28 比较了 TNT 水下爆炸(1)和丙烷和氧气混合物爆炸(2)产生的压力脉冲。对于各种体积密度 q 的爆炸源压力脉冲的接近程度,气体爆炸的 q 值明显较低,导致爆炸产物压力 P_B和产品膨胀速度较低,这是爆炸载荷持续时间显著增加的原因。

图 10.29 显示了水下气体爆炸的正压缩阶段持续时间 τ_+ 和 TNT 水下爆炸的特征持续时间 θ。它们的比值可以用下面的等式来近似:

$$\tau_+/\theta \approx 215\Lambda^{-0.24} \tag{10-30}$$

由于水下 TNT 爆炸的 θ 增加,压力波可传播到离震中更远的地方。对于 TNT 爆炸,波的行为类似于声波,其持续时间不会随着距离而改变,因此,有

$$\tau_+ = (15 \pm 1.5) E^{0.33} \tag{10-31}$$

爆炸产物气泡的第一次脉动与正波相位持续时间[46]之间的关系可以写成以下形式:

$$T_1 = (10 \pm 1)\tau_+ \tag{10-32}$$

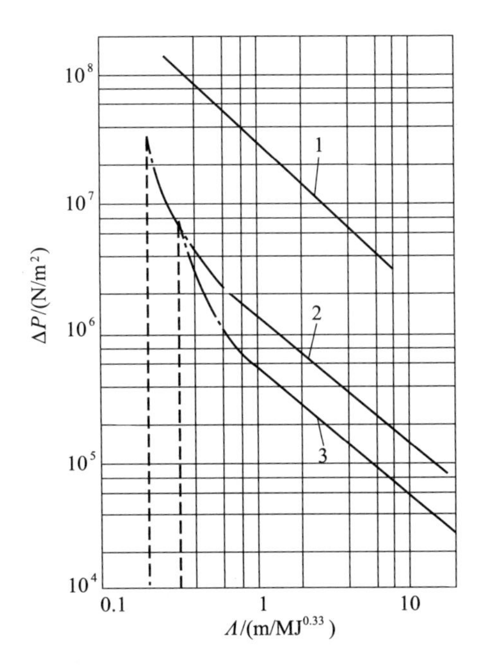

图 10.27　TNT 水下爆炸(曲线 1)和气腔中丙烷和5 氧气混合爆炸的爆炸波超压与比例距离的关系（曲线 2—$q=28.8MJ/m^3$；曲线 3—$q=7.2MJ/m^3$）[45]

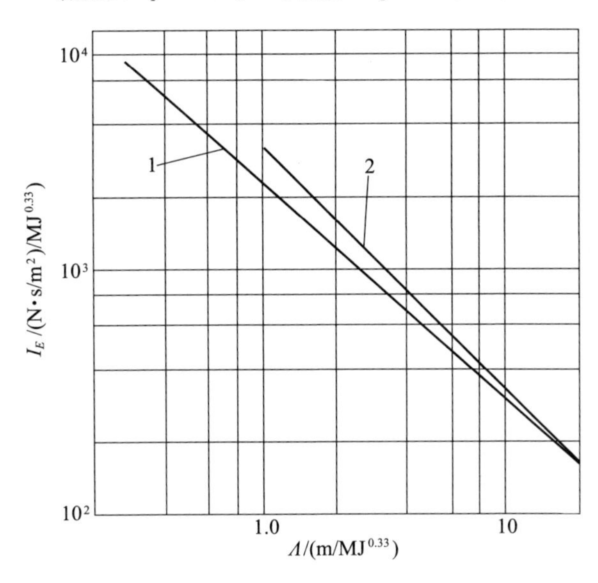

图 10.28　TNT 水下爆炸(曲线 1)和气腔丙烷及 5 氧气混合物爆炸的爆炸波压力持续时间与比例距离的关系(曲线 2—$q=7.2MJ/m^3$)[45]

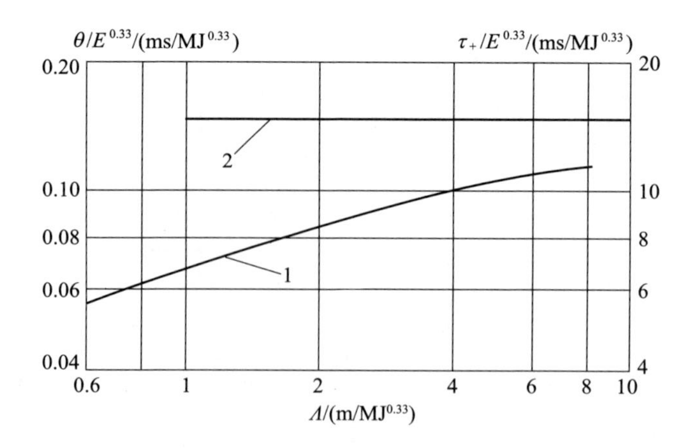

图 10.29　水下 TNT 爆炸的比例持续时间(曲线 1)和水下气体爆炸的比例压缩相持续时间(曲线 2)与比例距离的关系[45]

文献[45－46]中水下气体爆炸的参数数据可以将压力脉冲平面中的损伤图(曲线 1～3)与水下 TNT 爆炸损伤图(曲线 4～6)进行比较,如图 10.30 所示。此外,图中绘制了鱼类 50% 的可能致死阈值[53]。可以看出,曲线 1～3 都没有越过致死阈值,但是对于 3 种 TNT 爆炸,曲线 4～6 都跨越了危险区域的边界。

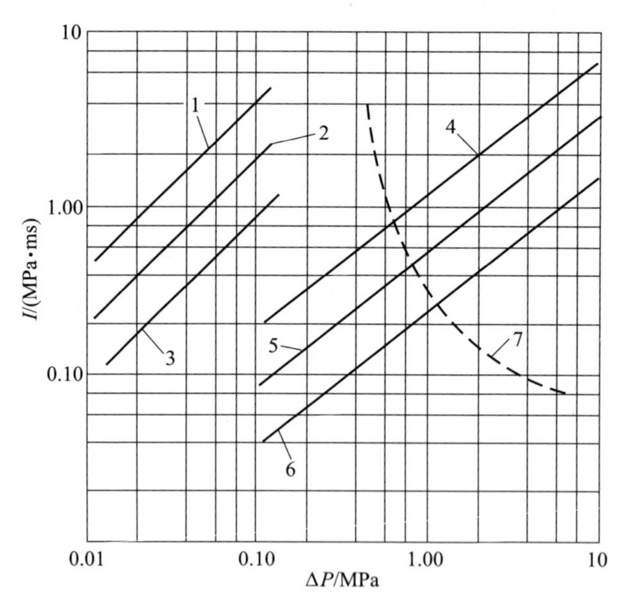

图 10.30　球形空腔内 $V=58\text{m}^3$(曲线 1)、$V=5.8\text{m}^3$(曲线 2)、$V=0.58\text{m}^3$(曲线 3)时 C_3H_8 和 $5O_2$ 混合物爆炸和 TNT 装药 $G=100\text{kg}$(曲线 4)、$G=10\text{kg}$(曲线 5)、$G=1\text{kg}$(曲线 6)水下爆炸的损伤图(曲线 7 为敏感鱼类的致死阈值[53])

因此，这证实了水下气体爆炸对鱼类是安全的。当爆炸室内可燃混合物的初始压力 $P_0>1\mathrm{MPa}$ 时，对深度超过 100m 的生物而言，气体爆炸变得危险。

10.9 可爆炸燃料混合物云中的压力载荷特性

在现实生活中，低密度燃料混合云的形状绝非球形或半球形，由于重力或受迫激发，通常可燃云的形状接近圆盘或圆柱体，其高度 h 与直径 d 之比在 $h/d<1$ 的范围内。

图 10.31 中的图将球形爆炸（图左侧）与圆盘形燃料体积的圆柱形爆炸（图右侧）与进行了比较。爆轰波阵面用黑色实线表示，云轮廓用虚线表示。在时间 $t_0<t_1<t_2$ 的连续瞬间，云外产生的冲击波位移用虚线表示。理想球体中流动参数的分布是众所周知的，本章不作讨论。

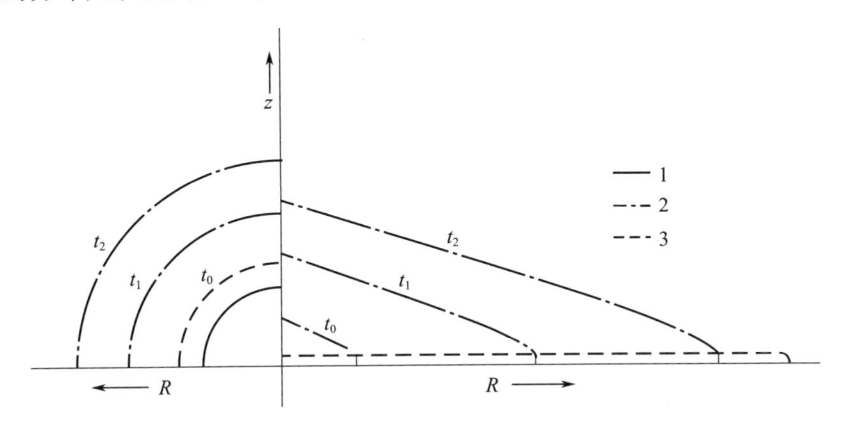

图 10.31 球形和圆柱形爆轰图

1—爆轰波；2—冲击波；3—云团边界。

图 10.32(a) 示意了在高度 h 层中爆震波阵面后的流动模式。具有 P_{e1}/P_0 压力跃变和速度 D_0 的爆震波混合物沿着层－空气边界移动。在周围环境中，P_{e2}/P_0 强度的斜波附着在爆炸混合物上，在该波后面流动的爆炸产物具有速度的垂直分量，并且偏离爆轰波传播的方向。斜波导致周围大气的运动，其流动通过接触面与爆炸产物分离。

基于流动特性计算产物流动旋转角 ω 和附加斜波角 θ[54]。爆炸产物在附着至爆炸混合物上的稀疏波中膨胀到 P_{e3}，并在反射稀疏波系统中进一步膨胀到压力 P_{er}。

长度为 $\lambda/h\approx2.9$ 的波面后的流动对压力载荷参数做出了主要贡献。流量中的压力脉冲值可表示为[54]

$$I_d \approx P_0(h/D_0)P_{C-J}/P_0[1.1386-2.90P_0/P_{C-J}] \quad (10-33)$$

式中：P_{C-J}为波阵面后面的 C - J 点压力。在无限层的情况下，云中的爆轰波冲量与爆轰波阵面距震中的距离无关。当爆震到达云边界时，压差和爆炸载荷脉冲开始减小。

图 10.32(b)所示的速度矢量场模式展示了爆炸产物位移的细节。由于附着的斜波后面的产物膨胀，在中心部分产生上游气流，这是在爆炸的最后阶段形成典型的蘑菇状云的原因。爆炸产物云附近的行为可以用文献[56 - 57]中的模型来描述。

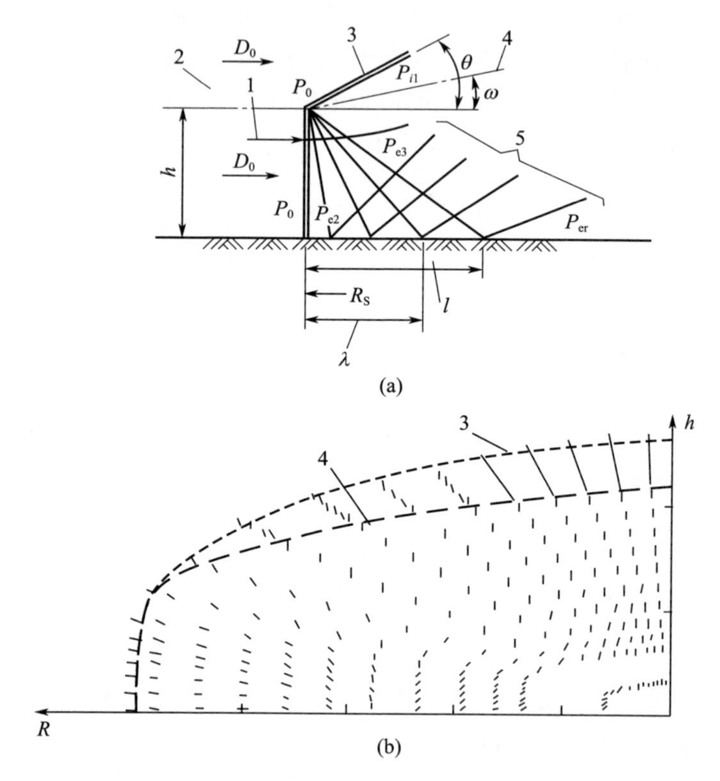

图 10.32 可燃混合物层中(a)[54]和爆炸产物速度场(b)中爆炸混合物后的流动图[55]

1—可燃混合物；2—不可燃环境；3—附加斜波；4—爆炸产物与周围界面的接触面；5—附着和反射稀疏波扇面(Prandtl - Meyer 膨胀扇形)。

10.10 气体燃料混合物爆炸的损伤汇总图

图 10.33(a)给出了球形 1、圆柱形 2 和平面 3 气体装药爆炸的预期压力损

伤图。曲线 4 对应于爆炸波阵面后并发气流中的动态压力载荷。

图 10.33(b)给出了考虑压缩和稀薄相的球形气体爆炸损伤的通用图。注意:拟合关系 $\bar{I}=f(\bar{P})$ 对于气体和 TNT 爆炸的压缩相是有用的。

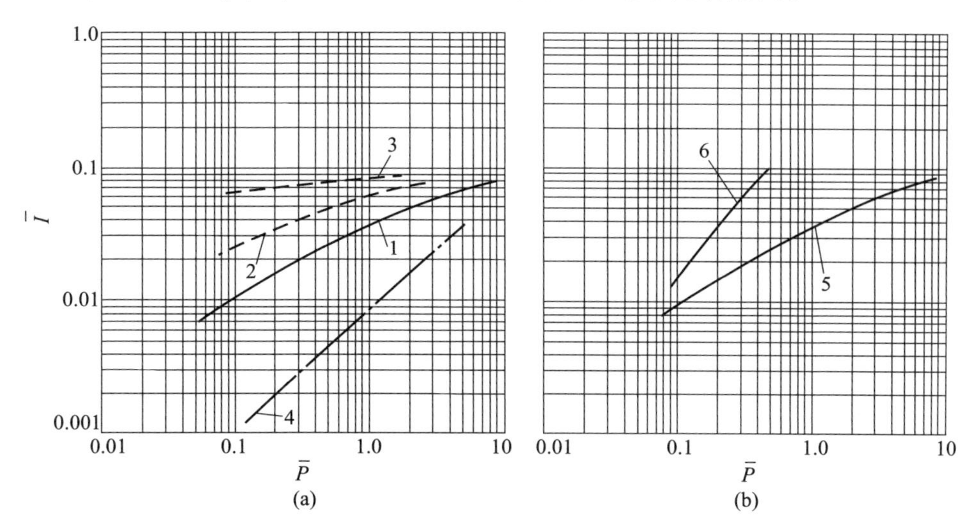

图 10.33　无量纲坐标下气体爆炸的综合损伤图

1—球形爆炸; 2—圆柱形爆炸; 3—平面爆震波;

4—压缩相风压; 5—压缩相; 6—球形爆炸的稀薄相。

对于气体爆炸反射冲击波的损伤图,可以使用以下经验关系:

$$\ln(\Delta P_r/\Delta P_i)=0.864-0.2031\ln\Lambda-0.059[\ln\Lambda]^2+0.032[\ln\Lambda]^3 \tag{10-34}$$

此方程是在文献[9]中获得,比例距离 Λ 的单位为 $m/MJ^{0.33}$。

10.11　HAM 爆炸造成的损伤效应的初步启发式预估

所提供的 HAM 爆炸参数数据反映了合成损伤效应、爆炸过程速度和过程中所涉及的氢质量之间的直接关系。爆炸过程的速度取决于 HAM 云中空间的阻碍水平。在第一个近似值[58-61]中,可以区分 3 个级别的空间障碍。

(1) 高度障碍空间(HOS)。一个障碍物距离其他最近邻障碍物不超过 0.2m,每个障碍物的特征尺寸最大为 0.1m,一束管、电缆或装有设备的通道系统可能满足上述条件。

(2) 中度障碍空间(MOS)。最近邻障碍物彼此相距约 1m,每个障碍物的特征尺寸约为0.5m,处理设备或连接空间的系统可符合上述要求。

(3) 轻度障碍空间(LOS)。最近邻障碍物相距4m,每个障碍物的特征尺寸为2.0m。LOS可描述大型加工设施的特征,如功能相关的设备或机器。

图10.34可以预测障碍空间中氢火焰速度对氢质量的依赖性。可以看出,空间的内部结构影响爆炸速度。根据这一事实,可以预测从爆炸到各种潜在破坏程度的大致径向距离。

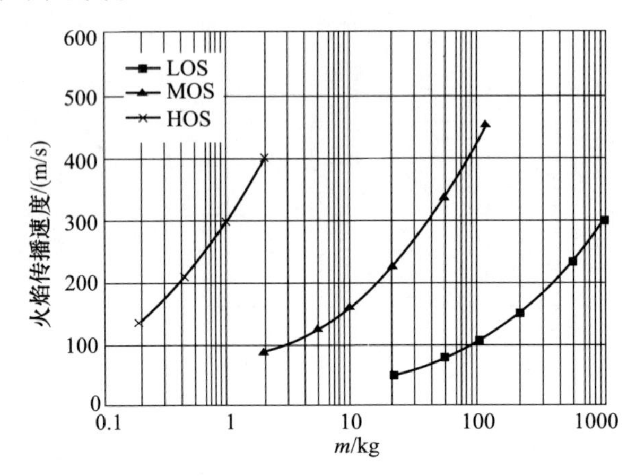

图10.34　不同阻塞水平下的预期火焰传播速度HAM:
低阻塞空间、中等阻塞空间、高阻塞空间[58]

图10.35(a)说明了LOS的爆炸特性,图10.35(b)说明了MOS的爆炸特性。预期损伤等级对应于由 $DN(I-I^*)(\Delta P-\Delta P^*)>DN^*$ 定义的50%的可能危险水平。图10.35中考虑的临界冲量 I^* 和冲击波超压 ΔP^* 值在文献[58]中给出,如表10.1所列。

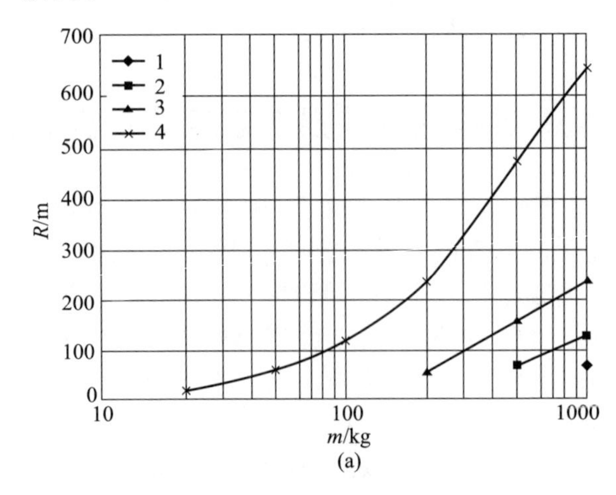

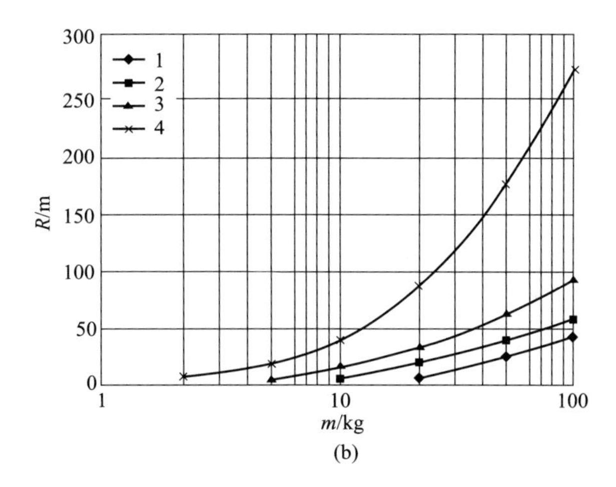

图 10.35　在 LOS(a)或 MOS(b)中 HAM 爆炸的各种损伤水平区域的半径与氢气质量浓度的关系[58]

1—建筑物的完全破坏；2—50%~75% 的建筑破坏；3—结构的严重破坏；4—结构的轻微损坏。

表 10.1　建筑物损伤的关键参数

破坏程度和类型	ΔP^*/Pa	I^*/(Pa·s)	DN/(Pa^2·s)
建筑完全摧毁	70100	770	866100
建筑部分摧毁(50%~75%)	34500	520	541000
结构严重破坏	14600	300	119200
结构轻微破坏	3600	100	8950

参考文献

1. Садовский М.А. Механическое действие воздушных ударных волн по данным экспериментальных исследований. Сб.: «Физика взрыва» М.: АН СССР. 1952. No 1. С. 20–111 (M.A. Sadovskii, Mechanical effect of the shock waves in air on the base of experimental investigation. Sb. “Fizika vzryva”, Moscow, AN USSR 1, 20–111 (1952))
2. S.M. Kogarko, V.V. Adushkin, A.G. Liamin, Investigation of spherical detonations of gas mixtures. Trans. I. Chem. Eng. 6(3), 393–401 (1966)
3. Адушкин В.В. Когарко С.М., Лямин А.Г. Расчёт безопасных расстояний при газовом взрыве в атмосфере. В кн. «Взрывное дело». М.: Недра. 1975. No 75 – 32. С. 82–94 (V.V. Adushkin, S.M. Kogarko, A.G. Liamin, Calculation of the safety distances at gaseous explosion in air. In: “Vzryvnoe delo”, vol. 75–32 (Moscow, Nedra, 1975), pp. 82–94)
4. Б.Е. Гельфанд, М.В. Сильников. Фугасные эффекты взрывов. – СПб.: ООО «Изд-во “Полигон“», 2002. 272 с. (B.E. Gelgand, M.V. Silnikov, *Demolition Effects of Explosions* (Poligon Publishers, St. Petersburg, 2002), 272 p.)

5. R.A. Strehlow, W.E. Baker, The characterization and evaluation of accidental explosions. Progr. Energy Combust. Sci. 2(1), 27–61 (1976)
6. W.A. Baker, P.A. Cox, P.S. Westine, J.J. Kulesz, R.A. Strehlow, *Explosion Hazards and Evaluation* (Elsevier, Amsterdam, 1983). 789 p
7. Б.Е. Гельфанд, М.В. Сильников. Химические и физические взрывы. Параметры и контроль. – СПб.: ООО «Изд-во "Полигон"», 2003. – 416 с. (B.E. Gelgand, M.V. Silnikov, *Chemical and Physical Explosions* (Poligon Publishers, St. Petersburg, 2003), 416 p)
8. J. Brossard, J.C. Leyer, D. Desbordes, J.P. Saint–Cloud, S. Hendrickx, J.L. Garnier, A. Lannoy, J. Perrot, Air blast unconfined gaseous detonations, in *Progress in Astronautics and Aeronautics: Dynamics of Shock Waves, Explosions and Detonations*, ed. by J.R. Bowen, N. Manson, A.K. Oppenheim, R.I. Soloukhin, vol. 94 (AIAA, New York, 1984), pp. 556–566
9. J. Brossard, P. Bailly, C. Desrosier, J. Renard, Overpressure imposed by blast wave, in *Progress in Astronautics and Aeronautics: Dynamics of explosions*, ed. by A.L. Kuhl, J.R. Bowen, J.C. Leyer, A.A. Borisov, vol. 114 (AIAA, Washington, DC, 1988), pp. 389–400
10. A. Lannoy, Analyse des explosions air-hydrocarbure en milieu libre. EdF Bull. 4, 390 p. (1984)
11. C. Desrosier, A. Reboux, J. Brossard, Effect of asymmetric ignition of the vapor cloud spatial blast, in *Progress in Astronautics and Aeronautics: Dynamics of Shock Waves, Explosions and Detonations*, ed. by J.R. Bowen, N. Manson, A.K. Oppenheim, R.I. Soloukhin, vol. 134 (AIAA, New York, 1984), pp. 21–37
12. M. Stock, W. Geiger, H. Giesbrecht, Scaling of vapor cloud explosions after turbulent jet release, in *Progress in Astronautics and Aeronautics: Dynamics of Detonations and Explosions: Explosion Phenomena*, ed. by A.L. Kuhl, J.C. Leyer, A.A. Borisov, W. Sirignano, vol. 134 (AIAA, Washington, DC, 1991), pp. 3–20
13. J. Desbordes, N. Manson, J. Brossard, Explosion dans lair de charges spheriques non confiness de melange reactiv gazeux. Astronaut. Acta 5(11/12), 1009–1026 (1978)
14. J. Brossard, D. Desbordes, N. Difabio, J.L. Gamier, A. Lannoy, J.C. Leyer, J. Perrot, J.P. Saint-Cloud, Truly unconfined deflagrations of ethylene-air mixtures. Paper presented at the 10th international colloquium on dynamics of explosions and reactive systems, Berkeley, 1985
15. J.H. Lee, C.M. Guirao, G.G. Bach, Blast effects from vapor cloud explosion. Loss Prev 11(1), 59–70 (1989)
16. A.A. Borisov, B.E. Gelfand, S.A. Gubin, S.I. Sumskoi, V.A. Shargatov, Detonation of fuel-air mixtures above the surface of the earth. Combust. Explos. Shock Waves 24(2), 238–240 (1988)
17. Кочегаров В.П. Нагрузки от ударных волн при детонации газо-воздушных смесей. Сб. трудов МИСИ «Охрана труда в строительстве». М.: 1978, No 161. С. 90–95 (V.P. Kochegarov, Shock waves load at the detonation of gas-air mixtures. Sb. trudov MISI "Ohrana truda v stroitelstve", M. 161, 90–95 (1978))
18. R.A. Strehlow, Unconfined vapor-cloud explosions. Proc. Combust. Inst. 14, 1189–1200 (1973)
19. B.E. Gelfand, S.A. Tsyganov, Modeling of reflected waves during detonation of spherical gas mixture volumes. Combust. Explos. Shock Waves 26(3), 326–328 (1990)
20. S.B. Dorofeev, V.P. Sidorov, A.E. Dvoinishnikov, Blast parameters from unconfined gaseous detonation, in *Proceedings of 20th (International) Symposium on Shock Waves*, Pasadena, vol. 1, ed. by B. Sturtevant, J.E. Shepherd, H. Hornung (World Scientific, Singapore/River Edge/London/Hong Kong, 1996), pp. 673–678
21. B.D. Fishburn, Some aspects of blasts from FAE. Acta Astronaut. 3, 1049–1055 (1976)
22. A.K. Oppenheim, H.D. Dwyer, J. Kurilo, Numerical analysis of flow field generated by accelerating flames. AIAA J. 18(3), 302–308 (1980)
23. Борисов А.А., Гельфанд Б.Е., Губин С.А., Одинцов В.В., Шаргатов В.А. Параметры воздушных ударных волн при разных режимах взрывного превращения горючих газовых смесей. Химическая физика. 1986. Т. 5, No 5. С. 670–679 (A.A. Borisov, B.E. Gelfand, S.A. Gubin, V.V. Odintsov, V.A. Shagatov, Shock waves parameters in the air at

different explosive regimes of gaseous mixtures. Himicheskaya Fizika 5(5), 670–679 (1986))
24. V.A. Gorev, Comparison of the air explosion waves from different sources. Combust. Explos. Shock Waves 18(1), 77–83 (1982)
25. Методика оценки последствий аварийных взрывов топливо –воздушных смесей. В сб. «Методики оценки аварий на опасных производственных объектах». Госгортехнадзор России, 2001. Серия 27. Выпуск 2. С. 4–34. (Technique of the accident consequences estimation at the explosion of fuel-air mixtures. Sb. "Metodiki otsenki avarii na opasnyh proizvodstvennyh ob'ektah", Gosgortehnadzor Rossii, 2001, Seria 27, Vypusk 2, pp. 4–34)
26. S.B. Dorofeev, Blast effects of confined and unconfined explosions, in *Proceedings of 20th (International) Symposium on Shock Waves*, Pasadena, vol. 1, ed. by B. Sturtevant, J.E. Shepherd, H. Hornung (World Scientific, Singapore/River Edge/London/Hong Kong, 1996) pp. 77–86
27. S.B. Dorofeev, V.P. Sidorov, M.S. Kuznetsov, A.E. Dvoinishnikov, V.I. Alekseev, A.A. Efimenko, Air blast and heat radiation from fuel rich mixture detonations. Shock Waves 6(1), 21–28 (1996)
28. Б.Е. Гельфанд, М.В. Сильников. Объемные взрывы. . СПб.: Астерион, 2008, 374 с. (B.E. Gelgand, M.V. Silnikov, *Volumetric Explosions* (Asterion Publishers, St. Petersburg, 2008), 374 p.)
29. Адушкин В.В., Гостинцев Ю.А., Фортов В.Е. Энергетические характеристики взрыва и параметры ударных волн в воздухе при детонации водородсодержащих облаков в свободной атмосфере. Химическая физика. 1995. Т.14, No 6. С. 59–71 (V.V. Adushkin, Y.A. Gostintsev, V.E. Fortov, Energetic characteristics of an explosion and air shock waves parameters at hydrogenous cloud detonation in the free atmosphere. Himicheskaya Fizika 14(6), 59–71 (1995))
30. M. Held, E.H. Jager, D. Stolz, TNT – equivalence for uncontrolled explosion of gas pressure vessels. Paper at EuroMech 139, Aberysthwith, 1981, 6 p.
31. A. Lannoy, T. Gobert, Evaluation of hazards from industrial activities near nuclear power plants. Nucl. Eng. Design 5(3), 207–214 (1980)
32. Ждан С.А. Расчёт взрыва газового сферического заряда в воздухе. ЖПМТФ. 1976. No 6. С. 69–74.(S.A. Zhdan, Calculation of the gaseous spherical explosion in air. Zh. Prikl. Mehan. Tehn. Fiziki 6, 69–74 (1976))
33. B.E. Gelfand, S.A. Gubin, V.N. Mikhalkin, V.A. Shargatov, Calculation of the shock wave parameters from the detonation of combustible gas mixtures of variable composition. Combust. Explos. Shock Waves 21(3), 355–360 (1985)
34. V.V. Koren'kov, A.S. Obukhov, Effect of the location of the detonation initiation point and the position of the air-fuel cloud on explosion-field parameters. Combust. Explos. Shock Waves 2001, 37(6), 688–697
35. S. Taki, Numerical analysis of the blast waves generated by spherical burning of gases. (a) Shock Waves, in *Proceedings of 18th ISSW*, Sendai, Japan, vol. 2, ed. by K. Takayama (Springer, Berlin-Heidelberg, 1992), pp. 933–940; (b) *Proceedings of the Symposium on Shock Waves*, Japan, 1990, pp. 387–392
36. Гельфанд Б.Е., Сильников М.В. Газовые взрывы. – СПб.: Изд. «Астерион», 2007. – 240 с. (B.E. Gelfand, M.V. Silnikov, *Gaseous Explosions* (Asterion Publishers, St. Petersburg, 2007), 240 p.)
37. D.J. Lewis (a) Unconfined vapor cloud explosions. Progr. Energy Comb. Sci. 6(2), 151–165 (1980); (b) Estimating damage from aerial explosion type incidents. Problems with detailed assessment and an approximate method. Paper at Euromech-139, Aberysthwith, 1981; (c) Condensed phase explosions and their blast characteristics. Paper at Euromech-139, Aberysthwith, 1981
38. A.A. Borisov, B.E. Gelfand, S.A. Tsyganov, Modeling pressure waves formed by the detonation and combustion of gas mixtures. Combust. Explos. Shock Waves 21(2), 211–217 (1985)
39. Балин Г.Г. Кудрявцев В.А. Новиков Ю.В. Семенов В.В., Соболев Д.Ю., Шамшев К.

Н. , Товчигречко В.Н., Фридман В.Е. Экспериментальное и теоретическое исследование мощных акустических импульсов в атмосфере. Акустический журнал. 1988. Т. 34, вып. 2. С. 232–236 (G.G. Balin, V.A. Kudryavtsev, Y.V. Novikov, et al., Experimental and theoretical investigation of the power acoustic pulse in atmosphere. Akusticheskii Z. 34(2), 232–236 (1988))
40. V.N. Okhitin, V.V. Selivanov, Mathematical modeling of accidental gas explosions. Combust. Explos. Shock Waves 31(6), 745–753 (1995)
41. P. Thibault, J.D. Penrose, W.B. Benedick, J.E. Shepherd, D.V. Ritzel, Blast wave generated by planar detonation, in *Shock Tubes and Waves*, ed. by H. Grenig (VCH Verlag, Aachen, 1988), pp. 765–769
42. Ждан С.А., Феденок В.И. Параметры плоской ударной волны при взрыве смеси реагирующего газа. В сб.: «Динамика сплошной среды. Механика быстропротекающих процессов». Новосибирск, 1981. Вып. 51. С.42–52 (S.A. Zhdan, V.I. Fedenok, Plane shock wave parameters for explosion of combustible gas mixture. Sb. “Dinamika sploshnoi sredy. Mehanika bystroprotekayuschih protsessov”, Novosibirsk 51, 42–52 (1981))
43. L. Dresner, Variation of shock overpressure with distance in a shock tube driven by an exploding gas mixture. J. Appl. Phys. 41(2), 797–801 (1970)
44. Евдокимов Г.С., Каплан Б.Л., Когарко С.М., Ловля С.А., Новиков А.С., Солодилов Л.Н. К вопросу о возбуждении упругих колебаний при детонации газовых смесей под водой. Доклады АН СССР. 1962. Т. 143, No 5. С.1085–1086. (G.S. Evdokimov, B.L. Kaplan, S.M. Kogarko, et al., On the problem of elastic vibrations excitation at underwater gas mixture detonation. Doklady AN USSR 143(5), 1085–1086 (1962))
45. O.E. Popov, S.M. Kogarko, Comparative characteristic of pressure waves in underwater explosions of gaseous and condensed high explosives. Combust. Explos. Shock Waves 13 (6), 791–794 (1977)
46. S.M. Kogarko, O.E. Popov, A.S. Novikov, Underwater explosion of gas mixture as a source of pressure waves. Combust. Explos. Shock Waves 11(5), 648–654 (1975)
47. R.O. Wooton, R.S. Denning, S.P. Gubilski, Analysis of the TMI-accident and alternative sequences. NUREG CR-1219, 1980
48. Максаков А.А., Рой Н.А. О подводном взрыве гремучего газа с высокой начальной объемной плотностью энергии. Акустический журнал. 1979. Т. 25, вып. 2 (A.A. Maksakov, N.A. Roy, On underwater explosion of oxyhydrogen mixture at high initial energy density. Akusticheskii Z. 25, 2 (1979))
49. J. Kurylo, A.K. Oppenheim, Report at EUROMECH-89, in *Proceedings of EUROMECH*, Gottingen, FRG, 1989, pp. 100–109
50. Гельфанд Б.Е., Дорофеев С.Б., Безмельницын А.В., Чайванов Б.Б. Взрывные характеристики водородсодержащих смесей. ИРИС–91/5, М.: 1991, 156 с (B.E. Gelfand, S.B. Dorofeev, A.V. Bezmelnitsyn, B.B. Chaivanov, Explosive parameters of hydrogenous mixtures. IRIS-91/5, Moscow, 1991, 156 p.)
51. Охитин В.Н., Меньшаков С.С., Бойко М.М. Прохождение слабых ударных волн из воды в воздух через тонкие преграды. Оборонная техника. 1999. No 1/2. С. 26–30 (V.N. Okhitin, S.S. Men’shakov, M.M. Boiko, Shock waves transmission from water to air through the thin walls. Oboronnaya tehnika 1/2, 26–30 (1999))
52. Христофоров Б.Д. Параметры фронта ударной волны в воздухе при взрыве зарядов тэн разной плотности. ПМТФ. 1961. No 6. С. 175–178 (B.D. Khristoforov, Shock wave front parameters in air upon the explosion of the different densities PETN charges. Zh. Prikl. Mehan. Tehn. Fiziki 6, 175–178 (1961))
53. Паламарчук Б.И. Прогнозирование воздействия ударных волн на биологические объекты при ведении взрывных работ. В сб. «Сварка, резка и обработка сварных соединений взрывом»,Киев.: ИЭС им. Е.О. Патона. 1987. С. 141–149. (B.I. Palamarchuk, Prediction of the shock waves impact on biologic target at the blasting. Sb. “Svarka, rezka I obrabotka svarnyh coedinenii vzryvom”, 1987, Kiev, IES im. E.O. Patona,

pp. 141–149)
54. M. Sichel, J.C. Foster, The ground impulse generated a plane fuel-air explosion with side relief. Acta Astronaut. 6(5/6), 243–256 (1978)
55. G. Hoffmann, K. Behrens, Simulation of pressure waves and their effects on loaded objects. P.1: Outlining the problem, description of the simulation device. Interaction of non-nuclear munitions with structures. Symposium Proceedings held at USAF Academy, Colorado, 1983, pp. 204–215
56. Гельфанд Б.Е., Махвиладзе Г.М., Новожилов Б. В., Таубкин И.С., Цыганов С.А. Об оценке характеристик приповерхностного паровоздушного взрыва. Докл. АН СССР, 1991 Т. 321, No 5. С. 978–983. (B.E. Gelfand, G.M. Makhviladze, B.V. Novozhilov, I.S. Taubkin, S.A. Tsyganov, On parameters estimation of near-surface vapor cloud explosion. Doklady AN USSR 321(5), 978–983 (1991))
57. G.M. Makhviladze, J.P. Roberts, S.E. Jakush, B.E. Gelfand, Risk analysis of near – surface vapor cloud explosion basing on its fluid dynamics consequences, in *Proceedings of 1st Conference (International) on Computer Simulation in Risk Analysis and Hazard Mitigation*, Spain, ed. by J.L. Rubio, C.A. Brebbia, J.L. Uso (WIT Press, Boston/Southampton, 1998), pp. 223–232
58. S.B. Dorofeev, Evaluation of safety distances related to unconfined hydrogen explosions. Int. J. Hydrog. Energy 32(13), 2118–2124 (2007)
59. K. Wakabayshi, T. Mogi, D. Kim, T. Abe, K. Ishikawa, E. Kurode, T. Matsumura, Y. Nakayama, S. Horiguchi, M. Oya, S. Fujiwara, A field explosion test of hydrogen-air mixtures. International Conference on Hydrogen Safety, Pisa, 2005
60. A. Friedrich, T. Jordan, J. Grüne, A. Kotchourko, K. Sempert, G. Stem, M. Kuznetsov, Experimental study of hydrogen air deflagrations in flat layer. International conference on hydrogen safety, San Sebastian, 2007
61. A. Marangon, M. Carcassi, A. Engebo, S. Nilsen, Safety distances: definition and values. Int. J. Hydrog. Energy. 32(13), 2192–2197 (2007)

第11章 非预混合和部分预混合物的燃烧与压力振荡特性

在分析潜在的可燃系统时,考虑两种显著不同的燃料和氧化剂形式:预混和非预混混合物。前几章专门讨论预混合混合物的燃烧模式,当燃料和氧化剂最初分离时,至少要有部分活性混合物才能引起化学反应(燃烧)放热。部分预混合可能是对流和分子湍流扩散的结果。例如,液体燃料滴或层在空气中燃烧时就会产生扩散性火焰。气体/液体燃料射流在空气中的燃烧被认为是包括氢在内的任何类型燃料的高压容器减压所伴随的潜在紧急情况的模型。另一个例子与核能安全有关。假设核电站发生严重事故,涉及水冷反应堆和安全壳建筑中的冷却系统。氢可以从水容器中逸出到大气中。在这种情况下,如果存在火源,扩散燃烧的概率很高。在文献[1-5]中讨论了扩散发生时的潜在事故场景以及氢和水蒸气混合物的燃烧特性。与动态载荷最危险的预混合料燃烧模式不同,扩散火焰的主要威胁是高温燃烧产物的长期热效应。

11.1 扩散火焰概念

扩散火焰可以表征为在非预混混合物中启动的准静止、近等压火焰;化学反应(在层流火焰的情况下)发生在一个狭窄的区域,这个区域可以假定为火焰表面。扩散火焰与预混合火焰的关键区别在于扩散火焰中的化学过渡速度受到燃料/氧化剂混合速率的限制。燃料/氧化剂流在火焰表面有化学计量比。然而,当燃料/氧化剂大量进入扩散火焰时,没有时间开始化学反应,火焰就熄灭了。

Y. B. Zeldovich[6] 和 D. Spalding[7] 提出了一维扩散火焰的极限理论。层流扩散火焰的研究开始于文献[6-9]。文献[10]全面描述了理论方法。

主流研究扩散火焰认为是静止不动的,燃料和氧化剂扩散系数被认为是类似的和等于混合扩散系数($Le=1$)。这使得能量方程和连续性方程的简化组件通过引入一个新的标量变量命名 Schwab - Zeldovich 变量,该方法本身称为 Schwab - Zeldovich 方法[11]。该化学反应被认为是单级快速反应。

图11.1和图11.2说明了氢扩散火焰的浓度和温度分布,以及典型的S曲线,表示温度与描述简化扩散火焰的 Damköhler 数的依赖关系。在S曲线上可

以看到两个特征点。较低的特征点 T_1 是一个着火点,较高的特征点 T_{ad}^{st} 是熄灭点。曲线本身通常称为基本熄灭曲线,因为它用于预测扩散火焰的熄灭。

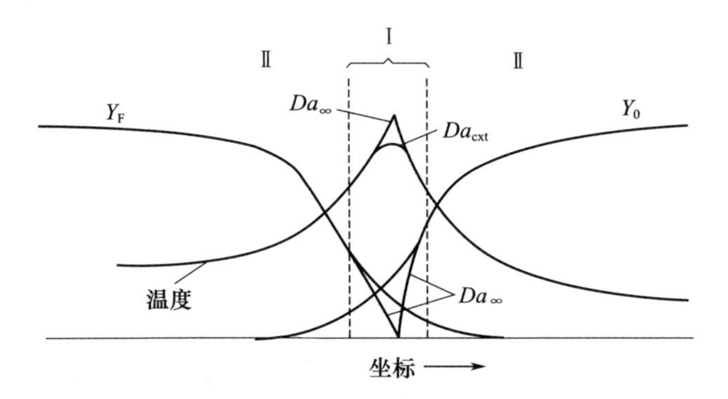

图 11.1 基于一步反应动力学的扩散火焰结构

Ⅰ—反应区;Ⅱ—对流-扩散区;Y_F—燃料浓度;Y_0—氧化剂浓度;

Da_∞—Damköhler 数对应一个无限快的反应;Da_{ext}—火焰熄灭时的 Damkoöhler 数。

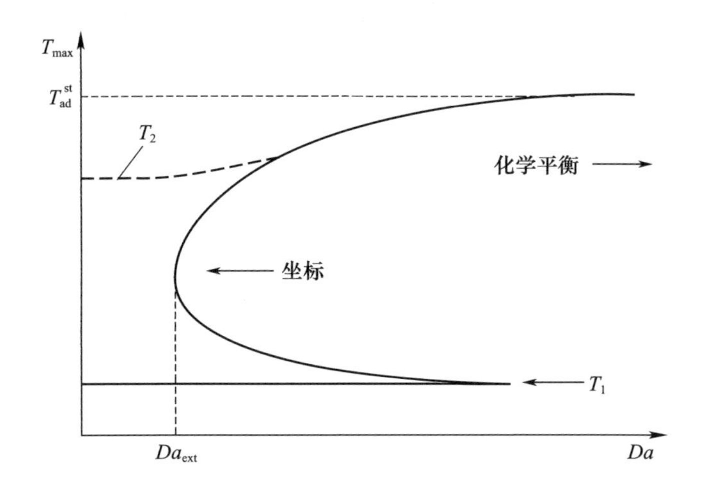

图 11.2 熄灭曲线——最大温度对扩散火焰阻尼 Damköhler 数的依赖性

目前,这一理论最初的局限性已经被消除了。考虑真实的动力学机制和化学反应组分的传递系数已经被广泛应用于数值模拟,这个模型可以仿真出之前无法仿真的很多细节。

图 11.1 ~ 图 11.6 说明了扩散火焰的一些结构。特别地,图 11.3 给出了一维平面扩散火焰的示意图。图 11.4 显示了球形扩散火焰结构,其中燃料通过多孔球形膜片供应。图 11.5 显示了燃料和氧化剂射流反向流出所产生的扩散层流火焰。

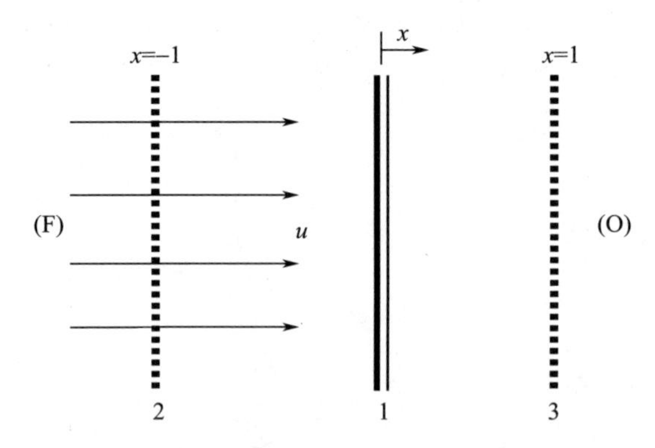

图 11.3　扩散火焰平面结构示意图

1—反应区；2—多孔膜片与对流燃料供给；3—多孔隔膜与氧化扩散。

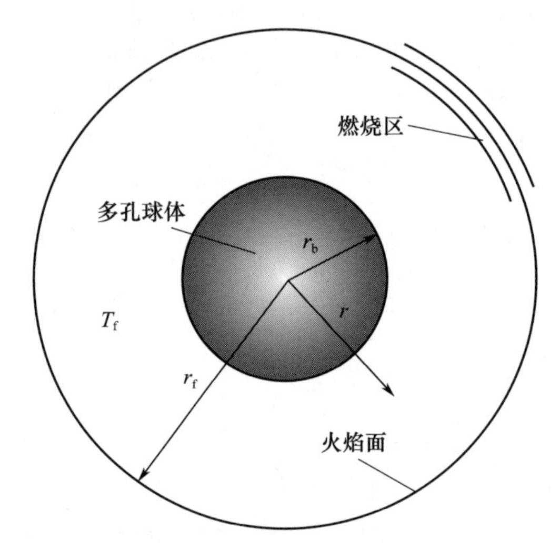

图 11.4　球形扩散火焰示意图结构

图 11.6 为扩散湍流火焰射流。图上的构型不是形成扩散火焰的全部条件，但这些构型可用于研究和说明扩散火焰的特性参数(火焰拉伸、刘易斯数、辐射热损失等)的可控变化。

以上所提出的 4 种构型中有 3 种与层流火焰有关，这证明了层流火焰构型及其简单的几何结构包含了许多解释扩散湍流火焰行为的关键细节，这些细节具有很大的实际意义，但很难研究。

虽然本章主要考虑垂直扩散火焰喷射，但对三重火焰和边缘火焰的特性做一个简要的描述是有用的。最近对这种火焰的研究有助于理解火焰稳定、剥离和爆燃的复杂机制。

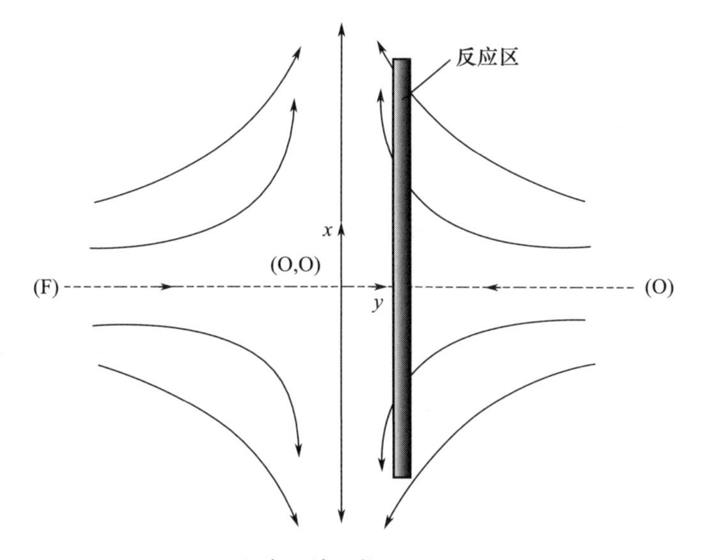

图 11.5　反向喷燃料和氧化剂射流的扩散火焰

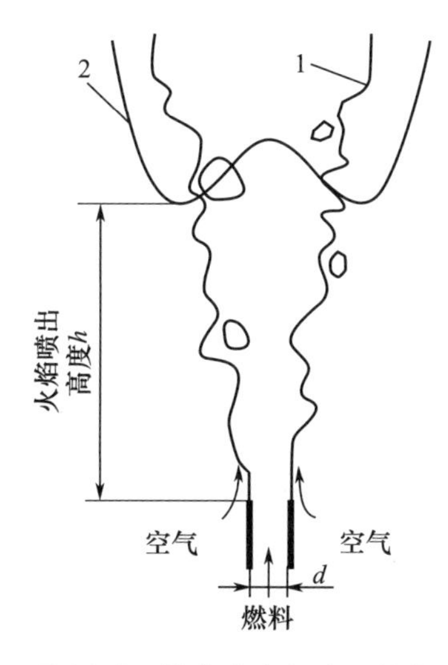

图 11.6　扩散湍流火焰 - 射流
1—燃烧区；2—火焰表面。

11.2　三重火焰和边缘火焰

三重火焰和边缘火焰[12-13]可以被认为是非混合结构破坏导致的部分预混合燃烧的发展，它们可以在扩散火焰的局部熄灭处观察到。在模拟矿井掘进条件[14]的水平顶板下甲烷层扩散燃烧实验中观察到了三重火焰现象。对这一现象进行详细研究后,在稳定于喷嘴上方位置处的层流火焰中发现了三重火焰结构。

从喷嘴中流出的层流火焰射流的结构包括扩散火焰(图 11.7),稠密、混合良好的混合物中的火焰,稀薄、混合良好的混合物中的火焰。这 3 种不同的火焰分支同时存在。火焰基底,称为三相点,位于化学计量的等高线上,当流动参数变化时,它可以移动。3 个空间分离但相关的反应区共存于此,非预混混合物燃烧只发生在其中的一个,所有三个区域(分支)在三相点会合。

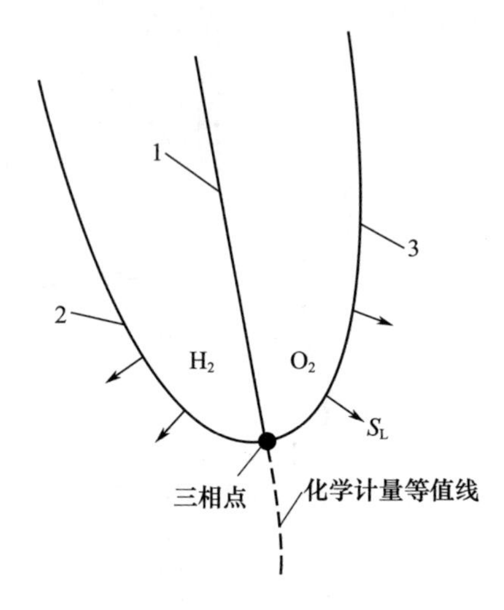

图 11.7　三重火焰结构示意图

三相点速度决定了一些重要的特性,如非预混燃烧的火焰表面速度增加和上升火焰的上升高度。文献[12,15]采用数值模拟和详细的化学动力学分析方法研究了氢气和空气系统中三重火焰传播的结构与速度。结果表明,三层火焰的传播速度比层流火焰的传播速度快。对层流火焰的模拟结果表明,传递变形速度的增加导致三级火焰的速度下降,并退化为熄灭前的扩散火焰前缘,可能是浓度和速度梯度影响火焰沿最大燃烧速度线的传播。

11.3　扩散火焰在大涡存在时的传播

在沿流轴不同距离的湍流边界上,可以观察到径向平面内的大规模再循环。流体被一种固定的介质包围,通常是空气。流动中湍流的波动过程是:湍流涡的后面是一个较低速度的平静流动,随后这个平静流动被一个湍流涡所取代。流动结构示意图如图 11.8 所示。

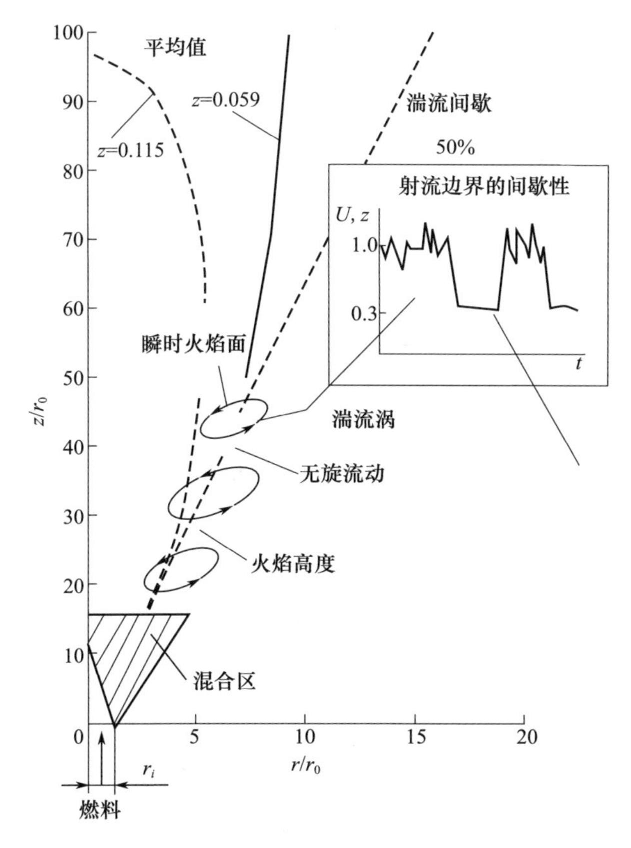

图 11.8 垂直射流扩散火焰中旋涡和湍流脉动的发展

在文献[16]中揭示了大涡的作用,即使加热产物和空气在富燃料流中的二次掺混。火焰区沿 Kelvin – Helmholtz 涡系的外边缘延伸。火焰底部随着与之相连的涡向上移动,然后火焰底部“跳跃”到下一个涡[16]。

可以采用两种方法将火焰底部维持在给定的 z 高度。

(1) 火焰通过一个富燃料涡周围的无涡区传播,并引发下一个涡。

(2) 火焰在涡内沿反向流涡速度从顶部向下传播。

在文献[17]中得到了火焰底部附近的瞬时气体流速 U。这些测量结果显示,在大涡之间的区域是低速平静的流动。在急速流动的下部(在 $z/r_j=10$)特征流速约为层流火焰速度的 20%。然而,对于 z/r_j 约为 30 和 50 时,特征速度为 $1.2S_u$ 的量级,完全符合测量大涡间非湍流平均边界长度的假设。

在上流区产生大涡的过程中,火焰稳定在径向 r 方向(化学计量成分线附近),波动较小(图 11.8)。

11.4 射流火焰稳定性机理

在无扰动空气中,对圆形亚声速射流扩散火焰稳定的研究提出过两种扩散火焰稳定的机理。

第一种机制假设当局部流速超过预混混合物中火焰的最大湍流流速时,发生吹熄。文献[18]提出这一机制,使用时间平均法考虑气流湍流。燃烧湍流速度的最大值是湍流脉动速度轴向分量的时间平均值的均方根函数。

第二类吹熄机制是:加热的反应产物与未燃烧的气体混合太快,以至于在温度和自由基浓度降至某个临界值之前没有时间点火,文献[16]中提出了这种吹除机制。文献[16]的相关方程采用了层流火焰速度所决定的化学时间尺度与流动等温特性所决定的物理时间尺度之间的平衡。

通过对火焰稳定化区局部流场特性和燃料/空气混合特性的比较,分析了提高扩散火焰稳定化的一些准则。得出的结论是:现有的理论或多或少都无法解释实验数据。

这些理论基于稳定区火焰结构,既可以是完全预混合火焰[18],也可以是扩散[20]控制火焰的假设。在第一种情况下,稳定判据是在化学计量成分线附近的速度与火焰上升高度处的湍流燃烧的平衡。在第二种情况下,它是施加在火焰熄灭过程的标量解离率上的条件的总和。随后,提出了一种结合两种方法的模型[21],强调了混合火焰和部分混合条件下火焰的传播和扩散的必要性。在具有混合浓度梯度的层流混合层中产生的三重火焰结构被认为是稳定火焰的特征结构。

11.5 氢扩散火焰特性实验数据

为了分析氢的逸出效应和随后的扩散燃烧,评估火焰羽流长度与孔的尺寸和流出率的关系是很关键的。

许多作者对气流扩散火焰长度进行了测量。已知层流火焰的相对长度与流出流[22]的雷诺数成正比。当雷诺数接近其临界值时,$Re^* \approx 2300$ 时,火焰变成湍流[23]。

图 11.9 和图 11.10 为依赖相对长度 L/d(L 为火焰长度,d 为喷嘴直径)湍流火焰的 Froude 数 $F_r = U^2/(gd)$,U 为流量喷嘴出口截面,g 为自由落体加速度。可以看出,在小于 105 的低 Froude 数区域,实验数据可以用插值关系[24]很好地描述:

$$L/d = 14F_r^{0.2} \tag{11-1}$$

在那个区域火焰受到浮力的作用。在 $F_r > 10^6$ 的区域，这种效应可以忽略不计。在这个地区，L/d 为 220～230，不依赖 Froude 数。该图展示了用于 686mm 直径喷嘴[25]的稳定大规模氢火焰测量数据。喷嘴直径超过了大多数文献中已知的喷嘴直径，但得到的数据与 1.5～51.7mm 喷嘴实验结果较为接近。这种分歧可以用氢射流较低的温度（125K）来解释。

图 11.10 展示了主要由 V. K. Baev 和合著者[22,26]与 Kalghatgi[30-32]收集的测量数据。图 11.9 和图 11.10 所示的实测数据是非常接近的。图 11.10 中的实心曲线为文献[26]中给出的近似关系的计算结果。大尺度实验数据在较低温度下进行调整，结果与理论曲线吻合较好。

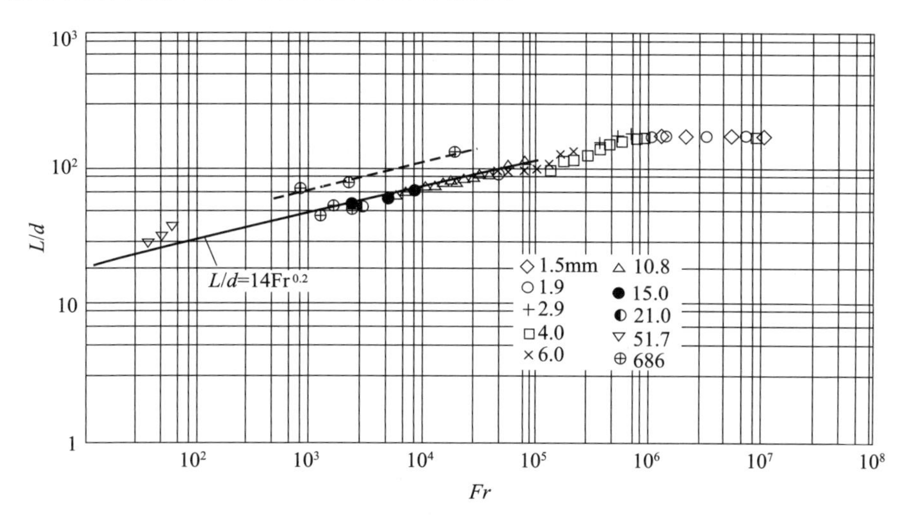

图 11.9 氢扩散火焰流的相对长度与 Froude 数的关系
（$d = 1.5 \sim 51.7$mm[24]，$d = 686$mm[25]，125K（氢气），298K（空气））

当燃料喷向周围空气的流速超过某个临界值时，就会产生分离的或悬浮的火焰。这种火焰的下部称为底座，其最低点离轴较远，火焰升力高度 h 随出流速度的增加而增大（图 11.11）。火焰基是非平稳的，由于高频波动的模糊，大部分可见火焰的观测记录了火焰高度的最低点。

文献[23]给出了 3 种气体燃料在最小火焰上升速度以下的情况。

结果表明，氢火焰稳定特性和最小火焰上升速度值明显超过了所有碳氢燃料的这些参数。

图 11.11 和图 11.12 展示了氢扩散火焰的上升特性。图 11.11 中的图表是用文献[23]的数据绘制的。可以看到，火焰上升发生在流量超过 600m/s 后。

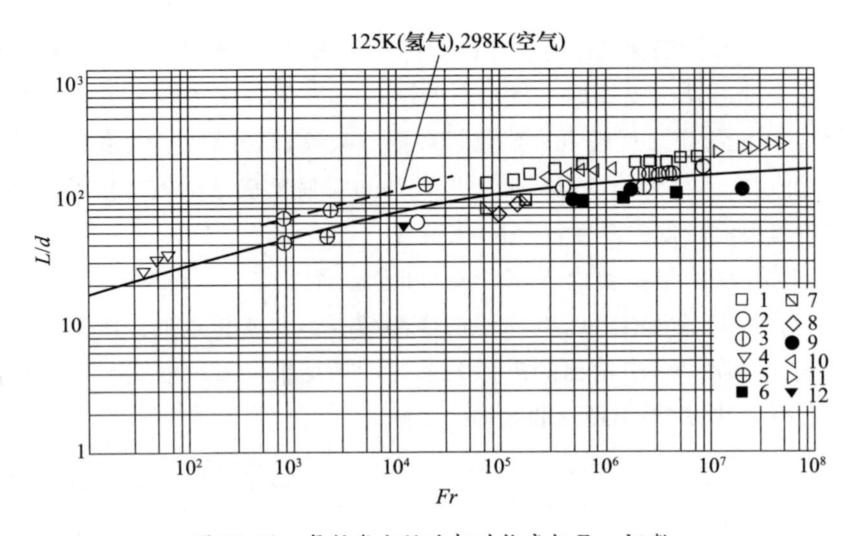

图 11.10　氢扩散火焰流相对长度与 Froude 数

1—2m[26]；2—3.1mm[26]；3—16.7mm[26]；4—51.7mm[24]；5—686mm[25]；6—引自文献[27]；7—引自文献[28]；8—引自文献[29]；9—5mm[30]；10—10.1mm[31]。

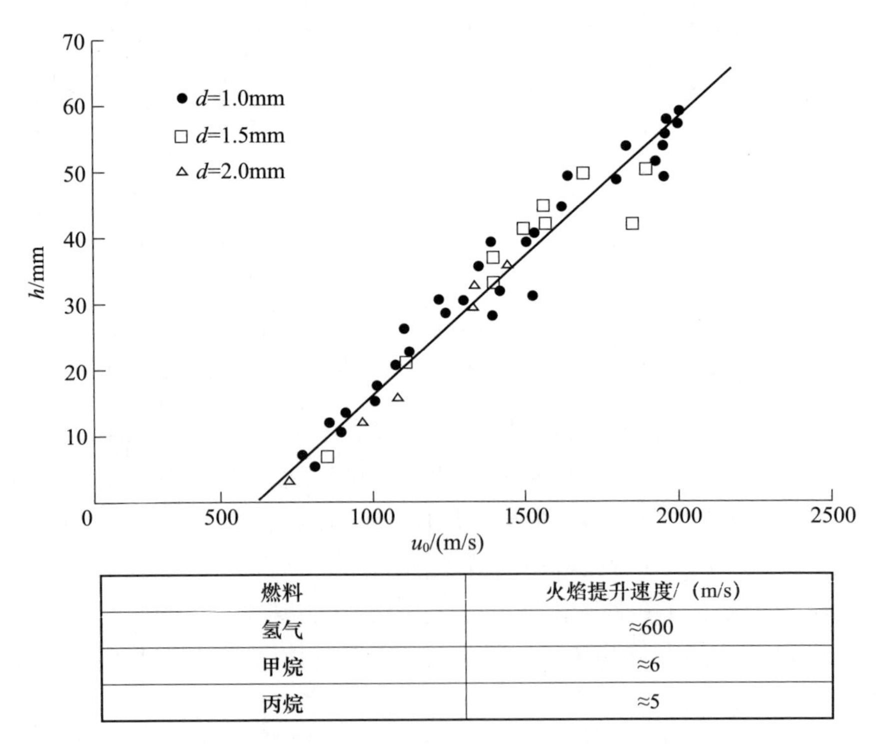

燃料	火焰提升速度/（m/s）
氢气	≈600
甲烷	≈6
丙烷	≈5

图 11.11　氢射流扩散火焰的上升高度和上升速度[23]

随着流速的增加,火焰的上升高度呈线性增长,并且可以超过声速,相近的结果已经被文献[30-32]获得。为了评价数据的差异水平,用文献[30-32]中获得的实验点绘制了与文献[23]测量数据近似的直线。

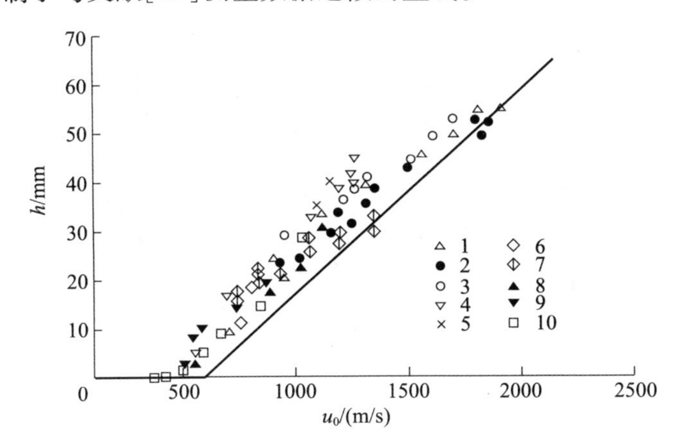

图 11.12 1~6mm 直径燃烧器的氢射流扩散火焰的上升高度和速度[30-32]
(直线来自文献[23],点表示实验数据)

11.6 稳定扩散火焰的几何特征和物理参数

扩散火焰出现的风险可以通过分析如图 11.13[33] 所示的扩散火焰图像来评估。这张照片显示了空气中的燃烧气流。由于氢燃烧的辉光很低,所以这张照片是在夜间拍摄的。在压力 P_0为 40MPa 的情况下,氢燃烧后通过 5.08mm 直径的喷嘴从储罐喷出。燃烧火焰长度 L_f为 10.6m,L_f/d 为 2086[33]。

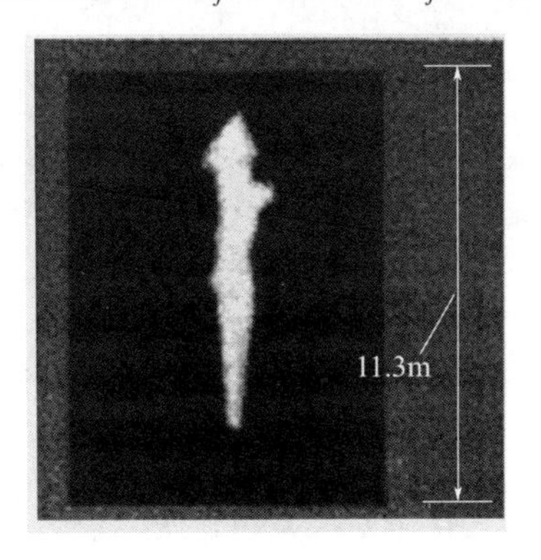

图 11.13 夜间氢气在空气中扩散火焰照片
(压力 P 为 40MPa,喷嘴直径为 5.08mm,估计喷射长度为 10.6m)

如此极端的火焰几何尺寸会对邻近的设备或维修人员构成危险。除了靠近喷嘴的火焰外，还显示出“悬挂”的氢火焰。比较相邻(a)与悬挂(b)氢火焰如图 11.14[34]所示。挂焰座离喷嘴的距离为 h(h 为火焰的上升高度)。

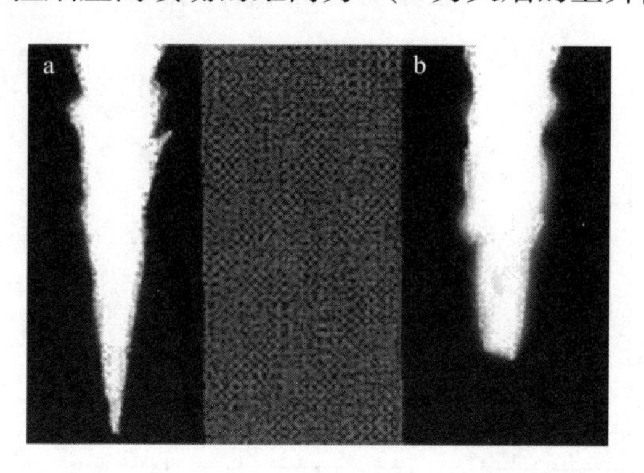

图 11.14　氢气和丙烷二元燃料在空气中邻近(a)和悬挂(b)扩散火焰的照片

水平的氢火焰图像如图 11.15 所示，压力 $P = 40\mathrm{MPa}$。

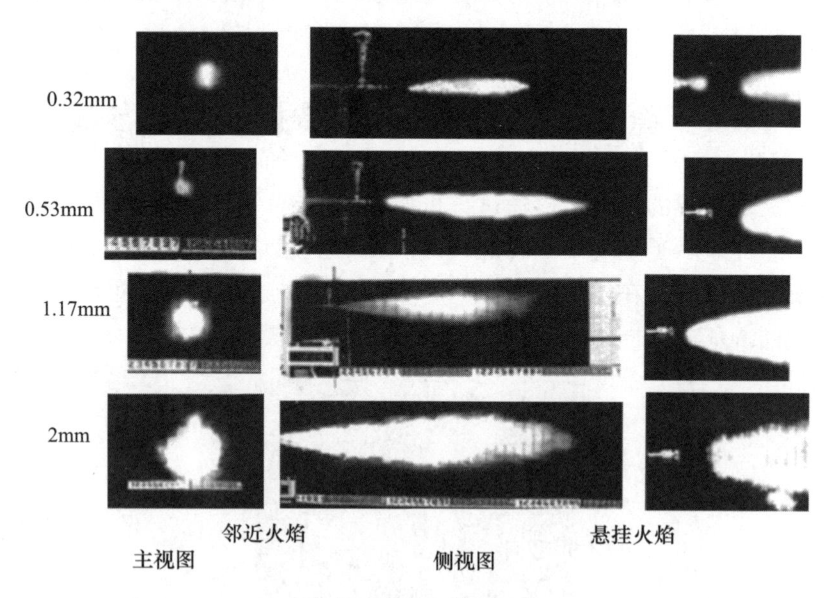

图 11.15　不同喷嘴直径下氢气在空气中的水平扩散火焰

11.7　氢气稳定扩散火焰在空气中的边界和参数

空气中相邻和悬挂的氢气火焰的边界由氢气的压力 P_0 和容器的喷嘴直径 d

确定。图 11.16 显示了文献[35]中讨论的两种扩散火焰的边界。为评估氢气火焰的线性尺寸(沿轴)L_f和它的最大横向直径 W_f,源压力和喷嘴直径对扩散火焰几何特性的影响如图 11.17 和图 11.18 所示。

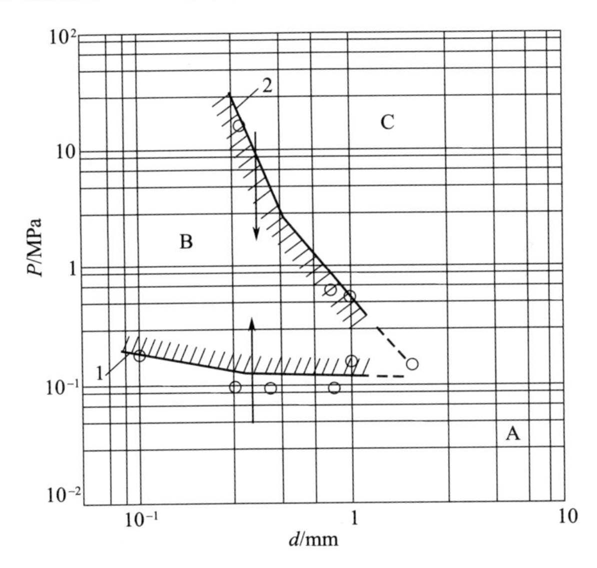

图 11.16　空气中相邻(A)和悬挂(B)氢火焰区域

氢置换压力与喷嘴直径的关系:1—相邻火焰和悬挂火焰的边界;
2—悬挂火焰发射边界;C—火焰发射区。

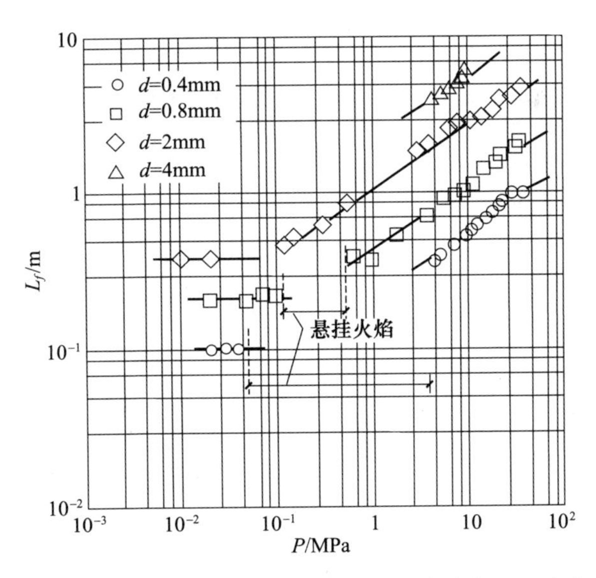

图 11.17　扩散火焰长度与氢气压力及喷嘴直径的关系

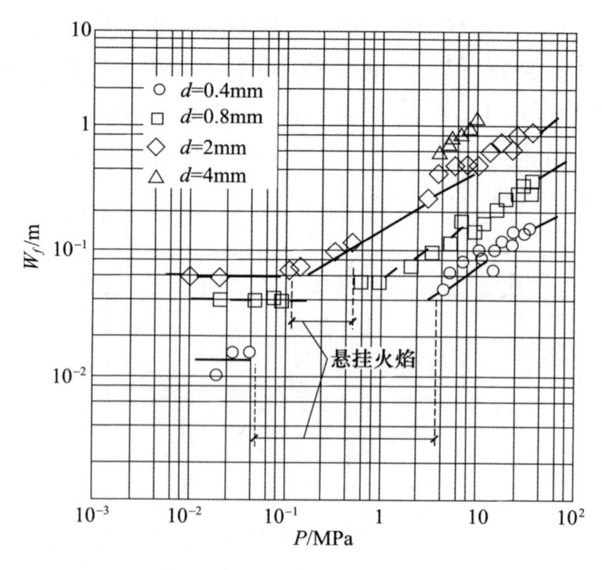

图 11.18　扩散火焰横向最大直径与氢气压力及喷嘴直径的关系

应当指出，当 $P<0.17$MPa 时，气体以亚声速速度喷向周围环境。在更大的压力下，氢以超声速的速度流出。众所周知，这种超声速出流伴随着一种波型的出现，这种波型在未膨胀的气体射流[36]中传播时，会因为周围的氢气燃烧而变得复杂。

图 11.17 和图 11.18 表明，通常火焰的产生是线性尺寸 L_f 在 1m 和 10m 之间。对于压力 $P_0>10$MPa 和喷嘴尺寸为几毫米时，火焰几何形状是最危险的[37]。图 11.19 中火焰长度和直径对喷嘴尺寸的依赖关系进一步证明了这一点。

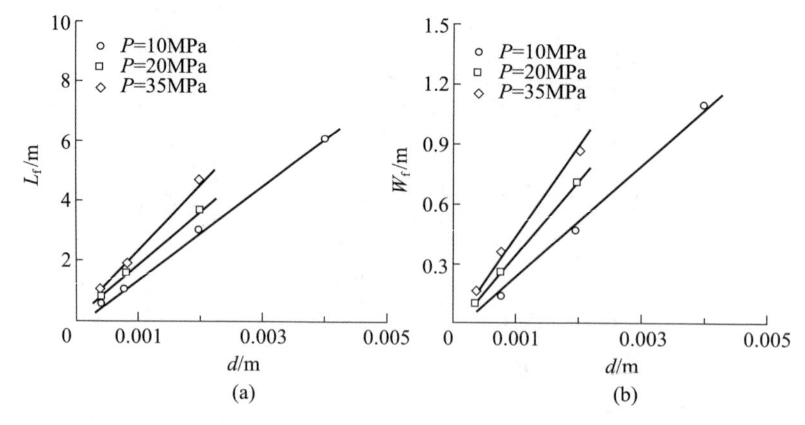

图 11.19　扩散火焰长度(a)和最大横向直径(b)相对于喷嘴直径

通过绘制参数相互依赖的曲线，显示缩短的长度 L_f/d 和直径 W_f/d 对氢压力 P_0 的依赖关系（图 11.20）。变化的特征相对值范围为 $L_f/d \approx 10^3 \sim 10^4$ 和 $W_f/d \approx 10^2 \sim 10^3$。

如果用气体流量代替压力作为表征氢火焰线性尺寸的参数，则得到图 11.21。氢重速率也决定了氢火焰在离轴不同距离时产生的热负荷水平，如图 11.22 所示的热流比功率 E。总热辐射功率与 EL^2 成正比，并取决于氢气的流量（图 11.23）。

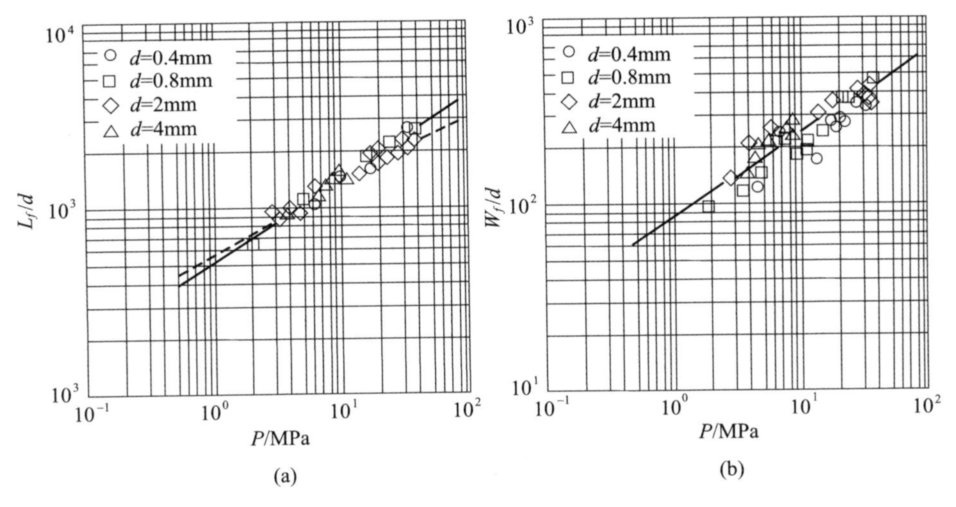

图 11.20 相对长度(a)和横向火焰尺寸(b)与氢气压力的关系

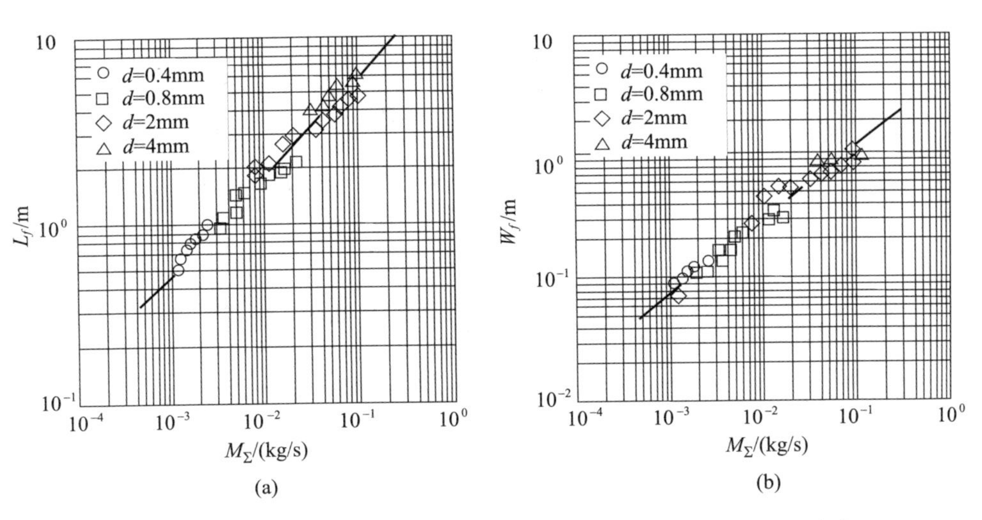

图 11.21 扩散火焰长度(a)和最大横向直径(b)与氢质量消耗的关系

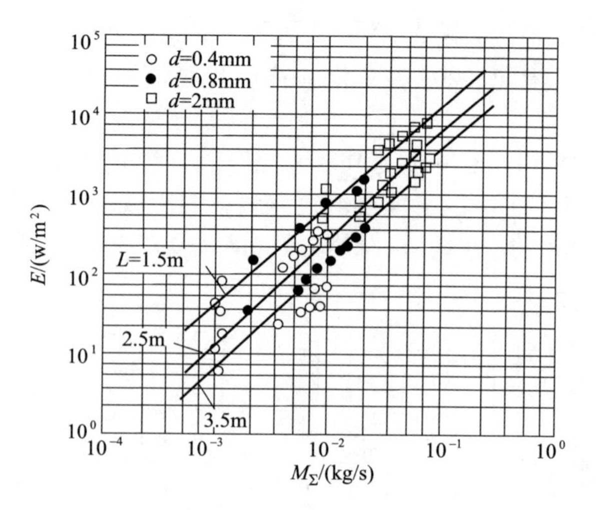

图 11.22 离火焰纵轴不同距离(L)下氢扩散火焰热流比容与氢重速率的关系

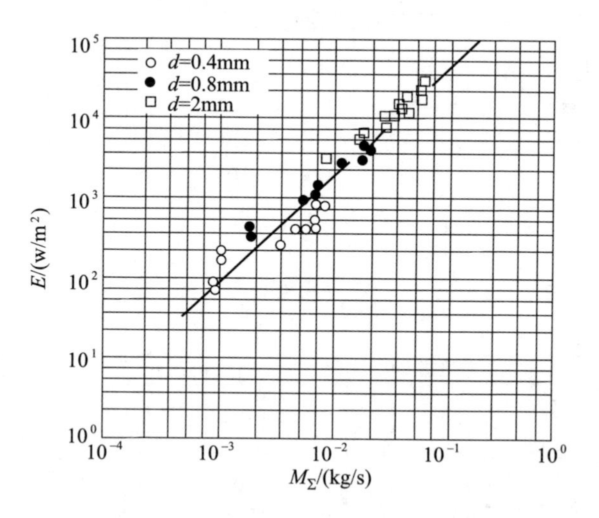

图 11.23 总热流比热功率与氢重速率

11.8 添加剂对氢扩散火焰的影响

在工业中预期使用氢和碳氢化合物组合物,或使用不可燃气体(如二氧化碳)来应对危险事故的趋势,文献[34,38 - 39]对添加可燃和不可燃材料后的氢火焰特性有大量的研究。

图 11.24 为氢火焰上升高度(线 1)与氢气流速的关系。将纯氢的数据与氢

气和二氧化碳混合物(线 2)、氢气和丙烷(线 3)、氢气和甲烷(线 4)的数据进行比较。氢的任何添加剂都会增加火焰底部和喷嘴之间的距离,添加丙烷时变化最明显。气体流速在气体混合物的声速范围内变化。其中丙烷用作添加剂的比例不超过 10%,甲烷用作添加剂的比例不超过 15%。

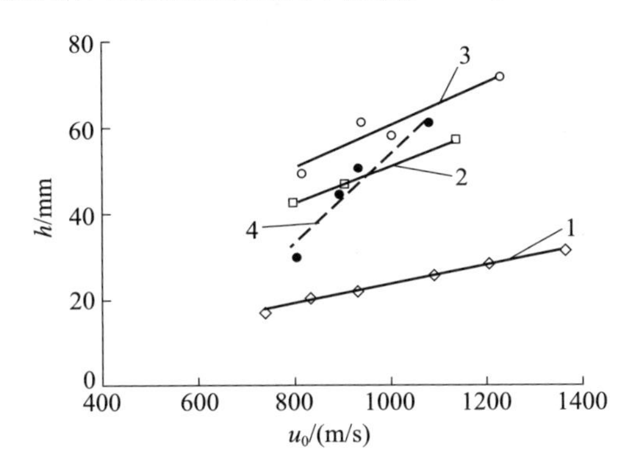

图 11.24 悬挂扩散火焰上升高度与氢气流速的关系

1—氢;2—氢和二氧化碳;3—氢和丙烷;4—氢和甲烷。

不同类型的混合气体产生的悬挂火焰边界燃烧产物的流出速度不同,如图 11.25所示。与氢气和甲烷混合物相比,氢气和丙烷悬挂火焰燃烧产物的流出率明显较低。它们之间的这种差异,可由观察到的氢气和丙烷、氢气和甲烷二元混合气体在火焰前区化学反应机理的差异来解释。

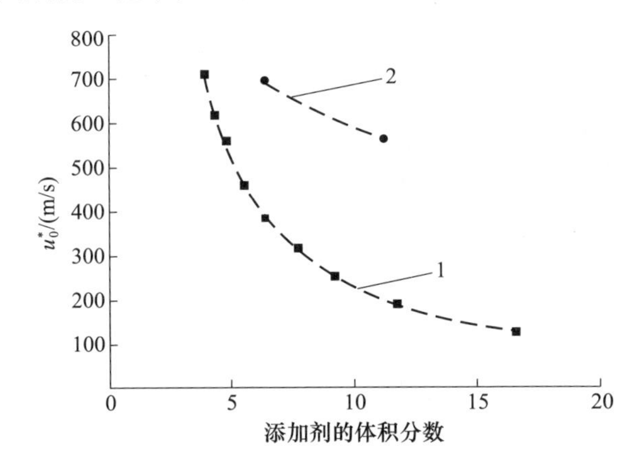

图 11.25 扩散悬挂火焰边界的气体流速与添加剂的体积分数

1—氢和丙烷;2—氢和甲烷。

研究氢气和二氧化碳混合物的燃烧特性表明,当氢气中加入二氧化碳超过 6.4% 时,只观察到在一定流速下被熄灭的相邻火焰。在二氧化碳含量小于

6.4% 的混合物中,观察到悬挂火焰。

11.9 氢扩散火焰几何参数和物理参数的经验关系

目前积累的扩散火焰特性数据库[35,40-42]中提出一些简单的关系式,以快速可靠地评价氢扩散火焰的主要参数。首先,针对氢火焰的横向和纵向线性尺寸而言,相对火焰长度由氢气的压力确定,可以使用 $L/d = 524.5P^{0.436}$[35]来确定。火焰最大直径为 $W_f/d = 85.1P^{0.436}$。上述关系式在 $P < 40$MPa 时得到。

对于压力 $P < 10$MPa 时,$L_f/d = 544P^{0.384}$、$W_f/d = 78.7P^{0.451}$ 的关系式也被广泛使用。关系中的压力单位为 MPa。有时,所使用氢气的质量流量 M_Σ(kg/s)也是很重要的参数,此时,$L_f = 20.25M_\Sigma^{0.53}$,总热流为 $EL^2 = 641M_\Sigma^{1.31}$kW。

举个例子,在氢压力 $P = 35$MPa 时,火焰横向尺寸为 0.802m,此时,火焰通过直径 $d = 2$mm 喷嘴的辐射比功率可以通过比功率关系式求出。其中 ζ 为火焰形状指数,σ 为斯蒂芬-玻耳兹曼常数,ε 为火焰发射率。假设火焰呈现圆柱形状并且温度 $T = 2320$K($\varepsilon \approx 0.03$),此时辐射比功率 $E = 7\text{kW/m}^2$。

对于许多相关的应用领域,重要的是知道沿非燃烧射流轴向的氢浓度 $X_{氢气}$。简单的表达式 $X_{氢气} \approx 6000(\theta/L)$用文献[42]表示。这里 $\theta = d\,(\rho_a/\rho_c)^{0.5}$ 是减少喷嘴直径后的关系式。其中 ρ_a 为空气密度,ρ_c 为在喷嘴出口区域氢的密度。

11.10 扩散火焰自发产生(扩散点火)机理

早前有研究表明[43],在激波管操作中,使用氢气作为驱动气体来填充高压摄像机是不安全的。尤其是在充满氧化剂(如空气或更危险的氧气)的低压区,氢和环境气体的扩散接触面发生点火是非常可能的。为了防止这种危险情况发生,在激波管[43]中注入一层非可燃气体(氮气或氦气)。这一现象与激波实验技术、自燃的可能性,以及随后的氢气扩散燃烧引起的与氧化介质的额外混合等相比,并没有引起研究者多大的兴趣。

然而,文献[44]中进行了第一次自燃效应(主要是氢的自燃[44-45])的评估实验,获得了"扩散点火"过程的细节[33-37,40-42,44,46-56]。人们对氢作为一种生态燃料的极大兴趣,引发了对这一问题的理论和实验研究。

图 11.26 展示了这个过程的假设性示意图。一个装满氢气的高压容器,假设燃料储存-分配系统内的氢气压力可达 60MPa。图 11.27 说明了 P_c 为 30MPa 时的情况,氢容器周围的空气是常温常压的:$P = 0.1$MPa,$T = 293$K。

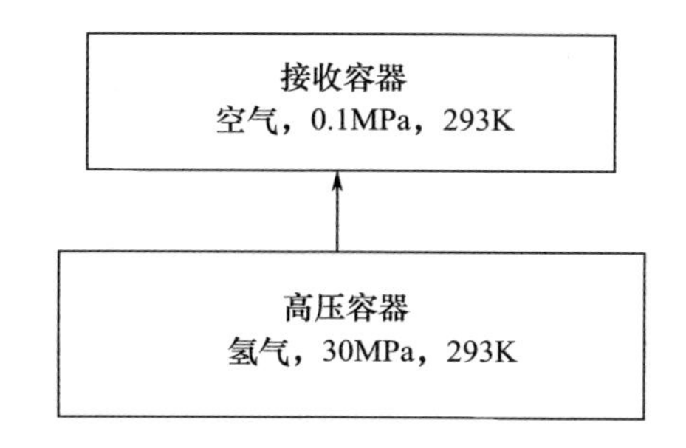

图 11.26 压缩氢射流直接在空气中扩散点火的假想示意图

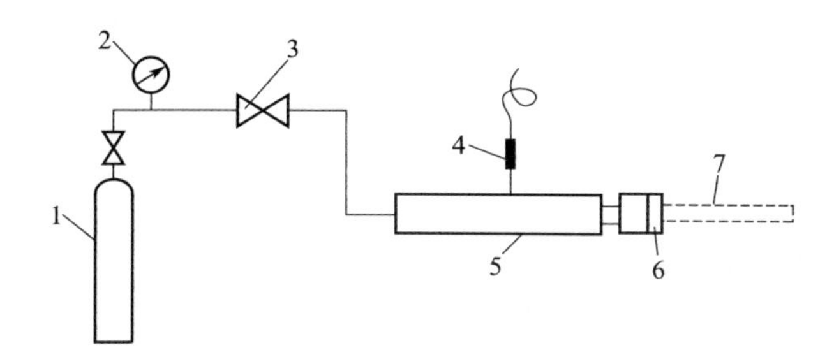

图 11.27 压缩氢射流通过中间管系统向空气扩散点火图[50]
1—氢气管；2—压力表；3—主截止阀；4—压力传感器；
5—供应管路；6—隔膜；7—可变长度延长器。

在某一时刻 $t=t_0$,容器壁上出现了一个直径为 d 的开口,氢气通过开口流到空气中。氢的流出伴随着激波引发的脉冲气流[39,48,51-52]。激波比产生激波的氢气流速度更快,并留下一个压缩空气体积。在接触面上,被加热的空气与流出的冷却或加热的氢气混合(焦耳-汤姆逊效应),形成可燃混合物。

采用计算模型进行仿真,获得了图 11.28 中的一系列结果[51-52],并得到了文献[48]中结论的验证,这些图表给出了沿爆震波轴向轨迹和尾部氢气射流的预测气体流动参数。在图 11.28 中绘制了 $P_c=30\text{MPa}$,$d=3\text{mm}$ 的容器壁破裂瞬间的图表。

图 11.29 给出了氢气压力和喷嘴尺寸对喷嘴附近温度时间变化的影响。高温区寿命及其在空间上的扩展限制了燃烧潜能。

这种假设情况(图 11.26)尚未得到实验证明,文献[51]给出了现象的简化模型。

更接近实际情况的是氢气喷射与空气混合的自燃点火系统,该系统配备有切断阀,将高压气体与排气口和气体总管路分开,用爆破膜模拟意外降压。图 11.30为扩散点火研究的典型工作模型。

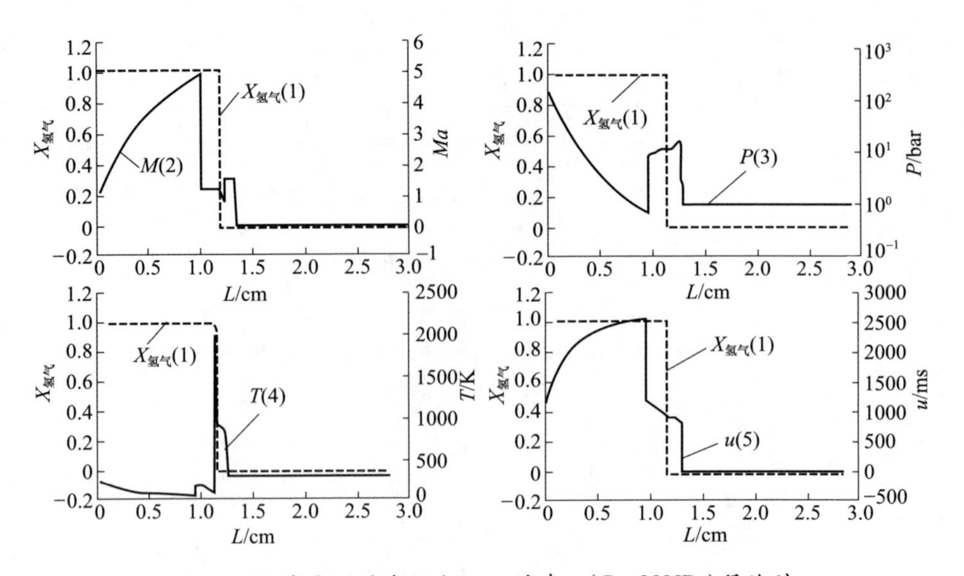

图 11.28 氢气通过直径为 3mm 的喷口($P=30$MPa)释放到空气中后 9ms 内半球压力波前流动的宏观参数

1—氢气的初始摩尔分数；2—马赫数；3—压力；4—温度；5—气体流动的轴向速度；L—沿喷射轴的距离。

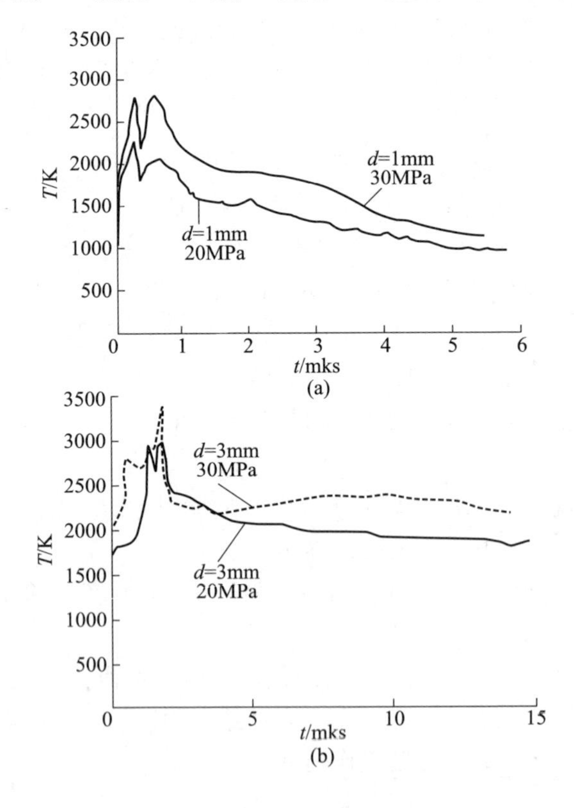

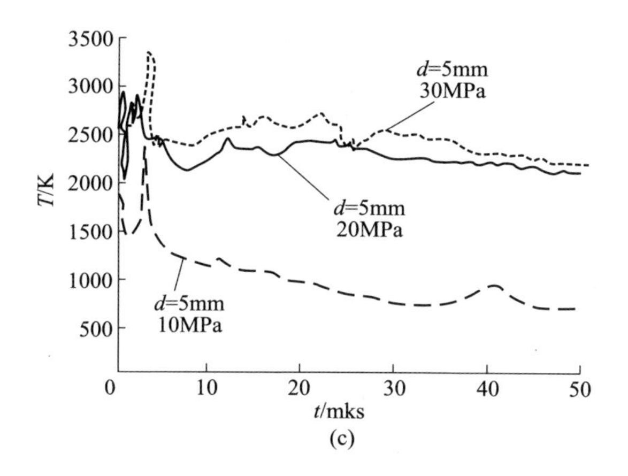

图 11.29　不同出流((a)、(b)、(c))的激波压缩气体温度
随初始压力和喷嘴直径的变化

在文献[47]中,输气管道的容量连同附属容积不超过 2*L*,气体管道配备了随机元件用于产生流量的脉动(图 11.30)。

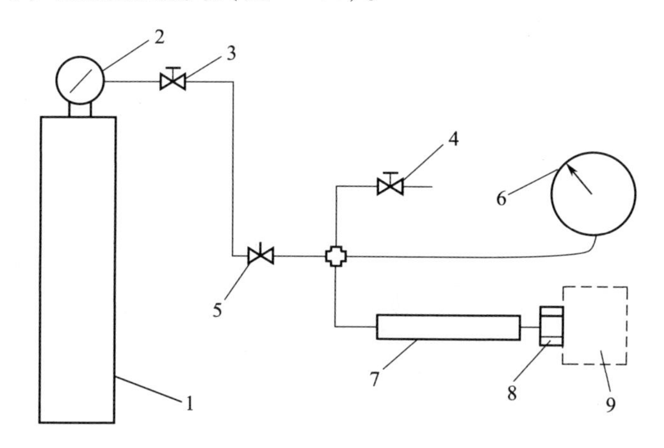

图 11.30　扩散点火试验装置示意图,其中包含中间容积
和一端打开的后膜管道[49-50]
1—氢气容器; 2—减速齿轮; 3—闸阀;
4—排水阀; 5—针形阀; 6—压力传感器;
7—控制体; 8—膜单元; 9—加长管道组[47]。

最初的扩散点火研究[40,46]采用的是如图 11.31 所示的实验装置,而不是理想的构型(图 11.26),图中没有一个突然变窄的扩张管道。文献[50]描述的实验中揭示了爆破膜后的膨胀管的作用。膨胀管如图 11.32 所示,在文献[48-49]中描述了一个更复杂的供应和排气管道几何形状。

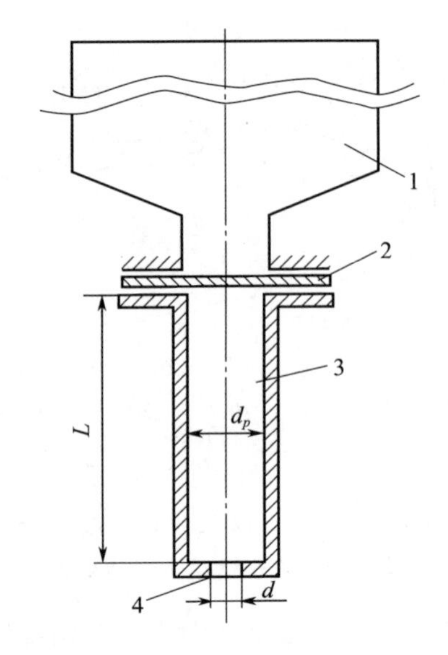

图 11.31　可燃气体冲高压喷射到空气中的示意图[40,46]

1—接收器；2—膜；3—冲击波管工作部分；4—出口。

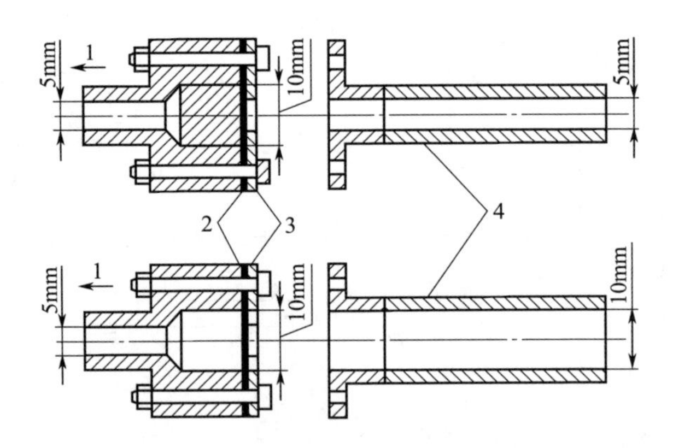

图 11.32　带后扩膜导管的膜单元[48-50]

1—接供应管路；2—爆膜；3—法兰；4—膨胀管(长度 20 ~ 300mm)。

11.11　一种简化的自发扩散燃烧产生模式

在文献[48]中使用理想图(图 11.26)描述了容器壁破裂的动力学效应，但没有对特征图进行解释(图 11.27)。该特征图的原理在文献[40]中被提出，并补充了一些重要细节。文献[40]给出了与高压容器相连接的管道充气部分的气体动力学定性和定量分析(图 11.31),高压容器充有可燃燃料(氢气、甲烷、丙烷)。

管直径为 L,内径为 d_p,该管出口法兰出口直径为 $d < d_p$。文献[40,46]中所述的实验表明,在其最小压力水平 P_c^* 约为 4MPa,存在最佳的 d/d_p 和 L/d_p,出流氢射流自燃。甲烷和丙烷的自燃现象并未被观察到。爆破膜下游的气体压力为 0.1MPa。当周围背压增大时,可燃气体出口射流自燃着火受阻或停止。

在文献[40]假设的 L 形风管中,在氢-空气接触面内部或附近的混合气体层中产生了初始热源,而该层中必然伴随着波型的出现。在足够的温度和时间下,这种热源向开放区域的排放能够点燃可燃气体射流。

文献[46]中强调气体(主要是氢气)在空气中的扩散点火不仅是一种有趣的物理现象,而且具有重要的现实意义。充有可燃气体的容器和发生破裂的管道可能导致压缩潜在着火。扩散点火也是不同阀门组在操作脉冲状态下运行的一个挑战。

一种考虑自燃点火的简化模型如图 11.32 所示。要使减压后的气体冷却或加热发生点火,必须满足一定的条件。必须有一个空间形成一定体积的反应混合物(RM),如在管道内;形成反应混合物必须在高温下保持一段时间(不少于自燃延迟时间)。

文献[46]表示初始热源可以在延伸管外产生,并将所有的研究集中在靠近主容器的管内激波扰动模式上。基于定性物理分析,在管道尺寸范围内其中自燃着火现象是最有可能的。

文献[43]中已知导管内膜后的波前运动图,并与经典激波管进行类比,如图 11.33 所示。假设膜瞬间被移除,那么就产生了膜破裂并在膜前面的低压段(条件 1 的空气)产生平顶冲击波的经典情况。在条件 4 中,有一个中心稀疏波 C 返回到燃烧气体中。入射波和稀疏波的参数问题的解是已知的。通常,在膜破裂前,$T_1 = T_4$。条件 2 入射波后的空气温度 T_2 和条件 3 稀疏波后的气体温度 T_3 的膨胀计算公式如下:

$$T_{21} = P_{21}[\alpha_1 + P_{21}][1 + \alpha_1 P_{21}]^{-1}, \quad T_{34} = (P_{34})_4^{2/\beta} \tag{11-2}$$

$$P_{14}P_{21} = \{1 - (P_{21} - 1)(\beta_4 \varepsilon_{14})^{0.5}(1 + \alpha_1 P_{21})^{-0.5}\}_4^{-\beta} \tag{11-3}$$

式中:$\alpha_1 = (\gamma_1 + 1)(\gamma_1 - 1)^{-1}$,$\beta_4 = (\gamma_4 - 1)\gamma_4^{-1}$,$T_{21} = T_2/T_1$,$T_{34} = T_3/T_4$,$P_{21} = P_2/P_1$,$P_3 = P_4$,并且,$\varepsilon_{14} = \kappa_{14} T_{14}$,$\kappa_{14} = c_{v1}/c_{v4}$,$\kappa$ 为定压比热比,γ 为绝热指数。已知 T_2 和 T_3 的值并不能帮助回答火源产生的问题,因为在 2 区和 3 区没有可燃混合物,可燃混合物也没有办法到达那里。气体在接触表面 B 处混合,由于接触面边界附近的扩散,可以形成一层可燃和氧化气体混合物 2K。

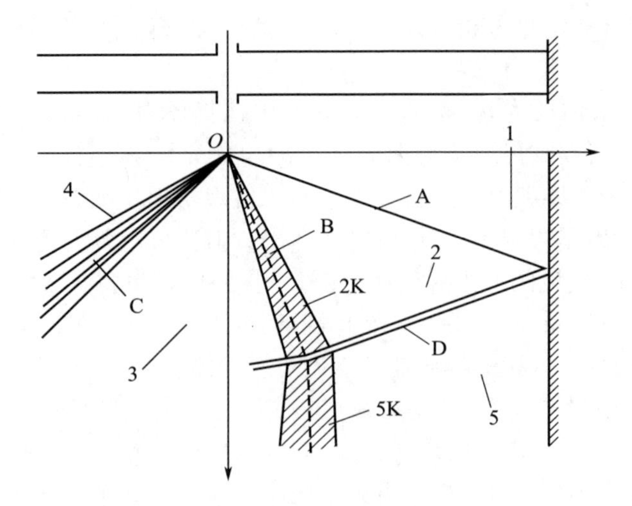

图 11.33 工作部位波前传播图

A—入射激波；B—接触不连续性；C—中心稀疏波；D—反射激波；1—未干扰空气；
2—入射激波压缩空气；3—从高压管道流出的可燃气体；4—非扰动可燃气体；
5—空气压缩后的反射激波；2K 和 5K—接触不连续性附近的气体混合物状态[40,47]。

文献[46]所示，入射波后温度 T_2 不够高不能为自燃创造条件，但这样的条件可以通过冲击波反射端墙的邻管实现 2K 表面附近的重复压缩混合气体。反射波后温度 T_5 被描述为温度 T_{52} 和压力 P_{52}。它们可以由下式计算：

$$T_{52}=P_{52}[\alpha_1+P_{52}][1+\alpha_1P_{52}]^{-1} \tag{11-4}$$

$$P_{52}=(\alpha_1+2-P_{12})(1+P_{12})^{-1} \tag{11-5}$$

参数 $P_{52}=P_5/P_2$，$P_{12}=P_1/P_2$，$T_{52}=T_5/T_2$。

图 11.34 显示了不同燃料和空气的混合物对文献[40]反射波后的混合气体温度 T_{52} 的计算数据。图 11.34 将氢气和空气(a)、甲烷和空气(b)、丙烷和空气(c)作为研究对象。

为了方便起见，每个图的分析都包括一条水平虚线，这条虚线对应于自燃的已知临界温度 T^*（对于氢气约为 880K、甲烷约为 780K、丙烷约为 760K）。以供应压力 P_4 和受体反压力 P_1 为参数进行计算，图 11.34(a)中的点表示记录的氢火焰自燃情况，图 11.34(b)中不包括甲烷扩散自燃的可能性。

由于甲烷的扩散常数较低，自燃延迟时间较长，在与氢气相同的条件下无法实现甲烷的自燃。为了更好地分析矿井事故[3]，需要对降低压力下的甲烷扩散点火进行详细的研究。

图 11.34(b)说明了甲烷在压力水平 $P_4=10\text{MPa}$，(点“+”)处的反射波压

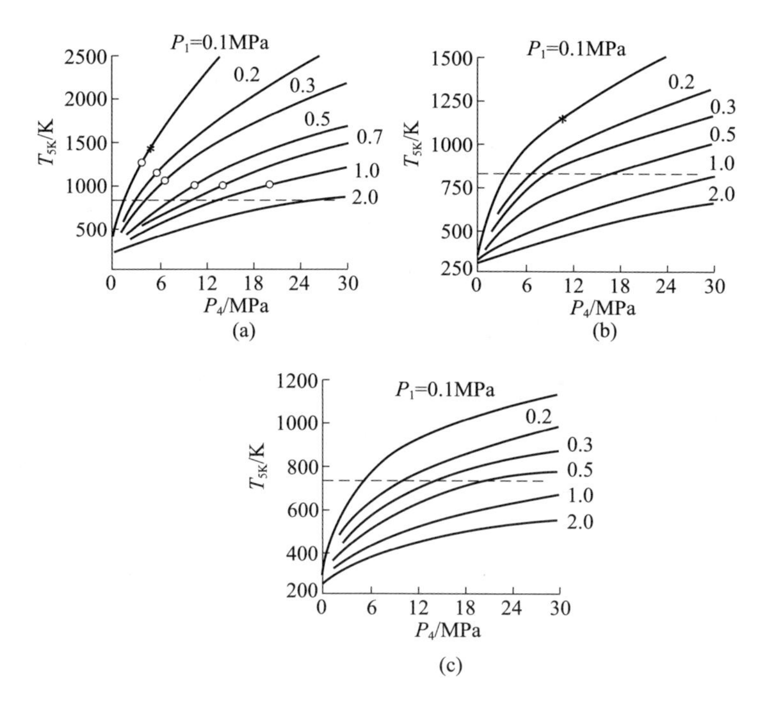

图 11.34 反射波[40]后的化学计量气体混合物的计算温度
(a)氢气；(b)甲烷；(c)丙烷。
虚线—自燃温度；点—实验数据。

缩甲烷和空气混合物的情况。本文预测了在表面集中的势压力波区域的混合气体着火情况。文献[47]中，在讨论氢扩散点火问题时，正确地推导了考虑平面接触的方法是有界的。文献[47]的作者假设，在文献[43]的激波管操作中，长期的经验已经证明，在破裂前圆盘形状不是平坦的(图 11.35(a))。因此，接触面是弯曲的(图 11.35(b))，它明显地影响着已燃气体混合物。

此外，可燃气体出口处的空间几何特性导致产生了三维激波系，部分区域的温度 $T > T_{52}$。

压缩氢排出箱(图 11.31)在文献中较少出现，实际情况下(图 11.32)添加有加长导管。最后一个案例在文献[48－50]中进行了讨论。研究氢在空气中扩散喷射点火，在各种不同的模式长度(相邻管直径)和位移坐标下得到的压力如图 11.36(a)、(b)所示[50]。已经记录了 3 种向空气中排放氢气的案例，即无自燃点火、短时间内出现的扩散火源、出现稳定的扩散火焰。

文献[48]中绘制了扩散点火的下边界，但没有指定潜在的燃烧模式(图 11.37)。用矩形管代替圆形管时，实验得到的边界有一定的减小。

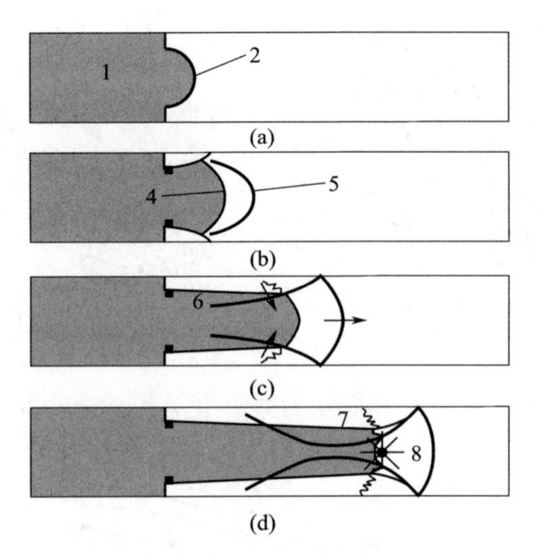

图 11.35 膜后导管中爆炸过程的发展图[47]

1—高压下的可燃气体；2—爆裂膜；3—正常情况下空气；4—接触面；
5—三维冲击波列；6—反射激波与接触面的相互作用；
7—热空气边界层；8—点火点。

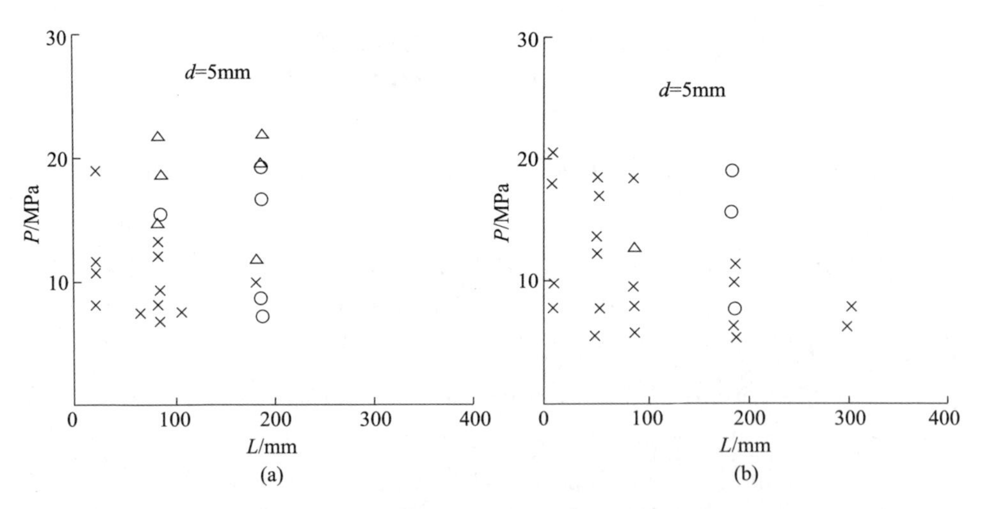

图 11.36 文献[50]实验的自发扩散燃烧图(坐标为
膜后管道长度(L)、氢-空气边界膜破裂压力(P))

(a)管道直径 5mm；(b)管道直径 10mm。

×—无自燃点火；△—短时间内出现的扩散火源；○—出现稳定的扩散火焰。

图 11.38 展示了一些照片，说明了氢从直径 10mm 和 5mm 的导管释放时氢火焰的外观。图 11.39 显示了短管排气口附近短时间内出现的火源。

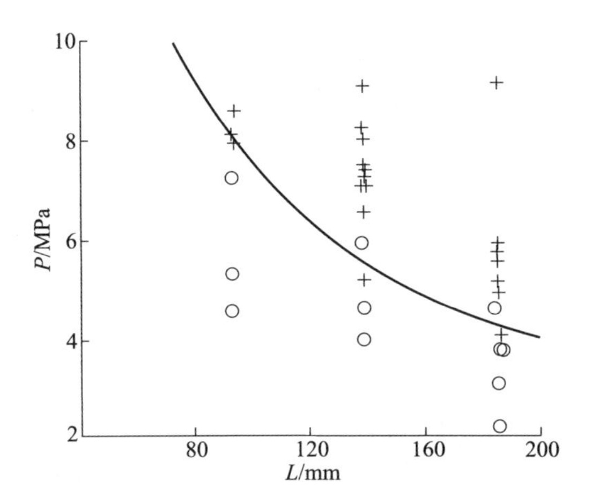

图 11.37　扩散点火的下边界(爆炸模式未指定)[48]

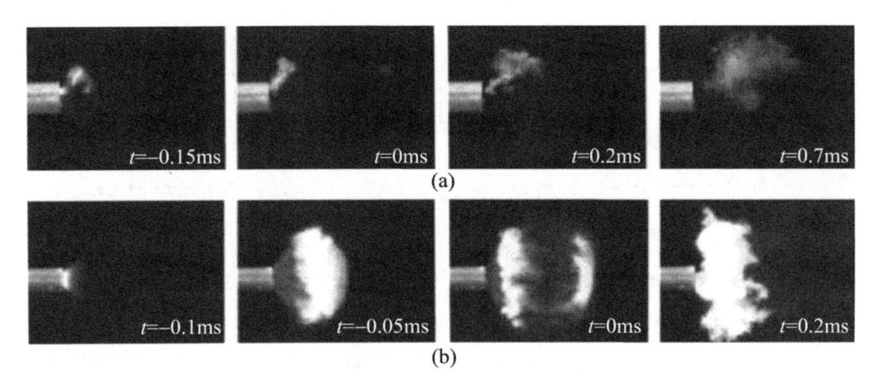

图 11.38　成功出现稳定扩散火焰[50]的例子

(a) $d=10\text{mm}, P=12.4\text{MPa}, L=185\text{mm}$；(b) $d=5\text{mm}, P=14.5\text{MPa}, L=185\text{mm}$。

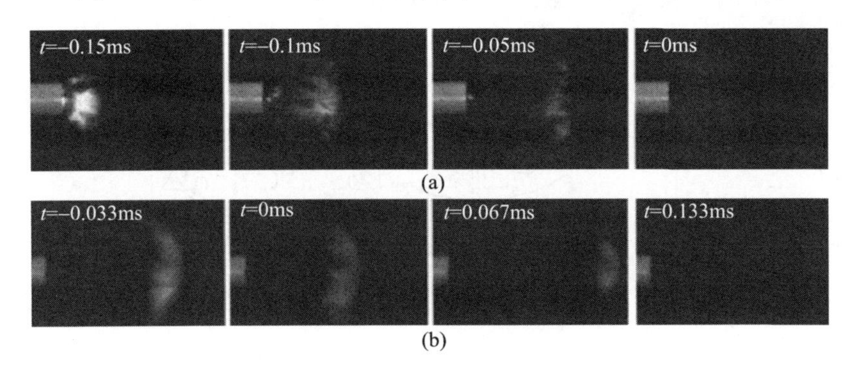

图 11.39　熄灭的火焰[50]的实例

(a) $d=10\text{mm}, P=12.4\text{MPa}, L=185\text{mm}$；(b) $d=5\text{mm}, P=14.5\text{MPa}, L=185\text{mm}$。

11.12 扩散燃烧的压力振荡特性

伴随自燃而来的压力扰动的特性产生了危险的扩散火焰。根据文献[50]，压力扰动特性可由图 11.40 得到，图中仅在喷口附近可以看到明显的波扰动；当距离大于 0.3m 时，振幅水平很小，可以忽略不计。

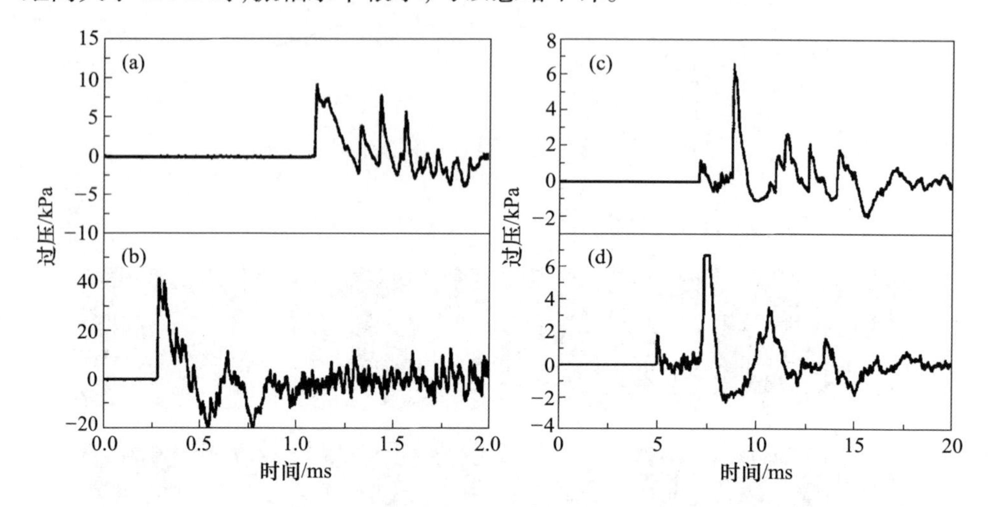

图 11.40　根据压力传感器记录，在距离喷管 300mm(a)、200mm(b)处及距离喷管 1.5m(c)处和距离喷管 1.1m(d)处自燃后压力波的视图与参数，根据传声器记录[50]

未燃烧的氢扩散火焰与点火器的接触更危险。在实验[42]中，使用如图 11.41所示的实验装置再现了这样的现象。

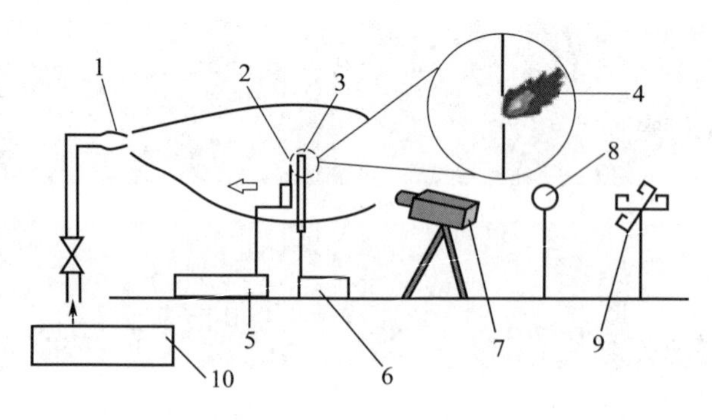

图 11.41　氢扩散火焰强制点火的实验图[42]

1—喷口；2—气体分析仪；3—火花间隙；4—火焰；5—甲烷浓度检测器；6—火花控制；7—高速摄像头；8—压力传感器；9—风速计；10—98.5% 氢气和 1.5% 甲烷混合物，$P = 40$MPa。

初步来看，在外流到空气中氢浓度场测量使用射流长度(x)和横截面(z)的净常数浓度曲线如图 11.42 所示。图 11.42 给出了空气中不同时间点的氢浓度场特征。

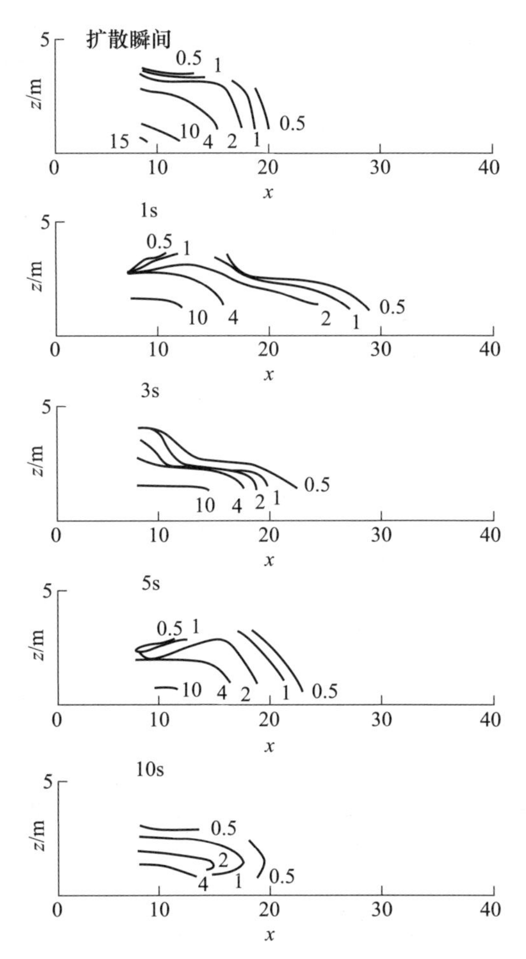

图 11.42 扩散流中氢浓度随时间变化的动态特性(流动长度(x)和流动高度(z)，曲线附近的数字为燃烧气体体积浓度[57])

图 11.43 和图 11.44 给出了在距离火花点燃的氢气流一定距离处进行的压力波振幅测量结果。图 11.43 说明了燃烧气流点火延迟时间 τ_{ign} 对压力波振幅的影响。氢气在 40MPa 的压力下，通过一个 10mm 的喷口排出，点火器(电火花)位于 $x_{ign}=4$m 处。

喷口直径对压力扰动幅值的影响如图 11.44 所示。测量是在氢气外流压力为 40MPa 时进行的。流动点火延迟为 2s。火花点火器的位置如图 11.43 所示。

高速摄影测量的湍流燃烧速度接近 300m/s。当喷口直径小于 5mm 时，在 2m 及以上距离处压力波振幅小于 1kPa。

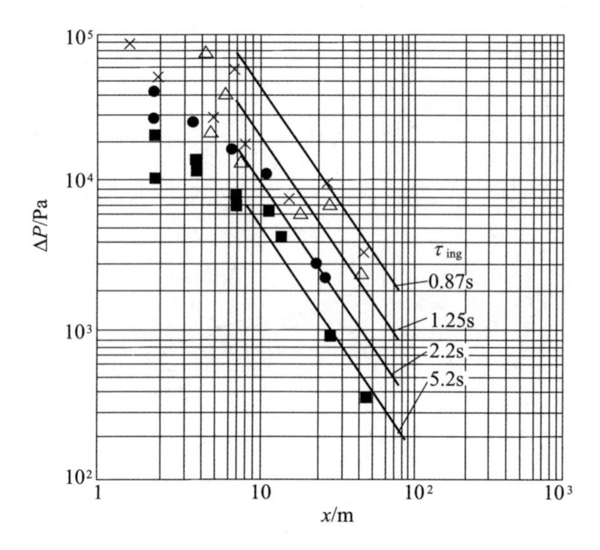

图 11.43 燃烧气流点火延迟时间 τ_{ign} 对压力波振幅的影响

($P = 40\text{MPa}, d = 10\text{mm}, x_{ign} = 4\text{m}$)

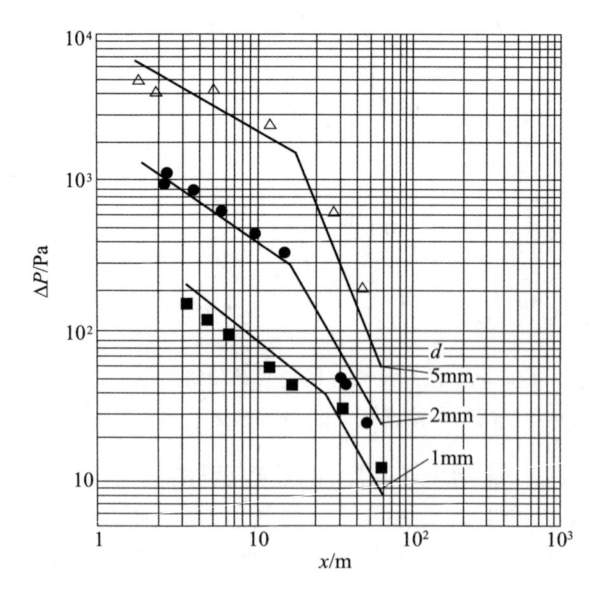

图 11.44 喷口直径对燃气点火压力波振幅的影响

($P = 40\text{MPa}, d = 10\text{mm}, \tau_{ign} = 2\text{s}, x_{ign} = 4\text{m}$)

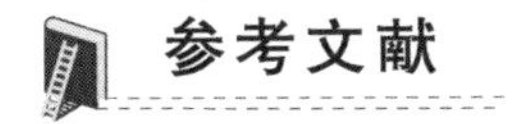

参考文献

1. J.E. Shepherd, Hydrogen-steam jet-flame facility and experiments. NUREG/CR-3638, SAND84-0060, 1984
2. J.E. Shepherd, Analysis of diffusion flame tests. NUREG/CR-4534, SAND86-0419, 1987
3. J.R. Travis, A heat, mass, and momentum transport model for hydrogen diffusion flames in nuclear reactor containments. Nucl. Eng. Design 101, 149–166 (1987)
4. C.K. Chan, A. Guerrero, The structure of horizontal hydrogen-steam diffusion flames, in *Proceedings of the OECD/NEA/CSNI Workshop of the Implementation of Hydrogen Mitigation Techniques*, AECL-11762, NEA/CSNI/R(96)8, Whiteshell Laboratories, Pinawa, 1997
5. W. Luangdilok, R.J. Hammersley, J. Scobel, Analysis of diffusion flames on the IRWST vents of the Westinghouse AP600 during severe accidents. International Meeting on Advanced Reactors Safety – ARS'97, Orlando, 1–5 June 1997
6. Зельдович Я.Б. К теории горения неперемешанных газов//ЖТФ, 1949. Т. 19, С. 1199–1210 (Y.B. Zeldovich, On the theory of combustion of non-mixed gases. Zh. Tehnich. Fiziki 19, 1199–1210 (1949))
7. D.B. Spalding, A theory of the extinction of diffusion flames. Fuel 22, 22–35 (1954)
8. S.P. Burke, T.E.W. Schumann, Diffusion flames. Ind. Eng. Chem. 20, 998–1004 (1928)
9. Шваб В.А. Связь между температурными и скоростными полями газового факела// В сб. «Исследование процессов горения натурального топлива». Госэнергоиздат, 1948, С. 231–248 (V.A. Shwab, Relation between temperature and velocity fields of gaseous flare. In: "Study of natural fuel combustion processes", Gosenergoizdat, 1948, pp. 231–248)
10. Y.B. Zeldovich, G.I. Barenblatt, V.B. Librovich, G.M. Makhviladze, *The Mathematical Theory of Combustion and Explosions* (Consultants Bureau, New York, 1985), p. 597
11. F.A. Williams, *Combustion Theory: The Fundamental Theory of Chemically Reacting Flow Systems*, 2nd edn. (Benjamin/Cummings, Menlo Park, 1985)
12. H.G. Im, J.H. Chen, Structure and propagation of triple flames in partially premixed hydrogen-air mixtures. Combust. Flame 119, 436–454 (1999)
13. P.N. Kioni, B. Rogg, K.N.C. Bray, A. Linan, Flame spread in laminar mixing layers: the triple flame. Combust. Flame 95, 276–290 (1993)
14. H. Phillips, Flame in a buoyant methane layer. Proc. Combust. Inst. 10, 1277–1283 (1965)
15. H.G. Im, J.H. Chen, Effects of flow strain on triple flame propagation. Combust. Flame 126, 1384–1392 (2001)
16. J.E. Broadwell, W.J.A. Dahm, M.G. Mungal, Blowout of turbulent flames. Proc. Combust. Inst. 20, 303–310 (1984)
17. L. Muniz, M.G. Mungal, Instantaneous flame-stabilization velocities in lifted-jet diffusion flames. Combust. Flame 111, 16–31 (1997)
18. L. Vanquickenborne, A. van Tiggelen, The stabilization mechanism of lifted diffusion flames. Combust. Flame 10, 59–69 (1966)
19. W.M. Pitts, Assessment of theories for the behavior and blowout of lifted turbulent jet diffusion flames. Proc. Combust. Inst. 22, 809–816 (1988)
20. N. Peters, F.A. Williams, Lift-off characteristics of turbulent jet diffusion flames. AIAA J 21, 423–429 (1983)
21. C.M. Muller, H. Breitbach, N. Peters, Partially premixed turbulent flame propagation in jet flames. Proc. Combust. Inst. 25, 1099–1016 (1994)
22. V.K. Baev, V.A. Yasakov, Influence of buoyant forces on the length of diffuse flames. Combust. Explos. Shock Waves 10(6), 752–756 (1974)
23. Y.M. Annushkin, E.D. Sverdlov, Stability of submerged flames in subsonic and underexpanded supersonic gas-fuel streams. Combust. Explos. Shock Waves 14(5), 597–605 (1978)

24. Комов В.Ф., Реутт В.Ч., Шевяков Г.Г., Голома К.В. О размерах турбулентных диффузионных пламен водорода и метана//В сб. «Процессы горения и проблемы тушения пожаров». Ч. 1, ВНИИПО, 1973. С. 38–48. (V.F. Komov, V.C. Reutt, G.G. Shevyakov, K.V. Goloma, Scales of methane and hydrogen turbulent diffusion flames. In: "Processy gorenia I problemy tushenia pozharov", Pt 1, VNIIPO, 1973, pp. 38–48)
25. E.S. Fishburne, H.S. Pergament, The dynamics and radiant intensity of large hydrogen flames. Proc. Combust. Inst. 17, 1063–1073 (1978)
26. V.K. Baev, P.P. Kuznetsov, I.A. Mogil'nyi, P.K. Tret'yakov, V.A. Yasakov, Length of diffusion flames. Combust. Explos. Shock Waves 10(4), 420–426 (1974)
27. R.W. Bilger, R.E. Beck, Proc. Combust. Inst. 15, 541–552 (1974)
28. W.R. Hawthorne, D.S. Weddell, H.C. Hottell, Mixing and combustion in turbulent gas jets. Proc. Combust. Inst. 3, 266–288 (1949)
29. G.A. Lavoie, A.F. Schlader, A scaling study of NO formation in turbulent diffusion flames of hydrogen burning in air. Combust. Sci. Technol. 8, 215 (1974)
30. G.T. Kalghatgi, Blow-out stability of gaseous jet diffusion flames. Part I: In still air. Combust. Sci. Technol. 26, 233–239 (1981)
31. G.T. Kalghatgi, Lift-off heights and visible lengths of vertical turbulent jet diffusion flames in still air. Combust. Sci. Technol. 41, 17–29 (1984)
32. Гельфанд Б.Е., Попов О.Е., Чайванов Б.Б. Водород: параметры горения и взрыва. Москва: Физматлит, 2008, 288 с. (B.E. Gelfand, O.E. Popov, B.B. Chaivanov, *Hydrogen: Parameters of Combustion and Explosion* (Fizmatlit, Moscow, 2008), 288 p.)
33. J. Keller, P. Benard, Hydrogen-Mith busting. International Conference on Hydrogen Safety, San Sebastian, 2007
34. Y. Wu, Y. Lu, I.S. Al-rachbi, G.T. Kalghati, Prediction of the liftoff,blowout and blowoff stability limits of pure hydrogen and hydrogen/hydrocarbon mixture jet flames. International Conference on Hydrogen Safety, San Sebastian, 2007
35. T. Mogi, H. Nishida, S. Horiguchi, Flame characteristics of high –pressure gas jet. International Conference on Hydrogen Safety, Pisa, 2005
36. J.N. Wen, Hydrogen fires. 1st European Summer School on Hydrogen Safety, Belfast, 2006
37. S. Kikukawa, Risk management approaches to the Japanese regulations of hydrogen supply stations. International Conference on Hydrogen Safety, San Sebastian, 2007
38. T. Leung, I. Wierzba, The effect of hydrogen addition on biogas non-premixed jet flame stability in co-flowing air stream. Int. J. Hydrog. Energy 33(14), 3856–3862 (2008)
39. P. Kumar, D.P. Mishra, Effects of bluff-body shape on LPG-H2 jet diffusion flame. Int. J. Hydrog. Energy 33(10), 2578–2585 (2008)
40. V.K. Baev, V.V. Shumskii, M.I. Yaroslavtsev, Self-ignition of a fuel gas escaping into an oxidizing medium. Combust. Explos. Shock Waves 19(5), 600–605 (1983)
41. Баев В.К., Бузуков А.А., Тимошенко Б.П. и др. Самовоспламенение водорода при импульсном высоконапорном впрыске его в воздух//В сб. «Структура газофазных пламен». Новосибирск: ИТПМ СО АН СССР. 1984, ч. 1. С. 179–188. (V.K. Baev, A.A. Buzukov, B.P. Timoshenko et al., Hydrogen self-ignition at impulse high-pressure injection into air. In: "Struktura Gasofaznyh Plamen", Novosibirsk: ITPM SO AN SSSR, 1984, Pt. 1, pp. 179–188)
42. A. Kouchi, K. Takeno, K. Chitose, Dispersion tests on concentration and its fluctuations for 40 Mpa pressurized hydrogen. International Conference on Hydrogen Safety, San Sebastian, 2007
43. A.G. Gaydon, I.R. Hurle, *The Shock Tube in High-Temperature Chemical Physics* (Chapman & Hall, London, 1963)
44. P. Wolanski, S. Wojcicki, Investigation into mechanism of the diffusion ignition of a combustible gas flowing into oxidizing atmosphere. Proc. Combust. Inst. 14, 1217–1223 (1973)
45. P. Wolanski, Forty years of investigation of diffusion ignition. Paper at 7th international symposium on hazards prevention and mitigation of industrial explosions, St. Petersburg, 2008
46. V.K. Baev, A.A. Buzukov, V.V. Shumskii, Conditions of self-ignition upon pulsed high-pressure injection of combustible gases into a bounded space. Combust. Explos. Shock Waves 36(3), 283–290 (2000)

47. F.L. Dryer, M. Chaos, Zh Zhao, J. Stein, J. Alpert, Ch Homer, Spontaneous ignition of pressurized release of hydrogen and natural gas into air. Combust. Sci. Technol. 179, 663–694 (2007)
48. V.V. Golub, D.I. Baklanov, T.V. Bazenova, M.V. Bragin, S.V. Golovastov, M.F. Ivanov, V.V. Volodin, Shock induced ignition of hydrogen gas during accidental of technical opening of high pressure tank. J. Loss Prev. Process Ind. 20(4), 439–446 (2007)
49. V.V. Golub, D.I. Baklanov, T.V. Bazenova, S.V. Golovastov, M.F. Ivanov, V.V. Volodin, N.V. Semin, I.N. Laskin, Experimental and numerical investigation of hydrogen gas auto-ignition. International Conference on Hydrogen Safety, San Sebastian, 2007
50. N. Mogi, D. Kim, K. Shiina, S. Horiguchi, Selfignition and explosion during discharge of high pressure hydrogen. (a) J. Loss Prev. Process Ind. 21(2), 199–204 (2008); (b) International Conference on Hydrogen Safety, Pisa, Italy, 2005; (c) 31st symposium (international) on combustion, WIP Abstracts, The Combustion Institute, Heidelberg, 2008
51. B.P. Xu, L. El Hima, S. Dembele, J.X. Wen, V.H.Y. Tam, T. Donchev, Numerical study on the spontaneous ignition of pressurized hydrogen release through tube in air. (a) J. Loss Prev. Process Ind. 21(2), 205–213 (2008); (b) International Conference on Hydrogen Safety, San Sebastian, 2007
52. B.P. Xu, I.P. Zhang, J.X. Wen, S. Dembele, J. Knwatzik, Numerical study of highly under-expanded hydrogen. International Conference on Hydrogen Safety, Pisa, 2005
53. O.K. Sommersel, D. Bjerketvedt, K. Vaagsaether, T.K. Fannelop, Experiments with release and ignition of hydrogen gas in a 3 m long channel. International Conference on Hydrogen Safety, San Sebastian, 2007
54. W.G. Houf, D.H. Evans, R.W. Schefer, Analysis of jet flames and unignited jets from unintended release of hydrogen. International Conference on Hydrogen Safety, San Sebastian, 2007
55. R. Owston, V. Magi, J. Abraham, Interaction of hydrogen flames with walls: influence of wall temperature, pressure, equivalence ratio and diluents. Int. J. Hydrog. Energy 32(12), 2094–2104 (2007)
56. R.W. Schefer, W.G. Houf, T.C. Williams, B. Bourne, J. Colton, Characterization of high-pressure under-expanded hydrogen jet. Int. J. Hydrog. Energy 32(12), 2981–2983 (2007)
57. K. Takeno, K. Okabayashi, T. Ichmose, A. Kouchi, T. Nonaka, Phenomena of disperse and explosion of high pressurized hydrogen. International Conference on Hydrogen Safety, Pisa, 2005

内容简介

本书是作者以及谢苗诺夫化学物理研究所多年来在氢燃料燃烧领域内的研究成果，深入研究了氢混合物的基本燃烧特性、氢气体混合物的层流和多孔燃烧、氢气体混合物的湍流燃烧、火焰传播的浓度限制、快速爆燃和准爆轰、氢混合物的自燃、超声速燃烧状态（爆炸波）、爆炸区域的无冲击和自发起爆、氢混合物爆炸的现象学、氢混合物爆炸产生的拆除载荷、非预混合和部分预混合物的燃烧与压力振荡特性等相关内容。

本书可供高等院校航空宇航推进技术学科硕士生、博士生和研究院（所）的工程技术人员以及相关或相近学科的研究人员学习、参考与使用。